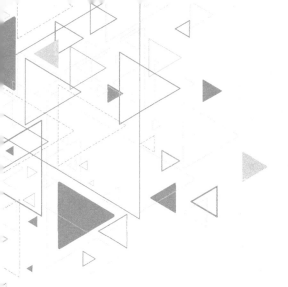

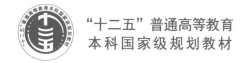

“十二五”普通高等教育
本科国家级规划教材

21世纪高等学校计算机类专业

核心课程系列教材

U0291712

Web技术导论

（第4版）

◎ 郝兴伟 编著

清华大学出版社
北京

内容简介

本书首先讲解 Internet 和 WWW 中的主要概念、相关核心技术及 Web 的发展趋势；然后以 B/S 三层结构为主线，以具体的研发项目为背景，系统讲解 Web 应用系统开发中的相关问题，包括 Web 运行环境、超文本标记语言 HTML、页面设计与制作、客户端编程和服务端编程，并提供近 200 段 CSS 设计案例代码；最后介绍 Web 系统设计与开发的基本流程、相关文档和开发工具。

本书知识全面，难度适中，精心设计 110 多道课后思考题，便于学生巩固所学知识。本书适于作为高等学校计算机应用、信息管理、电子商务等专业的 Web 技术导论、Web 程序设计、互联网与 Web 编程等课程的教材，也可以作为高等学校开设面向互联网应用的通识类课程的教材。

图书在版编目(CIP)数据

Web 技术导论/郝兴伟编著. —4 版. —北京：清华大学出版社，2018(2024.2重印)
(21 世纪高等学校计算机专业核心课程规划教材)
ISBN 978-7-302-48568-1

Ⅰ. ①W… Ⅱ. ①郝… Ⅲ. ①网页制作工具—高等学校—教材 Ⅳ. ①TP393.092.2

中国版本图书馆 CIP 数据核字(2017)第 241130 号

责任编辑：付弘宇 薛 阳
封面设计：刘 键
责任校对：胡伟民
责任印制：杨 艳

出版发行：清华大学出版社
　　　　　网　　址：https://www.tup.com.cn, https://www.wqxuetang.com
　　　　　地　　址：北京清华大学学研大厦 A 座　　　　　邮　　编：100084
　　　　　社 总 机：010-83470000　　　　　　　　　　邮　　购：010-62786544
　　　　　投稿与读者服务：010-62776969，c-service@tup.tsinghua.edu.cn
　　　　　质量反馈：010-62772015，zhiliang@tup.tsinghua.edu.cn
　　　　　课件下载：https://www.tup.com.cn,010-83470236
印 装 者：三河市君旺印务有限公司
经　　销：全国新华书店
开　　本：185mm×260mm　　　印　　张：26.25　　　字　　数：642 千字
版　　次：2005 年 1 月第 1 版　2018 年 6 月第 4 版　　印　　次：2024 年 2 月第 5 次印刷
印　　数：33801~34100
定　　价：69.00元

产品编号：075921-02

前 言

从互联网诞生那天起,互联网技术的进步和应用就从未放慢发展的脚步。最近几年,网络基础设施建设日益完善,Wi-Fi 更加普及,网络资源及应用增长迅猛,智能手机与移动应用发展迅速,新的概念和应用不断涌现,网络应用已经深入人心。与此同时,几年来,我对教育的理解,对高等教育人才培养、对课程和教师的责任也在不断地进行反思,一种新的教学理念日趋成熟,就是在课程教学中教师要做到:从知识传授到能力培养和素养形成的转变,每门课都应为学生的素养形成做出贡献。为此,定位于专业基础课和通识类教育教材的《Web 技术导论》又到了修订的时候了。

回顾本书的写作初衷和 2005 年 2 月的第一次出版,十多年过去了,虽然互联网的应用已经今非昔比,但令人欣慰的是,本书以 B/S 三层架构为主线的知识结构设计,显示出了强大的生命力,表明了这种结构的科学性和合理性,它始终是我们认识互联网、进行互联网开发与应用的思维主线。在学习的过程中,没有什么比思想的升华和思维的感悟更令人快乐了,这些年来,对互联网技术的咀嚼,让我们汲取着技术的营养和滋润,也慢慢地体会到互联网技术的美好。

光阴荏苒,从《Web 技术导论(第 3 版)》出版到现在,一晃又是五年。在我的课堂教学和 Web 系统研发中,对 Web 系统的认识不断深入。特别是对 Web 研发中的许多技术问题,有了新的体会,对互联网应用创新有了新的感悟,也恰逢"互联网+"这样一个时代背景,我应该把这些新的东西写出来,和大家分享,希望哪怕是一点点思路和想法对你的学习和工作有所启发和帮助,都会令我获得很大的欣慰。

本次改版最大的考虑就是突出重点,对于实用性弱的内容,加强思想凝练,减少篇幅。例如,对于 Web 服务、XML 技术,重点讲解思想,具体内容的讲解将减少。对于 HTML,将增加 HTML5 内容的讲解,突出 CSS 等重点应用。另外,对数据库 SQL 语言,客户端编程、服务端编程,设计的代码案例更加突出实用,强调代码质量,对那些没有实际应用背景、纯粹的语法例子代码进行了删减。

本次改版仍分为 6 章,主要内容如下。

第 1 章　Web 基础。介绍 Internet 的产生和发展,万维网的概念,HTTP 通信原理,以及 Web 应用的概念。介绍 Web 相关核心技术,包括 Java 技术、XML 技术、Web 服务等。介绍计算机应用模式的演变,讲解 C/S 架构和 B/S 架构的思想和结构。

第 2 章　Web 服务器的架设和管理。介绍 Web 服务器的概念,Web 服务器的功能。主要讲解 Windows 服务器中 IIS 的配置和管理,讲解 Apache 和 Tomcat 的功能以及它们的关系,Apache 和 Tomcat 的架设和管理,讲解虚拟主机和虚拟目录的概念及其配置方法。

第 3 章　标记语言 HTML 基础。讲解标记语言思想,然后详细介绍 HTML 标记语言的语法，对 CSS 技术、图层进行了深入讲解，并安排了大量的例子解释相关标记的含义和使用。对可扩展标记语言 XML 的思想、XML 和 HTML 的本质区别做了简单介绍。

第 4 章　网页设计与制作。网页作为 Web 应用的主要用户界面，在 HTML 基础上，加强了网页设计的讲解，包括：页面功能与内容设计、页面布局设计、页面视觉设计以及页面效果设计等。介绍了相关的开发工具，包括 SublimeText 代码编辑器，MyEclipse 集成开发环境以及 Dreamweaver 页面制作工具。

第 5 章　客户端编程。首先讲解 Web 浏览器的基本工作原理，然后讲解客户端脚本程序设计语言 JavaScript、浏览器对象模型 BOM、HTML 文档对象模型 DOM 等内容，AJAX 技术，以及 JavaScript 库 jQuery 等。通过三个综合案例，详细讲解了 JavaScript 中菜单的实现、表单数据的有效性验证、表单数据的处理等问题。这些综合案例中包含了许多 Web 开发中所需要的代码，相信通过这些案例的学习，对你的 Web 开发能力会有所帮助。

第 6 章　服务端编程。介绍了互联网中 Web 应用系统的概念，讲解了 B/S 三层结构、客户端与服务端编程、字符编码、网络攻击与信息安全等重要问题。讲解了 Java 程序设计语言基础，包括 Java 技术的特点、类与对象、接口、包等基本概念，介绍了 JavaBean、Servlet 服务器程序的概念，这些概念是开展基于 Java 技术的服务端编程的基础。重点讲解了 JSP 技术和数据库编程。在本次修订中，删除了原有占用较大篇幅的综合案例，增加了 Web 系统设计与开发一节，介绍了 Web 系统开发的基本流程、相关文档结构及软件工具。

笔者作为互联网用户和 Web 技术的开发者、实践者，同时作为一名学院派和公司派相结合的高校教师，希望这本书的知识结构和内容对于读者了解 Internet 和 WWW，学习 Web 系统开发，进行 Web 编程，以及提高 Web 应用水平等能有所帮助。也希望书中的大量实例在读者未来的 Web 研发中，能给读者的编程以启发，为读者节省宝贵的项目研发时间。软件开发是一个积累的过程，让我们一起在这种积累中进步，来享受成功的乐趣。

在本书的写作过程中，非常感谢我的同事巩裕伟老师、焦文江老师、杨兴强老师、阚铮老师和李蕴老师的工作及提出的建议与意见，感谢使用本书的众多高校任课老师对本书的认可及对本书修订提出的建议与意见，感谢我的学生王洪岩、候明良、罗琦、刘义明、苏雪、常跃峰、崔旭、朱岩、田容雨、张会昌、卢艳萍、田韶存等，他们都参与了许多项目的研发工作，编写了大量程序代码，祝愿他们在以后的工作和生活中一切顺利，取得更大的成绩。此外，还要感谢山东大学本科生院、山东大学研究生院的立项支持，感谢教育部全国高校教师网培中心对本书的厚爱，感谢清华大学出版社付弘宇编辑长期以来对本书的辛勤付出。

由于本书涉及的内容非常广泛，在深度和广度上很难做到完美，同时，也由于作者本人的知识面和精力有限，书中肯定存在错误和不足，敬请各位同行和读者批评指正。

本书的配套课件等相关资源可以从清华大学出版社网站 www.tup.com.cn 下载，在本书或课件的下载使用中遇到任何问题，请联系 fuhy@tup.tsinghua.edu.cn。作者 Email：hxw@sdu.edu.cn。

郝兴伟

2018 年 1 月

目　录

V

VII

IX

第 1 章   Web 基础

【本章导读】

20 世纪中期，在人类发展的历史上，人们发明了互联网。这是一项可以和 18 世纪后期的蒸汽机相提并论的伟大发明，它开启了人类发展的新时代。今天，互联网就像空气一样正在渗入到我们生活的每一个角落，它不断地改变着我们的工作、生活、娱乐，甚至思维方式。通过 Internet，人们不仅可以上网浏览网页、收发电子邮件、上网聊天、观看在线电影、网上购物以及从事各种电子商务活动；同时，随着 B/S 应用模式的发展，互联网技术也彻底改变了我们传统的计算机应用和开发模式，使企业、政府机构传统的计算机应用系统部署到互联网上，彻底改变着人们的工作方式。

本章首先介绍了互联网和万维网的概念，讲解了万维网中 Web 服务器、Web 客户机的概念，讲解了 HTTP 协议以及 Web 服务器和 Web 客户机的通信原理，它是万维网工作的基础，也是进行 Web 服务器配置、学习 HTML 标记语言、进行 Web 系统开发的概念基础。然后，对万维网中的常用概念进行了介绍，同时还简要介绍了 Internet 中的核心技术，最后对计算机应用模式的发展，浏览器/服务器(B/S)三层结构，网云、云计算、云服务及相关技术和应用，语义 Web 等进行了介绍。

【知识要点】

1.1 节：中央控制式网络，分布式网络，ARPA，ARPA 网，互联网(Internet)。

1.2 节：万维网，Web 服务器，Web 浏览器，Web 工作原理，HTTP 协议。

1.3 节：网站，Web 应用，主页(首页)，超文本，超链接，统一资源定位符(URL)，端口，二微码，博客(Blog)，微博(MicroBlog)，RSS 订阅，微信(WeChat)。

1.4 节：标记语言，标准通用标记语言(SGML)，超文本标记语言(HTML)，可扩展标记语言(XML)，Java 技术，Web 服务。

1.5 节：集中式计算，C/S 计算机应用模式，B/S 计算机应用模式，网云，云服务，内容分法网络(CDN)，分布式计算，计算机集群，负载均衡，虚拟化技术，云计算，语义 Web。

1.1   Internet 的产生与发展

1946 年，第一台电子计算机"爱尼亚克"(ENIAC)在美国宾夕法尼亚大学莫尔电子工程学院诞生。这种计算技术的革命透出了数字信息时代的第一缕曙光。随后，微电子技术和计算机技术的发展日新月异，计算机应用日益广泛。为了进一步提高计算机的使用效率，人们需要将不同的计算机连接起来，传递数据，共享资源，计算机之间的互联，即计算机网络诞生了。在计算机网络的发展中，20 世纪 60 年代末，随着 APPA 网络的研发，计算机进入网络互联时代,即互联网(Internet)时代。

1.1.1 ARPA 与 ARPA 网

1957 年 10 月 5 日,在前苏联的拜科努尔航天中心,人类历史上的第一颗人造地球卫星 Sputnik[①] 被送入太空。在冷战阴云笼罩的 20 世纪 50 年代,这意味着在争霸全球的竞赛中,苏联人已经先行一步。消息传来,美国举国震惊。在随后召开的记者招待会上,当时的美国总统艾森豪威尔公开表达了对国家安全和科技水平的严重不安。2 个月后,美国总统向国会提出了建立国防高级研究项目署的计划,并随即得到美国国会的批准。

1958 年 2 月,美国国防部高级研究项目署(Advanced Research Projects Agency,ARPA)成立,地点就设在美国国防部五角大楼内,其目标是负责前瞻性科研项目的开发,帮助创造革命性新技术,以确保美国在诸多技术领域上的绝对领先。新生的"阿帕"随即获得了 2 亿多美元的项目总预算经费。

ARPA 成立后,便邀请物理学、材料学、信息技术和其他领域的顶尖专家加入这个机构,然后给予他们大量的资金和充分的自由。ARPA 成立初期的研究重点主要集中在火箭、宇宙空间探索、弹道导弹防御以及核试验的探测等方面,直到后来才逐渐扩大了研究范围。

1. 计算机网络的萌芽

最早的计算机网络并非产生于 ARPA。20 世纪 50、60 年代,世界处于美苏两大阵营的冷战时期,东西方阵营对彼此的技术发展高度敏感,心存戒心,美国甚至担心苏联的飞机会绕道北极,空袭美国本土。1951 年,美国 MIT 林肯实验室[②]受美国空军委托,开始专门研究针对苏联空袭的防范措施,一个重要的研究项目就是为美国空军设计半自动地面防空系统(Semi-Automatic Ground Environment,SAGE)。该系统的任务是:通过部署在美国北部边境的警戒雷达,将天空中飞机目标的方位、距离和高度等信息通过雷达录取设备自动录取下来,然后通过数据通信设备传送到北美防空司令部的信息处理中心,以计算飞机的飞行航向、飞行速度和飞行的瞬时位置,判断敌机是否来犯,并将这些信息迅速传到空军和高炮部队,使它们有足够的时间作战斗准备。

SAGE 系统分为 17 个防区,每个防区的指挥中心装有两台 IBM 计算机,通过通信线路连接防区内各雷达观测站、机场、防空导弹和高射炮阵地,形成联机计算机系统。由计算机程序辅助指挥员决策,自动引导飞机和导弹进行拦截。SAGE 系统最早采用了人机交互的显示器,研制了小型计算机形式的前端处理器,制订了数据通信的最初规程,并提供了多种

---

① 前苏联发射的人类第一颗人造卫星,名为"史伯尼克",意为"旅行同伴"。卫星于莫斯科时间 1957 年 10 月 4 日 22 点 28 分由前苏联的 R7 火箭在拜科努尔航天基地发射升空,它是一只直径为 58 厘米、重 83 公斤的金属球,沿椭圆轨道绕地球运转,距地面的最大高度为 900 公里,绕地球一圈约 98 分钟。作为人类历史上的第一颗人造地球卫星,卫星内部装有温度计、电池、无线电发射器(随着温度的变化而改变蜂鸣声的音调)和氮气(为卫星的内部提供压力),外部装有 4 根鞭状天线,经过 92 天太空飞行后在重返地球时烧毁。Sputnik 的发射成功给政治、军事、技术、科学领域带来了新的发展,标志着人类航天时代的来临,也直接导致了美国和前苏联的航天技术竞赛。

② 美国麻省理工学院林肯实验室(Lincoln Laboratory)是美国反导弹防御系统的技术支撑单位,前身是麻省理工学院辐射实验室。1950 年底,在美国空军建议下,实验室开始致力于空中防御研究,从此,实验室变成一个从事军事空防研究的实验室。著名的研究项目有美国空军半自动地面防空系统(Semi-Automatic Ground Environment,SAGE)。该系统于 1963 年建成,被认为是计算机技术和通信技术结合的先驱。

路径选择算法。SAGE 软件开发计划成了软件工程开发中最"崇高"的事业之一。当时美国程序员的数目大约为 1200 名,有 700 人为 SAGE 项目工作,该系统于 1963 年建成。

SAGE 并非现代意义上的计算机网络系统,但被认为是计算机技术和通信技术结合的先驱,开创了计算机网络的先河,是计算机网络的萌芽。20 世纪 60 年代,类似 SAGE 的计算机网络不断出现,这类网络被称为"中央控制式网络"。其特点是都有一台中央主机,用于存储和处理数据;其他计算机都作为终端,通过通信线路和中央主机连接。终端和主机直接连接,不经过其他线路,优点是便于管理,但是也存在巨大的风险,一旦切断任何一条线路,将导致通信中断,如果中央主机被摧毁,则整个系统即刻崩溃。

针对中央控制式网络存在的致命弱点,1961 年,美国加州大学的伦纳德·克兰罗克(L. Clenrock)发表了题为《大型通信网络的信息流》的论文,第一次详细论述了分布式网络理论。在随后的时间里,美籍波兰人保罗·巴兰(Paul Baran)发表了一系列分布式网络理论的文章,提出了分布式网络的核心概念,即包交换(Packet Switching):要传播的数据被封装成一系列的数据包,这些包沿着不同的路径传输,在信宿端被重新组织到一起。这样,即使部分线路被毁坏,还可以选择其他线路传输。

在分布式网络中,不设中央计算机,每台计算机都是一个计算节点,各个节点都通过线路连接。节点之间的通信不再依赖于中央主机,如果某条线路中断,通信可以选择其他线路进行,而不至于导致通信中断。

2. ARPA 网

在 ARPA 内,每一个科研项目中,研究人员都配备了功能强大、价格昂贵的计算机,这些计算机功能不同,互不兼容,造成经费的极大浪费。能否将这些计算机连接起来,这样的想法已经酝酿已久。1966 年春,作为第三任 ARPA 信息处理技术处主任的罗伯特·泰勒(Robert Tayior)向 ARPA 署长赫兹费尔德提出了由 ARPA 出面建立一个小型网络的设想。

罗伯特·泰勒的构建网络的设想随即立项,泰勒想到的项目第一人选便是年仅 29 岁的计算机天才拉里·罗伯茨(Larry Roberts),当时罗伯茨正在林肯实验室对两台计算机之间的连接进行实验。1967 年,罗伯茨离开林肯实验室,来到 ARPA,成为 ARPA 网项目负责人,开始着手筹建 ARPA 网,并进行规划和设计。

在随后一年多的时间里,提出分布式通信理论的保罗·巴兰(Paul Baran)、提出分组交换理论的伦纳德·克兰罗克(Leonard Kleinrock)、TCP/IP 协议的发明人罗伯特·卡恩(Robert Kahn)和温顿·瑟夫(Wint Cerf)相继来到 ARPA,一群时代的精英就这样汇聚到一起。放弃中央控制、实行分布式包交换的通信思想在这些杰出的大脑之间迅速达成了共识。

1968 年 6 月,罗伯茨正式向 ARPA 提出了自己的研究报告"资源共享的计算机网络",其核心思想就是让 ARPA 的所有计算机相互连接,让大家彼此共享各自的研究成果。根据该研究报告,美国国防部建立了 ARPA 网,这就是互联网的前身。拉里·罗伯茨也成为 ARPA 网之父,ARPA 网也成就了罗伯茨。

最初的 ARPA 网由美国西海岸的四个节点构成,第一个节点选在加州大学洛杉矶分校,因为罗伯茨 MIT 林肯实验室的同事、挚友和网络启蒙老师克兰罗克正在该校主持网络研究,第二个节点选在斯坦福研究院,因为那里有道格拉斯·恩格巴特(Douglas Engelbart)

等一批网络先驱人物。另外两个节点是加州大学巴巴拉分校和犹他大学。1969 年底，ARPA 网正式投入运行。

今天，冷战的阴云早已散去。但是，在 ARPA 网基础上发展起来的互联网已经成为一个国家继领土、领海、领空、太空之后的第五疆域，犹如没有硝烟的战场，技术竞争将更加激烈，甚至关乎一个国家、一个民族的发展和兴衰。

半个多世纪过去了，ARPA 一直给人一种神秘感。除了在美国太空计划等军事领域，ARPA 扮演着关键角色外，我们生活中的许多重大技术发明也都归功于 ARPA，如互联网、卫星全球定位系统、隐形技术以及计算机鼠标等。然而，ARPA 的许多项目也备受指责，造成大量的资金浪费。或许，允许冒险甚至失败也是 ARPA 文化的一部分。

1.1.2 互联网的诞生

在 ARPA 网诞生之际，当时的情况是大部分的计算机并不能互相兼容，如何让这些不同硬件、不同系统的计算机互联，成为网络研究的焦点和难点。这导致了 TCP/IP 协议的研究，也成就了今天的互联网。

1. TCP/IP 协议的研制成功

早期的 ARPA 网，计算机之间采用网络控制协议（Network Control Protocol，NCP）通信。NCP 存在两个重要缺陷，即网络中的主机没有设置唯一的地址，且缺乏纠错能力。随着 ARPA 联网主机数量的增多，网络性能迅速下降。1972 年，罗伯特·卡恩邀请 NCP 通信协议的设计者文顿·瑟夫研究一种新的改进型的协议，以替换 ARPA 网中的 NCP。这项研究就是后来著名的 TCP/IP 协议，该协议于 1973—1974 年期间开发完成。

1975 年，两个网络之间的 TCP/IP 通信在斯坦福大学和伦敦大学之间进行了测试；1977 年 11 月，三个网络之间的 TCP/IP 测试在美国、英国和挪威之间进行。TCP/IP 协议的研究成功，彻底解决了不同计算机系统之间的通信问题，计算机互联的主要障碍被清除。1975 年，ARPA 网的运行管理移交给美国国防通信局（DCA）。1982 年，DCA 将 ARPA 网各站点的通信协议全部转为 TCP/IP。

1983 年 1 月 1 日，在 ARPA 网中，NCP 被永久停止使用。同年，ARPA 网被分成两部分，一部分作为军用，称为 MILnet，另一部分作为民用，并命名为 Internet。ARPA 网开始从一个实验型网络向实用型网络转变，成为互联网正式诞生的标志。从此，互联网，这个美国军方和科研机构的"宁馨儿"，脱离了军方，开始了其民用和实用化发展的新阶段。1983 年 1 月 1 日被称为互联网发展史上的一个重要纪念日。

2. 互联网发展的几个重要阶段

如果把 Internet 的发展划分阶段的话，那么 1969—1982 年的这个时期可以看成是 Internet 的提出、研究和试验阶段，这时的 Internet 以 ARPA 网为主干网，同时运行 NCP 协议和 TCP/IP 协议。由于 ARPA 网采用离散结构，不设中央网络控制设备，实现了网络渠道的多样性，从而减少了系统彻底崩溃的可能性，网络的生存能力得到了保证，实现了 ARPA 的最初构想。1983 年 1 月 1 日，NCP 协议停止运行，所有联网主机全部运行 TCP/IP 协议。随着 ARPA 网一分为二，标志着互联网的诞生，也是互联网实用发展阶段的开始。

从 1983 年到 1989 年可以看作是 Internet 的实用发展阶段。为了使全美国的科学家和工程师都能够共享那些过去只有军事部门和少数科学家才能够使用的超级计算机设施,美国国家科学基金会(National Science Foundation,NSF)于1985年提供巨资建设了全美5个超级计算中心,同时建设了将这些超级计算中心和各科研机构相连的高速信息网络NSFnet。1986年,NSFnet成功地成为Internet的第二个骨干网。NSFnet对Internet的推广起到了巨大的推动作用,它使得Internet不再是仅有科学家、工程师、政府部门使用的网络,Internet进入了以资源共享为中心的实用服务阶段。可以说,NSF的介入是互联网发生的第一次飞跃。

1990年以后,Internet开始进入它的商业化发展阶段。随着万维网的兴起,众多的商业机构开始进入互联网,进一步推动了互联网的民用化发展。此时,NSF意识到自己的使命已经完成,1995年4月30日,NSF网停止运行,取而代之的是美国政府指定的三家商业公司,即太平洋贝尔公司、美国科技公司和斯普林特公司。至此,互联网完全商业化了。从此,互联网用户开始向全世界扩展,并以每月15%的速度迅速增长,每30分钟就有一个网络连入Internet。随着网上通信量的急剧增长,Internet开始不断采用新的技术以适应发展的需求,其主干网由政府部门资助开始向商业计算机公司、通信公司转化。在Internet商业化的过程中,WWW的出现使Internet的使用更简单、更方便,开创了Internet发展的新时期。

1987年9月20日20时55分,一份以英德两种文字书写的"跨越长城,走向世界"的电子邮件从中国到达德国,中国接入互联网的报告送达国务院。1994年4月20日,我国实现了与Internet的全功能链接,成为接入国际互联网的第77个国家。

1.1.3 互联网的构成

互联网不同于一般的局域网和广域网,任何部门、组织或个人都可以将自己的网络或计算机连接到互联网,成为互联网的一部分。互联网的开放性,使其成为一个覆盖全球的计算机网络,各种不同类型的、不同规模的、分布在世界各地的计算机网络,通过遍布全球的通信线路和广域网设备连接在一起,互联网概念图如图1-1所示。

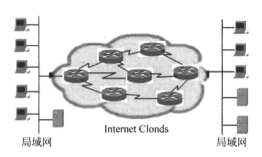

图1-1 互联网概念图

在互联网中,每一台计算机都有一个逻辑地址(IP地址),计算机之间或网络设备间通过统一的TCP/IP进行通信。在互联网中,分布着无以计数的各类服务器,包括Web服务器、E-mail服务器、FTP服务器、DNS服务器、流媒体服务器,以及各种各样的应用服务器,如网络游戏服务器等。正是这些数量众多、功能各异的服务器,为全球的互联网用户提供了各种各样的网络服务,不断改变着人们的工作、学习、生活和娱乐方式。

1.2 Web 及其工作原理

在 Internet 中，Web 服务是最主要的服务之一，也是使用最广泛的互联网服务，对于普通的用户来讲，万维网（World Wide Web，WWW）通常被当作是互联网的代名词。但是，从原理上来讲，万维网（WWW）和互联网（Internet）是两个不同的概念，两者既有密切的联系，又有着根本的不同。

1.2.1 万维网

在 20 世纪 90 年代以前，互联网应用主要限于在科研领域，Internet 中的信息交流还没有一种统一的手段，根据交流的信息不同（如文字、图像、声音等）需要调用不同的 Internet 服务，很不方便。因此，在互联网诞生后的相当长的时间里，它一直局限于专业人员的圈子里，与普通公众天高地远，互联网应用依然是普通人难以跨越的。

当时，在瑞士日内瓦欧洲核子研究组织（European Organization for Nuclear Research，CERN）①总部，来自 80 多个国家的 6500 多名科学家和工程师之间使用各自的计算机，并利用互联网进行数据分享，这个庞大的研究组织内部对互联网的需求就是整个信息世界的一个缩影。能否将分布在不同计算机中、各种不同形式的信息交换方式之间建议一个统一的语言呢？人们登录一个页面，其中就会列出可以访问的不同资源，只要简单地单击一下，就可以获得所需要的资源。这样的想法开始在蒂姆·伯纳斯-李（Tim Berners-Lee）②的脑海里萌发了，他当时正供职于日内瓦欧洲核子研究组织总部。

1989 年 3 月，伯纳斯-李开发了一个超级文本系统以及统一的超文本传输协议（HTTP）。通过 HTTP，文本、图片、声音等不同的磁盘文件的传输统一了。1990 年底，第一个基于字符界面的 Web 客户浏览程序开发成功，1991 年 3 月，客户浏览程序开始在 Internet 上运行，1991 年底 CERN 向高能物理学界宣布了 Web 服务。1991 年 5 月，伯纳斯-李将其发明命名为 World Wide Web，网页的概念出现了。于是，人们登录互联网开始了。如果说拉里·罗伯茨实现了计算机之间的连接，伯纳斯-李则带领人们跨越了互联网应用的山峦，实现了人与网络的连接。巧合的是，在创造互联网及应用的历史上，他们都只有 29 岁。

什么是 World Wide Web 呢？从万维网诞生起，人们并没有给它一个确切的定义。我们可以从 Internet 的构成和服务来理解 Web。从组成上讲，Internet 是由成千上万的网络通过通信线路和网络设备连接而成的，或者说是一个全球范围的网间网。在 Internet 中，分

---

① 欧洲核子研究组织（European Organization for Nuclear Research），通常被简称为 CERN，缩略词来源于法语欧洲核子研究理事会的意思。CERN 是世界上最大型的粒子物理学实验室，也是万维网的发祥地。该组织成立于 1954 年 9 月 29 日，整个机构位于瑞士日内瓦西部接壤法国的边境。CERN 的主要功能是根据高能物理学研究的需要，为科学家提供必要的工具，包括粒子加速器和其他基础设施，对物质如何构成和物质之间的力量进行研究，以及进行许多国际合作的实验。同时 CERN 也设立了资料处理能力很强的大型计算机中心，协助实验数据的分析，供其他地方的研究员使用，形成了一个庞大的网络中枢。

② 蒂姆·伯纳斯-李（Tim Berners-Lee，1955 年 6 月 8 日一），英国计算机科学家，麻省理工学院教授，计算机科学及人工智能实验室创办主席及高级研究员，万维网的发明人。1990 年 12 月 25 日，罗伯特·卡里奥在 CERN 和他一起成功通过 Internet 实现了 HTTP 代理与服务器的第一次通信。

布了成千上万的无以计数的计算机,这些计算机扮演的角色和所起的作用不同。有的计算机可以收发用户的电子邮件,有的可以为用户传输文件,有的负责对域名进行解析,更多的机器则用于组织并展示本网络的信息资源,方便用户的获取。所有这些承担服务任务的计算机我们统称为服务器。根据服务的内容,这些服务器有 Web 服务器、文件传输服务器(FTP 服务器)、E-mail 服务器、DNS 服务器,以及各种各样的应用服务器等。

我们可以将 World Wide Web 看作是 Internet 中所有的 Web 服务器构成的网络,通过网页中的超链接,一个 Web 服务器可以指向其他的 Web 服务器,那些 Web 服务器又可以指向更多的 Web 服务器,这样,一个全球范围的由 Web 服务器组成的 World Wide Web(万维网)就形成了。在万维网中,Web 服务器和 Web 浏览器之间采用 HTTP 应用层协议进行通信。

在计算机网络的发展历史上,如果说 ARPA 网是人类通信方式上的一次革命的话,那么 WWW 则是网络使用方式上的一次革命,万维网可以看作是互联网的应用界面。美国 MIT 教授、著名信息专家、《数字化生存(Bing Digital)》一书的作者尼古拉·尼葛洛庞帝(Nicholas Negroponte)认为:1989 年是互联网历史上划时代的分水岭,这一年出现的万维网技术给 Internet 赋予了强大的生命力,把 Internet 带入了一个崭新的时代。

1.2.2 Web 服务器

在计算机网络中,我们可以将计算机分为两类,即服务器和客户机。所谓服务器就是指提供网络服务的计算机,对于服务器计算机一般需要安装服务器操作系统,例如 UNIX、Linux,Windows Server 等网络操作系统。在服务器上,根据功能需要安装服务器程序。所谓服务器程序,即一种侦听程序,其基本功能是侦听用户请求,为用户提供服务。与传统的用户应用程序不同,服务器程序通常没有漂亮的用户界面。常见的服务器程序有:Web 服务器、E-mail 服务器、DNS 服务器、DHCP 服务器等。一台服务器计算机可以安装一个服务器程序,也可以安装多个服务器程序。

所谓 Web 服务器,就是指安装了 Web 服务器的计算机,它为用户提供网页浏览服务。简单地讲,用户通过 Web 浏览器访问 Web 服务器,Web 服务器将用户要浏览的网页发送给用户的浏览器。要使一台计算机成为一台 Web 服务器,首先要在服务器上安装服务器操作系统,其次,安装专门的 Web 服务程序。根据服务器操作系统不同,可安装的 Web 服务器程序也不一样,常见的有:Windows Server 内置的 IIS(Internet Information Server)服务组件、跨平台的 Web 服务器 Apache HTTP server 及 Tomcat 等。

客户机是指普通的用户计算机,通常不以提供网络服务为目的,安装的操作系统通常也是一些桌面操作系统,例如 Windows XP/7、Mac OS 等客户机操作系统。客户机上安装的程序也是各种应用软件,例如:Word、Excel、PPT 等各种办公软件,Photoshop、Flash 等各种工具软件,上网用的 Web 浏览器、MSN、QQ 聊天等应用软件。

总之,服务器和客户机的区分不仅是操作系统不同,安装的程序也不相同,服务器上要安装服务程序,客户机上则安装应用软件。同时,要使用服务器上的服务程序,需要客户机上安装相应的客户端程序或做客户端的配置。例如,Web 浏览器是 Web 服务器的客户端程序,通过 TCP/IP 协议设置,可以将一台计算机设置为 DNS 客户或 DHCP 客户等。

1.2.3　Web 浏览器

在计算机网络中,服务器和客户机总是成对出现的,用户通过客户端程序使用服务器,或者通过特定的设置将计算机设置为特定服务的客户机。所谓 Web 浏览器(Browser)就是前面经常提到的 Web 客户端程序,用户要浏览 Web 页面必须在本地计算机上安装 Web 浏览器软件。通过在浏览器地址栏中输入 URL 资源地址,Web 服务器将把地址中指定的网页文件发送到客户端浏览器,并在浏览器窗口打开。

从本质上讲,Web 浏览器是一种用于网页浏览的应用软件,有两大功能:第一,Web 浏览器是 HTML 和 XML 格式的文档阅读器,它能够对网页中的各种标记进行解释显示。第二,Web 浏览器是一种网页客户端脚本程序的解释机,如果网页中包含客户端脚本程序,浏览器将执行这些客户端脚本代码,从而增强网页的交互性和动态效果。不同版本的浏览器都需要遵循 HTML 规范中定义的标记集,同时为了便于脚本编程,每个浏览器程序本身也提供了相应的浏览器内置对象,类似于传统软件开发中的函数库和类库。

在 Web 发展初期,最早的 Web 浏览器以 Lynx 为代表的基于字符的 Web 客户机程序,主要在不具备图形图像功能的客户计算机上使用。Lynx 由美国堪萨斯大学(University of Kansas)的 Lou Montulli 等人研制,于 1995 年发布。Lynx 有两种浏览方式:一种方式是使用光标移动键,即上下左右四个方向键选择超链接。第二种方式是 Lynx 先将网页上所有超链接编号,用户通过输入超链接编号选择超链接。基于字符的 Lynx 浏览器展示的互联网,没有图像、声音,也没有色彩,枯燥、乏味,操作指令难于记忆。

在美国国家超级计算应用中心(National Center for Supercomputer Applications, NCSA),24 岁的美国伊利诺斯大学学生马克·安德森(Marc Andreessen)和他的同事贝纳一起合作,开始了一种新的图形界面浏览器的研制工作。经过 6 个星期的辛苦工作,在 1993 年 1 月写出了 UNIX 版的马赛克(Mosaic)[①]浏览器,它是一款面向多媒体计算机的 Web 客户机程序,它可以在各种类型的小型机上运行,也可以在 IBM PC、Macintosh 机以及 UNIX 操作系统软件平台上运行。良好的图形界面和便捷的鼠标操作方式,使得该浏览器在短短的 4 个月内,就达到了 600 万台的装机量,市场占有率从零一下子暴增到 75%,拉开了互联网风起云涌的发展序幕,也吸引了全世界的科技精英、创业者和风险投资人奋不顾身地涌入到互联网发展的浪潮中。

目前,Web 浏览器软件产品很多,除了微软的 IE(Internet Explorer)浏览器外,常见的浏览器还有 Maxthon(傲游)、Firefox(火狐)等。此外,Google、360 等也分别推出了自己的 Web 浏览器产品,例如,Google Chrome 浏览器,这些浏览器的目标就是提升稳定性、速度

---

① Mosaic(马赛克)浏览器,又称 NCSA Mosaic 浏览器,是互联网历史上第一个获普遍使用和能够显示图片的网页浏览器,由美国伊利诺斯大学 NCSA 组织的马克·安德森(Marc Andreessen)等人研发,1993 年 1 月上线,1997 年 1 月 7 日正式终止开发和支持。1994 年 4 月,安德森同硅谷风险投资家吉姆·克拉克一起创立 Mosaic 通讯公司,集中全力开发网络浏览器。为避免和 NCSA 的法律纠葛,Mosaic 通讯公司后更名为网景公司,浏览器产品也更名为网景导航者浏览器(Netscape Navigator)。

网景公司于 1995 年 8 月 9 日上市,从一家创始资金只有 400 万美元的小公司,在华尔街上市的几个小时内,瞬间达到市值 2000 亿美元的巨人,相当于通用动力公司 40 年发展才达到的市值。1998 年 11 月 24 日,网景公司被因特网服务提供商美国在线 AOL 收购。2003 年 5 月,微软和 Netscape 的母公司达成协议,微软支付 AOL7.5 亿美元,AOL 继续使用和推广 IE,取代 Netscape 的位置。2003 年 7 月 15 日网景公司解散。

和安全性,并创造出更加简单且有效率的用户界面,并具有多个操作系统版本。在智能手机领域,各种专用浏览器也越来越多。

1.2.4　超文本传输协议

在万维网中,网页浏览实际上就是 Web 浏览器和 Web 服务器之间进行通信,进行网页及相关文件传输的过程。Web 浏览器和 Web 服务器之间的通信采用超文本传输协议(HyperText Transfer Protocol,HTTP)通信,概念模型如图 1-2 所示。

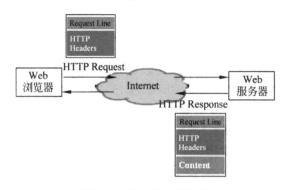

图 1-2　Web 的工作原理

1. HTTP 协议

在互联网中,超文本传输协议 HTTP 是应用层协议,主要功能是在计算机之间快速地传递超文本文件,采用请求/响应模型工作。当用户在浏览器地址栏中输入 URL 地址或单击网页中的一个超链接时,浏览器就向 Web 服务器发送 HTTP 请求。HTTP 请求被送往 URL 指定的 Web 服务器,Web 服务器端的 HTTP 服务器程序接收到用户的 HTTP 请求后,进行必要的操作,返回 HTTP 响应给 Web 浏览器。

在 HTTP 通信中,HTTP 消息包括客户机向服务器的请求消息和服务器向客户机的响应消息。HTTP 消息由一个起始行,一个或者多个头域,以及消息体(可选)组成。HTTP 头是 HTTP 请求和相应的核心部分,它们携带关于客户端浏览器,被请求页面,服务器及其他信息。HTTP 头包括通用头、请求头、响应头和实体头四个部分。每个头域由一个域名、冒号(:)和域值三部分组成,域名大小写无关,每个头域占一行。

(1) 通用头域,包含请求和响应消息都支持的头域。通用头域包含的字段有:Cache-Control、Connection、Date、Pragma、Transfer-Encoding、Upgrade、Via。关于各个头域的含义及取值请参考 HTTP 协议规范,以下同。

(2) 请求头域,允许客户端向服务器传递关于请求或者关于客户机的附加信息。请求头域包含的字段有:Accept、Accept-Charset、Accept-Encoding、Accept-Language、Authorization、From、Host、If-Modified-Since、If-Match、If-None-Match、If-Range、If-Range、If-Unmodified-Since、Max-Forwards、Proxy-Authorization、Range、Referer、User-Agent。

(3) 响应头域,允许服务器传递不能放在状态行的附加信息,这些域主要描述服务器的信息和 Request-URI 进一步的信息。响应头域有:Age、Location、Proxy-Authenticate、Public、Retry-After、Server、Vary、Warning、WWW-Authenticate。

（4）实体，请求消息和响应消息都可以包含实体信息，实体信息一般由实体头域和实体两部分组成。实体头域包含关于实体的元信息，实体是要传递的数据，是一个经过编码的字节流。在 HTTP 通信中，如果存在不支持的通用头域，一般将会作为实体头域处理。

2. 请求消息

当用户在 Web 浏览器地址栏中输入一个 URL 或单击页面中的超链接时，浏览器向 Web 服务器发送 HTTP 请求（HTTP Request）消息。HTTP 请求消息由两部分构成，第一行为 Request Line，后面的部分为 HTTP 头。其中，Request Line 由三部分组成，一般格式如下：

```
Method Request - URI HTTP - Version
```

（1）Method，表示对于 Request-URI 完成的方法，这个字段是大小写敏感的，包括 GET、POST、OPTIONS、HEAD、PUT、DELETE、TRACE。其中 GET 和 POST 方法使用较多，用于编码和传送变量名/变量值对参数，两者的主要区别是：① GET 方法使用 MIME 类型文本格式传递参数，在客户端，GET 方式通过 URL 提交数据，数据是 URL 的一部分，GET 方法提交的数据最多只能有 1024 字节。②POST 方法参数同样被 URL 编码，但是，变量名/变量值对不作为 URL 的一部分被传送，而是放在 HTTP 请求消息内部被传送，POST 方法提交的数据多少没有限制，通常用于提交表单数据，即在网页中，通过 < form >标记中设置 method＝"POST"属性值来标明表单数据的传送方式。

（2）Request-URI，遵循统一资源标识符（Universal Resource Identifier，URI）格式，若此字段为星号（＊），说明请求并不用于某个特定的资源地址，而是用于服务器本身。在 HTTP 中，统一资源标识符 URI 和统一资源定位符 URL（Universal Resource Locator，URL）不同，URI 表示请求服务器的路径及资源本身，定义一个或多个资源。而统一资源定位符 URL 除了需要指定资源本身，还需要指定资源的访问方式，例如 HTTP、HTTPs、FTP 等。

（3）HTTP-Version，表示支持的 HTTP 版本，例如 HTTP/1.1。

在 Request Line 的后面是 HTTP 头域，请求头域允许客户端向服务器传递关于请求或者关于客户机的附加信息。

一个典型的 HTTP 请求消息如下：

```
GET /2010/xxjj.html HTTP/1.1
Host: www.sdu.edu.cn
User-Agent: Mozilla/5.0 (Windows NT 5.1; rv:10.0.2) Gecko/20100101 Firefox/10.0.2
Accept: text/html, application/xhtml+xml, application/xml;q=0.9,*/*;q=0.8
Accept-Language: zh-cn, zh;q=0.5
Accept-Encoding: gzip, deflate
Connection: keep-alive
Referer: http://www.sdu.edu.cn/
Cookie: lzstat_uv=2061275203206613369|2684626; lzstat_ss=1170560923_0_1331481597_2684626
```

在上例中，第一行表示 HTTP 客户端通过 GET 方法获得指定 URL 下的文件。通过下面的 Referer 可以得到完整的 URL 为 http://www.sdu.edu.cn/2010/xxjjhtm。

接下来的部分是该 HTTP 请求的头域设置，解释如下：

* Host，Host 头域指定请求资源的主机和端口号，表示请求 URL 的原始服务器或网关的位置。HTTP/1.1 请求必须包含主机头域，否则系统会以 400 状态码返回。支持主

机头,可以使得在一台 Web 服务器中,通过设置不同的头域来同时运行多个网站。

- User-Agent,User-Agent 头域的内容包含发出请求的用户信息。
- Accept,告诉 Web 服务器浏览器可以接受的介质类型,* / * 表示任何类型,type/ * 表示该类型下的所有子类型,type/sub-type。
- Accept-Language,浏览器申明自己接收的语言。
- Connection,如果取值为 close,则告知 Web 服务器或者代理服务器,在完成本次请求的响应后,断开连接,不要等待本次连接的后续请求了。如果为 keepalive,则告知 Web 服务器或者代理服务器,在完成本次请求的响应后,保持连接,等待本次连接的后续请求。
- Referer,允许客户端指定请求 URI 的源资源地址,这可以允许服务器生成回退链表,可用来登录、优化 cache 等。如果请求的 URI 没有自己的 URI 地址,Referer 不能被发送。如果指定的是部分 URI 地址,则此地址应该是一个相对地址。

3. 响应消息

HTTP 相应消息(HTTP Response)由状态行、头域和内容组成。相应消息的第一行为状态行,格式为:

HTTP - Version Status - Code Reason - Phrase

其中,HTTP-Version 表示支持的 HTTP 版本,例如为 HTTP/1.1。Status-Code 是一个三个数字的结果代码,用于机器自动识别。Reason-Phrase 给 Status-Code 提供一个简单的文本描述,用于帮助用户理解。

在 Status-Code 编码由三个数字组成,第一个数字定义响应的类别,后两个数字没有分类的作用。常见的状态码分为五种:①1xx:信息响应类,表示接收到请求并且继续处理。②2xx:处理成功响应类,表示动作被成功接收、理解和接受。③3xx:重定向响应类,为了完成指定的动作,必须接受进一步处理。④4xx:客户端错误,客户请求包含语法错误或者是不能正确执行。⑤5xx:服务端错误,服务器不能正确执行一个正确的请求。

在状态行的后面是响应头域,响应头域允许服务器传递不能放在状态行的附加信息,这些域主要描述服务器的信息和 Request-URI 进一步的信息。如果存在不支持的响应头域,一般将会作为实体头域处理。

对于上面的 HTTP 请求,返回的一个典型的 HTTP 响应消息如下:

```
HTTP/1.1 304 Not Modified
Date: Sun, 11 Mar 2012 08:28:32 GMT
Server: Apache/2.2.17 (Unix)
Connection: Keep-Alive
Keep-Alive: timeout=5, max=100
Etag: "1684db-1536-4ba3ce4300900"
```

上例第一行表示 HTTP 服务端响应一个 GET 方法。接下来的行是头域部分,解释如下:

- Server,Server 响应头包含处理请求的原始服务器的软件信息。此域包含多个产品标识和注释,产品标识一般按照重要性排序。
- Connection,与 Connection 请求对应。如果取值为 close,则表明连接已经关闭。如果取值为 keepalive,则表明连接保持着,在等待本次连接的后续请求。

- Keep-Alive，如果浏览器请求保持连接，该头部表明 Web 服务器保持连接的时间（秒）。
- ETag，一个 URL 对象的标识，作用跟 Last-Modified 类似，主要供 Web 服务器判断一个对象是否改变。例如，前一次请求某个 HTML 文件时，获得其 ETag，当再次请求同一个文件时，浏览器就会把先前获得的 ETag 值发送给 Web 服务器，然后 Web 服务器会把这个 ETag 跟该文件的当前 ETag 进行对比，以判断文件是否已经改变了。

4. 实体

在 HTTP 通信中，HTTP 请求消息和 HTTP 响应消息都可以包含实体信息，实体信息一般由实体头域和实体两个部分组成。实体头域包含关于实体的元信息，实体头包括：Allow、Content-Type、Content-Base、Content-Encoding、Content-Language、Content-Length、Content-Location、Content-MD5、Content-Range、Etag、Expires、Last-Modified、extension-header。实体可以是一个经过编码的字节流，它的编码方式由 Content-Encoding 或 Content-Type 定义，它的长度由 Content-Length 或 Content-Range 定义。extension-header 允许客户端定义新的实体头，但是这些域可能无法被接受方识别。

在 HTTP 规范中，获取 HTTP 通信信息，可以分析 Web 服务器和 Web 浏览器的配置。在 Firefox 浏览器中，可以安装 LiveHTTPHeaders 插件来抓取 HTTP，插件的下载网址为 http://livehttpheaders.mozdev.org/installation.html。下载该插件，安装 Firefox 浏览器，执行"工具/附加组件"命令，安装 LiveHTTPHeaders 插件，则在"工具"菜单中添加 LiveHTTPHeaders 命令，执行该命令打开抓包窗口，然后在地址栏输入一个网址，则在 LiveHTTPHeaders 窗口可看到每个 URL 链接的 HTTP 请求和响应消息。

1.3 概念及术语

在 Web 中，新的概念、术语不断出现，随着 Web 应用的普及，这些本来是专业的概念和术语已经生活化和大众化了。为了更好地理解这些概念和术语的本质，下面从计算机科学和技术的角度对 Web 中的一些常用概念和术语进行简要介绍。

1. 网站（Web Site）

网站又称 Web 站点，是互联网中提供信息服务的机构、组织或个人，他们通过建立 Web 服务器，并连接到互联网中，向用户提供 Web 服务，或称页面浏览服务。此外，随着 B/S 架构的兴起，网站已经成为计算机应用的主要模式，如各种各样的电子商务平台，其作用已经不再是单纯的信息服务，而是一个计算机应用系统了。

从技术上讲，一个 Web 站点就是 Web 服务器中由一个主目录、子目录及其包含的网页文件、图片文件及其他各类文件，以及相关的数据库构成的系统。网页文件通常包含客户端脚本程序和服务端脚本程序，并通过超链接连接在一起，形成特定的应用逻辑，构成一个特定的 Web 应用。因此，网站又称为 Web 应用。

Web 应用和传统的应用程序相比，主要的不同有：①程序构成不同，传统的应用程序通常是由一个 exe 文件和相关的 dll 库构成，而 Web 应用则是由一个主目录及其包含的子目录和大量网页文件构成。②运行环境不同，传统应用程序在操作系统上运行。而 Web 应用中网页中的程序包含了服务端的脚本程序和客户端脚本程序，服务端的脚本程序在 Web 服务器上运行，客户端脚本程序在 Web 浏览器中运行。③用户界面不同，传统应用程序通常有特定的用户界面,有窗口、菜单、工具按钮、对话框等概念;而 Web 应用由一系列网页构成,页面设计没有统一标准,页面之间通过超链接等方式打开。

2. 超文本(Hypertext)

超文本是一种文本显示与链接技术,可以对文本中的有关词汇或句子建立链接(即超链接),使其指向其他段落、文本或链接到其他文档。通过超链接,可以在文档之间、文档内部之间跳转,这种文本的组织方式与人们的思维方式和工作方式比较接近。

当超文本显示时,建立了链接的文本、图片通常以下画线、高亮等不同的方式显示,来表明这些文本或图片对应一个超链接。当鼠标移过这些文字时,鼠标会变成手形,单击超链接文本或图片,可以转到相关的位置,或打开一个新的文档。

3. 超链接(Hyperlink)

Web 页中当用户单击它时可以转到其他 Web 页或当前页面的其他地方的文字、图片等对象,分为文本超链接和图片超链接两种。如果是文本超链接,超链接在 Web 页上往往带有下画线或增亮显示。当用户将鼠标指向一个超链接时,鼠标指针会改变为手的形状。

4. 网页(Web Page)

网页是指 Web 服务器上的一个个超文本文件,或者是它们在浏览器上的显示屏幕。网页中往往包含指向其他网页或文件的超链接。在网页中,除了文本、图片等网页内容外,通常还包含客户端或服务端脚本程序。因此,Web 页面可分为静态网页(htm 页面)和服务器页面(Server Page)两类。含有服务端脚本程序的页面称为服务器页,根据程序的语言类型,有 JSP 页面(Java Server Page)、ASP 页面(Active Server Page)等。不含有服务端脚本程序的页面称为静态网页,即普通 htm 页面,普通 htm 页面可包含客户端脚本程序,如 JavaScript 程序,客户端脚本程序在用户的浏览器中执行。

5. 首页(Home Page)

对于一个网站,首页也称网站主页,通常是站点的第一个网页,这类似于传统应用程序的主窗口。首页中往往列出了网站的信息目录,或指向其他站点的超链接,它是一个网站的入口。当用户访问一个网站时,如果在 URL 中不指定特定的网页文件,则 Web 服务器将站点首页发送到客户端。在 Web 服务器的配置中,首页又称为默认文档。

6. 统一资源定位符(Uniform Resource Locator,URL)

统一资源定位符可以唯一标识一个 Web 页、网页中的一个图片或互联网中其他资源的一个地址,它将 Internet 提供的各类服务统一编址,以便用户通过 Web 客户浏览程序进行信息查询。URL 的一般形式为:

访问类型:∥网址[:端口号][/[文件路径/文件名]][?参数名=参数值&参数名=参数值…]

在 URL 中,除了网址外,其他内容都是可选的。其中,访问类型主要包括 HTTP,FTP 等;网址即服务器的域名或 IP 地址,端口号对应一个特定的服务,默认端口号可以省略,例如 Web 服务的默认端口为 80,FTP 服务的默认端口为 21 等;文件路径为资源相对于主目录的相对路径;文件名是用户浏览器指定的要下载的文件;如果有参数,在文件名后面跟字符"?"列出参数名/参数值对,不同的参数名/参数值对之间用"&"分开。

在 URL 中,默认端口号可以省略不写,如果不指定文件路径和文件名,则默认访问站点根目录下的首页文件,首页文件由 Web 服务器指定。例如,如果用户在浏览器地址栏中输入的 URL 为：http://www.sdu.edu.cn/，则表明用户要下载域名为 www.sdu.edu.cn 的 Web 服务器中根目录下的首页文件。

随着手机智能化的发展和广泛应用，手机上网用户越来越多，和 PC 上网需要输入网址不同，在智能手机等移动网络应用中，二维码①成为广泛使用的输入形式。在印有二维码的地方，只要用手机扫一下二维码，即可访问二维码所对应的网络资源，例如：打开网页、网络支付、添加微信好友等。二维码可以通过一些在线的二维码生成器生成，其生成器大都是免费的，例如国内最大的"草料二维码生成器"，可以利用百度搜索获取网址。

7. 端口（Port）

在计算机通信中，端口用于标识一个唯一的通信程序。根据 OSI 参考模型的规定，数据通信最终被封装成包在 Internet 中传递，当数据包到达接收方时，在接收方的计算机上可能运行着多个服务程序，服务程序将根据到达的数据包中的端口号来决定是否接收一个到达的数据包，这和旅客在机场的行李传送带旁提取自己的包裹类似。

在 TCP/IP 协议中，对于通信端口，有不同的分类方法。按协议类型划分，端口可以分为 TCP、UDP、IP 和 ICMP(Internet 控制消息协议)等。其中 TCP 端口和 UDP 端口是最常见的端口类型。按照端口号分布划分，端口分为知名端口（Well Known Ports），注册端口（Registered Ports）和动态和/或私有端口（Dynamic and/or Private Ports）。

所谓知名端口（Well Known Ports），又称公认端口，是指端口号范围从 0 到 1023 的端口，通常这些端口的通信明确表明了某种服务的协议，不可再重新定义它的作用对象。常用知名端口有：21 端口（FTP 服务），25 端口（SMTP 服务），53 端口（DNS 服务），80 端口（HTTP 服务），110 端口（POP3 服务），143 端口（IMAP 服务）。

端口号范围从 1024 到 65535 的端口统称动态端口，它是根据通信需要，系统为通信程序临时分配的端口。其中端口号从 1024 到 49151 的部分又称为注册端口（Registered Ports），这些端口松散地绑定于一些服务，多数没有明确地定义服务对象，不同程序可根据实际需要自己定义。例如，远程控制软件和木马程序中常会有这些端口的定义。在上网浏览中，操作系统会动态地为浏览器临时分配端口，当关闭浏览器窗口时，端口被收回。

在网络安全中，木马和黑客程序均是通过特定的端口来控制计算机的，因此，通过设置 TCP/IP 的筛选可以容易地切断黑客或木马的攻击。在 Windows 系统中，利用命令行命令 "netstat-a-n"可查看当前系统正在进行通信的协议端口，也可以安装 360 安全卫士，查看当前的通信进程及所使用的端口号。这有助于发现系统是否有木马在运行。

8. Web 2.0

回想 Web 诞生之初，我们面对的是一个个静态网页，但网页之间的超链接，以及浏览器带给我们的网络界面，已经足够令我们兴奋不已。今天人们习惯地把这个时期(2003 年以前的互联网模式)的互联网称为 Web 1.0。在 Web 1.0 时代，Netscape 脱颖而出，成为互联网耀眼的新星，它的浏览器，把广大的普通用户带入了互联网。同时，Yahoo 提出了互联网黄页，Google 推出了深受欢迎的搜索服务，他们为互联网的发展做出了巨大贡献。

---

① 二维码(2-dimensional bar code)，又称二维条码，它是用某种特定的几何图形按一定规律在平面(二维方向上)分布的黑白相间的图形，以记录数据符号信息，通过图像输入设备或光电扫描设备自动识读以实现信息自动处理。二维码有多种类型，常见的有堆叠式二维码、矩阵式二维码等。

随着网络的发展,网站的拥有者发现,只有网民的参与,才能持久地提高与保持网站的人气。从一开始出现的"论坛"到快速火热起来的"博客",互联网事实上已经逐渐开始了一种理念上的转变,实践着从 Web 1.0 到 Web 2.0 的跨越。关于 Web 2.0,并没有一个统一的定义,它通常是指注重用户交互作用,强调用户的广泛和深入参与,被认为是下一代软件设计模式和商业模式。Web 2.0 理念使得网站的展现形式更加多样化,产生了很多的典型产品,例如:论坛、名人博客等。

9. 博客(Blog)

博客的全名是 Web log,即"网络日志"的意思,后来缩写为 Blog。Blog 是继 E-mail、BBS、ICQ 之后出现的第四种网络交流方式,是以超级链接为武器的网络日记,代表着一种新的生活方式和新的工作方式。同时,博客(Blogger)则指的是使用特定的软件,在网络上出版、发表和张贴个人文章的人。

从技术上讲,一个 Blog 就是一个网页,它通常是由简短且经常更新的帖子所构成,这些张贴的文章按照年份和日期倒序排列。Blog 的内容和目的有很大不同,有的是个人的一些评论、随笔、日记、照片等;有的则是一群人基于某个特定主题的集体创作。2002 年 8 月,"博客中国"(http://www.blogchina.com/)网站开通,"博客"现象在中国互联网界出现。

现在,许多门户网站(例如新浪、网易等)都提供博客功能,用户可以免费注册,然后就可以发表文章(博文)了。这些博文通常按照博主或专题分类组织,便于浏览者查看,读者还可以对文章进行评论。博客作为一种新的表达方式,它不仅传播情绪,还包括大量的智慧、意见和思想。某种意义上说,它也是一种新的文化现象,博客的出现和繁荣,真正凸显网络的知识价值,标志着互联网发展开始步入更高的阶段。

10. 微博(MicroBlog)

微博,即微博客(MicroBlog)的简称,它是一个基于用户关系的信息分享、传播以及获取平台,用户可以通过 Web、WAP 以及各种客户端软件来更新或获取信息,以 140 字左右的文字更新信息,并实现即时分享。最早也是最著名的微博是美国的推特(twitter),2009 年 8 月份,新浪网推出新浪微博,提供微博服务,微博正式进入中文上网主流人群视野。

和博客相比,微博是一种通过关注机制分享简短实时信息的广播式的社交网络平台。它具有可以单向或双向关注机制、内容简短、实时广播的特点。2010 年开始,微博像雨后春笋般崛起,四大门户网站均开设微博服务。

11. RSS 订阅

网络信息量每天都以惊人的速度增长,人们通常以搜索引擎的方式搜索需要的信息,对于扑面而来的新闻,则需要花费大量的时间冲浪和从新闻网站下载。即使如此,还是有大量的新闻或信息可能因为没有及时浏览而错过。

相对于传统的信息浏览,RSS(Really Simple Syndication,简易信息聚合)订阅则是一种全新的资讯传播方式,它采用推技术将订阅的页面发送到客户的 RSS 阅读器或 Web 浏览器中。只要用户下次打开 RSS 阅读器,或支持 RSS 订阅的浏览器,被订阅的页面将显示在频道列表中。提供 RSS 订阅的站点或页面通常被标记为"XML"或"RSS"的橙色图标,例如,网易 RSS 订阅中心(http://www.163.com/rss/)。

12. 微信(WeChat)

微信是腾讯公司于 2011 年 1 月 21 日推出的一个为智能终端提供即时通信服务的免费

应用程序，微信通过互联网快速发送免费语音短信、视频、图片和文字，同时，也可以使用通过共享流媒体内容的资料和基于位置的社交插件"摇一摇""漂流瓶""朋友圈""公众平台""语音记事本"等服务插件。

微信最常见的方式是使用智能手机联网，通过添加微信好友或创建微信群，分享自己的文章或转发他人文章。此外，在使用电脑上网浏览时，网页新闻通常在页面的顶部，提供分享机制，例如：微博、微信、QQ 空间等。如果要将电脑中的文章分享到微信朋友圈，可以使用微信的"扫一扫"功能，通过扫描二维码，可以方便快捷地将网页分享到微信朋友圈，加快了页面的传播。

除此之外，微信公众平台和公众号也提供订阅功能，为用户获取信息提供更加广泛的信息获取渠道。值得注意的是，一些微商通过发朋友圈，也给人们带来了一定的麻烦，引起人们的反感。但其通信便利和不断开发的商业应用应验了互联网时代"不怕做不到，就怕想不到"的名言。

1.4　Web 相关技术

进入 20 世纪 90 年代以后，随着互联网技术的不断发展，特别是万维网的出现，对计算机的计算模式、软件开发模式、应用模式都产生了重要影响，以浏览器/服务器三层架构为软件架构的计算机应用成为主流的计算机应用模式。我们把基于 B/S 三层架构的计算机应用系统称为 Web 系统，与 Web 系统开发及应用相关的技术统称为 Web 技术。其中，最核心的技术就是 HTML 和 XML 标记语言和 Java 技术，XML 标记语言保证了数据表达的平台无关性，成为跨平台数据交换的标准，Java 技术提供了互联网中程序代码的平台无关性。

1.4.1　标记语言

早在 1969 年互联网诞生以前，随着计算机技术在电子出版印刷行业中的应用，当时美国 IBM 公司的研究人员开始设计一种名为通用标记语言（Generalized Markup Language，GML）的语言，其目标是对电子出版中的文档结构和内容进行格式定义和统一标记，以便使用计算机程序进行自动化处理。

在印刷、统计等需要大规模数据处理的行业和部门的支持下，这项研究工作持续了十几年，于 1980 年推出了标准通用标记语言（Standard Generalized Markup Language，SGML），并于 1986 年获得国际标准化组织 ISO 的批准。为了满足各种不同的页面表达需要，SGML 设计得非常复杂，SGML 的正式规范达 500 多页，因此使用起来很不方便，使得它未能得到普及和大规模的应用，并不为其领域之外的人们所广泛了解。虽然 SGML 没有被广泛应用，但是 SGML 定义了标记语言的基本概念，奠定了标记语言发展的技术基础。

1991 年，超文本标记语言（HyperText Markup Language，HTML）问世，这项汲取了 SGML 灵感的创新，给互联网中的资源展示带来了一次革命，催生了 WWW。因此，在互联网发展的历史上，HTML 被称为互联网发展的第一个里程碑。什么是 HTML 呢？简单讲，HTML 是一种数据展示技术，它定义了一组标记，这些标记标记了网页内容在浏览器中的显示样式，从而保证了网页内容在不同的软硬件平台上具有一致的外观，这是一个革命性的创新，推动了互联网应用的普及。

1996 年 8 月，那些关心 SGML 的专家聚集在美国西雅图，成立了一个名为 GCA (Graphic Communications Association，图形通信协会)的组织，研究如何开发 SGML 以便它适应和促进 Web 技术的发展。他们对 SGML 过于复杂难于被理解和实现的方面进行简化，去掉其语法定义部分，适当简化 DTD 部分，并增加了部分互联网的特殊成分。为了体现它与 HTML 的不同，工作组将其命名为 XML(eXtensible Markup Language)，同时也将自身更名为 XML 工作组。1998 年 2 月 10 日，XML 工作组正式向 W3C 提交了 XML 的最终推荐标准，这就是 XML 1.0 标准。

在 XML 中，SGML 的最初动机得以延续，文件内容和处理这些内容的应用程序实现了分离，在文件内容中不包含数据的处理过程代码，文件内容被编码为条理清晰的文本，从而便于数据交换和处理。对数据进行研究有着重要的意义，因为数据往往是相对稳定的，变化的通常是处理这些数据的程序。实现数据和操作这些数据的程序的分离是 XML 的设计动机，这是深刻理解 XML 的基础。在 XML 中，如果 XML 某方面设计的与应用程序太过紧密，就可以认为这是一种 bug，这是使用 XML 最重要的一个原则。

XML 标准的发展没有 HTML 那样迅速，直到 2002 年 10 月 15 日，W3C 才发布了 XML 1.1 候选推荐标准。在 XML 1.0 规范中，使用的字符集为 Unicode 2.0。随着 Unicode 版本的升级，XML 1.1 支持新的 Unicode 字符，不再局限于一个具体的 Unicode 版本。此外，在 XML 1.1 中，增加了 IBM 大型主机规定的换行符(♯x85：十六进制的 85)和 Unicode 换行符(♯x2028)的处理能力，这些改变都提高了 XML 的国际化支持水平。

在互联网中，对于标记语言 XML 和 HTML，虽然同为标记语言，但是两者的定位完全不同，HTML 用于标记内容在浏览器中的显示样式，是一种数据展示技术，XML 则是一种数据表达技术，通过自定义标记，来对内容进行语义标记，从而使得文档具有语义。

在 XML 技术中，其核心思想是实现数据和显示的分离，为了实现文档内容的显示、查询及操作等应用，在 XML 基础上，还定义了一系列相关的 XML 应用语言规范，例如可扩展样式语言 XSL、XML 路径语言 XPath、XML 查询语言 XQuery、可扩展连接语言 XLL 以及 XML 文档对象模型 DOM 与简单应用程序接口 SAX 等，通过这些规范来实现对 XML 文档的显示及其他各种操作。

在 Web 相关的技术中，可以说，标记语言是互联网的基石，HTML 是互联网发展的第一个里程碑，XML 代表了互联网的未来，它不仅实现了数据的平台无关性，还是语义 Web，语义搜索等智能应用的基础。

1.4.2 Java 技术

在 Java 技术出现以前，计算机系统的软件开发都是基于操作系统的，不同操作系统下开发的软件互不兼容，软件的移植性是一个不可逾越的山峰。直到 1995 年，Sun Microsystems[①]

---

① Sun Microsystems 公司创立于 1982 年，由斯坦福大学毕业生安迪·贝克托森(Andy Bechtolsheim)和斯科特·马可尼里(Scott McNealy)创办，公司名字取斯坦福大学网络(Stanford University Network)的首字母缩写。公司成立后主要致力于高性能 Sun 工作站以及基于 UNIX 的服务器和工作站网络的研发，在 20 世纪 90 年代，和当时的集中式中小型机和终端系统构成的终端网络相比，具有很强的竞争优势。在高峰期时，Sun 公司在全球拥有 5 万员工，市值超过 Google 和 IBM。2000 年，随着互联网泡沫的破灭，公司的服务器工作站业务急转直下，2009 年 4 月 20 日，Sun Microsystems 公司，这个在行业中被认为是同行中最具创造性的企业，被甲骨文(Oracle)公司以现金收购。

推出 Java 技术,Java 的出现,革命性地颠覆了传统的软件开发与运行模式,从此揭开了网络系统开发的新篇章。Java 技术为用户带来了无数令人兴奋的可能性,它几乎使所有应用程序(包括游戏、工具和服务程序)都能在任何计算机或设备上运行。

什么是 Java 技术呢? 狭义上讲,Java 技术可以理解为 Java 语言,广义上讲,Java 技术包括 Java 语言、Java 虚拟机以及 Java API 等。Java 技术的平台可移植性、多功能性、有效性以及安全性使它成为网络计算领域最完美的技术。今天,Java 技术已经无处不在,从桌面 PC 到科学超级计算机和互联网,从移动电话到移动手持设备,从家庭游戏机到信用卡,几乎在所有的智能设备上都会看到 Java 技术的身影。

1. Java 的出现

1990 年,Sun 计划开拓消费类电子产品市场,他们认为计算机技术发展的一个趋势是数字家电之间的通信。为此,Sun 成立了一个软件设计团队,为电视、烤面包箱等家用消费类电子产品开发一个分布式代码系统,目的是可以通过互联网与家电产品进行交互,以便对其进行控制,该项目称为"绿色计划"。项目由詹姆斯·高斯林(James Gosling)[①]负责,负责为设备和用户之间的交流创建一种能够实现网络交互的语言。

开始,他们准备用 C++语言开发,但是,C++太复杂,且存在安全性问题。于是在 1991 年 6 月份,高斯林开始准备基于 C++开发一种新的语言,看着窗外的一棵老橡树,就将这个新的语言命名 Oak,他就是 Java 的前身。Oak 是一种用于网络的精巧而安全的语言,在一次交互式电视项目投标中,Oak 失败,随后几乎销声匿迹。受安德森开发 Mosaic 和 Netscape 浏览器的启发,他们将 Oak 继续完善。因为此时发现在此之前 Oak 已是 Sun 公司另一个语言的注册商标,他们将新的 Oak 改名为 Java,即太平洋上一个盛产咖啡的岛屿(爪哇岛)的名字,从此,一杯冒着热气的咖啡(☕)成为了 Java 技术的标志。

高斯林在开始写 Java 时,并不局限于扩充语言机制本身,更注重于语言所运行的软硬件环境。他要建立一个系统,这个系统运行于一个巨大的、分布的、异构的网格环境中,完成各种电子设备之间的通信与协同工作。高斯林在设计中采用了虚机器码(Virtual Machine Code)方式,即 Java 语言编译后产生的是虚机器码,虚机器码运行在一个解释器上,每一个操作系统均有一个解释器。这样一来,Java 就成了平台无关语言,这和高斯林设计的 Sun NeWS 网络窗口系统[②]有着相同的技术味道。在 NeWS 中,用户界面统一用 Postscript 描述,不同的显示器有不同的 Postscript 解释器,这样便保证了用户界面良好的可移植性。

经过 17 个月的奋战,整个系统胜利完成。它是由一个操作系统、一种语言(Java)、一个用户界面、一个新的硬件平台、三块专用芯片构成的。项目完成后,在 Sun 公司内部做了一次展示和鉴定,观众的反映是:在各方面都采用了崭新的、非常大胆的技术。

---

① 詹姆斯·高斯林(James Gosling),加拿大人,Java 编程语言的共同创始人之一,一般公认他为"Java 之父"。1983 年在美国卡内基梅隆大学获计算机科学博士学位,毕业后到 IBM 工作,设计 IBM 第一代工作站。1984 年加盟 Sun 公司,是 Sun 扩充网络窗口系统 NeWS(Network/extensible Window System)的总设计师,也是第一个用 C 实现的 EMACS 文本编辑器 COSMACS 的开发者。

② 窗口系统(Window system)是 UNIX 服务器/工作站结构的概念,在早期的 UNIX 网络中,大型的软件通常部署在服务器上,用户通过网络终端连接服务器,运行服务器中的软件。这些软件运行的结果需要在用户终端显示,如何将运行结果在不同的终端显示呢? 通过不同的终端安装相应的驱动程序,接收服务器上的数据,这些数据与显示无关,具体的显示由终端来处理,这就实现了数据和显示的分离。

2. Java 语言环境

1994 年,WWW 已如火如荼地发展起来。高斯林意识到 WWW 需要一个中性的浏览器,它不依赖于任何硬件平台和软件平台。于是他决定用 Java 开发一个新的 Web 浏览器,1994 年秋 Web Runner 研发完成,后改名为 Hot Java,并于 1995 年 5 月 23 日发表,在产业界引起了巨大轰动,Java 的地位也随之得到肯定。Hot Java 浏览器具有崭新的 Java Applet 功能,让网页更有动感,为了让其他浏览器支持 Java Applet,Sun 发布了相应的 Java 插件。在一般的页面浏览方面,Hot Java 浏览器并不优越,人们更愿意使用网景的导航者浏览器和微软的 IE 浏览器,因此,Hot Java 浏览器没有得到普及,1999 年 Sun 公司宣布停止 Hot Java 浏览器的后续发展。

在 1995 年 Sun 虽然推出了 Java,但这只是一种语言,而要想开发复杂的应用程序,必须要有一个强大的开发库支持。因此,又经过一年的试用和改进,Sun 在 1996 年 1 月 23 日发布了 JDK 1.0。这个版本包括了两部分:运行环境(Java Running Environment,JRE)和开发环境(Java Development Kit,JDK)。在运行环境中包括了核心 API,集成 API,用户界面 API,发布技术,Java 虚拟机(Java Virtual Machine,JVM)5 个部分。开发环境主要是 Java 程序编译器(即 javac),负责将 Java 源程序编译成虚机器码。

1997 年 2 月 18 日,Sun 发布了 JDK 1.1。JDK 1.1 相对于 JDK 1.0 最大的改进就是为 JVM 增加了 JIT(即时编译)编译器。JIT 和传统的编译器不同,传统的编译器是编译一条,运行完后再将其扔掉,而 JIT 会将经常用到的指令保存在内存中,在下次调用时就不需要再编译了,这样 JDK 在效率上有了非常大的提升。

随后,一些著名的计算机公司纷纷购买了 Java 的使用权,如 IBM、Apple、DEC、Adobe、Silicon Graphics、HP、Oracle、Toshiba、Netscape 和 Microsoft 等大公司相继购买了 Java 的许可证。另外,众多的软件开发商也开发了许多支持 Java 的软件产品。在以网络为中心的计算时代,不支持 HTML 和 Java,就意味着应用程序的应用范围只能限于同质的环境。

Java 的平台无关性给未来的计算模式产生了革命性的影响,它是继 HTML 后,互联网发展的又一个里程碑。

3. Java 的技术特征

在 Sun 的 Java 语言白皮书中,说明 Java 语言有如下特征:简单、面向对象、分布式、解释执行、健壮、安全、体系结构中立、可移植、高性能、多线程、动态性……。

(1) 简单(Simple)。主要体现在三个方面:①Java 语言风格来源于 C++,因此 C++ 程序员可以很快地上手。②Java 摒弃了 C++ 中容易引发错误的地方,如指针,增加了内存管理等一些新的特色。③Java 提供了丰富的类库,使用户编程更加简单。

(2) 面向对象(Object Oriented)。Java 是面向对象的语言,摒弃了 C++ 中全局变量等与面向对象思想冲突的内容。

(3) 体系结构中立(Architecture Neutral)。一般情况下,网络环境都是异构的,如何使一个应用程序能够在不同硬件、不同操作系统平台的计算机上运行,始终是一个难题。Java 将它的程序编译成一种结构中立的中间文件格式,由 Java 虚拟机来解释执行这种中间代码。从而使得 Java 应用程序可以在不同的处理器中执行。

(4) 解释执行(Interpreted)。Java 解释器能直接地在任何机器上执行 Java 字节码(Byte codes)文件。

（5）可移植（Portable）。同体系结构无关的特性使 Java 程序可以在配备了 Java 虚拟机的任何计算机系统上运行。另外，通过定义独立于平台的基本类型及其运算，Java 数据得以在任何硬件平台上保持一致。

（6）分布式（Distributed）。Java 程序的程序库可以很容易地与 HTTP 等 TCP/IP 协议配合，从而使 Java 程序可以凭借 URL 打开并访问网络对象。对程序员来讲，访问方式和访问本地文件系统几乎一样，这就为 Internet 等分布环境提供内容带来了方便。

（7）安全性（Secure）。Java 是被设计用于网络和分布式环境的，安全性是一个重要的考虑因素。Java 的安全性可以从两个方面考虑：①内存的安全性，如摒弃了 C++ 中的指针，从而避免了非法内存操作和内存泄漏。②当用 Java 来创建浏览器内容时，语言功能和浏览器本身的功能结合，使它更安全。

4. Java 的发展

从 Java 技术诞生之日起，它的创意灵感和为实现平台无关性所追求的"编写一次，到处运行"的理念，就注定了其未来的蓬勃发展。1995 年，Java 开发包 JDK 1.0 的发布，奠定了 Java 实用发展的根基，即使在 2009 年 Sun 被 Oracle 收购后，Java 的发展也从未放慢前进的脚步。相比最早的 JDK 1.0 只有一个抽象窗口工具包（Abstract Windowing Toolkit，AWT），它是一种用于开发图形用户界面的 API，并无其他类库。今天的 JDK，Java 为开发人员提供的类库越来越丰富，功能也越来越强大，Java 开发已经遍及各个领域。

1998 年 12 月 4 日，Sun 发布了 Java 历史上最重要的一个 JDK 版本，即 JDK 1.2，这个版本标志着 Java 进入了 Java 2 时代，进入 Java 的飞速发展时期。在 Java 2 时代，Sun 对 Java 进行了很多革命性的改变，Sun 将 JDK 1.2 一分为三，Java 被分成了 J2EE（Java2 Platform，Enterprise Edition）、J2SE（Java2 Platform，Standard Edition）和 J2ME（Java 2 Platform，Micro Edition），分别面向企业级、桌面、嵌入式和移动计算等领域。

2000 年 5 月 8 日，经过两年的研发，Sun 对 JDK 1.2 进行了重大升级，推出了 JDK 1.3。Sun 在 JDK 1.3 中同样进行了大量的改进，主要表现在一些类库上（如数学运算、新的 Timer API 等）、在 JNDI 接口方面增加了 DNS 支持、增加了 JNI 支持等。

2002 年 2 月 13 日，Sun 发布了 JDK 历史上最为成熟的版本 JDK 1.4。这次 Sun 将主要精力放到了 Java 的性能上，使 JDK 1.4 的性能有了质的飞跃。到 JDK 1.4 为止，我们已经可以使用 Java 实现大多数的应用了。

虽然从 JDK 1.4 开始，Java 的性能有了显著的提高，但 Java 又面临着另一个问题，那就是复杂。在 2004 年 10 月，Sun 发布了 JDK 1.5，同时，Sun 将 JDK 1.5 改名为 J2SE 5.0。与 JDK 1.4 不同，JDK 1.4 的主题是性能，而 J2SE 5.0 的主题是易用。

2006 年 4 月，Sun 推出 J2SE 6.0 测试版，2006 年 12 月，代号为 Mustang（野马）的 J2SE 6.0 正式版推向市场，在性能、易用性方面得到了前所未有的提高。2006 年 12 月，Sun 公司发布 JRE 6.0，Java 技术发展到一个新的高度。Java 在性能、跨平台方面的优势，随着易用性的改善，成为网络开发的首选开发工具。

2009 年 4 月 20 日，Oracle 和 Sun 公司发布联合声明，Oracle 收购了 Sun 公司。Sun 这个让全球软件开发者曾热血沸腾、视为心灵家园的企业，这个曾提出"网络即计算机"战略方向，以及为世界贡献了一整套包括 Java 在内的全系列开源软件的硅谷高科技公司，就这样在历史的长河中消失了。

当 Sun 融入 Oracle 后，Java 的发展并未停滞。经过了几年的磨合，2011 年 7 月，在 Java 6 发布 5 年后，Java 7 姗姗来迟。3 年后，Oracle 在 2014 年 3 月 19 日发布了 Java 8 正式版。虽然 JDK 8 做了大量的改进，很多原有类都做了变更，但依然支持与以往版本的兼容。2017 年 9 月 21 日，Java 9 正式发布。在 Oracle 的官方网站（http://http://www.oracle.com/）上，用户可以免费下载 Linux、Mac OS、Solaris 和 Windows 等不同操作系统下的各种 Java 编程语言版本，包括 JDK 和 JRE。

1.4.3　Web 服务

在 Internet 的发展过程中，Web 应用系统越来越多，利用 HTML、CGI 等 Web 技术可以轻松地在 Internet 环境下实现电子商务、电子政务等各种 Web 应用系统。和传统的在操作系统下的可执行程序相比，运行在互联网上的 Web 系统其前端和后端程序并不是紧密地联结成一个统一的.exe 文件，而是分散在不同的网页文件中的。

对于软件系统的开发，我们总是追求最大程度的代码重用，以提高我们的软件开发效率、代码质量和系统运行效率。函数库、类库都是这种想法的具体实现，软件编程人员通过在自己的程序中编写函数调用语句，来分享了这些函数代码。程序连接器静态或动态地将这些库函数和用户的程序代码连接成一个统一的可执行程序，最终在计算机操作系统中运行。

在传统意义下，上述的软件开发模式实现了二进制代码级的重用，它无疑是成功的，通过编写那些具有共性的库函数，可以为编程人员带来标称效率上的提高。但是，在互联网环境下，这样的二进制代码重用，有了新的发展，我们看下面的例子。

假设开发人员需要搭建一个商务网站，这个网站需要一个验证客户合法身份的功能。为了实现这个功能，我们会想到下面两种不同的实现方法：

（1）由开发人员自己编写安全验证所需的全部程序代码，这包括用户数据的管理和查询等维护功能。

（2）购买这段程序（通常是一个 ActiveX 组件）。购买一个可以进行身份验证功能的组件，将具有相应功能的组件注册在自己的机器上，然后根据组件类型库产生接口文件。在实际编程中就可以使用这个接口文件来访问组件服务。

在上述的设计中，虽然我们可以购买功能代码，但对所需数据的管理依然是存在的，或许我们需要在系统中建立一份完整的客户数据表，而这份数据表在别的系统中也会用到或会发生变化。这就导致不同的系统中，需要对这些信息进行同步，否则将导致数据的不一致。这是一个复杂的问题，如果能够把功能和数据一起进行抽象，独立成一个业务单元，问题就可以解决了，这便导致了 Web 服务概念的产生。

1. Web 服务的概念

什么是 Web 服务呢？所谓 Web 服务（Web service），它是组件技术在 Internet 中的延伸，从本质上讲是放置于网络上的可重用构件，或者说是一个可以远程调用的类或组件。从更高的概念层面讲，可以将 Web 服务视为一些工作单元，每个单元处理特定的功能任务以及相关的数据。再往上一步，可以将这些任务组合成面向业务的任务，以处理特定的业务操作任务，从而使非技术人员去考虑一些应用程序，这些应用程序可以在 Web 服务应用程序工作流中一起处理业务问题。因此，一旦由技术人员设计并构建好 Web 服务之后，业务流程架构设计师可以聚集这些 Web 服务来解决业务层面上的问题。

可见,Web 服务是基于互联网的一种新型软件开发模式,在该模式下,传统的软件功能模块不再以函数方式提供以实现二进制代码级的重用,而是被封装成 Web 服务,实现业务级的重用和集成,业务所需数据被封装在 Web 服务中,而无须在具体的各调用模块中复制同样的数据,使系统的维护更加简单。

2. 基于 Web 服务的软件开发模式

基于 Web 服务的思想,对于上述的客户合法身份验证功能,可以封装成一个 Web 服务,在互联网上注册和发布,我们的应用系统只需要在自己的程序中通过访问该服务的 URL 地址使用该服务即可。使用该模式,这个服务并不运行在用户的机器上,而是运行在服务提供者的服务器上。

基于 Web 服务的软件开发模式如图 1-3 所示。

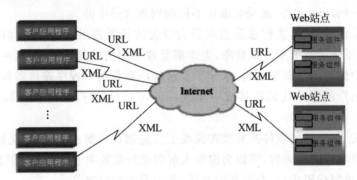

图 1-3 基于 Web 服务的软件开发模式

在互联网中,使用 Web 服务,需要在用户应用系统和 Web 服务间建立一套通信机制或协议,以保证系统各部分的统一运行。开发人员可以使用像过去创建分布式应用程序时使用组件的方式,创建由各种来源的 Web 服务组合在一起的应用程序。

3. Web 服务体系架构

在基于 Web 服务的 Web 系统架构中,各部分之间的通信是系统工作的基础。在互联网中,因为 XML 技术具有强大的数据表达能力和平台无关性,因此,基于 XML,可以构建各部分之间的通信协议,主要有简单对象访问协议(Simple Object Access Protocol,SOAP)、服务描述语言(Web Service Description Language,WSDL)、通用描述发现和集成协议(Universal Description Discovery & Integration,UDDI)。

Web 服务的体系结构由三个参与者和三个基本操作构成。三个参与者分别是服务提供者、服务请求者和服务代理,三个基本操作分别为发布(publish)、查找(find)和绑定(bind),关系如图 1-4 所示。

服务提供者将其服务发布到服务代理的一个目录上;当服务请求者需要调用该服务时,首先利用服务代理提供的目录去搜索该服务,得到如何调用该服务的信息;然后根据这些信息去调用服务提供者发布的服务。当服务请求者从服务代理得到调用所需服务的信息之后,通信是在服务请求者和提供者之间直接进行,而无须经过服务代理。

4. Web 服务相关技术标准

在基于 Web 服务的软件体系架构中,各部分之间的通信都是通过可扩展标记语言

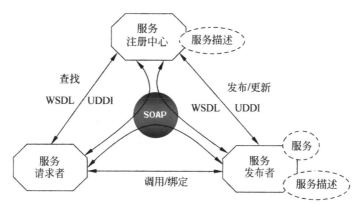

图 1-4 Web 服务体系结构

XML 进行描述的,XML 语言不是一种编程语言或者 API,而是一种独立于平台的组织数据的方式。XML 的语法便于通过编程来处理文本数据,同时又便于为人们所理解。Web 服务使用 XML 作为标准,在网络设备之间进行通信。

主要的通信标准如下:

(1) 简单对象访问协议(Simple Object Access Protocol,SOAP)。SOAP 是在分散或分布式环境中交换信息的简单协议,开发人员可以使用这种独立于平台的机制,远程调用分布式对象的方法。SOAP 消息的通信使用 XML 来描述对象、方法以及执行的参数。客户机和服务器都可以实现和使用 SOAP。

相对于传统的公共对象请求代理体系结构(Common Object Request Broker Architecture,CORBA)和分布式组件对象模型标准(Component Object Model/Distributed Component Object Model,COM/DCOM),SOAP 采用 HTTP 作为底层通信协议,RPC 作为一致性的调用途径,XML 作为数据传送的格式,允许服务提供者和服务客户经过防火墙在 Internet 进行通信交互,可以说 SOAP=HTTP+RPC+XML。

(2) Web 服务描述语言(Web Service Description Language,WSDL)。WSDL 是用 XML 文档来描述 Web 服务的标准,是 Web 服务的接口定义语言,它从句法层面对 Web 服务的功能进行描述,包括 Web 服务的三个基本属性:①服务做些什么,即服务所提供的操作方法。②如何访问服务,即和服务交互的数据格式以及必要协议。③服务位于何处,即协议相关的地址,如 URL。

(3) 通用描述发现和集成协议(Universal Description,Discovery,and Integration,UDDI)。它是为解决 Web 服务的发布和发现而制订的基于互联网的电子商务技术标准,包含一组基于 Web 的、分布式的 Web 服务信息注册中心的实现标准,以及一组使企业能将自己提供的 Web 服务注册到该中心的实现标准。UDDI 定义了一组基于 SOAP 消息的公用 SOAP API,用户利用 SOAP 消息来查找和注册 Web 服务,并为应用程序提供接口来访问注册中心。

服务注册(Service Registry)是一种服务代理,它是在 UDDI 上需要发现服务的请求者和发布服务的提供者之间的中介。当请求者决定使用特定的服务时,通常以借助于开发工具(如 Microsoft Visual Studio.NET)创建并发送服务请求,然后处理响应的方式访问服务的代码来绑定服务。

（4）语义 Web 服务标记语言（Ontology Web Language for Services，OWL-S）。OWL-S 是语义 Web 服务标记语言的标准，它比 WSDL 更能向用户提供可理解的服务资源的描述形式，提高服务选取与推荐的准确性。语义 Web 服务的主要方法是利用本体（Ontology）来描述 Web 服务，然后通过这些带有语义信息的描述实现 Web 服务来实现服务的自动发现，调用和组合。语义 Web 和 Web 服务是语义 Web 服务的两大支撑技术。OWL-S 是连接两大技术的桥梁，目前对语义 Web 服务标记语言研究最重要的组织就是 DARPA 组织，其研究组 OWL Services Coalition 提出了语义 Web 服务标记语言 OWL-S。

5．Web 服务技术优势

总结 Web 服务技术，有如下技术优势：

（1）平台无关、语言无关性，Web 服务技术的主要目标是在现有的各种异构平台的基础上构筑一个通用的平台无关、语言无关的技术层，各种不同平台之上的应用可以依靠这个技术层来实施彼此的连接和集成。

（2）自描述能力，Web 服务的所有协议，包括 SOAP、WSDL、UDDI 都是 XML 文档，所以 Web 服务具有自描述的良好性质。

（3）松耦合性，当一个 Web 服务的实现发生变更时，调用者是不会感到这一点的。对于调用者来说，只要 Web 服务的调用接口不变，Web 服务实现的任何变更对他们来说都是不透明的，甚至当 Web 服务的实现平台从 J2EE 迁移到.NET 或者是相反的迁移流程，用户都可以对此一无所知。

（4）易于集成，由于 Web 服务采用简单的、易理解的标准 Web 协议作为组件界面描述和协同描述规范，完全屏蔽了不同软件平台的差异，无论是 CORBA、DCOM 还是 EJB 都可以通过这一种标准的协议进行互操作，实现了在当前环境下最高的可集成性。

（5）用消息传递代替传统的 APIs。Web 服务采用了 SOAP 协议。SOAP 协议独立于平台，可以在不同的平台、环境下进行传递和交互。

1.5　Web 应用与发展趋势

Web，这个由无以计数的超链接形成的网络世界，在给我们每一个人的工作、学习、生活和娱乐带来了无穷便利和全新生命体验的同时，新的技术、新的理念、新的应用不断出现，让我们对 Web 的未来充满了无限遐想。

1.5.1　B/S 计算模式

在 Web 出现以前，计算机的应用模式经历了单机应用到网络应用两个阶段，这些不同的计算模式有各自的优点和不足。Web 的出现使得一种围绕 Web 服务的计算模式成为当前计算机应用的主流模式，并推动了软件开发、软件应用、应用集成方式上的重大改变。

1．集中式计算模式

20 世纪 50 年代，在计算机诞生和应用的初期，计算所需的数据和程序都集中在一台计算机上，称为集中式计算。随着计算机硬件的发展，这种集中式计算往往形成一种由大型机和若干与之相连的终端组成的终端式网络结构。终端式网络并不是现代意义上的计算机网络,所有的计算都是在大型主机上完成的,运行 UNIX 多用户操作系统,而终端是一种哑终端,没有 CPU 等计算资源,只有键盘和显示器,负责程序运行中所需要的数据输入与输出。

在计算机发展初期,计算机价格昂贵,集中式计算对于充分利用大型主机资源发挥了积极作用。从现代的观点看,大型机自顶向下的维护和管理方式也具有特定优越性。它具有安全性好、可靠性高、计算能力和数据存储能力强以及系统维护和管理费用较低等优点。今天,集中式计算的需求依然存在,例如,对于价格昂贵的高性能计算机,因为初始投资较大,不可能广泛部署。这种模式的不足是显而易见的,例如程序的移植性差,资源利用率低等。

2. 客户/服务器(C/S)计算模式

20 世纪 80 年代,随着微型计算机的发展,实现了计算机之间的互联,现代意义上的计算机网络诞生了。计算机网络的出现,使计算机之间的通信、数据和资源共享成为可能,形成了一种新的计算模式,这就是客户/服务器计算模式(Client/Server,C/S)。在 C/S 模式下,一个计算机应用被一分为二,分为客户机和服务器两部分。

所谓客户机,就是用户使用的计算机,通常是微型计算机,安装用户使用的应用软件。系统的应用逻辑都在客户端表达和实现,完成与用户的交互任务。所谓服务器,可以使用各种类型的主机,服务器负责数据管理,提供整个网络中数据的统一管理,通常运行数据库服务器系统,为客户端提供数据的查询和管理工作。在早期的 C/S 结构中,服务器通常有文件服务器、数据库服务器,也有各种各样的应用服务器。所谓应用服务器,就是安装那些对计算机硬件要求较高的软件系统,供用户通过网络使用,而不是安装到用户的计算机上。

和集中式计算相比,C/S 计算模式有独特的优点。首先,因为 C/S 模式基于计算机网络,可实现各计算机应用之间的数据一致性和共享;其次,由于客户端是一台独立的计算机,可以将应用更好地分布在整个网络中,从而更好地平衡服务器的负载。

在互联网出现以前,企业应用主要采用 C/S 结构。在使用过程中,也暴露出了该结构的不足,主要是系统的管理、维护和升级困难。在一个企业中,根据用户工作岗位不同,需要在客户端安装各种不同的应用软件,例如,人事部门安装人事管理软件,财务部门安装财务软件等。由于软件种类不同,功能、风格各异,使得整个系统管理、维护和升级困难。

3. 浏览器/服务器(B/S)计算模式

20 世纪 90 年代,随着 Web 的出现,由于客户/服务器计算模式的不足,特别是它的胖客户机和对局域网的依赖,已经不能适应 Web 的发展。人们需要利用互联网,将应用分布到整个 Web 中,而不是局限于企业局域网内部,一种更加灵活的多级分布式计算模式,即浏览器/服务器模式(Browser/Server,B/S)由此产生和发展。

浏览器/服务器计算模式是一种基于 Web 的协同计算,是一种三层架构的瘦客户机/服务器计算模式,概念模型如图 1-5 所示。

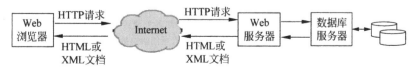

图 1-5　B/S 三层架构计算模式概念图

Web 基础

在 B/S 三层架构中，第一层为客户端表示层，客户层只保留一个 Web 浏览器工具软件，不存放任何与业务相关的应用程序。第二层是应用服务器层，由一台或多台 Web 服务器组成，所有的业务逻辑都在应用层实现，对于不同人员的功能和权限分配，可以通过用户角色和权限分配来管理。第三层是数据中心层，安装数据库服务器，负责整个应用中的数据管理。

和 C/S 模式相比，B/S 计算模式有以下几个显著优点：第一，"瘦"客户结构使客户端只需要安装 Web 浏览器，无须安装不同的应用软件，系统维护简单；第二，应用逻辑集中在 Web 服务器，具有集中管理的优势，同时 Web 程序具有更好的开放性；第三，运行在互联网上，用户可以在任何地点访问系统，突破了局域网的限制。

目前，绝大多数的计算机应用都是部署在 Internet 上，例如，各种各样的电子商务平台、企业和政府部门的业务系统等，大都是采用了 B/S 结构。从应用的角度讲，用户使用系统，就是通过 Web 浏览器访问 Web 应用系统（网站）的过程，访问的基本流程如下。

（1）在用户端，运行 Web 浏览器程序，在浏览器地址栏中，输入要访问的网址 URL，按回车键确认。

（2）Web 服务器收到用户的 HTTP 请求，根据 URL 中指定的路径和网页文件，调出相应的网页文件。如果用户要浏览的页面是静态页面（HTML 文件），Web 服务器将把该页面直接发送给用户；如果是服务器页（如 JSP、ASP 等），Web 服务器将把该页面交给应用服务器（如 Tomcat），由应用服务器执行页面中的服务器脚本程序，执行完后，将页面返给 Web 服务器，Web 服务器再将页面发送到用户端浏览器。

（3）在用户端，Web 浏览器接收 Web 服务器返回的网页文件，并在浏览器窗口中打开该文件。然后从上到下，按标记对网页内容进行显示，如果遇到客户端脚本程序，则执行脚本程序，直到文档结束。

1.5.2　网云及其应用

在互联网中，分布着无以计数的服务器。为了更加有效地使用这些计算资源，利用特定的网络技术，对这些服务器进行功能性整合管理，形成一个功能强大、高效快捷和安全可靠的虚拟网络服务体系，这就是网络云，简称网云。网云的建立通常遵循一定的商业模式，为网络用户提供特定的云服务，例如云服务器、云主机、云网络、CDN（Content Delivery Network，内容分发网络）①、云存储（云盘）、云数据库、云虚拟主机、域名服务、企业邮箱等，用户可以按需购买。国内常见的网云有阿里云、腾讯云、百度云等。

1. 分布式计算

传统的计算是指计算任务是在一台计算机上完成的，这种方式的计算称为集中式计算。实际情况是，有些应用需要非常强大的计算能力才能完成，采用集中式计算模式，将需要耗费相当长的时间来完成。随着计算机网络技术的发展，产生了分布式计算（Distributed

---

① 内容分发网络（Content Delivery Network，CDN），通过在网络各处放置节点服务器所构成的、在现有的互联网基础之上的一层智能虚拟网络，其基本思路是尽可能避开互联网上有可能影响数据传输速度和稳定性的瓶颈和环节，使内容传输得更快、更稳定。CDN 系统能够实时地根据网络流量和各节点的连接、负载状况以及到用户的距离和响应时间等综合信息，将用户的请求重新导向离用户最近的服务节点上，其目的是使用户可就近取得所需内容，解决互联网拥挤的状况，以提高用户访问网站的响应速度。

Computation)的概念。分布式计算就是将一个应用分解成许多小的部分,分配给多台计算机进行共同处理,最后把这些计算结果综合起来得到最终结果。

随着互联网技术的发展,在分布式计算基础上,人们构建了各种各样的新的计算模式,包括网格计算、云计算等。利用互联网中的巨量空闲计算资源,通过分布式计算模式,人们可以解决那些需要惊人计算资源的计算问题,例如:分析来自外太空的电信号,寻找隐蔽的黑洞,探索可能存在的外星智慧生命,寻找对抗艾滋病病毒的更为有效的药物等。

2. 计算机集群

计算机集群简称集群(Cluster),是一种计算机系统,它通过一组松散集成的计算机软件或硬件连接成一个统一的整体,从而高度紧密地协作完成计算工作。在某种意义上,它们可以被看作是一台计算机。集群系统中的单个计算机通常称为节点,通常通过局域网连接,但也有其他的可能连接方式。集群计算机通常用来改进单个计算机的计算速度和/或可靠性。一般情况下集群计算机比单个计算机比如工作站或超级计算机性能价格比要高得多。

根据组成集群系统的计算机之间的体系结构是否相同,集群分为同构与异构两种。集群计算机按功能和结构可以分成以下几类:①高可用性集群(High-Availability Clusters),当集群中有某个节点失效的情况下,其上的任务会自动转移到其他正常的节点上。②负载均衡集群(Load Balancing Clusters),通过一个或者多个前端负载均衡器将工作负载分发到后端的一组服务器上,从而达到整个系统的高性能和高可用性。③高性能计算集群(High-Performance Clusters),将计算任务分配到集群的不同计算节点上以提高计算能力,主要应用在科学计算领域。

此外,集群的思想还用于网格计算(Grid Computing),所谓网格计算或网格集群是一种与集群计算非常相关的技术。网格与传统集群的主要差别是网格是连接一组相关并不信任的计算机,它的运作更像一个计算公共设施而不是一个独立的计算机。同时,网格通常比集群支持更多不同类型的计算机集合。

3. 负载均衡

随着互联网的发展,高并发、大数据量的网站要求越来越高。所谓负载均衡(Load Balance)就是将一个任务分摊到多个操作单元上进行执行,例如 Web 服务器、流媒体服务器、企业关键应用服务器和其他关键任务服务器等,从而共同完成工作任务,以提高服务的响应时间,提高系统服务的整体性能。

在互联网中,DNS 服务器、Web 服务器、流媒体服务器等访问量大的网络服务通常需要应用负载均衡技术。常用的负载均衡技术有 Linux 虚拟服务器(Linux Virtual Server,LVS)负载均衡、Nginx(Engine x,Web 服务器/反向代理服务器及 IMAP/POP3 电子邮件代理服务器)、共享存储、海量数据、队列缓存等。

4. 虚拟化技术

在各种各样的信息化过程中,不断增长的业务需要总是要求 IT 基础设施不断扩展。由于不同的 IT 应用有不同的运行环境,这通常需要不断地增加服务器。单纯地增加服务器的数量导致了许多服务器的利用率很低,从而导致网络管理成本增加,灵活性和可靠性降低。

一种新的发展趋势是虚拟化,就是在一台物理的计算机上,利用特定的虚拟化软件,创建几个逻辑上独立的虚拟计算机(Virtual Machine),每个逻辑上的计算机分配一定大小的内存、硬盘和 CPU,分别安装各自的操作系统,从而构建一个独立的运行环境。虚拟化可以减少服务器数量的增加,简化服务器管理,同时明显提高服务器利用率、网络灵活性和可靠性。通过将多种应用整合到少量企业级服务器上从而满足不断增长的业务需求。

在互联网中,虚拟化也可以将多台独立的服务器,利用网络技术,集成为一个虚拟的统一计算资源(网云),然后为网络用户提供特定的虚拟服务器、虚拟主机服务。或者将一个复杂的大的计算任务,分布到网云,以进行分布式计算和管理。

5. 云计算平台

所谓网云,首先需要将那些独立的计算机通过网络连接在一起,形成一个统一的可以协调工作的计算资源,然后再虚拟出各种性能的虚拟计算机或计算资源,为用户提供按需服务。不难理解,只有上述的网络连接是不够的,还需要有一个超级操作系统对整个云资源进行管理和调度。与传统的计算机操作系统相比,这个超级操作系统可以看作是若干操作系统之上的操作系统,它管理的范围更大,管理的对象是一台台的物理和虚拟主机。

要搭建一个云计算平台,需要安装具有上述功能的云操作系统,常用的软件系统有 VMware 云操作系统,它可以把包括处理器、存储和网络在内的大量虚拟化基础架构组件作为无缝、灵活和动态的操作环境进行管理。此外,由 Rackspace 发起、全球开发者共同参与的开源项目 OpenStack 也是一个用于构建数据中心的云操作系统。

1.5.3 语义 Web

万维网已经成为人类最大的信息仓库,而且各种语言、各个知识领域的内容还在源源不断地快速增长。这些海量的信息在给我们提供便利的同时,也让我们的信息查询变得极为困难。大多数的搜索引擎是基于关键词的搜索,搜索是基于页面内容的,而不是基于页面内容或页面信息的语义,查准率较低。人们需要让页面内容有意义,从而提供各种依靠语义的自动化服务,这就是语义 Web 的研究动机。

1. 语义 Web 的概念

在 WWW 出现不久,人们就已经意识到语义对于 Web 的重要性。HTML 只是规范了内容的显示,却无法表达内容的含义。没有形式化的网页内容,机器将无法实现信息处理的自动化。只有将网页内容表述成机器可以理解的格式,Web 才可能成为一个巨大的知识库,充分实现信息的查找、共享和重用。为此,1998 年,万维网的发明者 Tim Berners-Lee 首次提出了语义 Web(Semantic Web)的概念。

对于语义 Web 的概念,一般表述是:语义 Web 是当前 Web 的一个扩展,其中信息具有形式化定义的语义,更有助于计算机之间以及计算机与人之间的协同工作。其思想是使 Web 上的数据以这样一种方式来定义与链接,使其能够在各种不同的应用场景中有效地实现数据的发现、自动化处理、集成与复用。当且仅当 Web 不仅成为人所共享加工的场所,也成为自动化工具所共享加工的场所时,语义 Web 方能实现其全部潜力。

语义 Web 有很多突出的优点,包括数据集成更简单、搜索更精确、知识管理更方便等等,结果语义 Web 这个词的含义越来越丰富。

2. 语义 Web 体系架构

要实现语义 Web,依赖于三大关键技术:XML、RDF 和 Ontology。语义 Web 分层体系架构如图 1-6 所示。

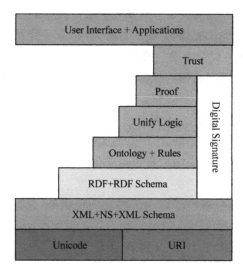

图 1-6　语义 Web 体系架构

（1）Unicode 和 URI 层。Web 内容采用 Unicode 字符集，负责资源的编码，统一资源标识符 URI(Uniform Resource Identifier)用于资源标识，唯一标识网络上的一个概念或资源。在语义 Web 体系结构中，该层是整个语义 Web 的基础。

（2）XML＋NS＋XML Schema 层。该层可以称为 XML 层，用于表示数据的内容和结构。XML 实现文档的结构化定义，即进行文档形式化。命名空间 NS(Name Space)，由 URI 索引确定，目的是保证元素重命名而引起的歧义。XML Schema 提供更多的数据类型，为 XML 文档提供数据校验机制。该层负责从语法上表示数据的内容和结构，实现 Web 内容和表现形式的分离。

（3）RDF＋RDF Schema 层。又可以分为 RDF 层和 RDF Schema 层，其中 RDF 用于描述资源及其相互关系，RDF Schema 层为 RDF 提供类型定义机制，确定 RDF 描述的资源所使用的领域词汇。因为 XML 不具备语义描述能力，W3C 推荐以 RDF（Resource Description Framework)标准来解决 XML 的语义局限。

RDF 解决的是如何采用 XML 标准语法无二义性地描述资源对象的问题，使得所描述的资源的元数据信息成为机器可理解的信息。RDF Schema 使用一种机器可以理解的体系来定义描述资源的词汇，其目的是提供词汇嵌入的机制或框架，在该框架下多种词汇可以集成在一起实现对 Web 资源的描述。

（4）Ontology＋Rules 层。本体(Ontology)负责在 RDF(S)基础上定义的概念及其关系的抽象描述，用于描述应用领域的知识，描述各类资源及资源之间的关系，实现对词汇表的扩展。在这一层，用户不仅可以定义概念而且可以定义概念之间的复杂关系。规则用于描述领域知识中的前提和结论。本体和规则共同构成领域知识层。

W3C 推荐使用 OWL(Web Ontology Language)作为 Web 本体描述语言，OWL 既提供了正式的语义，又提供了附加的词汇，比起 XML、RDF 和 RDF Schema，对 Web 内容实现了更好的机器互操作性。

（5）Unify Logic 层。在下面各层基础上，提供公理和推理规则，Logic 一旦建立，便可通过逻辑推理对资源、资源之间的关系以及推理结果进行验证,证明其有效性。

(6) Proof 层。通过 Proof 交换以及数字签名,建立一定的信任关系,从而证明语义 Web 输出的可靠性以及其是否符合用户的要求。

(7) Trust 层。支持代理间通信的证据交换,在用户间建立信任关系。

(8) User Interface+Applications 层。应用层是构建在语义 Web 之上的各种应用。

总之,在语义 Web 体系架构中,下面两层是语义 Web 的基础设施,中间从元数据发展到本体描述语言及其统一的逻辑是语义 Web 的关键,证明和信任及各层次贯穿的数字签名技术是扩充,是对语义 Web 成功应用的要求与展望。

3. 语义 Web 的应用

在语义 Web 中,可以提供各种依靠语义的自动化服务,包括:①互联网信息发布与搜索,通过对内容的标注与分析从而克服关键词查询的歧义性,可以大大提高查询精度。此外,基于语义 Web 的文档检索与知识管理也是当前研究的一个热点。例如,英语的 WordNet 和中文的知网(HowNet)①都是建立在概念语义之上的知识网。②Web 问题解答,在用 Ontology 对信息源进行标注的基础上,进一步运用知识库来解答用户提问。例如,Stanford 大学研制的 Triple 系统是一个基于逻辑程序设计的 RDF 查询系统;德国 Karlsruhe 大学等单位研制的 SEAL 是一个语义 Web 门户网站,它具有回答用 F-逻辑表示的查询的能力,F 逻辑使得 Ontology 中的概念与问题求解规则融于一体。

语义 Web 的目标是改善当今的 Web,它的主要思想是使语义信息成为计算机可处理的对象。要将 Web 语义化是非常困难的,语义 Web 很难一下子获得巨大成功,但是,它会一点点地渗透到现有的 Web 中,在人们的不知不觉中,使互联网进入语义 Web 时代。

本 章 小 结

本章首先介绍了 Internet 的产生和发展,然后介绍了万维网的概念,以及万维网和互联网的关系。讲解了 Web 服务器、Web 浏览器的概念和功能,详细讲解了 HTTP 协议的原理。在此基础上,介绍了 WWW 中的常见概念,较详细地介绍了 Web 相关技术,包括标记语言、Java 技术和 Web 服务。接下来从应用的角度出发,介绍了计算机应用模式的变迁,分别对集中式计算、C/S 计算模式和基于 Web 的 B/S 三层体系结构进行了介绍,并分析了 B/S 架构的 Web 应用的基本工作过程,并对网云、云服务及相关技术进行了介绍。

习 题

1. 上网查询以下 HTTP 头域的含义及取值。

Host, User-Agent, Accept, Accept-Charset, Keep-Alive, Connection, Date, Expired, Referer, Server, Last-Modified, ETag, Via。

---

① 知网(HowNet)是一个以汉语和英语的词语所代表的概念为描述对象,以揭示概念与概念之间以及概念所具有的属性之间的关系为基本内容的常识知识库,网址为 http://www.keenage.com/。该知识库通过概念及概念属性之间的语义关系建立一个语义网结构,常用于自然语言处理、文本分析等研究应用领域。

2. 什么是 Web 服务器和 Web 浏览器？简述它们的基本功能。

3. 什么是 B/S 结构？和 C/S 结构相比，有什么优点？

4. 画出 B/S 三层架构概念图，简述其基本工作机理。

5. 什么是 Web 应用？Web 应用和传统的 exe 程序有何不同？

6. Java 技术包括哪些方面的内容？

7. 什么是 Web 服务？举例说明。

8. 在互联网中，知网(HowNet)和中国知网(CNKI)都是很有影响的知识库系统，上网搜索，说明两者有何不同，各有什么用途。

9. 上网搜索，说明什么是云服务，目前我国有哪些主要的网云及云服务。

第2章　Web 服务器的架设和管理

【本章导读】

在互联网中,Web 服务是最主要的网络服务之一,一提到 Internet,就会想到 WWW,WWW 几乎成为互联网的代名词。实际上,WWW 只是 Internet 的一个子集,它是由 Internet 中的 Web 服务器和 Web 客户机构成的。Web 服务器就是那些安装了 Web 服务器软件的计算机,而安装了 Web 浏览器的计算机则是 Web 客户机。Web 之于 Internet,简单地讲,WWW 更像是 Internet 的一个易操作的用户界面。从技术上讲,基于 Web 的 B/S 三层结构的产生和发展改变了传统的计算机应用模式,今天,Web 应用已经成为计算机应用的主要模式。

本章首先介绍网络服务器、Web 服务器等概念,介绍主要的 Web 服务器产品。然后以 Windows 服务器中的 IIS 为例,介绍 Web 服务器的安装、配置和管理,讲解 Web 站点涉及的主要概念,包括:端口、主目录、默认文档、目录安全性等。在学习了 Web 站点的基本概念后,讲解目前使用最多的 Apache 和 Tomcat 服务器的功能和两者的关系,介绍 Java 运行环境、JDK、JVM 的概念,以及它们的安装和配置,讲解虚拟主机、虚拟目录等概念。最后,对 Web 服务器的远程管理与内容维护进行介绍。

【知识要点】

2.1 节:Web 服务器的概念,Internet Information Server(IIS),Apache HTTP Server。

2.2 节:Internet 信息服务(IIS),IIS 组件的安装,Internet 服务管理器。

2.3 节:新建 Web 站点,主机头,主目录,站点的启动,站点的停止,Web 应用目录结构的规划,文件命名,URL。

2.4 节:Web 站点属性,站点的配置,IP 地址及域名限制,匿名访问和验证控制,默认文档,HTTP 头。

2.5 节:Apache 服务器,Tomcat 应用服务器,Apache 服务器的安装,Apache 服务器的基本配置,Java 运行环境,Tomcat 的安装和配置,Apache 和 Tomcat 的整合。

2.6 节:虚拟主机的概念,基于 IP 地址的虚拟主机,基于域名的虚拟主机,Apache 中虚拟主机的配置,虚拟目录的概念,Apache 中虚拟目录的配置,Tomcat 中虚拟目录的配置。

2.7 节:远程管理,终端服务,远程桌面,FTP 服务。

2.1　Web 服务器概述

在全球亿万个网站或 Web 应用系统的背后,都运行着一台或多台 Web 服务器。就是这些 Web 服务器,为用户提供了万维网的页面浏览服务。要使一台计算机成为 Web 服务器,需要安装网络操作系统和相应的 Web 服务程序。不同的计算机操作系统平台,安装的 Web 服务程序也不一样。目前,主流的 Web 服务器软件主要有微软 Windows 服务器操作系统中内置的 IIS 和跨平台的 Web 服务器开源软件 Apache HTTP Server。

2.1.1 Web 服务器的概念

在互联网中,Web 服务器有两个层面的含义:第一层意思是指安装了 Web 服务器的计算机,该计算机通常是服务器计算机,安装服务器操作系统,例如 UNIX,Linux,Windows Server 等;第二层含义是指 Web 服务器程序。服务程序和客户程序总是成对出现的,没有客户也就谈不上服务。所谓服务程序,就是一种监听程序,通过监听特定的通信端口,与客户建立连接,通过特定的应用层协议,和客户程序之间实现数据通信。

在 20 世纪 90 年代,出现了 HTML、Web 服务器、Web 浏览器和 HTTP 协议的概念,Web 服务器和 Web 浏览器之间通过 HTTP 协议传输 HTML 文件,因此 Web 服务器又称为 HTTP Server,Web 浏览器就是 HTTP 客户。互联网中无以计数的 Web 服务器和 Web 浏览器共同构成了万维网(WWW)。

2.1.2 Web 服务器程序

1993 年 1 月,美国国家超级计算应用中心(National Center for Supercomputer Applications,NCSA)开发了 httpd 代码,实现了 Web 服务器的功能。简单地讲,Web 服务器就是一个 HTTP 服务器程序,其基本功能就是将用户要浏览的网页发送给用户的浏览器。从概念上讲,Web 服务器程序的功能单一且明确,它要比普通的应用软件(如字处理器、图形图像处理软件等)简单得多。但是,在具体实现时,不同的 Web 服务器程序的功能、性能以及对于网页中客户端和服务端脚本程序的处理方式有较大不同。

目前,常见的 Web 服务器并不多,主要有以下两大类:

1. Internet Information Server(IIS)

1995 年,微软推出了 Windows 系列操作系统中具有深远影响的桌面操作系统 Windows 95 和服务器操作系统 Windows NT 3.51,在 WindowsNT 3.51 中首次包含了一个服务包 Internet Information Server,即 IIS 1.0,开始提供构建互联网服务器支持。从此 IIS 作为 Windows 服务器操作系统的一个内置组件,随着 Windows 版本的不断升级而发展。

1996 年 7 月 29 日,随着 Windows NT 4.0 服务器的发布,IIS 服务组件升级为 IIS 3.0,开始支持 ASP 运行环境,即支持网站 ASP 编程,具备了一个完整意义上的开发和运行 Web 站点的功能。2000 年,微软推出 Windows 2000 Server,内置 IIS 5.0,在安装相关版本的 NetFrameWork 的 RunTime 之后,可支持 ASP. NET 1.0/1.1/2.0 运行环境。在随后的 Windows Server 2003 中内置了 IIS 6.0,在 Windows Server 2008 和 Windows 7 中,IIS 升级为 IIS 7.0,集成了. NET 3.5,可支持. NET 3.5 及以下版本。

微软的 IIS,不仅仅是一个 HTTP 服务器,它还包含了多种服务程序,以及开发 Web 站点所需要的 ASP 对象及 ASP 服务器页面运行环境。把这些复杂的功能组合在一个统一的 IIS 中固然可以简化服务的安装和配置,但对于用户理解和系统维护并不方便。从上述的版本升级可以看出,安装不同版本的 Windows 服务器操作系统,其 IIS 并不相同,支持的网站开发环境也不相同。用户应根据 Web 系统开发和运行的需要，选择一种相对较新的 Windows 服务器操作系统版本，以及 IIS 所支持的功能进行网站系统开发。

对于 IIS，作为 Windows 服务器操作系统的内置服务组件，其优点是容易安装和管理，但是最大的缺点是它只能安装在 Windows 平台中，不能在其他操作系统平台上安装。此外，选择了 IIS 创建网站，也就等于选择了网站开发工具只能是 ASP 开发。如果用户的服务器不是 Windows 系统，或者不想使用 ASP 编程，则需要选择其他的 Web 服务器。

2. Apache

Apache 服务器是一种 Web 服务器，全称为 Apache HTTP Server，简称 Apache。它是在美国伊利诺伊大学国家超级计算应用中心（National Center for Supercomputing Applications，NCSA）开发的 NCSA httpd1.3 基础上修改而成的，1995 年 4 月，Apache 0.6.2 公布，随后开发人员再接再厉，在一年之内，Apache 服务器超过了 NCSA 的 httpd 成为 Internet 上排名第一的 Web 服务器。2004 年，Apache 2.0 发布，新的版本不再包含 NCSA 代码，2012 年发布 Apache 2.4。

在发展初期，Apache 主要是一个基于 UNIX 系统的服务器，它的宗旨就是建成一个基于 UNIX 系统的、功能更强、效率更高并且速度更快的 Web 服务器。目前，Apache HTTP Server 是使用最广的 Web 服务器，有多个操作系统平台版本，可以运行在几乎所有的 UNIX、Linux、Windows 等主流服务器操作系统平台上，并且很多类型的 UNIX、Linux 操作系统都集成了 Apache HTTP Server。

Apache 服务器具有简单、高效、性能稳定、安全、免费、跨平台等特性，已经成为最为广泛的 Web 服务器。许多大型的网站，例如 Google、Yahoo、阿里巴巴、sina、百度、网易、搜狐等都采用 Linux 或 FreeBSD 等操作系统平台，并配置 Apache 服务器，构建自己的 Web 服务器系统。对于 Apache HTTP Server，用户可以免费从 Apache 官方网站下载不同的操作系统版本。

在 IIS 中，集成了 ASP 和.NET，以支持运行网页中的 ASP 程序。但是，在 Apache 服务器中，对于服务器页面的支持不是在 Apache 服务器中实现的，需要借助于相应的应用服务器，例如：Tomacat 支持 JSP 和 Java Servelet 的程序运行。当用户浏览 JSP 页面时，Apache HTTP Server 将把服务器页面发送给 Tomcat 去执行，然后 Tomcat 将结果返回给 Apache 服务器，Apache 再将页面发送给用户浏览器。

除了上述两种常用的 Web 服务器外，还有一些专用的 Web 服务器，例如：Zeus（宙斯）Web 服务器，其特点是可部署在 SMP 服务器集群环境，具有更高的负载均衡（Load Balance）能力。随着互联网的发展，Web 服务器也会和 Web 浏览器一样出现越来越多的产品供用户选择，其目标就是保证更高的服务质量和用户体验。

2.2　使用 Internet 信息服务

在 Windows 服务器操作系统中，内置了 Internet 信息服务组件（Internet Information Server，IIS），不同的 Windows 服务器系统版本，其 IIS 包含的内容也不一样，但都包含了 Web 服务器组件，用于创建和运行 Web 站点。本节以 IIS 7.0 为例，介绍 IIS 的组成及功能。

2.2.1 什么是 Internet 信息服务

Internet 信息服务(Internet Information Server,IIS)是 Windows 服务器操作系统内置的服务组件,最早出现在 1995 年发布的 Windows NT 3.51 中,IIS 由一系列子组件构成。随着 Windows 服务器系统版本的升级,IIS 也不断升级,其包含的内容也在变化。这些变化,不仅是版本的升级,也与互联网技术的发展、微软对自身产品的定位有关。

在 IIS 的发展过程中,其包含的子组件主要包括以下几种。

(1) World Wide Web 服务。该服务组件用于创建 Web 服务器,是 IIS 的主要组成部分。在 IIS 中,与 Web 服务对应还有服务端脚本程序引擎,是 ASP 等服务器脚本规范与运行容器,负责 ASP 页面中服务端脚本程序的解析工作。

(2) SMTP 服务。在 IIS 中,微软对 SMTP(Simple Mail Transfer Protocol)邮件服务的使用一直是矛盾的,在 Windows 2000 Server/IIS 5 中,IIS 中包含了虚拟 SMTP 服务器,可以用于创建 SMTP 服务,实现邮件的外发服务。在 Windows Server 2003/IIS 6.0 中,系统增加了 POP3 服务,提供了完整的 Email 服务。进入 Windows Server 2006/IIS 7.0,POP 服务被取消,SMTP 服务定位成一种功能,这或许与微软的邮箱系统 Exchanger Server 商业销售有关。

(3) FTP 服务。在 IIS 6.0 及以前的版本中,IIS 中通常包含 FTP 服务。FTP 服务用于建立 FTP 站点,支持文件的上传和下载。随着互联网中 HTTP 应用的广泛,FTP 服务已经用得越来越少,在新版的 IIS 中,不再提供 FTP 角色。

(4) NNTP 服务。在互联网发展的早期,网络新闻服务是一种常用的信息发布和获取手段,因此早期的 IIS 中内置了 NNTP(Network News Transfer Protocol)服务组件,用于建立网络新闻服务器。用户通过 NNTP 客户端,例如微软的 Outlook 创建新闻账户,访问 NNTP 服务器。现在,NNTP 的功能已经被基于 Web 的站点所取代,NNTP 的概念已经消失。

(5) Internet 服务管理器。用于配置和管理 IIS 的管理工具,安装 IIS 后,在 Windows 系统的"管理工具"文件夹生成此工具。通过该工具,可以实现 Web 站点的创建、配置和管理操作。也可以在 Windows 系统的管理控制台(Microsoft Management Console,MMC)中进行定制,以管理单元形式显示,将 IIS 的管理组织到一个统一的管理框架中。

(6) Internet 服务管理器(HTML)。对服务器的管理通常分为两种方式:一种是在本地,利用相应的管理工具进行管理;另一种方式就是远程管理。远程管理可分为 C/S 模式和基于 Web 的模式,Internet 服务管理器(HTML)就是一种基于 Web 的 IIS 管理方式,其本质是在服务器上建立一个管理用的 Web 站点,用户通过浏览器访问该管理站点来实现对 Web 服务器 IIS 的远程管理。

2.2.2 安装 IIS

在现代计算机操作系统中,除了与操作系统功能紧密相关的内核功能外,大部分的可选功能都是以组件的形式提供的,它们虽然作为系统的一部分,但安装操作系统时可根据需要选择安装,这就大大地提高了系统的灵活性。

在 Windows 操作系统的"控制面板"中，都包含一个"添加/删除程序"实用工具，利用该工具可以在操作系统中添加新的服务组件，也可以删除已经安装的组件。IIS 并不属于操作系统的核心功能，例如：不是每一台计算机都要做 Web 服务器，因此，它是作为 Windows 服务器系统的内置组件提供的。因此，从本质上讲，用户可以利用 Windows"控制面板"中的"添加/删除程序"工具来完成 IIS 的安装。

不同的 Windows 系统版本，对 IIS 的安装也提供了新的便捷方法，例如：在 Windows Server 2003 中，IIS 组件是"应用服务器"的一部分，可以利用管理工具中的"管理您的服务器"程序添加"应用程序服务器"角色来实现 IIS 的安装。在 Windows Server 2008/IIS 7.0 中，IIS 被定义为 Web 服务器角色，需要通过 Windows 控制面板/管理工具文件夹中的"服务器管理器"程序完成安装。

下面以 Windows Server 2008 为例，介绍 IIS 7.0 的安装，具体操作步骤如下：

（1）在控制面板/管理工具文件夹，双击"服务器管理器"程序图标，运行服务器管理器程序。在"服务器管理器"控制台树中，单击"角色"，在窗口右侧，显示系统角色管理窗格，如图 2-1 所示。

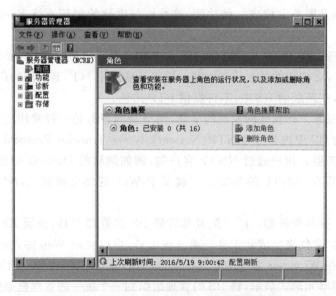

图 2-1　Windows Server 2008 服务器管理器

在窗口右侧的角色摘要区域，单击"添加角色"，启动"添加角色向导"，显示服务器角色选择列表，如图 2-2 所示。

在 Windows Server 2008 中，定义了 16 种服务器角色，单击"Web 服务器（IIS）"列表项，然后，单击"下一步"按钮，开始安装 Web 服务器角色。在显示 IIS 7.0 介绍页面后，显示 Web 服务器可选角色服务列表，如图 2-3 所示。

在 Web 服务器角色服务列表中，列出了安装 IIS 时可选的功能，除了 HTTP 功能、应用程序开发和健康与诊断外，向下拖动滚动条，还可以看到安全性（基本身份验证、URL 授权、IP 和域限制等）、性能、管理工具、IIS 6 管理兼容器以及 FTP 发布服务等。在 Web 服务器服务角色列表中，用户应根据网站的开发及功能选择相应的项目，这些选择的项目可以在以

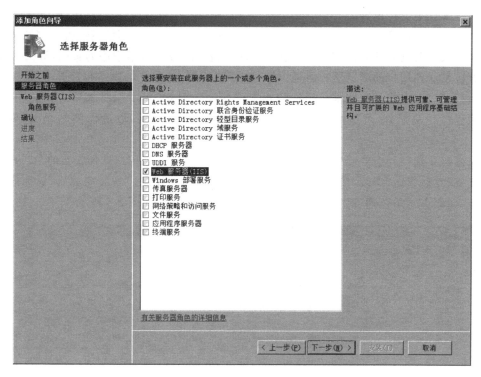

图 2-2　Windows Server 2008 服务器角色列表

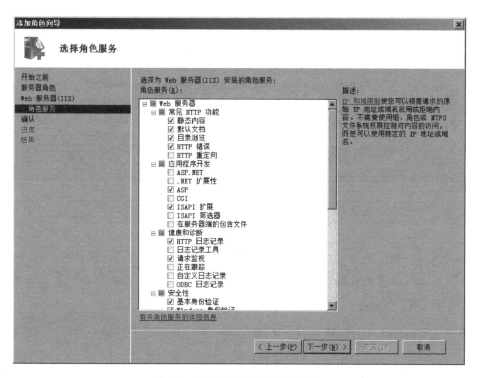

图 2-3　Web 服务器支持选项列表

Web 服务器的架设和管理

后的站点管理中进行设置。

从本质上讲,Web 服务器的基本功能是将网页发送到用户的浏览器,由于网页分为静态页面和服务器页面两大类,对于静态网页,即不包含服务端脚本程序的页面,Web 服务器可以直接发送到用户的浏览器。但是,对于服务器页面,其包含的脚本程序是在 Web 服务器端执行的。谁来执行这些服务器端的脚本程序呢? 因此,Web 服务器服务角色中,包含了应用程序开发部分,可选择"ASP""ASP. NET"等服务选项,以确保网站 ASP 页面的执行。

根据需要选择相应的服务项目后,单击"下一步"按钮,显示用户选择安装的角色服务或功能摘要,然后单击"安装"按钮,进行 Web 服务器(IIS)的安装。安装完成后,返回服务器管理器,在服务器角色列表中,显示安装的 Web 服务器角色,如图 2-4 所示。

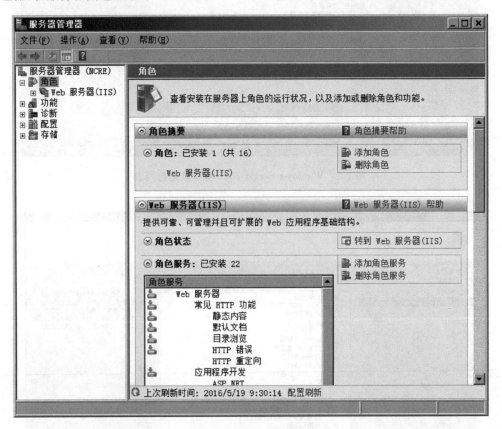

图 2-4 服务器角色列表

在 Windows 服务器管理器窗口,显示了系统已经安装的服务器角色列表。在该窗口,根据需要可以进一步添加新角色,或删除已有角色。

2.2.3 Internet 信息服务管理器

当添加了 Web 服务器角色后,在 Windows 控制面板的"管理工具"中,还增加了 Web 服务器角色的管理工具,即 Internet 信息服务(IIS)管理器。同时在"计算机管理"控制台中,在"服务和应用程序"节点下增加"Internet 信息服务"节点。通过 Internet 信息服务管理器,可以进行 Web 站点的创建、配置和管理等操作。

打开 Windows 控制面板/管理工具文件夹,运行 Internet 服务(IIS)管理器程序,在"Internet 信息服务管理器"程序主窗口左侧的控制台树中,单击"网站"节点,在控制台树的右侧显示网站功能视图及操作窗格,如图 2-5 所示。

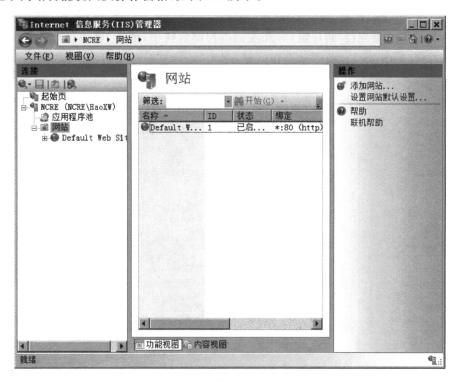

图 2-5 "Internet 信息服务管理器"控制台

在窗口左侧的控制台树中,网站节点包含了添加 Web 服务器角色后系统自动创建的一个默认 Web 站点,默认网站主要用于初学者学习。如果在添加 Web 服务器角色时,选择了远程维护,还会自动创建一个 Administration 站点,采用端口号 8098,访问该网站可以对 Web 服务器实施远程维护。在控制台窗口右侧是网站管理窗格,可以新建、配置用户站点。

安装了 IIS 后,"Internet 信息服务管理器"作为一个管理单元,还将被组织到"计算机管理"控制台中。在"控制面板""管理工具"中,双击"计算机管理"打开"计算机管理"控制台,可以看到"Internet 信息服务(IIS)管理器"节点,其管理功能和独立的"Internet 信息服务管理器"管理工具一样。

2.3 创建 Web 站点

在 Windows 服务器系统中,当添加了 Web 服务器(IIS)角色后,该计算机就可以作为一台 Web 服务器了。通过"Internet 信息服务管理器"管理工具,用户可以创建一个或多个 Web 站点,为用户提供网页浏览服务。

2.3.1　新建 Web 站点

在 Windows 服务器中,不同的 IIS 版本,创建 Web 站点、配置和管理操作不尽相同,下面我们仍以 Windows Server 2008/IIS 7.0 为例,介绍 IIS 中 Web 站点的创建过程。

在 Windows 控制面板"管理工具"中,双击"Internet 服务(IIS)管理器"程序图标,打开"Internet 信息服务管理器"程序窗口,在左侧的控制台树中,单击"网站"节点,在窗口右侧显示网站操作(见图 2-5)。在网站操作区域,单击"添加网站…",打开"添加网站"对话框,如图 2-6 所示。

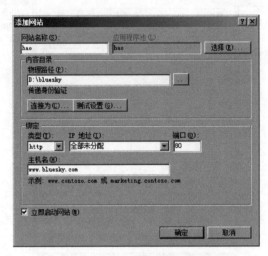

图 2-6　IIS 7.0"添加网站"对话框

在"添加网站"对话框中,可以输入网站的基本信息,说明如下:

(1) 网站名称,是在"Internet 信息服务管理器"程序窗口控制台树的"网站"节点下显示的名称。因为一台 Web 服务器中,可以创建运行多个网站,不同的网站应有一个特定的名字,便于区分和管理。

(2) 内容目录,指定网站对应的根目录,即站点主目录,网站的所有内容,包括网页文件、图片等各种资源,都应存储在该目录下。从组成上来讲,所谓一个"网站",是由一个文件夹及其包含的子文件夹和大量的网页文件、图片等资源文件构成的,这个文件夹称为站点的主目录。主目录保存了一个 Web 站点中的所有内容,包括各个子文件夹以及所有的网页文件。站点首页文件通常存储在站点的主目录下。

(3) 绑定,包括站点的绑定类型,IP 地址和端口号,其中类型可以是 http 或 https(加密的 http),IP 地址选择默认的全部未分配,端口号根据站点需要设置,若服务器上只创建一个网站,可以采用 HTTP 的默认端口 80 即可。

如果要运行多个网站,根据 OSI 参考模型,所有计算机通信程序都应有一个特定的端口号,它是通信程序发送和接收数据的依据。因此,在 Web 服务器上,在每个网站没有注册域名和设置主机名的情况下,应设置不同的端口,如 8001、8002,以区分不同的网站。为网站指定 80 以外的端口号,要连接到该站点,在网址(IP 地址或域名)后需指定端口号,一般形式为 http://网址:端口号/。

（4）主机名，即站点的 DNS 域名，域名需要进行域名注册，需要特别注意的是，如果站点设置了主机头，即使运行多个站点，其端口号必须设置为 HTTP 的默认端口 80。

根据上述说明，对新建站点进行设置，设置完成后，单击"确定"按钮，返回"Internet 信息服务管理器"窗口。在控制台目录树的"网站"节点可以看到增加了刚刚添加的网站节点，如图 2-7 所示。

图 2-7 "Internet 信息服务管理器"窗口

从控制台网站列表中可以看出，服务器上目前有两个网站，新建站点"hao"被标记为"停止"，这是因为它和默认站点"Default Web Site"端口号冲突造成的（均为 80）。Windows IIS 支持在一台服务器上同时运行多个 Web 站点，多个站点同时运行，主要分为以下两种情况：

（1）每个站点具有不同的端口号，可以为每个 Web 站点设置一个 1024 以上的端口号，例如：8001、8002 等。此时，用户通过网址和端口号访问网站。

（2）为每个 Web 站点设置不同的主机头，即域名，站点都使用 HTTP 默认端口号 80。

因此，根据同时运行多个网站的条件，可以对各站点进行配置。也可以在"Internet 信息服务管理器"窗口右侧窗格中，在"管理网站"区域，单击"启动""重新启动"或"停止"超链接，对网站的运行进行管理。当管理人员需要对网站进行维护时，可以暂停 Web 站点，站点暂停后，它将不接受客户浏览器的连接，等用户工作结束后，再启动该站点。

网站建立后，启动网站，在右侧操作窗格网站浏览区域，单击浏览站点，即可显示站点首页。如果站点首页文件不存在，则显示 403 错误。

2.3.2 规划 Web 站点结构

我们已经看到，在 IIS 中创建一个 Web 站点的过程非常简单，主要就是设定端口号、主目录和主机头。其中，主目录即站点的根目录，它包含了网站的全部内容，包括网页文件、图片文件及其他各类文件，以及相关的数据库文件。为网站管理和扩展方便，主目录中又分为若干子目录，对网站中的各种文件进行分类管理。

在新建网站时，只要指定一个主目录即可，网站的内容可以没有，用户可以根据网站的功能需要，不断地将网页等文件保存到主目录或相应的子目录中。通常情况下，一个网站会包含大量的网页、图片及各类多媒体文件，文件数量众多，为便于站点的管理和维护，文件夹的结构、命名，以及文件命名和编码的设计至关重要。

1. 规划网站文件夹结构

一个网站，就是一个 Web 应用，应该根据用户需求来设计网站的功能，每一项功能都有大量的网页文件来实现。为了管理方便，应该根据网站功能对网站文件夹结构进行认真规划。一般情况下，在主目录文件夹下通常需要创建多个子文件夹，每个子文件夹对应网站的一个功能，存储相关的网页文件。对于一些公用的程序、图片或样式定义文件，可以定义单独的文件夹进行存储。此外，还可以规划数据库文件夹，存储网站用到的数据库文件，而不是将数据库文件存储在数据库管理系统（DBMS）默认的目录中，这样更便于整个网站的备份。

对于刚刚新建的网站，假设该网站设计有 4 个主要功能：账户管理、新闻公告、站内消息和个人中心，在主目录下可以分别创建 4 个文件夹，分别存储开发账户管理、新闻公告、站内消息和个人中心所用到的网页文件，文件结构如图 2-8 所示。

图 2-8　站点主目录下的内容组织

其中,admin 为管理员角色相关页面,accounts 存储账户管理相关页面,sitenews 存储新闻公告页面,sitemessage 存储站内消息页面,usercenter 存储个人中心页面。除此之外,pubcss 存储站点样式定义文件,pubprog 存储站点公共程序页面,database 存储数据库文件,images 存储站点公共的图片文件。在每一个功能模块文件夹,也可以进一步设定子文件夹,例如,设 images 保存该功能模块中用到的图片文件。

2. 文件夹和文件的命名

在开发实践中,为了管理方便,在命名文件和文件夹时,需要遵循下面几条一般性的命名原则:

(1)使用名称前缀。因为文件和文件夹列表通常按照字母顺序,因此,可以将功能相近的文件夹或文件,使用相同的名称前缀,从而保证列表时能够挨在一起。例如,存储公共样式表文件和公用程序页面文件的文件夹可命名为 pubcss 和 pubprog,以使得文件列表时,两个文件夹离得相近。

(2)使用名称后缀或序号。许多功能可以分成几个步骤,每一个步骤可能是一个网页文件,为了管理方便,在命名这些网页文件时,可以在名称后面部分添加序号或后缀,这样可以保证在列表中,这些文件是顺序相连的。

例如,用户注册功能,操作的数据是用户账户基本信息,数据操作包括表单填写、存储、查询、修改、删除等,其页面文件可分别命名为:useraccount-add(注册信息填写表单页面),useraccount -addsave(数据保存页面),useraccount -search(用户查询页面)、useraccount -searchresult(查询结果页面),useraccount -modi(修改页面),useraccount -modisave(修改结果存储页面),useraccount-del(删除账户页面)。

(3)大小写问题。有的 Web 服务器(例如 Tomcat)区分文件夹和文件名大小写,命名时要注意。

(4)避免中文命名。因为有些 Web 服务器对中文命名不支持,在命名文件夹和文件名时,尽量避免中文名。

3. 网站首页

一般情况下,传统应用程序都是基于窗口的,有一个主窗口,包含菜单栏、工具条等,用户通过菜单命令或工具按钮执行特定的程序功能。在 B/S 结构中,一个网站(Web 应用)则是从网站首页开始的,相当于传统应用程序的主窗口。

首页是当客户连接到一个站点时首先看到的 Web 页面。在设计 Web 站点的首页时,不仅要考虑页面的外观、栏目布局,更重要的是在页面内容上必须包含可以到各种功能页面的超链接。首页文件通常需要保存在 Web 站点主目录下。当用户访问一个网站,在 URL 中未指定目录和网页文件时,Web 服务器将把站点首页发送给客户浏览器。

2.3.3 访问 Web 站点

网站(Web 站点)是由主目录及其包含的一系列文件夹和网页文件构成的,每个站点都有一个首页文件。用户访问网站即是通过 Web 浏览器并从站点中下载网页文件的过程,要连接到一个 Web 站点,应该在浏览器地址栏中输入要下载页面的 URL,一般形式为:

http://网址[:端口号][/[路径/文件名]][?参数名 = 参数值&参数名 = 参数值...]

其中：

(1) 网址。可以是域名，也可以为 IP 地址，它确定了互联网中要访问的计算机。端口号是创建网站时设置的端口号，默认值为 80。如果端口号为 80，则在 URL 中可以省略不写。

(2) 路径。指相对于 Web 站点主目录的相对路径，如果不指定路径，则代表站点主目录，站点根即紧接在网址（端口）后面的"/"，后面是根目录下的子目录。

(3) 文件名。访问一个 Web 站点，即从 Web 站点中指定的路径中下载文件，并传输到客户端浏览器进行显示的过程。因此，在 URL 中需要指定要下载文件的路径和文件名。如果未指定文件名，则代表要下载网站首页文件，首页文件在 Web 站点属性中设置，并存储在 Web 站点根目录中。

(4) 参数表。在访问一个网页文件时，特别是带有脚本的网页，有时候需要将一些参数传给网页中的脚本程序，这些要传递的参数在文件名后面的"?"后面列出，即一系列的参数名/参数值对，参数名/参数值对之间用字符"&"分开。

安装 IIS 后，系统自动创建一个默认网站 Web Default Site，用户在浏览器的地址栏中输入"http://127.0.0.1/或 http://localhost/"，可以来访问该 Web 站点，如果 IIS 网站创建成功，则显示一个 IIS 默认网站的默认网页。

在 Windows 系统中，都包含一个 hosts 文件（文本文件，无扩展名，存储在\WINNT\system32\drivers\etc 文件夹中），该文件用于本地域名解析。默认情况下，包含一条记录，即"127.0.0.1 localhost"，说明 localhost 为本机 127.0.0.1 的域名。用户可以添加域名解析记录，许多挂马网站会修改用户 Windows 系统中的 hosts 文件，以达到欺骗用户访问和改变用户访问目的网站的目的。

2.4 Web 站点的配置

在 Windows Server/IIS 中，当创建一个 Web 站点时，我们给这个站点设置了端口号、主目录和主机名。对于一个网站，除了这些基本信息外，站点默认文档、HTTP 头、错误页、安全性等信息也是一个网站相关数据的组成部分。站点相关的所有数据都可以在站点创建完成后进行修改和设置，这种设置称为站点配置。站点配置需要通过"Internet 信息服务管理器"进行，配置方法简单。

2.4.1 网站端口号与主机名设置

在"Internet 信息服务管理器"中，单击需要配置的网站节点，在网站信息区域，选择功能视图选项卡，显示网站可设置的项目列表，如图 2-9 所示。

在网站信息功能视图中，列出了创建网站时选择的 Web 服务器（IIS）角色服务项目，对于这些服务角色项目，都和网站的运行有关。单击某个项目，在右侧的"操作"窗格，将列出该项目的可能操作，通过进行不同的操作，从而完成网站的相应设置。

对于一个网站，最基本的配置就是设置所绑定的端口号和主机名。在窗口右侧的操作区，单击"绑定…"，打开"网站绑定"对话框，显示站点目前的绑定设置，单击已有的绑定项，单击"编辑"按钮，打开"编辑网站绑定"对话框，如图 2-10 所示。

图 2-9　Windows IIS 7.0 网站功能配置视图

图 2-10　Windows IIS 7.0 "编辑网站绑定" 对话框

　　在"编辑网站绑定"对话框,可以修改网站的端口,需要注意的是,如果设定了主机名,则端口必须设置为 HTTP 默认端口 80。如果没有注册 DNS 域名,需删除主机名下面文本框中的内容。在不设置主机名的情况下,可以设置一个大于 1024,其他服务未使用的值作为网站端口号。

2.4.2　设置网站主目录

　　主目录是一个网站的根,网站的所有文件都应保存在主目录及其所包含的子目录文件夹中,或者通过虚拟目录使用主目录外的物理文件夹。根据客户访问 Web 站点的验证过程,当用户通过身份验证后,接下来,Web 站点会根据站点的权限设置,来决定可以提供给用户的服务,例如从网站浏览网页(下载文件)、上传文件等。

　　在"Internet 信息服务管理器"中,单击需要配置的网站节点,在窗口右侧的操作区,单

Web 服务器的架设和管理

击"基本设置…",打开"编辑网站"对话框,如图 2-11 所示。

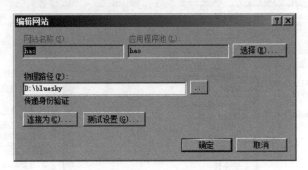

图 2-11　Windows IIS 7.0"编辑网站"对话框

在"编辑网站"对话框,显示了设置的网站根目录,单击后面按钮,可以修改站点根目录。一般情况下,站点根目录不能设置在服务器的系统盘中。保存在系统盘中,当服务器遭木马或病毒攻击,需要进行系统重装时,系统盘被格式化,所保存的数据将丢失。

2.4.3　网站默认文档设置

当用户通过 Web 浏览器连接到 Web 站点时,在 URL 中,如果没有指定要浏览的网页,Web 服务器将把站点设定的默认文档,即首页文件,传送给用户浏览器。网站的默认文档可以是静态页面 htm 文件,也可以是 ASP、JSP 等包含服务端脚本服务器页面文件。

在"Internet 信息服务管理器"中,单击需要配置的网站节点,在窗口中间区域,单击"功能视图",显示 Web 服务器角色服务列表(见图 2-9),双击"默认文档",显示默认文档选择列表,如图 2-12 所示。

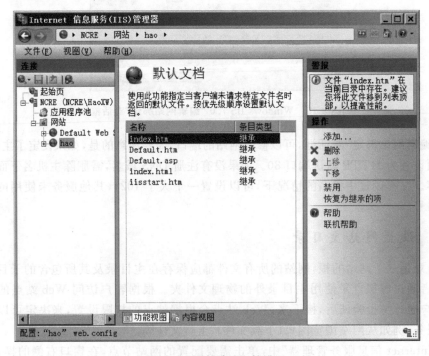

图 2-12　网站默认文档设置

根据网站实际情况,选择网站默认文档,即站点首页文件。站点默认文档需保存在站点根目录下,此时,使用 Windows"记事本"程序等文本编辑器或网页制作工具,编辑一个简单的网页作为默认文档。在"Internet 信息服务管理器"窗口右侧浏览网站区域,单击"浏览网站",可以检测站点的运行情况,显示网站默认文档页面。

2.4.4 网站错误页编辑

当用户访问一个网站时,如果所要访问的网页不存在,或者站点正在维护或停止运行,Web 服务器将给用户返回一个信息反馈页面,或者称为错误提示页。在 IIS 中,当创建网站时,自动地定义了一组错误提示页面,除此之外,用户可以对这些页面内容进行个性化的修改,使得用户有更好的访问体验。

在"Internet 信息服务管理器"中,单击需要配置的网站节点,选择功能视图(见图 2-9),在 Web 服务区角色服务列表中,双击 HTTP 功能区的"错误页"列表项,显示网站默认的错误页列表,如图 2-13 所示。

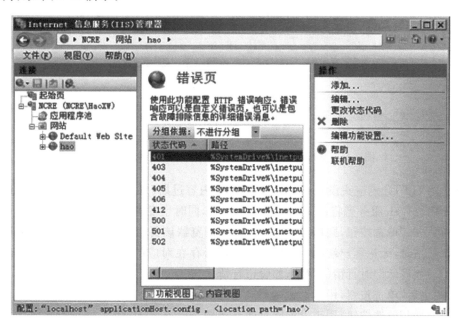

图 2-13 Windows IIS 7.0 网站错误页列表

在网站默认的错误列表中,列出了所有的错误页,以及存储的目标文件夹,可以对错误页的内容、存储位置等进行修改,使得错误提示更具有针对性,增强用户的访问体验。

2.4.5 设置网站 HTTP 响应头

在 Web 的 HTTP 通信中,通过 HTTP 头可以在 Web 服务器和 Web 客户机之间交换彼此的信息,从而可以更好地进行网页的传输、显示和控制。有些 HTTP 头可以在网页的 < head ></head >标记内定义,也可以通过 Web 服务器统一设置。HTTP 头可以分为常用标头和用户自定义 HTTP 标头两大类,HTTP 常用标头主要指网页的有效期设置。

在"Internet 信息服务管理器"中,单击需要配置的网站节点,选择功能视图(见图 2-9),

双击"HTTP 响应标头"列表项，在右侧窗格的操作列表中，有"添加…"和"设置常用标头…"两种操作，单击"设置常用标头…"，如图 2-14 所示。

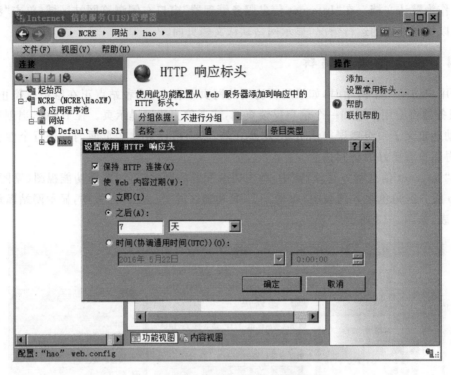

图 2-14　Windows IIS 7.0"Internet 信息服务管理器"窗口

在常用 HTTP 响应头设置中，选择"使 Web 内容过期"复选框，可以设置此站点页面的内容有效期。Web 服务器将页面发送到客户端时，同时也发送了网页的有效期。

选择"立即"单选按钮，则网页内容一下载到浏览器该页面就过期了。因此，浏览器每次连接到该网站时，无论客户端的本地网页缓存是否存在对应的页面，页面都会被重新下载。它适合于一些显示即时行情的网站，如股市行情。

选择"之后"单选按钮，用于设置网页经过几天后过期。

选择"时间"单选按钮，用于设置网页的有效期。

在网页浏览中，缓存技术和有效期设置可以提高整个互联网的性能。当用户浏览某个网页时，它首先要检查本地的缓存是否保存了要浏览的页面，如果已经保存该页面，还要检查页面是否过期，如果没有过有效期，则浏览器将直接从本地缓存打开该网页，而不链接 Web 服务器下载页面。如果页面在缓存中不存在，或者存在但已经过了有效期，此时，Web 浏览器将连接 Web 服务器，进行页面下载。对于许多网页（例如一些文件），其内容并不更新，因此缓存技术可以提高浏览速度，减少互联网流量。

除了 HTTP 常用标头外，用户还可以设置自定义 HTTP 响应头，在右侧的操作区域，单击"添加…"，打开"添加自定义 HTTP 响应头"对话框，可以添加响应头名称和取值。Web 站点设置了 HTTP 响应头后，当用户浏览网页时，Web 服务器将标头一起发送到客户端。

2.4.6 网站安全性设置

在互联网中,Web 服务器会收到各种各样的页面访问请求,保证服务器的安全性至关重要。从 Web 工作原理上讲,当用户通过 Web 浏览器发出访问某个页面的请求时,Web 服务器收到客户的请求后,可以利用 HTTP 请求包获取客户端的信息,并启动一个验证过程,例如,网站是否允许匿名访问,客户端 IP 地址是否受限等,来决定是否将网页传给客户端。

不同的 Windows Server/IIS 版本,Web 站点安全性设置的内容也不完全一样,传统的安全性身份包括匿名访问、身份验证和访问控制、IP 地址和域名限制等。要进行相应的安全性设置,需要在 Windows 2008/IIS 7.0 安装过程中,选择相应的安全性功能,只有安装了相应的功能,才能对网站进行相应的设置。

1. IP 地址及域名限制

在"Internet 信息服务管理器"中,单击需要配置的网站节点,在站点信息区域,选择功能视图(见图 2-9),双击"IPv4 地址和域限制"列表项,显示网站 IPv4 地址和域限制设置界面,如图 2-15 所示。

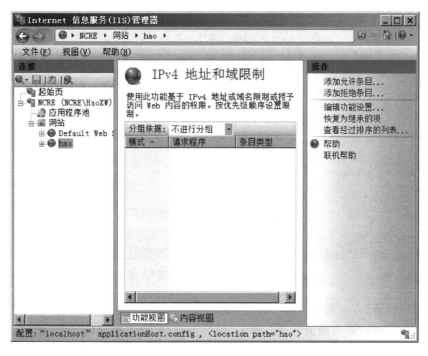

图 2-15　设置网站"IPv4 地址和域限制"界面

在右侧操作区,单击"添加允许条目…",打开"添加允许限制规则",可以指定允许访问的 IP 地址或一个地址范围。单击"添加拒绝条目…",可以添加网站要拒绝访问的 IP 地址或一个地址范围。通过上述设置,可以拒绝那些不受欢迎的 IP 地址对站点的访问,当用户来自拒绝访问的 IP 地址时,客户浏览器端会收到"您没有权限查看网页"的提示信息。一般情况下,如果网站是公开的,一般选择"添加拒绝条目…",把不被欢迎的 IP 地址列出。相反,如果网站是一个特殊的站点,只允许部分人访问,则选择"添加允许条目…",然后把可以

Web 服务器的架设和管理

访问的 IP 列出。

2. 匿名访问和验证控制

当 Web 站点验证了客户端的 IP 地址后,接下来查看该站点是否允许匿名访问。当 Web 站点允许匿名访问时,客户端不需要输入账户和密码就可以访问网站的数据,此时 Web 站点会尝试用 Internet Guest Account 内部账户"IUSER"登录计算机。如果站点不允许匿名访问,或者客户端要访问的文件有特殊的安全限制,此时客户端需要输入用户账户和密码。

对于一台 Web 服务器,当添加 Web 站点时,如果选择了身份验证等 Web 服务器角色服务选项,在 IIS 信息服务管理器窗口,将显示站点的身份验证选项(见图 2-9),双击该项目,显示网站的身份验证选项,如图 2-16 所示。

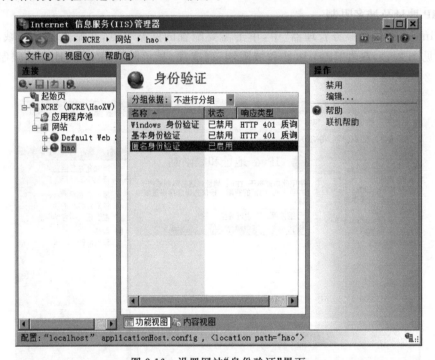

图 2-16　设置网站"身份验证"界面

单击身份验证,在右侧的"操作"窗格,可以将该身份验证设置为禁用或启用,也可以进行编辑。例如,选择"匿名身份验证",单击"编辑",打开"匿名用户账号"对话框。在该对话框中,可以指定用于匿名访问的匿名用户账号。匿名访问使得每个人都可以使用上述账号访问 Web 网站。如果匿名账户没有足够的 NTFS 权限,系统会根据在"验证访问"区域中选择的验证方式,要求用户输入账号和密码,如果未选择任何验证方法,则系统不提示用户输入账户和密码,而是直接拒绝用户对该页的访问。

2.5　使用 Apache 和 Tomcat

在互联网中,Web 服务器的配置环境主要有两个大类,一类是 Windows 服务器/IIS,另一类是 UNIX(Linux)/Apache＋Tomcat。IIS 作为 Windows 服务器的内置服务组件,具有安装方便、配置简单的优点。但是,IIS 主要支持 ASP 和.NET 开发,对于网络开发流行的 Java 程序,IIS 并不支持。此外,IIS 只能安装在 Windows 服务器上,如果服务器安装更加安全的 UNIX 和 Linux 操作系统,也无法安装 IIS 作为 Web 服务器。针对 Windows/IIS 安装的限制及不足,在 UNIX/Linux 服务器中,通常安装 Apache/Tomcat 来搭建 Web 服务器。

2.5.1　Apache 与 Tomcat

1993 年,美国伊利诺伊大学香槟分校的国家超级计算应用中心(National Center for Supercomputer Applications,NCSA)发布了其第一款 Web 服务器程序 httpd,这是一个功能强大的 Web 服务器程序,且代码可以自由下载、修改与发布。1994 年,许多 Web 技术的爱好者和用户在 httpd 1.3 代码基础上开发自己新的功能,这些扩充的功能以补丁 (Patches)的形式出现。1995 年 2 月底,这些开发者们创立了一个邮件列表,并以此为媒介,交流开发的成果,把代码重写与维护的工作有效组织起来,他们逐渐把这个开发群体称为 Apache 组织[①],并将其研发的 Web 服务器程序命名为 Apache 服务器,简称 Apache。

1995 年 4 月,Apache 0.6.2 公布。随后开发人员再接再厉,在一年之内,Apache 服务器超过了 NCSA 的 httpd 成为 Internet 上排名第一的 Web 服务器。1999 年 7 月,Apache 组织创立 Apache 软件基金会(Apache Software Foundation,ASF),它是专门为支持开源软件项目而创办的一个非盈利性组织。2004 年,Apache 2.0 发布,新的版本不再包含 NCSA 代码,2012 年,Apache 发布 Apache 2.4 版本。

1. Apache 的功能

Apache 是一款 Web 服务器,全称 Apache HTTP Server,简称 Apache。它是目前互联网上安装最多的 Web 服务器,不管是 Windows,UNIX 还是 Linux 服务器,都有相应的 Apache 版本,它可以运行在几乎所有广泛使用的计算机操作系统平台上。

Apache 服务器以高效、稳定、安全、免费而著称,具有以下特性:

- 支持 HTTP/1.1 通信协议。
- 支持基于 IP 和基于域名的虚拟主机。
- 支持多种方式的 HTTP 认证。
- 提供用户会话过程的跟踪。
- 支持通用网关接口 CGI。
- 集成 Perl 处理模块。
- 集成代理服务器模块。
- 支持实时监视服务器状态和定制服务器日志。
- 支持服务器端包含指令(SSI)。

[①]　Apache 组织的诞生富有戏剧性,当 NCSA 的 WWW 项目因最初的开发人员离去而停顿后,那些使用 NCSA httpd 服务器的人们开始交换他们对 httpd 的修改、补充和扩展,他们很快认识到成立管理这些补丁程序的论坛是必要的,这样 Apache 组织就诞生了。

组织名称 Apache 的来由,一种说法是取自"补丁"之意,因为它是在 httpd 代码基础上不断地打补丁而形成的。也有人说 Apache 这个名字是为了纪念名为 Apache(印地语)的土著美洲印第安人,因为他们拥有高超的作战策略和无穷的耐心。

- 支持安全 Socket 层(SSL)。
- 支持 FastCGI。
- 通过第三方模块可以支持 Java Servlet。
- 拥有简单而强有力的基于文件的配置过程。

基于上述特性,使得 Apache 成为 Web 服务器的首选,几乎所有大型的 Web 系统都选择安装 Apache 服务器。

2. Tomcat 的功能

Tomcat 是 Apache 软件基金会 Jakarta 项目中的一个核心项目,由 Apache、Sun 和其他一些公司及个人共同开发而成,是针对 Apache 服务器开发的 JSP 应用服务器,是 Java Servlet 和 Java Server Pages(JSP)技术的标准实现。Tomcat 有两个方面的功能:

(1) 它是一个 Web 应用服务器,简单讲,就是可以执行 Web 服务器页中的服务端脚本程序,即 JSP 程序和 Java 程序。通常情况下,Apache 和 Tomcat 联合工作,Apache 作为 Web 服务器,为用户提供页面浏览服务。当网页为服务器页时,Apache 将网页传递给 Tomcat 应用服务器,由 Tomcat 执行其中的服务段脚本程序。执行结果返给 Apache。

(2) 具有 Web 服务器功能,为了简化服务器配置和管理等,在 Tomcat 中,内置了 HTTP Server 功能,也就是说,在配置一台 Web 服务器时,如果服务器的负载较轻,可以不安装 Apache,只安装 Tomcat,由 Tomcat 负责网页浏览服务和服务器页面解析。

实际上 Tomcat 部分是 Apache 服务器的扩展,但它是独立运行的,所以当运行 Tomcat 时,它实际上作为一个与 Apache 独立的进程单独运行。当在一台 Web 服务器上配置了 Apache 服务器,可利用它响应对 HTML 页面的访问请求。当用户要浏览的页面是 JSP 服务器页面时,Apache 则调用 Tomcat,由 Tomcat 执行 JSP 中的服务端脚本程序,将执行结果返给 Apache,然后 Apache 再将结果页面发送到客户端浏览器。

2.5.2 Apache 的安装与配置

Apache 服务器为开源软件,可以从 Apache 官方网站(https://www.apache.org/)下载,需要注意的是,Apache 官方网站使用的是加密的 https,而不是 http 协议。在 Apache 官方网站首页中,有一个 Apache Projects 列表,显示 Apache 项目超链接列表,单击 HTTP Server 超链接,将打开 HTTP Server 项目页面(https://httpd.apache.org/)。

1. 下载 Apache 服务器

在 HTTP Server 项目页面(https://httpd.apache.org/),选择要下载的 Apache 版本。需要说明的是,版本不一定是最新的,但一定要选择一个稳定的版本。虽然 Apache 官网页面不断变化,但下载 Apache 服务器的基本步骤是一样的,基本可以分成以下几个步骤。

(1) 在 Apache 官方网站(https://www.apache.org/)的首页,在 APACHE PROJECT LIST 中,找到 HTTP Server 项,单击该项,打开 Apache HTTP Server 项目页面(https://httpd.apache.org/)。

(2) 在某 HTTP Server 版本区域,例如 Apache HTTP Server 2.4.20 Release,单击 Download 超链接,打开 HTTP Server 下载页面,并定位到具体的版本号,显示下载选择列表:

- Source: httpd-2.4.20.tar.bz2 [PGP] [MD5] [SHA1]

- Source：httpd-2.4.20.tar.gz［PGP］［MD5］［SHA1］
- Binaries
- Security and official patches
- Other files
- Files for Microsoft Windows

在上述下载选项中,前两种方式是 httpd-2.4.20 的源文件压缩包,tar.gz 和 tar.bz2 是 Linux 下常用的压缩方式。PGP 即 Pretty Good Privacy,是 Apache 的数字签名,保证用户下载的 Apache 文件是正式版本;MD5 即消息摘要算法 5,SHA1 为 Hash(哈希表)校验。为了文件的安全性,保证文件没有被别人篡改过,文件发布者会在文件发布的同时附上 MD5、哈希表等校验码,以便用户下载后进行校验,保证文件的原始性和安全性。

Binaries 对应 Apache HTTP Server 的二进制文件下载,Apache 本身通常不提供 Apache 服务器的二进制版本,用户要使用二进制版本的 Apache HTTP Server,可以单击 Binaries,从页面提供的镜像站点中,选择下载二进制 Apache 服务器。

如果用户需要下载 Apache 的 Windows 版,可直接单击 Files for Microsoft Windows 项,打开 Downloading Apache for Windows 页面,页面列出了几个常用的提供 Apache 服务器二进制文件下载的超链接,包括:

- Apache Haus
- Apache Lounge
- BitNami WAMP Stack
- WampServer
- XAMPP

其中,前三项对应三个主要的发行 Apache httpd 二进制包的网站,后面两个是 wamp 以及 xampp 集成环境,除了 httpd,还包含 PHP、MySQL 等。可以单击前面三个网站的任意一个超链接,选择要下载的 Windows 版本即可。

(3) 从 Binaries 页面显示的可用下载网址中,单击常用的 Apache Lounge 超链接,打开 Apache Lounge Webmasters 页面,显示了要下载的 Apache 2.4.20 版本的二进制文件压缩包及各种验证信息。选择 Apache 2.4.20 Win64 版本,下载 Apache 服务器二进制文件压缩包 httpd-2.4.20-win64-VC14.zip,保存到本地硬盘中。

2. 校验下载的 Apache 服务器

文件下载完毕后,为了安全起见,通常需要对下载的文件进行校验,校验其哈希值、MD5 值、文件大小等信息,以判断该文件是否是原始的文件,即没有被别人篡改过。若是相同,则就是原始文件,可以使用;若是不同,则文件有问题,就不要使用该文件。

用户可以从网上搜索下载相应的校验工具,在校验工具中打开下载的文件,开始校验,将得到一系列文件信息,然后和站点提供的 MD5、SHA1 等信息比较,以确定下载的文件是不是原始文件,或已经被修改。

3. Apache 的安装

对于 Apache 的安装,不同的版本悬殊较大。在早期的 Apache 中,Apache HTTPd 以 msi 的形式发布,用户可以下载 msi 文件,它是一种可以安装的程序包文件,双击带 .msi 扩展名的文件时,操作系统将 .msi 文件与 Windows 安装程序关联并运行客户端安装程序服务 Msiexec. exe，因此，Windows 环境下安装 Apache 非常简单。

在新的 Apache 版本中，Apache 二进制发行版以 zip 压缩文件发布，没有安装程序，要使用 Apache 服务器，可按下列方式操作：

(1) 将 Apache 服务器二进制文件压缩包 httpd-2.4.20-win64-VC14.zip 解压缩，得到一个文件夹 Apache24，里面包含了 Apache 服务器的所有文件。

(2) 将 Apache24 文件夹移动到计算机系统盘 C 根目录下，作为 Apache 服务器的安装目录，文件夹结构如图 2-17 所示。

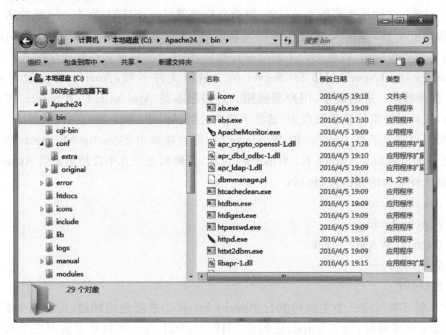

图 2-17　Apache 安装目录文件夹结构

(3) 把 Apache 安装成 Windows 后台服务。在 Apache24\bin >文件夹中，包含服务安装 httpd. exe 程序。要安装 HTTP 服务，首先需要安装相应的运行包，例如上面下载的是 VC14 版，需要先安装 Microsoft Visual C++2015 Redistributable vc_redist_x64/86. exe，该发行包同样可以在 Apache Haus 网站和 Apache Lounge 网站页面找到，单击下载，并安装。

安装完成后，即可执行 httpd. exe，安装 Apache 服务，具体操作是：在 Windows 命令行方式，进入 C:\Apache24\bin >，输入 httpd -k install 命令。

在安装时，如果出现"(OS 5)拒绝访问：AH00369：Failed to open the Windows service manager，perhaps you forgot to log in as a Administrator"错误提示信息，此时，并非因为当前的账户不是管理员权限，而是需要以管理员权限运行 cmd 程序。此时，在"开始"菜单，在搜索框中输入"cmd"，显示 cmd. exe 程序项，在该菜单项上右击，执行"以管理员身份运行"菜单命令，打开 cmd 窗口，输入上述命令即可，如图 2-18 所示。

对于上述启动错误信息，说明如下：

```
AH005588,httpd.exe: Could not reliably determine the server's fully qualified do main name,
using fe80::fc76:abca:e24b:d490. Set the 'ServerName' directive globally to suppress
this message
```

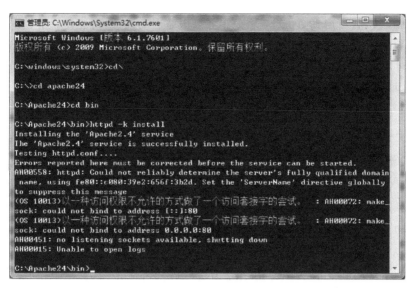

图 2-18　安装 Apache 服务器

这是一条不影响服务的提示，要避免该提示信息，打开 Apache 的配置文件 conf\httpd.conf 文件，找到下列行：

　＃ If your host doesn't have a registered DNS name, enter its IP address here.
　＃ServerName www.example.com:80

将 ServerName 设置为 localhost:80，并将前面的注释符＃删除。

然后重新执行 httpd -k install 命令，显示：

　Apache 2.4: Service is already installed.

4. 启动 Apache 服务

在早期的 Apache 版本中，Apache 安装后在 Windows"开始"菜单中包含相应的菜单命令，可以启动 Apache 服务。在新版的 Apache 中，在 \ Apache24 \ bin 文件夹，包含 ApacheMonitor. exe 程序，双击该程序，在 Windows 任务栏显示 Apache Service Monitor 程序图标，单击该图标，将打开 Apache Service Monitor 窗口，如图 2-19 所示。

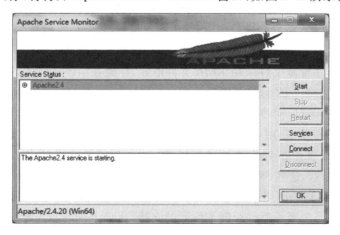

图 2-19　Apache Service Monitor 窗口

Web 服务器的架设和管理

单击 Start 按钮，可启动 Apache 服务。如果服务启动失败，可能是以下情况造成的：如果计算机中已经安装了 IIS，且为启动状态，并且使用了 80 端口，因为 Apache 的默认端口也为 80，此时，Apache 将无法正常启动。如果安装了迅雷，它也可能会使用 80 端口，这也将导致 Apache 不能正常启动。

查看 80 端口是否被占用，可以在 Windows 命令行下输入下列命令：

```
netstat – aon|findstr "80"
```

如果 80 端口已被使用，需要先关闭相关程序，或者修改 Apache 默认的监听端口。

要修改 Apache 服务默认端口，打开配置文件 conf/httpd. conf，搜索"Listen 80"，找到下列行：

```
Listen 80
```

可将端口号修改为 80 端口以外的用户端口，例如：8001。

保存文件，在 Apache Service Monitor 窗口，单击 Start 按钮，显示 Apache 服务启动正常，任务栏显示图标 。此时运行浏览器程序，在地址栏里输入"http：//localhost：8001/"或"http：//127.0.0.1：8001/"看到 Apache 默认网站首页，显示"It works"，说明 Apache 服务正常。

在 Windows 控制面板/管理工具中，包含"服务"程序（services. msc），运行该程序，也可以查看目前系统中安装和运行的服务及其运行状态。

5. Apache 配置

通常情况下，大多数程序在运行时往往会用到一些特定的参数，例如：Web 浏览器，它会用到存储网页的临时文件夹、收藏夹、访问过的站点列表等，这些数据是在软件运行过程中产生的，数据如何保存，保存位置的设定等，都是程序参数的问题。在大多数浏览器中，都包含了"Internet 选项…."命令，可以设置浏览器运行时的相关参数值，参数的取值将影响程序的运行。这些参数在程序中保存在哪儿，如何保存，用户都是看不到的。

对于 Web 服务器，它所管理的对象就是一个个网站。在 Windows /IIS 中，网站的配置都是在"Internet 信息服务管理器"中完成的，配置方法直观、简单。Apache 服务器不同，它的配置是手工完成的，参数及其设置保存在一个特定的 XML 配置文件中，Apache 服务器在运行时，读取该配置文件数据，以便正确地运行。因为，XML 文件是一个文本文件，可以用 Windows"记事本"程序打开进行编辑，手工配置虽然不够直观，但减少了开发相应配置程序的工作量。因此，采用 XML 文件进行软件运行环境及参数的设置是软件设计的发展方向。

在 Apache 中，主配置文件采用 XML 文件格式，存储在\Apache\Conf\文件夹中，文件名为 httpd. conf。在单一的配置文件 httpd. conf 中，存放了 Apache 运行时所有的配置指令，如：Web 服务器端口，网站主目录，客户访问信息，记录认证信息和虚拟服务器信息等。

Apache 配置选项采用的是指令模式，配置指令设定各种参数的值，例如：DocumentRoot 设置服务器 Web 页面的根目录。也可以灵活地设置多个基于 IP 或基于域名的虚拟 Web 服务器，这些 Web 虚拟服务器可以各自定义独立的 DocumentRoot 配置指令。而 LoadModule 指令则用来指定加载不同的模块来实现对 Apache 服务器功能的扩充。这些新功能大多是提供服务器端对脚本技术的支持，比如 Perl、PHP 等。Apache 结合使用 ApacheJServ 可以实现对 Java servlet 及 JSP 的支持。

Apache 主配置文件 httpd.conf 为纯文本文件,用 Windows"记事本"程序打开,可以看到这些配置文件配置项目及取值,其中"♯"为 Apache 的注释符号。可以在"记事本"菜单中,使用"查找"命令,查找要配置的关键字,并进行相应配置。

（1）配置 DocumentRoot 及目录访问权限。

这个语句指定网站路径,即主页放置的目录。默认路径一般是 Apache 安装目录下的一个子目录,例如:

```
DocumentRoot "C:/Apache24/htdocs"
```

根据需要,设置站点的主目录,例如我们可以在此处将其设定为"D:/bluesky",打开主页时,默认打开的文档就直接去该目录下查找了。

（2）配置 DirectoryIndex。

这是站点默认显示的主页,一般情况下,我们在此处还可以加入"index.htm index.php index.jsp"等。注意,每个可能的首页文件之间都要留一空格。

上面两步设置完成后,启动浏览器,在地址栏中输入"http://127.0.0.1:8001/"即可访问用户 Web 站点,即显示主目录"d:/bluesky"中的首页文件 index.htm。此外,用户还可以进一步设置站点域名、错误页、安全性等。

2.5.3 Tomcat 服务与 Servlet/JSP

Tomcat[①] 服务器是一个免费的开放源代码的 Web 应用服务器,是 Apache 软件基金会 Jakarta 项目的一个子项目,Jakarta(雅加达)是 Apache 组织下的一套 Java 解决方案的开源软件的名称,包括很多子项目。通常情况下,Tomcat 作为 Apache 服务器的扩展,用于运行 JSP 页面中的 Java 程序,是 Java Servlet 和 JSP 的运行容器。此外,Tomcat 也具有处理静态 HTML 页面的功能,只是其处理 HTML 的能力比 Apache 服务器弱。

所谓 Servlet,就是用 Java 编写的 Server 端程序,在基于 Java 的 Web 服务器上运行,它的主要功能是交互式地浏览和修改数据,生成动态 Web 内容。与普通的 Java 程序不同,由于 Servlet 运行于 Tomcat 等容器,不需要特定的图形用户界面,因此,Servlet 又称为 Faceless 对象。在功能上,Servlet 可以完全发挥 Java API 的优势。在性能方面,Servlet 执行一次以后,会停留在内存中一段时间,当有相同的请求发生时,Servlet 会利用不同的线程来处理,在性能上会有大幅的提升,而服务器会自动清除停留时间过长而且没有执行的 Servlet。

在编写 Web 应用系统时,Servlet 虽然性能优越,可以跨平台运行,通过 form 表单的 action 调用,但 Servlet 在和静态页面的结合方面非常麻烦。于是,出现了 JSP(Java Server Page)技术,通过在 HTML 页面中插入服务端标记<%%>,来直接书写 Java 代码,极大地简化了页面设计的复杂性。每一个 JSP 页面第一次调用时都被自动编译成一个 Servlet,然后

---

① Tomcat 最初是 Sun 开发的 JavaWebServer 的一部分,是为 Java Servlet 技术而开发的,是 Java Web 服务器内置的 Java Servlet 引擎。1999 年,Sun 将其变为开源项目并将其源代码贡献给 Apache 软件基金会(Apache Software Foundation,ASF),和 ASF 中类似的项目进行合并,成为 ASF 组织 Jakarta 项目的一个核心子项目。由于对于大部分开源项目奥莱利(O'Reilly)出版公司都会为其出一本相关的书,并且将其封面设计成某个动物的素描,因此此项目也以一个动物的名字命名,并将其命名为 Tomcat(雄性猫科动物)。

Web 服务器的架设和管理

在 Tomcat 中运行。在 JSP 页面中,还可以导入 JavaBean,它是一个 Java 类,通过封装相应的属性和方法,完成特定的功能。JavaBean 可以利用 Eclipse 等开发环境以可视化的方式来开发。

在第 1 章的 Java 技术中,我们已经介绍了 Java 技术的构成,即 Java 技术包括三个部分: Java 程序设计语言、JDK 和 Java 虚拟机。因此,要保证 Tomcat 运行 Java 代码,在 Tomcat 运行环境,必须得到 Java 的支持,也就是说 Tomcat 的运行需要 Java 运行环境的支持。

在 Tomcat 中,内置了一个简单的 HTTP Server,因此单独安装 Tomcat 也能够保证一个 Web 站点的运行。从开发的角度讲,要测试网页运行情况,只安装 Tomcat 就可以了。也就是说,不需要安装 Apache 服务器,单独使用 Tomcat 即可运行 Web 应用。但是,Tomcat 仅仅对 JSP 程序体现出比较好的执行效率和性能,对于静态页面的处理速度远不如 Apache。为了提高 Web 系统的整体性能,需要将 Apache 和 Tomcat 进行整合配置。

2.5.4 安装 Java 运行环境

Tomcat 是 JavaServlet 和 JSP 的容器,因此,Tomcat 需要 Java VM(JRE)(Java Runtime Environment),即 Java 虚拟机的支持,在安装 Tomcat 以前需要安装 JRE。JRE 可以单独安装,也可以随 Java 开发包 JDK 一起安装。安装 JRE 后,在安装 Tomcat 时会自动检测到。

Java 技术中的 Java 运行环境包括两个主要部分: Java 开发工具包和 Java 运行环境 JRE。它们是基于 Java 技术开发的计算机应用系统运行的基础环境。在 Windows 平台上,Java 环境安装完成后需要进行相应的操作系统环境变量设置,使得在运行 JSP 页面时能够找到相应的类库,保证程序的正常运行。

1. JDK 和 JRE

在安装 Java 环境以前,需要介绍几个概念。在 Java 技术中,大家经常看到 JDK、J2SDK 和 JRE 等概念,有时候会产生迷惑,三者是什么意思,又是一种什么关系呢? JDK 是指 Sun 早期的 Java 软件开发工具包(Java Develop Kit,JDK),是开发和运行 Java 程序的基础,经历了多个版本的升级,除了技术上的改进外,也包含了命名方式的改变。

JRE(Java Runtime Environment),顾名思义是 Java 程序运行所需要的环境。所谓跨平台就是要各种平台都有一个中间代理,这就是 JRE。一般采用 Java 技术开发出的软件都需要安装 JRE,所以 Sun 就单独提供了 JRE 安装文件,以供 Java 应用程序发布时所用。

2. JDK 的发展

1995 年 5 月 23 日,Sun 将 OAK 改名为 Java,并且在 SunWorld 大会上发布了 Java 1.0,Java 第一次提出了"write once,run anywhere"的口号。1996 年 1 月 23 日,JDK 1.0 发布,Java 有了第一个正式版本的运行环境。JDK 1.0 提供了纯解释执行的 Java 虚拟机实现(Sun Classic VM),代表技术有 Java 虚拟机、AWT 和 Applet 等。

1997 年 2 月,Sun 公司发布了 JDK 1.1,其代表技术有: JAR 文件格式、JDBC、JavaBean、RMI。1998 年 12 月 4 日,JDK 1.2 发布。从 JDK 1.2 起,Sun 在命名时开始使用 Java 2,这就是 J2SDK,分为企业版(Enterprise Edition)J2EE、标准版(Standard Edition)J2SE 以及面向嵌入式和移动计算等领域的 J2ME(Micro Edition)三个版本。随后,Sun 又

陆续发布了 JDK 1.3(1999 年 4 月),JDK 1.4(2002 年 2 月),JDK 1.5(2004 年 9 月)。

2006 年 11 月 13 日,在 JavaOne 大会上,Sun 宣布将 Java 开源,建立开源组织 openJDK 对源码进行管理。2006 年 12 月 11 日,JDK 1.6 发布,终结了从 Java 1.2 开始的命名习惯,采用 JavaSE6、JavaME6、JavaEE6 的命名方式。在技术上的改进包括:提供动态语言支持、提供编译 API 等,以及对 Java 虚拟机的改进,包括锁与同步、垃圾收集、类加载等方面的算法。

2009 年 4 月 20 日,Oracle 收购了 Sun 公司。2011 年 7 月,JDK 7 发布。2014 年 3 月,Java 8 发布,该版本做了许多重要的扩充和改进,包含了日期 API、Streams API 和 Lambda。对函数式编程提供了支持。

2017 年 9 月 21 日,Java 9 发布,Java 9 的核心变化就是引入了一种新的 Java 编程组件,也就是模块化。对于 Java 技术的发展,Oracle 表示,Java 10 将继续加入大数据、多语言互操作性、云计算和移动计算等功能,关于 JDK 10 以及之后的版本也在讨论中,比如使 Java 语言面向对象,形成一个统一的类型系统,所有原语都将转换为对象和方法。

以上 Java 软件都可以从 Sun 的 Java 网站[①](http://java.sun.com)上获取,网站提供了 Java 平台的 JDK、JRE 各种版本以及 Java 开发工具 NetBeans(含 JDK)的下载。

3. 安装 JDK 和 JRE

在 http://java.sun.com/ 站点,提供了 JDK 和 JRE 的集成安装和单独安装文件,用户可以免费下载。目前较新,同时比较稳定的版本是 JDK 8。根据开发和应用的不同,可以选择标准版(Standard Edition)或企业版(Enterprise Edition),我们以 Java 标准版 JDK 8 为例,介绍 JDK 和 JRE 的安装过程。

首先,登录 Java 官方网站 http://java.sun.com/,进入 Oracle 站点 Java 技术页面,在软件下载区域(Software Downloads),单击 Java SE 超链接,显示 Java JDK 和 JRE 下载界面,单击下载 JDK 8,显示 JDK 8 的不同操作系统版本,包括:Linux x86/x64,Mac OS X,Solaris x64 以及 Windows x86/x64 等。单击 Windows x64 对应的文件,文件名为 jdk-8u91-windows-x64.exe,文件大小为 187MB,包含 Java SE Develop Kit 8 Update91(64-bit) 和 JRE 两部分。

接下来进行 JDK 8 和 JRE 的安装,双击 jdk-8u91-windows-x64.exe 文件,运行 Java SE 开发工具包 8 Update91 安装向导,显示信息提示界面,然后显示定制安装界面,如图 2-20 所示。

在 Java 可选功能列表中,开发工具包含了 JavaFX SDK,一个公共 JRE 以及 Java Mission Control 工具套件。源代码包含了 Java 公共 API 类的源代码,可以选择安装。公共 JRE 是指一个独立的 JRE,任何应用程序(例如 Tomcat)都可以使用该 JRE,它将 Java 插件和 Java Web Start 注册到系统和浏览器,可独立于 JDK 进行卸载。对于上述三个 Java 功能选项,可以同时安装,也可以分别安装。如果只装 JDK(包含一个专用内置 JRE),可以只安装"开发工具",不安装公共 JRE。如果系统要配置 Tomcat,则通常情况下,需要安装公共 JRE,否则在安装 Tomcat 时,Tomcat 安装向导找不到 JVM 路径。

对于每一项功能,都可以选择单独的安装路径。默认情况下,各功能选项安装的默认文件夹为 C:\ Program Files\java\jdk1.8.0_91。为了下一步环境变量设置的方便,通常需要

---

① Sun 被 Oracle 收购后,原有的 Sun 的域名保留,但会被自动地映像到 Oracle 站点相应页面,例如:http://www.oracle.com/technetwork/java/index.html。

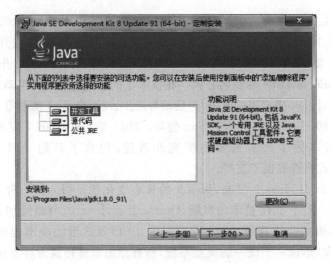

图 2-20　Java SE 8 标准版安装向导界面

修改默认安装目录。例如,选中"开发工具"功能选项,然后单击"更改…"按钮,修改开发工具(JDK)的安装目录,将其直接安装在 C:\Java 目录下,即 C:\Java\jdk1.8.0_91\,这样便于下一步环境变量的设置。开发工具安装完成后,将在 C 盘根目录下创建文件夹 C:\Java\jdk1.8.0_91\,存储安装的 Java SE Development Kit 8 Update 91(64-bit)文件。

当 JDK 安装完成后,接下来开始安装公共 JRE,显示公共 JRE 安装目录设置界面,由于公共 JRE 的文件夹和 JDK 中的内置 JRE 类似,为了避免混乱,可以将公共 JRE 安装路径设置为 C:\Java\jre1.8.0_91,从而将公共 JRE 安装到一个单独的文件夹中。

安装完成后,安装程序在 C 盘中建立相应的文件夹结构,存储相应的 JDK 运行环境以及公共 JRE,文件夹结构如图 2-21 所示。

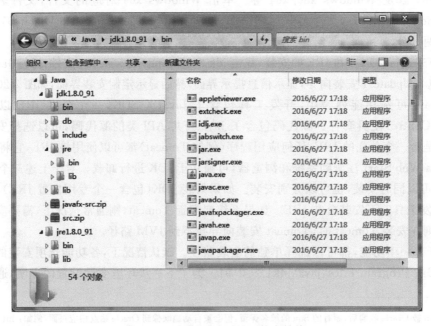

图 2-21　安装 JDK 后的文件夹结构

对于上述文件夹结构,Java 文件夹包含 JDK 文件夹和公共 JRE 文件夹,其中,JDK 文件夹所包含的内容如下:

- bin 子文件夹,包含一组用于 Java 开发、执行、调试的工具和程序,例如 javac. exe (Java 编译器)、jdb. exe(Java 调试器)、java. exe(Java 解释机)、javah. exe(产生可以调用 Java 过程的 C 过程,或建立能被 Java 函数调用的 C 函数的头文件)、jar. exe (多用途存档及压缩工具,可将多个文件合并为单个 JAR 归档文件)等。
- db 子文件夹,Oracle 发布的 Apache 软件基金会所研发的开放源码数据库管理系统 Apache Derby,包含 bin 和 lib 两个子文件夹。
- include 子文件夹,包含 C 头文件,支持使用 Java 本机界面、JVMTM 工具界面以及 Java 2 平台的其他功能进行本机代码编程的头文件。
- lib 子文件夹,包含开发工具需要的附加类库和支持文件。
- jre 子文件夹,它是 JDK 内置的 JRE(运行时环境),包含 Java 虚拟机、类库及其他文件,可支持执行以 Java 语言编写的程序。

除了上述的文件夹外,安装目录下还包含组成 Java 2 核心 API 的所有类的 Java 编程语言源文件的压缩文件 src. zip 等。

在 Java SE 8 标准版安装向导界面(图 2-20),如果不选择安装"公共 JRE"功能选项,将不会创建公共 JRE 对应的文件夹结构。此时,如果在后面安装 Tomcat,需要 JVM 支持时,将找不到可以使用的 JRE。

对于上述安装的 JDK 或公共 JRE,用户可以通过"控制面板"中的"添加/删除程序"分别单独删除,系统删除程序将自动删除安装程序在计算机硬盘中创建的相应文件夹。但不会修改接下来用户设置的系统环境变量。

3. Java 环境变量设置

在 Windows 中,JDK 安装完成后,进入 Windows 系统的 cmd 命令行窗口,运行 javac 等可执行程序,系统提示"不是可运行的程序",表明操作系统找不到相应的文件。因此,当 Java 安装完成后,要开发和运行 Java 程序,还需要进行相应的环境变量设置,以保证操作系统查找 Java 可执行程序,或 Java 程序中对 JDK 类库的引用。需要进行的环境变量设置包括:设置 JAVA_HOME、CLASSPATH 环境变量和更新 PATH 路径设置三个部分。

为了检查 JDK 安装程序是否已经正确地设置了环境变量,可以使用 set <环境变量>来检查,具体办法是:

在 Windows 开始菜单,搜索 cmd 命令,找到后运行该程序,打开 Windows 命令行窗口。在 DOS 提示符下,通过 set <环境变量>命令显示环境变量的配置情况。JDK 8 安装完成后,环境变量设置检查结果显示如图 2-22 所示。

如果安装程序没有设置 Java 运行环境需要的环境变量,应该进行手工设置。根据上述的 JDK 安装路径,设置内容如下:

```
set JAVA_HOME = C:\Java\jdk1.8.0_91
```

set CLASSPATH =. ;%JAVA_HOME%\lib(注意,". ;"一定不能少,它代表当前路径。分号是不同路径之间的分隔符)

set PATH=%PATH%;%JAVA_HOME%\bin;%JAVA_HOME%\jre\bin(第一

图 2-22　检查系统环境变量设置

个分号前为 PATH 原有路径,后面为增加的路径,其中第二个路径对应 JDK 内置 JRE)

各环境变量功能说明如下:

JAVA-HOME 表示 Java 安装目录,在其他环境变量中使用,以便于其他相关环境变量的设置。

CLASSPATH 定义 Javac 搜索类的路径,它记录 Java 编译器和解释器所需要的类所在的路径。即使是用户自己创建的类,也应该添加到 CLASSPATH 中,这样比较麻烦,所以在 CLASSPATH 中添加了一个当前目录。这样,当转到用户所在的目录的时候,由于 Javac 编译生成的用户类保存在当前路径,必须把当前路径加到 CLASSPATH 中,这样 Java 解释器才能够找到用户的类。有时候,会看到 CLASSPATH 中包含一个.jar 等压缩的 class 文件[①],把它加入到 CLASSPATH 中,Java 环境可以读取该文件。

PATH 变量是系统搜索可执行程序的路径,其中,Java 编译器(javac.exe)保存在%JAVA_HOME%\bin 中,Java 解释器(java.exe)保存在%JAVA_HOME%\jre\bin 中,要在任何路径下使用 javac.exe 和 java.exe,则必须将上述路径定义在操作系统的 Path 环境变量中。

说明:在 CLASSPATH 和 PATH 环境变量的配置中,%…%表示操作系统的一个环境变量。";"用于分隔不同的目录路径,也就是说,如果要设置多个查找路径,路径之间需要用分号";"分开,"."代表当前路径。

在 Windows 系统中,要设置系统环境变量,需要通过"控制面板"中的"系统"程序完成。或者,在桌面上右击"计算机",在快捷菜单中,执行"属性"命令,打开"控制面板/系统"窗口,单击"高级系统设置"命令,将直接打开"系统属性"对话框,如图 2-23 所示。

---

① jar 的全称是 JavaTM Archive (JAR) file,是 Java 归档文件,主要压缩存储 Java 的 class 文件。jar 是 JavaJDK 中的命令,可以在 DOS 提示符下使用 jar － help 命令显示 jar 的使用方法。

在"高级"选项卡中,单击"环境变量⋯"按钮,打开"环境变量"对话框,如图 2-24 所示。

图 2-23 "系统属性"对话框　　　　　　图 2-24 "环境变量"对话框

在"环境变量"对话框的"系统变量"区域,可以对环境变量进行"新建""编辑"和"删除"操作。

(1) 新建 JAVA_HOME 环境变量

如果系统中从未安装 Java 环境,没有设置 JAVA_HOME 环境变量,则需要新建 JAVA_HOME 环境变量。在"系统变量"区域,单击"新建⋯"按钮,打开"新建系统变量"对话框,输入要新建的系统变量以及变量值,如图 2-25 所示。

输入完成后,单击"确定"按钮。

(2) 设置 CLASSPATH 环境变量

如果系统环境变量中没有 CLASSPATH 环境变量,则需要新建 CLASSPATH 环境变量。用上述同样的方法,新建环境变量 CLASSPATH,如图 2-26 所示。

图 2-25 新建系统环境变量 JAVA_HOME　　　图 2-26 新建系统环境变量 CLASSPATH

(3) 更新 PATH 路径设置

对于 PATH 环境变量,根据其功能,系统中通常都不会为空,只是不同的计算机系统,安装的软件不同,PATH 的值不同。安装 Java 后,需要在 PATH 环境变量中添加如下路径:%JAVA_HOME%\bin;%JAVA_HOME%\jre\bin。具体操作如下:

在"环境变量"对话框的"系统变量"区域(参见图 2-24),选择 PATH 环境变量,单击"编辑"按钮,在原有 PATH 基础上,增加";%JAVA_HOME%\bin;%JAVA_HOME%\jre\

bin"，其中，第一个分号是路径分隔符，如图 2-27 所示。

图 2-27　更新系统变量 PATH

当上述环境变量设置完成后，需要重新启动计算机，让环境变量生效。

4. 测试 Java 运行环境

重新启动计算机，环境变量设置生效。然后在 cmd 命令窗口，依次输入下述命令来显示环境变量的设置情况：

```
c:\> echo % java_home %
c:\> echo % classpath %
c:\> echo % path %
```

也可以通过 set <环境变量名>命令来检验上述设置。如果设置正确，可以输入下列命令检查 Java 的运行是否正常。

如果环境变量设置正常，接下来可以用一个简单的 Java 程序来测试 JDK 路径的设置情况、JRE 路径的设置及 Java 程序的运行情况。Java 类测试代码如下：

```
public class Test
{
  public static void main(String args[]) {
        System.out.println("Hello,My Java program ");
  }
}
```

创建文件夹 D:\MyJava，将上述程序代码保存在该文件夹下，文件名为 Test.java（和类名一致，包括大小写）。然后打开 cmd 命令提示符窗口，转到 Test.java 所在目录 D:\MyJava，然后输入下面的命令：

```
javac Test.java
java Test
```

如果显示"Hello,My Java program"，表明 Java 环境安装成功，用 dir 命令可看到生成一个 Test.class 的文件，结果如图 2-28 所示。

如果不能够正常编译和运行，需查看环境变量的设置和实际的安装路径是否一致。

2.5.5　Tomcat 的安装和配置

在 Tomcat 官方网站 http://tomcat.apache.org/，可以看到 Tomcat 的多个版本，因为 Tomcat 是 Java Servlet 的容器，因此 Tomcat 与 JDK 的版本有关。在选择 Tomcat 时，需要了解 Tomcat 版本对 JDK 版本的要求，不是 Tomcat 版本越高越好。单击某个版本的超链接，单击 README 超链接，可以看到该版本的 TOMCAT 对 JDK 版本的要求。

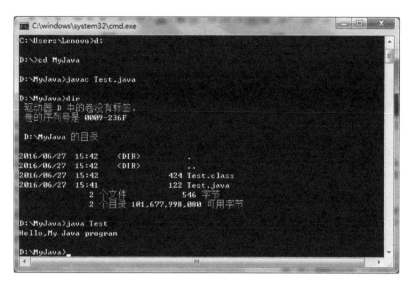

图 2-28　Java 程序的编译和运行

登录 Tomcat 官方网站 http://tomcat.apache.org/,在页面左侧的 Download 区域,单击 Which Version 超链接,显示各个版本的说明。根据上述安装的 JDK 版本,可以选择安装最新的"Tomcat 9",单击相应的超链接,显示 Tomcat 9 下载界面,在二进制代码发布(Binary Distributions)区域,显示了 Tomcat 对应的不同操作系统版本列表,在列表项中,为了保证文件的原始性和安全性,每个项目后面都包含对应的 pgp,md5 和 sh1 校验码。

单击 32-bit/64-bit Windows Service Installer（pgp、md5,sha1）超链接,即可下载 Tomcat 安装程序,文件名为 apache-tomcat-9.0.0.M8.exe。

1. 安装步骤

执行 Tomcat 安装程序 apache-tomcat-9.0.0.M8.exe,启动 Tomcat 安装向导,按照向导提示执行下面步骤:

(1) 选择要安装的 Tomcat 组件,如图 2-29 所示。

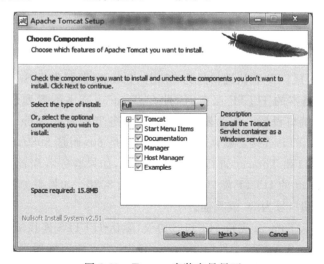

图 2-29　Tomcat 安装向导界面

Web 服务器的架设和管理

在安装类型下拉列表中，选择完全安装（Full），Tomcat 将作为 Windows 服务器的服务直接启动。然后单击"Next"按钮，显示 Tomcat 服务对应的相关端口设置界面，如图 2-30 所示。

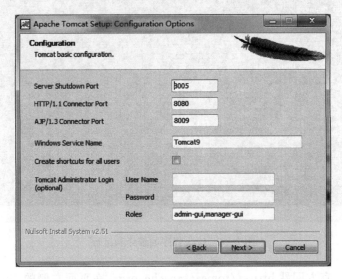

图 2-30　Tomcat 基本配置界面

　　Tomcat 最主要的功能是提供 Servlet/JSP 的运行环境，尽管它内置了一个简单的 HTTP 服务，也可以作为独立的 Java Web 服务器，但在对静态资源（如 HTML 文件或图像文件）的处理速度，以及提供的 Web 服务器管理功能等方面，Tomcat 不如 Windows IIS 和 Apache 服务器等专业的 HTTP 服务器。因此，在实际应用中，常常把 Tomcat 与其他 HTTP 服务器集成。对于不支持 Servlet/JSP 的 HTTP 服务器，HTTP 服务器调用 Tomcat 服务器，可以通过 Tomcat 服务器来运行网页中的 Servlet/JSP 程序。

　　当 Tomcat 与其他 HTTP 服务器集成时，Tomcat 服务器的工作模式通常为进程外的 Servlet 容器，Tomcat 服务器与其他 HTTP 服务器之间通过相应的连接器端口进行通信。这些配置都是在 Tomcat 配置文件中（server.xml）进行设置的，在安装过程中也可以设定，常见的端口有：

- Server Shutdown port，默认端口号 8005，对应 Tomcat 监听 shutdown 命令的端口，用户可以通过该端口远程停止 Tomcat 服务。
- HTTP 端口，HTTP 默认端口号为 8080。Tomcat 除了作为 Servlet 的容器外，本身包含了一个基本的 HTTP 服务，因此在 Tomcat 基本配置列表中，包含了默认的 HTTP 连接端口设置。因为默认的 Web 服务器配置是 Apache＋Tomcat，因此，Tomcat 的 HTTP 连接器默认端口设置并不是 80，而是 8080，Apache 也正是通过 8080 这个端口和 Tomcat 进行通信的。因此，如果服务器配置了 Apache，此时，不要修改 Tomcat 的 HTTP 端口号，使用默认的 8080。如果服务器不安装 Apache，此时可以修改端口号为 80 或其他。
- HTTPS 端口，Tomcat 支持 HTTPS 协议，默认 HTTPS 连接端口号为 8443。通常情况下，在 Tomcat 配置文件（server.xml）中，相应的连接器端口元素被注释掉了，HTTPS 服务默认为非启动状态。只有开启 HTTPS 服务时才会放开使用。

- AJP 端口,AJP(Apache JServ Protocol,定向包协议)是为 Tomcat 与 HTTP 服务器之间通信而定制的协议,能提供较高的通信速度和效率。Web 服务器通过 TCP 连接和 Servlet 容器连接。为了减少进程生成 socket 的花费,Web 服务器和 Servlet 容器之间尝试保持持久性的 TCP 连接,对多个"请求-回复"循环重用一个连接。一旦连接分配给一个特定的请求,在"请求-处理"循环结束之前不会再分配,从而提高通信性能。AJP 连接主要用于 Tomcat 与专用 HTTP 服务器的集成,是 Web 用户访问 Web 服务器页的通信方式。

根据上述说明,设置 Tomcat 相应的端口。设置完毕后,单击"下一步"按钮,如果系统已经安装了公共 JRE,Tomcat 安装向导会自动检测到 JRE 的安装路径,如图 2-31 所示。

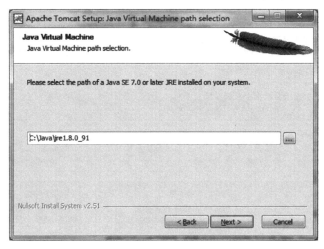

图 2-31   Tomcat 检测 JVM 安装情况

如果系统在安装 Java 时,没有安装公共 JRE,此时需要用户再次安装 JRE。

（2）选择安装的物理路径,默认路径为 C:\Program Files\Apache Software Foundation\Tomcat 9.0,如图 2-32 所示。

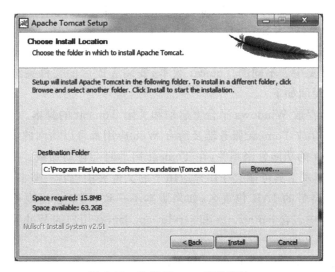

图 2-32   选择 Tomcat 安装路径

为下一步配置环境变量方便,我们修改安装路径为 C:\Tomcat 9.0。最后单击 Install 按钮,开始安装,向导将把有关的文件复制到相关的目录下,并自动启动 Tomcat。Tomcat 安装完成后,在"开始"菜单的"程序"组中,将增加"Apache Tomcat 9.0"程序组。

(5) 测试安装是否成功。打开 Web 浏览器,在地址栏中输入"http://127.0.0.1: 8080/"(或"http://localhost:8080/"),如果出现如图 2-33 所示的界面,则表明 Tomcat 安装成功。

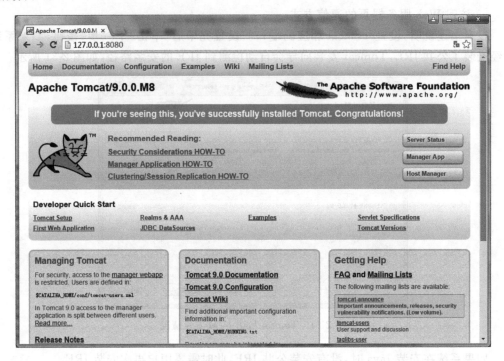

图 2-33　Tomcat 安装成功

Tomcat 安装完成后,安装程序将建立相应的目录,所建立的目录结构如图 2-34 所示。

Tomcat 的核心包括三个部分,分别是:①Web 容器,内置的 HTTP 服务器,处理静态页面;②Servlet 容器,处理 Servlet,对应 work/Catalina(太平洋中靠近洛杉矶的一个小岛的名字)文件夹;③JSP 容器,将 JSP 页面编译成一般的 Servlet,存储在 work 子文件夹下相应的 Web 应用文件夹中。不同的 Tomcat 版本,安装完成后的文件夹结构不完全相同,主要文件夹及其功能说明如下:

- bin 文件夹,存放 Windows 平台上启动和关闭 Tomcat 的脚本。
- lib 文件夹,存放 Tomcat 服务器及所有 Web 应用都可以访问的 JAR 包。这些 JAR 包和 Tomcat 的功能紧密相关,在 Tomcat 启动时会自动加载。用户在开发 Web 应用系统时,开发工具可能会在用户应用下的文件夹中包含一些 JAR 包,有些 JAR 包和 Tomcat 自带的 JAR 包重名,如果版本不一致,可能会出现冲突而报错。例如:Tomcat/lib 中包含 jsp-api.jar 和 servlet-api.jar,在用户的 Web 应用文件夹,可能也包含上述 JAR 包。

如果在编译 Servlet 和 JSP 时找不到 jsp-api.jar 和 servlet-api.jar,可以将其复制到

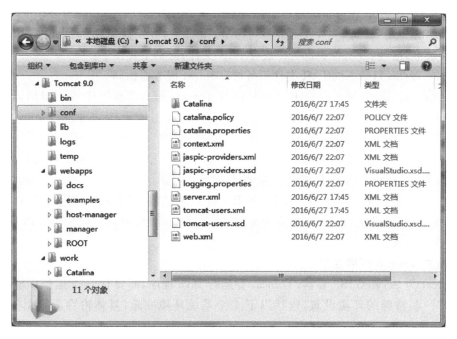

图 2-34 Tomcat 9 安装目录结构

JDK 安装目录的 lib 子目录(即 C:\ Java\jdk jdk1.8.0_91\lib)内,同时,在 CLASSPATH 环境变量中增加这两个.jar 文件(即在原变量后面输入";C:\Java\jdk1.8.0_91\lib\jsp-api.jar;C:\Java\ jdk1.8.0_91\lib\servlet-api.jar")。

- conf 文件夹,存放 Tomcat 服务的配置信息文件,其中最重要的是 server.xml 和 web.xml。server.xml 是 Tomcat 的主配置文件,可以在其中配置 Web 服务的端口、会话过期时间、虚拟目录、虚拟主机等。web.xml 为不同的 Tomcat 配置的 Web 应用设置缺省值。另外,在其/Catalina/localhost 子目录下还可以设置网站虚拟目录和根路径信息等。
- logs 文件夹,存放 Tomcat 执行时的 Log(日志)文件。
- temp 文件夹,存放 Tomcat 运行的一些临时文件。
- webapps 文件夹,存放 Tomcat 服务器自带的两个 Web 应用 host-manager 应用和 manager 应用。ROOT 子目录下存放默认首页,即输入"http://127.0.0.1:8080/" 后启动的页面。
- work 文件夹,存放 JAR 文件在运行时被编译成的二进制文件(Servlet)。在 localhost 文件夹下包含了多个子文件夹,其中第一个文件夹"_"对应 Web 服务的根,Tomcat 执行主 Web 应用的 JAR 页面时生成的临时文件,将存储在"\Tomcat 6.0\work\Catalina\localhost_"文件夹中。其他文件夹分别对应虚拟目录,每建立一个虚拟目录,在 localhost 文件夹中将创建一个同名的子文件夹。用户可以删除整个 localhost 子文件夹,来删除所有的临时文件。

有时修改 JSP 页面内容后,仍然显示修改以前的内容,这时可以尝试把 work/Catalina/localhost 目录中所有内容删除,如果删除时出现无法删除提示,需要关闭 Tomcat,然后再删除。再重启 Tomcat 即可正确显示页面修改后预期的内容。

在早期的 Tomcat 5.5 中，有三个不同的 lib 文件夹，分别存储在/server、/common 和/shared 目录下，这些 lib 文件夹都可以放存 JAR 文件，区别主要在于：

 * /server/lib 目录下的 JAR 文件只可被 Tomcat 服务器访问。

 * /common/lib 目录下的 JAR 文件可以被 Tomcat 服务器和所有 Web 应用访问。

 * /shared/lib 目录下的 JAR 文件可被所有 Web 应用访问，而不能被 Tomcat 服务器访问。

在用户自己的站点中，WEB-INF 目录下也可以建 lib 子目录，在 lib 子目录下也可以放各种 JAR 包，但这些 JAR 包只能被当前 Web 应用访问。

理解了 Tomcat 各文件夹的功能后，根据上述目录结构，接下来即可进行 Tomcat 的配置，分成 4 个方面：设置 Tomcat 环境变量，配置 Tomcat 服务端口，设置 Tomcat 服务根目录，建立虚拟目录。

2. 配置 Tomcat 环境变量

Tomcat 为 Servlet/JSP 容器，Tomcat 要运行 Java 程序，需要有 Java 运行环境的支持，同时需要一些特殊的环境设置，包括以下 4 个系统环境变量，具体内容应根据安装路径设置：

（1）添加 Tomcat 主目录环境变量

TOMCAT_HOME = C: \Tomcat 9.0

（2）添加 CATALINA_HOME 环境变量

CATALINA_HOME = C:\Tomcat 9.0

（3）更新 CLASSPATH 环境变量

CLASSPATH = .; % JAVA_HOME % \lib; % TOMCAT_HOME % \lib

分号";"为路径的分隔符，"."代表当前路径。

如果已经配置了 Java 环境变量，只需要增加;%TOMCAT_HOME%\lib 路径。

（4）更新 PATH 环境变量

PATH = % PATH %; % TOMCAT_HOME %; % TOMCAT_HOME % \bin

上述环境变量的配置和 Java 环境变量的配置方法相同。设置完成后，重新启动计算机，使设置生效，然后再启动 Tomcat。

需要特别注意的是，如果该步骤的环境变量配置不对或者 server. xml 文件配置不对（见下面的介绍），Tomcat 将无法启动。另外，如果 Web 应用中只是一般的 htm 文件，不配置环境变量，网站也可以浏览，因此，Tomcat 启动后，并不意味着所有的需要运行用户 Web 的设置都完成或正确。

在实际应用中，一般需要更改三个基本配置：修改服务端口、修改网站的根路径和建立虚拟目录，这些配置都是通过 Tomcat 主配置文件 conf/server. xml 完成的。

3. 修改服务端口

在 Tomcat 的安装过程中，可以设置 Tomcat 服务端口，默认值为 8080。安装完成后，如果需要修改服务端口，可通过 Tomcat 主目录下 conf 目录中的 server. xml 文件完成。不同的 Tomcat 版本,主配置文件 Server.xml 的内容不同。

对于 Tomcat 9,利用 Windows"记事本"程序或其他文本编辑器打开\Tomcat 9.0\conf\目录下的 server.xml 文件,定位元素<Connector port="8080">,可以看到 Tomcat 服务的设置端口为 8080,如图 2-35 所示。

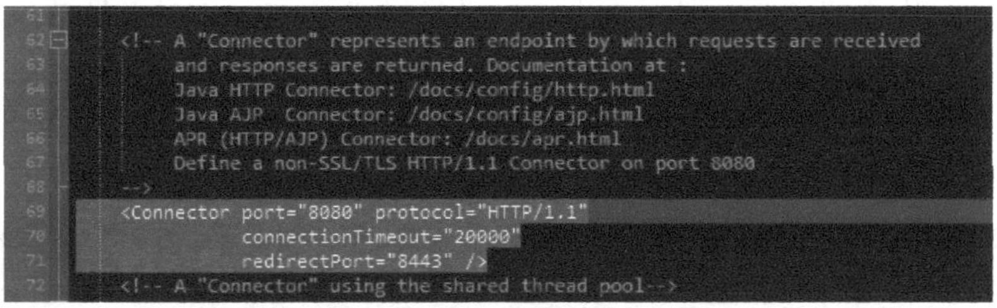

图 2-35　Tomcat 的服务端口信息

修改 Web 服务端口为 HTTP 的默认端口 80。注意,如果是在 Windows 平台中,并且安装了 IIS,则修改的端口号不要和 IIS 中的 Web 服务端口冲突。修改完毕后,保存该文件,然后重启 Tomcat 服务器,这样 Tomcat 就在新的端口提供服务了。

4. 修改网站根路径

不同的 Tomcat 版本,设置 Web 应用根的方法也不相同。在 Tomcat 9 中,设置 Tomcat 根的方法非常简单,只需要修改 Tomcat 主配置文件 conf/server.xml 即可。

用 Windows"记事本"程序或其他文本编辑器打开 Tomcat 主配置文件 server.xml,定位到文档尾部的<Host>元素,添加一个上下文元素(<Context>),来设置 Tomcat 的根。例如,如果将 d:\GSL3.0 设置为 Tomcat 的根,设置如图 2-36 所示。

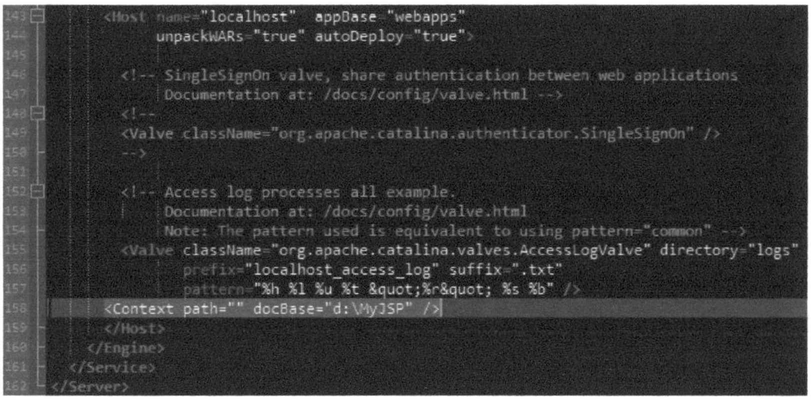

图 2-36　设置 Tomcat 服务的根

需要特别注意的是,Tomcat 区分大小写,<Context>元素的第一个字母一定为大写,且文件夹名称大小写必须和实际一致。修改完毕后,在任务栏上停止 Tomcat,再重新启动,打开浏览器,将运行根中的 index.jsp 程序页面。

如果还要建立虚拟目录,只需要再增加不同的<Context>元素即可,详细介绍见 2.5.7 节的内容。在 server.xml 中,可以设置多个不同的虚拟目录。

5. 设置 Web 应用首页

在 Windows IIS 中,我们可以设置一个 Web 站点的首页(即登录一个站点,在不指定下载文件时默认的下载文档,一般是存储在站点主目录下的 index 文件)。在 Tomcat 中,如何设置站点首页呢?

在 Tomcat 中,站点首页是通过 web. xml 文件完成的,web. xml 文件又称为站点配置文件。在每一个 Web 应用中,往往在主目录下包含一个 WEB-INF 子目录,其中存储了该站点的配置文件 web. xml。此外,在 Tomcat 的 conf 文件夹下也包含一个 web. xml 文件,内容如图 2-37 所示。

```xml
<!-- ==================== Default Welcome File List ===================== -->
<!-- When a request URI refers to a directory, the default servlet looks  -->
<!-- for a "welcome file" within that directory and, if present, to the   -->
<!-- corresponding resource URI for display.                              -->
<!-- If no welcome files are present, the default servlet either serves a -->
<!-- directory listing (see default servlet configuration on how to       -->
<!-- customize) or returns a 404 status, depending on the value of the    -->
<!-- listings setting.                                                    -->
<!--                                                                      -->
<!-- If you define welcome files in your own application's web.xml        -->
<!-- deployment descriptor, that list *replaces* the list configured      -->
<!-- here, so be sure to include any of the default values that you wish  -->
<!-- to use within your application.                                       -->

    <welcome-file-list>
        <welcome-file>index.html</welcome-file>
        <welcome-file>index.htm</welcome-file>
        <welcome-file>index.jsp</welcome-file>
    </welcome-file-list>
```

图 2-37 Web. xml 文件

Tomcat 的 conf/web. xml 文件是对所有 Web 应用的一个公共配置。对于一个具体的 Web 应用,如果包含自己的 WEB-INF/web. xml 文件,当两个配置冲突时,则自己的 web. xml 配置将覆盖 conf/web. xml 中的设置。一般情况下,只需要修改 conf/web. xml 配置文件即可,不需要单独设置每一个应用的 WEB-INF/web. xml 文件。

2.5.6 建立并部署 Web 应用

在默认情况下,Tomcat 指向一个默认的 Web 应用(\Tomcat 9\webapps\ROOT),在 webapps 文件夹下,还包含其他几个 Web 应用,如 jsp-examples、servlets-examples 等。

下面介绍在 Tomcat 下新建用户 Web 应用的方法和步骤。

1. 规划 Web 应用目录结构

对于一个 Web 应用,包含了大量的网页文件,为了更好地管理和维护,应该按照一定的规则组织文件。常用的方法是按照 Web 站点用户角色和功能建立文件夹,每个用户角色或功能模块对应一个文件夹,分别存储相应的页面文件。图 2-38 是我们根据一个常用的 Web 应用规划的文件夹结构。

将每一类功能相关的页面、图片组织到一个文件夹中,例如 mybbs、myblogs、myonline 等,在这些文件夹中,还可以定义子文件夹,例如定义 images 文件夹,存储所用到的图片。在站点主目录下,通常还可以定义 database 文件夹,存储站点数据库文件。定义 pubcss 文件夹,存储用户定义的样式表。

当然,还有一个 WEB-INF 文件夹,存储 Web 应用的配置文件 web. xml 以及定义

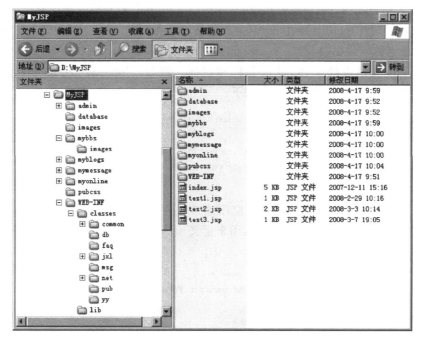

图 2-38   Web 应用目录结构示例

classes 和 lib 两个子文件夹,存储 Web 中用户定义的类。用户定义的大量的 JavaBean 都是存储在 WEB-INF/classes 文件夹中的,里面通常还定义不同的包,即子文件夹。

在站点主目录中,包含了 Web 应用的首页文件 index. jsp,也可以包含一些其他的常用文件,这些文件通常是公用的,不便于保存到一个具体的功能文件夹中。

2. WEB-INF 目录

在 Tomcat 中,每一个 Web 应用主目录下往往都包含一个 WEB-INF 目录,用于放置一些配置文件与不希望外部程序访问的私有文件,在网络上是不允许访问该文件夹的。在WEB-INF 目录下有一个 Web 应用部署文件 web. xml,对当前应用程序进行相关设置,如设置 Web 应用的默认首页文件,这些设置只对该 Web 应用本身有用,不影响其他 Web应用。

在 WEB-INF 目录下还可以建 classes 和 lib 子目录。classes 目录用于放置 Web 应用程序所需调用的类,如 JavaBean。在运行过程中,Tomcat 类装载器先装载 classes 目录下的类,再装载 lib 目录下的类。如果两个目录下存在同名的类,classes 目录下的类具有优先权。lib 目录主要是放置需要引入的 JAR 文件,应用程序导入的包先从这里开始寻找,然后再到容器的全局路径下 TOMCAT_HOME/lib 下寻找。

3. Web 应用配置文件 web. xml

对 Web 应用的配置是通过 Web 应用配置文件 web. xml 实现的,类似于 Windows IIS中的站点属性对话框的配置。在 Tomcat/conf 下包含一个 Web 应用配置文件 web. xml,它是所有 Web 应用的公共配置文件。此外,在每一个 Web 应用中,在主目录下的 WEB-INF子目录中,都包含一个 web. xml 文件,它是该 Web 应用的部署文件。当两个配置中的项目冲突时,则自己的 web. xml 配置将覆盖 conf/web. xml 中的设置。

在 web.xml 配置文件中,根元素是< web-app >,其中定义了站点的各种配置,具体的元素可参考主配置文件\config\web.xml,主要包括以下几个方面:

(1) 网站名称和说明,包括三个 xml 元素,分别是:< description >、< display-name >和< icon >,用于设置站点的描述、显示名称和图标。例如,Tomcat 自带的 manger 应用的 web.xml 中的站点说明 xml 元素内容如下:

```
< display - name > Tomcat Manager Application </display - name >
< description >
    A scriptable management web application for the Tomcat Web Server;
    Manager lets you view, load/unload/etc particular web applications.
</description >
```

(2) Servlet 名称和映射,一个 Web 应用通常包含多个 servlet 元素,每个 servlet 包含两个子元素 servlet-name 和 url-pattern,用来定义 servlet 所对应的 URL,常见内容如下:

```
< servlet >
  < servlet - name > Manager </servlet - name >
  < servlet - class > org. apache. catalina. manager. ManagerServlet </servlet - class >
  < init - param >
    < param - name > debug </param - name >
    < param - value > 2 </param - value >
  </init - param >
</servlet >
```

在 servlet 元素定义后,定义一组 servlet-mappin 元素,一般形式如下:

```
< servlet - mapping >
    < servlet - name > Manager </servlet - name >
     < url - pattern >/text/ * </url - pattern >
</servlet - mapping >
```

(3) Session 的设定,session-config 包含一个子元素 session-timeout,用于定义 web 站点中的 session 参数。例如,设定会话时间为 20 分钟,对应的 xml 元素内容为:

```
< session - config >
      < session - timeout > 20 </session - timeout >
</session - config >
```

可以在一个 Web 应用中设定具体的超时时间,如果为 0,则自动销毁 session,即只有用户关闭 Web 应用时才销毁 session。

(4) mime 映射,mime-mapping 包含两个子元素 extension 和 mime-type 定义某一个扩展名和某一 MIME Type 映射[①]。例如:要在 Tomcat 中打开 excel 文件,需要在 web.xml 中做如下设置:

```
< mime - mapping >
      < extension > xls </extension >
```

---

① MIME(Multipurpose Internet Mail Extensions)多用途互联网邮件扩展类型,是设定某种扩展名的文件用一种应用程序来打开的方式类型,当该扩展名文件被访问的时候,浏览器会自动使用指定应用程序来打开,多用于指定一些客户端自定义的文件名,以及一些媒体文件打开方式。

```
        <mime-type>application/vnd.ms-excel</mime-type>
    </mime-mapping>
    <mime-mapping>
        <extension>csv</extension>
        <mime-type>application/vnd.ms-excel</mime-type>
    </mime-mapping>
```

（5）错误处理，error-page 元素包含三个子元素 error-code、exception-type 和 location，将错误代码（Error Code）或异常（Exception）的种类对应到 Web 站点的相应页面。例如：

```
    <error-page>
        <error-code>404</error-code>
        <location>/error404.jsp</location>
    </error-page>
```

（6）默认首页设置，对应的元素声明一般形式为：

```
    <welcome-file-list>
        <welcome-file>index.html</welcome-file>
        <welcome-file>index.htm</welcome-file>
        <welcome-file>index.jsp</welcome-file>
    </welcome-file-list>
```

一般情况下，只需要配置 Tomcat 的公共配置文件 conf/web.xml 即可，不需要为每一个 Web 应用配置其 WEB-INF/web.xml 文件。

4. 修改 Tomacat 配置

在测试我们的 Web 应用以前，需要对 Tomcat 做相应的设置，使得 Tomcat 指向用户的 Web 应用（例如 D:\MyJSP），修改如下：

（1）修改 Tomcat 主配置文件\Tomcat 9.0\conf\server.xml，设置 Web 服务的端口号为 80，同时，修改默认 Tomcat 服务的根，在 server.xml 的尾部，添加下列元素：

```
    <Context path="" docBase="D:\MyJSP" />
```

（2）设置站点首页，可以修改 Tomcat 配置文件\Tomcat 9.0\conf\web.xml，设置 Web 应用的一些常用配置，默认首页为 index.jsp，无须修改。

需要注意的是，如果已经启动了 Apache server，首先应该在 Windows 的"开始"菜单中，在程序组中找到 Apache HTTP Server 程序组，执行 Stop 命令，停止 Apache Server。

5. 测试新的 Web 应用

当上述修改完毕后，在任务栏中右击 Tomcat 图标，选择 Shutdown:Tomcat 命令，关闭 Tomcat。然后在"开始"菜单中重新启动 Tomcat，尝试运行用户 Web 应用。

在站点根下，建立一个简单的站点首页测试文件 index.jsp，代码如下：

```
<%@ page contentType="text/html;charset=gb2312" %>
<html>
<head>
<title>Hello,JSP</title>
</head>
<body>
<p align="center"><% out.println("你好, JSP...!"); %></p>
```

```
<%
    String datestr = "" ;
    java.util.Date now = new java.util.Date() ;
    java.text.DateFormat df = new java.text.SimpleDateFormat("yyyy-MM-dd HH:mm") ;
    datestr = df.format(now) ;
%>
现在的时间是: <% = datestr %>
</body>
</html>
```

打开 Web 浏览器，输入"http://127.0.0.1:8080/"，显示如图 2-39 所示。

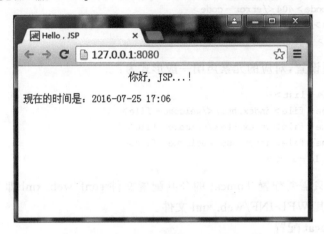

图 2-39 第一个 JSP Web 应用测试首页

表明 Tomcat 已经运行了用户的 Web 应用 D:\MyJSP 目录下的首页文件 index.jsp。用户可以在主目录下创建其他的 JSP 文件，在浏览器地址栏内输入：http://127.0.0.1:8080/文件名（包含扩展名）即可执行相应的 JSP 文件了。

如果 JSP 文件中含有 Java 脚本程序，必须要保证 Tomcat 和 J2SDK 的环境变量设置正确，否则 Web 应用将不能运行。如果 Web 页是 .htm 文件，运行与环境变量的配置无关。

在应用中，如果遇到不能打开 Web 应用首页文件 index.jsp，应检查该 Web 应用主目录下的 WEB-INF\web.xml 配置文件，同时检查 Tomcat 下的公共配置文件 conf\web.xml，确认两者是否配置一致。如果修改了某个 JSP 页面，但重新运行仍显示原先内容，此时需要删除 Tomcat\work\Catlinia\localhost 中的所有临时文件，也可以直接删除 localhost 子文件夹。

2.5.7   HTTP 服务器与 Tomcat 的集成

通过上面的介绍，我们知道 Tomcat 最主要的功能是提供 Servlet/JSP 容器，尽管它也可以作为独立的 Java Web 服务器，它在对静态资源（如 HTML 文件或图像文件）的处理速度，以及提供的 Web 服务器管理功能方面都不如其他专业的 HTTP 服务器，如 IIS 和 Apache HTTP Server。因此在实际应用中，为了提高 Web 系统的整体性能，常常把 Tomcat 与其他 HTTP 服务器集成。对于不支持 Servlet/JSP 的 HTTP 服务器，可以通过 Tomcat 服务器来运行 Servlet/JSP 组件。

1. Tomcat 与 HTTP 服务器集成的原理

当 Tomcat 与其他 HTTP 服务器集成时,Tomcat 服务器的工作模式通常为进程外的 Servlet 容器,Tomcat 服务器与其他 HTTP 服务器之间通过专门的插件来通信。Tomcat 服务器通过 Connector 连接器组件与客户程序建立连接,Connector 组件负责接收客户的请求,以及把 Tomcat 服务器的响应结果发送给客户。

默认情况下,Tomcat 在 server.xml 中配置了两种连接器:

```
<! -- Define a non - SSL Coyote HTTP/1.1 Connector on port 8080 -->
< Connector port = "8080" maxThreads = "150" minSpareThreads = "25"
            maxSpareThreads = "75" enableLookups = "false"
            redirectPort = "8443"
            acceptCount = "100"
            debug = "0"
            connectionTimeout = "20000"
            disableUploadTimeout = "true" />
<! -- Define an AJP 1.3 Connector on port 8009 -->
< Connector port = "8009" protocol = "AJP/1.3" redirectPort = "8443" />
```

第一个连接器监听 8080 端口,负责建立 HTTP 连接。在通过浏览器访问 Tomcat 服务器的 Web 应用时,使用的就是这个连接器。第二个连接器监听 8009 端口,负责和其他的 HTTP 服务器建立连接。在把 Tomcat 与其他 HTTP 服务器集成时,就需要用到这个连接器。

Web 客户访问 Tomcat 服务器上 JSP 组件有两种基本方式,如图 2-40 所示。

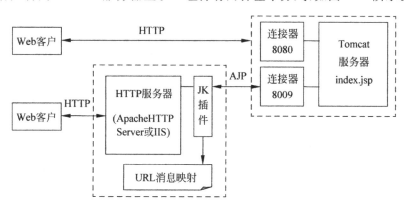

图 2-40　Web 客户访问 Tomcat 服务器 JSP 组件的方式

在 Web 应用中,Web 客户访问 Tomcat 的方式有两种,第一种方式是客户直接访问 Tomcat 服务器上的 JSP 组件,访问的 URL 为 http://localhost:8080/index.jsp。第二种访问方式是通过 HTTP 服务器访问 Tomcat 服务器上的 JSP 组件。Apache 负责解析任何静态 Web 内容,任何不能解析的内容,用表达式告诉 JK 插件,JK 插件将派发给相关的 Tomcat 应用服务器去解释。

下面介绍 Tomcat 和 HTTP 之间的通信过程。

(1) JK 插件

Tomcat 提供了专门的 JK 插件来负责 Tomcat 和 HTTP 服务器的通信,JK 插件安置在 HTTP 服务器上。当 HTTP 服务器接收到客户请求时,它会通过 JK 插件来过滤 URL,JK 插件根据预先配置好的 URL 映射信息,决定是否要把客户请求转发给 Tomcat 服务器处理。

如果在预先配置好的 URL 映射信息中,所有"/ *. jsp"形式的 URL 都由 Tomcat 服务器来处理,那么在图 2-40 所示的情况中,JK 插件将把客户请求转发给 Tomcat 服务器,Tomcat 服务器于是运行 index. jsp,然后把响应结果传给 HTTP 服务器,HTTP 服务器再把响应结果传给 Web 客户端。对于不同的 HTTP 服务器,Tomcat 提供了不同的 JK 插件的实现模块,包括 Apache HTTP 服务器集成模块(Windows 版)mod_jk_2.0.46. dll,Apache HTTP 服务器集成模块(Linux RedHet 版)mod_jk. so-ap2.0.46-rh72..46-rh72,IIS 服务器集成模块 isapi_redirect. dll。

(2) AJP 协议

AJP 是为 Tomcat 与 HTTP 服务器之间通信而定制的协议,能提供较高的通信速度和效率。在配置 Tomcat 与 HTTP 服务器集成中,用户可以不必关心 AJP 协议的细节。

2. 在 Windows 下 Tomcat 与 Apache 服务器集成

在本章的 2.5.2 小节,我们已经安装并配置了 Apache 服务器,端口号设置为 8001,并创建了一个用户测试网站 D:/bluesky 中,站点首页文件为一个静态页面 index. htm。下面我们将上述的测试首页文件 index. jsp 保存到 D:/bluesky 站点,并删除原先的 index. htm。修改 Apache 主配置文件 httpd. conf,设置 Apache 服务器的首页为 index. jsp。操作如下:

用 Windows"记事本"程序或其他文本编辑器打开 Apache 主配置文件 conf/httpd. conf,找到首页配置指令段:

```
#
# DirectoryIndex: sets the file that Apache will serve if a directory is requested.
#
< IfModule dir_module >
    DirectoryIndex index. html index. jsp
</IfModule >
```

将默认的 index. html 改为 index. jsp。

运行 bin/ApacheMonitor. exe 程序,重新启动 Apache,打开浏览器,在地址栏输入 http://127.00.1:8001/,页面中没有显示当前时间,可见,服务器页中的脚本程序未执行。

然后,在浏览器地址栏输入 http://127.0.0.1:8080/,则能够正确显示页面,可见,Tomcat 能够提供 Web 服务,同时,Tomcat 执行了服务器页中的脚本程序。

根据 Apache 和 Tomacat 的功能定位,要保证 Apache 在遇到 JSP 服务器页时应该实时调用 Tomcat 执行服务器页面中的脚本程序,需要进行 Apache 和 Tomcat 的集成。根据图 2-40 所示的 Tomcat 和 HTTP 服务器的关系,Apache 和 Tomcat 的集成可以有以下三种方法:

(1) 利用 Apache 自带的代理模块 mod_proxy 使用代理技术来连接 Tomcat。http_proxy 模式是基于 HTTP 协议的代理,因此它要求 Tomcat 必须提供 HTTP 服务,也就是说必须启用 Tomcat 的 HTTP Connector。

打开 Apache 配置文件 conf/httpd. conf 文件,分别找到如下指令代码:

```
#LoadModule proxy_module modules/mod_proxy.so
#LoadModule proxy_http_module modules/mod_proxy_http.so
```

将注释去掉,即可载入 proxy_module 模块和 proxy_http_module 模块。

然后,设置 Apache 服务的正向和反向代理为 Tomcat 应用服务器,在 Apache 的 httpd. conf 文件中,在 #LoadModule 指令列表的后面,增加如下指令:

```
ProxyPass / http://localhost:8080/
ProxyPassReverse / http://localhost:8080/
```

其中,ProxyPass 指令是 mod_proxy 模块的一部分,其功能是将一个远端服务器映射到本地服务器的 URL 空间中,此时本地服务器并不充当代理角色,而是充当远程服务器的一个镜像。指令的一般形式是:ProxyPass [path] !|url [key=value key=value ...]],其中,path 是一个本地虚拟路径名,url 是一个指向远程服务器的部分 URL,并且不允许包含查询字符串。

例如,假设本地服务器地址是 http://abc.com/,配置代理指令如下:

```
ProxyPass /aaa/ http://xyz.com/
```

则本地请求 http://abc.com/aaa/bar 的本地请求将会在内部转换为一个代理请求:http://xyz.com/bar。

"!"指令用于阻止对某个子目录的代理。例如:

```
ProxyPass /aaa/a1 !
ProxyPass /aaa http://xyz.com
```

将会代理除/aaa/a1 之外的所有对 abc.com 下/aaa 的请求。

重启 Apache,在浏览器地址栏输入 http://127.0.0.1:8001/显示测试首页文件 index. jsp 内容,与访问网址 http://127.0.0.1:8080/一样,表明 Apache 调用了 Tomcat 服务。

(2) ajp_proxy 连接方式。跟 http_proxy 方式一样,都是由代理模块 mod_proxy 所提供的功能。配置也是一样,只需要把 http:// 换成 ajp://,同时连接的是 Tomcat 的 AJP Connector 所在的端口。配置如下:

在 Apache 中修改 httpd. conf 文件,分别找到如下指令代码:

```
#LoadModule proxy_module modules/mod_proxy.so
#LoadModule proxy_ajp_module modules/mod_proxy_ajp.so
```

将注释去掉,启用 proxy_module 和 proxy_ajp_module

在 Apache 的 httpd. conf 文件中增加以下几行指令代码:

```
#禁止使用 proxy_ajp 代理的目录
ProxyPass /目录/ !
#使用 proxy_ajp 代理
ProxyPass / ajp://127.0.0.1:8009/
ProxyPassReverse / ajp://127.0.0.1:8009/
```

上述命令配置把所有目录全用代理(当然,还会跟上面的禁用配置组合成完整的规则)。最后重启 Apache,当访问 Apache 时,Apache 将调用 Tomcat 服务为用户提供 JSP 解析。

上述两种方法通过 ProxyPass 命令为 Apache 设置代理,虽然可以调用 Tomcat,实现和

Apache 和 Tomcat 的集成,但缺点是所有对 Apache 的页面请求都将发送到其代理服务器 Tomcat 服务器,这并不理想,没有有效地改善整体性能。

(3) 通过 JK 模块整合。通过 JK 模块整合 Apache 和 Tomcat,需要将相应的 JK 链接器模块(如 mod_jk-xxx.so,xxx 与版本相关)下载并复制到 Apache/modules 文件夹中,并修改 Apache 配置文件 httpd.conf,在文件中增加下列指令:

```
LoadModule jk_module modules/mod_jk - xxx.so
JKWorkersFile conf/workers.properties
# 将 *.action 和 *.jsp 类型的请求分配给 Tomcat
# JkMount 后面的 worker1 对应 worker.properties 文件中 worker.list 里的 worker 的名称
JkMount / *.action worker1
JkMount / *.jsp worker1
```

其中,第一条指令加载 JK 链接器插件,用于连接 Tomcat。第二条指令用于设置连接时的配置参数,文件保存在 Apache 安装目录的/conf 目录下,文件名 workers.properties,该文件为转发模块指令工作单文件,用来定义转发主机和监听端口等内容,一般形式如下:

```
# 为 mod_jk 模块指明 Tomcat 的安装路径
workers.tomcat_home = C:/Tomcat 9.0
# 为 mod_jk 模块指明 JDK 的安装路径
workers.java_home = C:/Java/ jdk1.8.0_91
# 添加一个 worker1 到 worker.list 列表,可设置多个 worker 到 worker.list
worker.list = worker1
# Work1 为应用服务器 Tomcat,设置 worker1 参数
# Tomcat 所在机器,如果安装在与 Apache 不同的机器则需要设置 IP
worker.worker1.host = localhost
# 工作端口:Tomcat 中设定的默认 Connector 监听端口
worker.worker1.port = 8080
# worker 的类型,允许的值为 ajp13、ajp14、lb、status 等; ajp13 是 mod_jk 连接 WebServer 和
Tomcat 的首选方式(即使用 Socket 作为通信渠道)
worker.worker1.type = ajp13
# 负载平衡因子
worker.worker1.lbfactor = 1
```

在实际应用中,如果网站的访问量非常大,为了提高访问速度,可以将多个 Tomcat 服务器与 Apache 集成,让它们共同分担运行 Servlet/JSP 组件的任务。JK 插件的 loadbalancer(负载平衡器)负责根据在 workers.properties 文件中预先配置的 lbfactor(负载平衡因数)为这些 Tomcat 服务器分配工作负荷,实现负载平衡。

相对于上面的方法(1)和方法(2),该方法配置麻烦,但效率较高,详细介绍略。

采用上述任何一种方法,配置完成后,在浏览器地址栏输入 http://127.0.0.1:8001/,显示结果页面和 http://127.0.0.1:8080/相同,则表明整合成功,此时 Apache 调用了 Tomcat,执行服务器页面中的 JSP 服务器脚本程序。

2.6   虚拟主机与虚拟目录

在实际应用中,在一台物理计算机中,可以创建并运行多个网站,这就是虚拟主机的概念。我们在 Windows Server /IIS 中已经看到了多个站点运行的不同方式,也了解虚拟目录

的概念,本节将介绍 Apache/Tomcat 中虚拟主机和虚拟目录的概念及其配置方法。

2.6.1 虚拟主机及其设置

在同一台 Web 服务器上运行多个网站的技术称为虚拟主机。使用虚拟主机,可以让多个站点共享同一台物理机器,减少系统的运行成本,并且可以减小管理的难度。此外,对于个人用户,也可以使用这种虚拟主机方式来建立有自己独立域名的 WWW 服务器。

1. 虚拟主机的类型

虚拟主机分为基于 IP 地址和基于域名的两种形式:

(1) 基于 IP 地址的虚拟主机

所谓基于 IP 地址的虚拟主机方式,是指在一个物理计算机上配置多个 IP 地址,每个 IP 地址对应一个 DNS 域名。虽然每个域名对应不同的 IP 地址,但计算机是同一台。在具体实现中,如果每个虚拟主机(网站)使用不同的端口号,则每个虚拟主机,即每个网站独立运行一个 Apache 服务程序。如果多个虚拟主机,即多个网站使用相同的端口号,不同的主机名,则它们将共享一个 Apache 服务。

(2) 基于域名的虚拟主机

所谓基于域名的虚拟主机方式,就是一台物理计算机有一个 IP 地址,但用户在 DNS 服务器注册多个不同的域名,所有域名都解析为计算机的同一个 IP 地址。用户通过域名访问不同的网站,HTTP 服务程序根据域名来区分用户的不同访问。具体说,当客户程序向 WWW 服务器发出请求时,客户想要访问的主机名也通过请求头中的"Host:"语句传递给 WWW 服务器。WWW 服务器程序接收到这个请求后,可以通过检查"Host:"语句,来判定客户程序请求是哪个虚拟主机(网站)的服务,然后再进一步处理。

基于域名的虚拟主机相对比较简单,因为只需要配置你的 DNS 服务器将每个主机名映射到正确的 IP 地址,然后配置 Apache HTTP 服务器,令其辨识不同的主机名就可以了。基于域名的服务器也可以缓解 IP 地址不足的问题。在该类配置中,由于多个网站共享一个 IP 地址和端口,多个虚拟主机使用一个 Apache 服务程序,各个虚拟主机共享同一份 Apache,因此有 CGI 程序运行时,安全性不高。

2. 虚拟主机的设置

设有两个公司共享一台 Web 服务器主机,公司域名分别是 www.company1.com 和 www.company2.com。两公司在 DNS 域名注册时均设定这台 Web 服务器的 IP 地址。该 Web 服务器采用基于名字的虚拟主机设置。

为测试方便,使用本地 DNS 解析机制,在 WINDOWS\system32\drivers\etc\hosts 文件中添加上述的域名解析,IP 均为 127.0.0.1。

(1) 基于域名的虚拟主机设置

在 Apache 安装目录下的\conf\extra\文件中,找到 httpd-vhosts.conf 文件,进行如下配置:

① 为每个虚拟主机建立< VirtualHost >段。

```
# ServerName 是网站域名,需要跟 DNS 指向的域名一致
# DocumentRoot 是网站文件存放的根目录
<VirtualHost *:80>
```

```
        ServerName www.company1.com
        DocumentRoot "D:/company1"
</VirtualHost>
```

82

如果想在现有的 web 服务器上增加虚拟主机,必须也为现存的主机建造一个<VirtualHost>定义块。这个虚拟主机中 ServerName 和 DocumentRoot 所包含的内容应该与全局的 ServerName 和 DocumentRoot 保持一致。还要把这个虚拟主机放在配置文件的最前面,来让它扮演默认主机的角色。

② 打开 Apache 主配置文件 httpd.conf,开启虚拟主机配置文件。

```
# Virtual hosts
Include conf/extra/httpd-vhosts.conf
```

③ 重启 Apache 服务,访问虚拟主机。

现在 Web 服务器上有三个站点,即中心主机(Mainhost),在 httpd.conf 中设置 DocumentRoot "D:/haosite"、虚拟主机 www.company1.com(在\conf\extra\httpd-vhosts.conf 配置)和虚拟主机 www.company2.com(在\conf\extra\httpd-vhosts.conf 配置)。

然后就可以通过域名 www.company1.com 和 www.company2.com 访问 company1 和 company2 两个虚拟主机了。如果没有进行 Apache 和 Tomcat 的整合,将不运行 JSP 中的服务端脚本程序,但能够返回静态网页。

3. Apache 与 Tomcat 虚拟主机的一致

在站点的实际运行中,需要 Apache 和 Tomcat 的集成,因此只配置 Apache 的虚拟主机,并不能保证整个集成的有效运行。完整的配置总结如下:

(1) 在 Apache 主配置文件 httpd.conf 中,取消下面指令的注释,加载需要的代理模块:

```
LoadModule proxy_module modules/mod_proxy.so
LoadModule proxy_http_module modules/mod_proxy_http.so
```

如果在尾部包含下述 Apache 代理指令,将其注释掉,写到 httpd-vhosts.conf 中的虚拟主机段中:

```
#ProxyPass / http://localhost:8080/
#ProxyPassReverse / http://localhost:8080/
```

(2) 修改 httpd-vhosts.conf,添加虚拟主机,并集成 Tomcat:

```
NameVirtualHost *:80
<VirtualHost *:80>
    ServerName www.company1.com
    ProxyPass / http://www.company1.com:8080/
    ProxyPassReverse / http://www.company1.com:8080/
</VirtualHost>
NameVirtualHost *:80
<VirtualHost *:80>
    ServerName www.company2.com
    ProxyPass / http://www.company2.com:8080/
    ProxyPassReverse / http://www.company2.com:8080/
</VirtualHost>
```

（3）打开 Apache 主配置文件 httpd.conf，开启虚拟主机配置文件：

```
# Virtual hosts
Include conf/extra/httpd-vhosts.conf
```

（4）在 Tomcat 服务器配置文件 server.xml 中，定义上述同名的虚拟主机。
在 Server.xml 的尾部是主机定义元素< Host >，一般内容为：

```
<Host name = "localhost" appBase = "webapps"
    unpackWARs = "true" autoDeploy = "true">
    <!--
    <Valve className = "org.apache.catalina.authenticator.SingleSignOn" />
    -->
    <Valve className = "org.apache.catalina.valves.AccessLogValve" directory = "logs"
        prefix = "localhost_access_log" suffix = ".txt"
        pattern = "%h %l %u %t &quot;%r&quot; %s %b" />
</Host>
```

将上述< Host >元素删除，添加新的**虚拟主机**定义，即在尾部添加两个< Host >元素，内容是：

```
<Host name = "www.compony1.com" debug = "0" unpackWARs = "true">
    <Context path = "" docBase = "D:\compony1" debug = "0" reloadable = "true" />
</Host>
<Host name = "www.compony2.com" debug = "0" unpackWARs = "true">
    <Context path = "" docBase = "D:\compony2" debug = "0" reloadable = "true" />
</Host>
```

当上述配置结束后，就可以正确地访问虚拟主机，并执行 Tomcat 了。例如在浏览器地址栏中输入 http://www.compony1.com/，即可显示 d:\compony1 中的首页文件 index.jsp。需要特别说明的是，使用虚拟主机时，Apache 服务应使用默认端口 80。

2.6.2　虚拟目录及其设置

在 Web 站点中，站点内容是由站点主目录下的所有子文件夹和文件构成的。所谓"虚拟目录"就是一个指向站点主目录以外的物理目录的指针，理论上讲，该文件夹不属于站点的一部分，但为了通过站点访问到该文件夹的内容，就在站点根目录下创建一个指向该外部文件夹的指针，即虚拟目录，以便于在 URL 中书写路径，定位其中的文件。

设置了虚拟目录后，访问该 Web 站点主目录外的文件，通过使用虚拟目录即可定位，在浏览器地址栏输入 http://127.0.0.1/虚拟目录/文件名。

1. Tomacat 中虚拟目录的设置

在 Tomcat 中，使用虚拟目录，非常简单，只需要修改 Tomcat 主配置文件 conf\server.xml，在尾部的主机元素< Host >中，增加一个新的< Context >元素即可。例如：建立一个到 d:/haosite 的虚拟目录，在 server.xml 中，在根目录设置的后面增加下述内容：

```
<Context path = "/hao" docBase = "d:\haosite" reloadable = "true" crossContext = "true"
        Debug = "0" workdir = "d:\haosite\work">
</Context>
```

其中，path＝"/hao"定义了根下的一个虚拟目录 hao，docBase＝"d：\haosite"为虚拟目录 hao 对应的物理路径。参数 reloadable 设置为 true，表明修改 Servlet 文件、jsp 文件后，不用重启 Tomcat 即可生效。

保存 server.xml 文件，然后重启 Tomcat 服务器，就可以在地址栏中通过虚拟目录访问 d：/haosite 中的网页文件了，例如 http://127.0.0.1/hao/1.jsp。

此时，在 Tomcat 的临时文件夹 C：\Tomcat\work\Catalina\localhost 中，自动创建一个与虚拟目录同名的临时文件夹 hao，存储该虚拟目录生成的临时文件。

2. Apache 中虚拟目录的设置

在 Apache 的配置文件 httpd.conf 下搜索 Directory，得到 Apache 虚拟目录例子。记着开启虚拟主机模块。Apache 配置虚拟目录分为三种情况：

（1）如果 Apache 未配置虚拟主机，在 httpd.conf 中，建一个虚拟目录 elearning，对应的物理目录为 D：/haosite/elearning，配置如下：

```
Alias /elearning "D:\haosite\elearning"
< Directory "D:\haosite\elearning">
     AllowOverride None
     Options None
     Order allow,deny
     Allow from all
</Directory>
```

（2）如果 Apache 配置了虚拟主机，可以将上述指令添加到 httpd-vhosts.conf 虚拟主机的声明中，即：

```
< VirtualHost * :80 >
     ServerName www.company1.com
     DocumentRoot "D:/company1"
     ProxyPass / http://www.company1.com:8080/
     ProxyPassReverse / http://www.company1.com:8080/

     Alias /elearning "D:\haosite\elearning"
     < Directory "D:\haosite\elearning">
          AllowOverride None
          Options None
          Order allow,deny
          Allow from all
     </Directory>
</VirtualHost>
```

（3）如果 Apache 已经和 Tomcat 进行了整合，还需要在 Tomcat 的 Server.xml 中同时为虚拟主机添加虚拟目录，配置如下：

```
< Host name = "www.company1.com" debug = "0" unpackWARs = "true">
   < Context path = "" docBase = "d:/company1" debug = "0" reloadable = "true"/>
   < Context path = "/elearning" docBase = "D:\haosite\elearning" reloadable = "true"/>
</Host>
```

当虚拟主机/虚拟目录配置完成后,运行 Web 浏览器,在地址栏中输入一个 URL,访问虚拟目录下的页面,例如 http://www.company1.com/elearning/1.jsp,可以看到页面正确显示。

2.7 Web 服务器的远程管理与维护

随着互联网的发展,服务器的远程管理成为最主要的管理模式。不同的服务器操作系统平台,管理方式和所使用的管理工具不同,但本质上都是在服务器上安装或配置相应的服务程序,用户通过 C/S 模式或 B/S 模式实现对服务器的远程管理和维护。

2.7.1 Windows 服务器中网站的管理和维护

在 Windows Server 中,都具有远程桌面连接服务,开启该服务,用户即可利用 Windows 计算机的"远程桌面连接"程序登录服务器,实现对服务器的操作。要开启计算机的远程桌面服务,在 Windows 桌面,右击"计算机"程序图标,在快捷菜单中,执行"属性"命令,打开相应的窗口,设置开启远程桌面服务即可。

当服务器开启了远程桌面服务后,在任何一台 Windows 计算机中,都包含了"远程桌面连接"程序,在"开始"菜单的搜索框中输入"远程桌面连接",可搜索到该程序,运行该程序,即可显示"远程桌面连接"对话框,如图 2-41 所示。

图 2-41 "远程桌面连接"对话框

输入要连接的计算机的 IP 地址,单击"连接"按钮,显示"Windows 登录"对话框,输入远程计算机上的一个本地账户和密码,即可登录到远程服务器主机,显示其桌面,接下来就可以如在本地一样对远程的计算机进行操作和管理了,进而实现对网站的管理和维护。

在 Windows 服务器中,除了使用远程桌面进行 Windows 服务器的管理和维护外,如果安装了 IIS,在"万维网服务"组件中,包含了"远程管理(HTML)"子组件,安装该组件后,可以对 Windows 服务器进行基于 B/S 的远程管理。

具体设置如下:

(1)在"计算机管理"控制台中,在"服务和应用程序"节点下,展开"Internet 信息服务"管理单元。

(2)在需要远程管理的 Web 站点上右击,打开快捷菜单,执行"属性"命令,打开 Web 站点属性对话框。在"Web 站点"选项卡中,记下该站点的 TCP 端口号。

(3)在 Web 站点属性对话框中,选择"目录安全性"选项卡,在"IP 地址和域名限制"区域,单击"编辑"按钮,打开"IP 地址和域名限制"对话框,执行下列操作之一:

- 如果要允许所有计算机远程管理 IIS,单击"授权访问"单选按钮。或者:
- 选中"拒绝访问"单选按钮,然后单击"添加"按钮,打开"授权访问"对话框,选择要授权访问的"单机""一组计算机"或者"域名",按照系统提示进行操作。

当 Web 服务器上启用了基于浏览器的 Internet 服务管理器(HTML)后,就可以使用基于浏览器的 Internet 服务管理器了。

在浏览器地址栏输入 https://Web 服务器网址(域名或 IP 地址):8098/,回车,显示"连接到…"对话框,输入一个管理员权限的用户账户和密码,则打开"服务管理"站点,即通过 Web 接口远程维护 Windows Server 服务器,如图 2-42 所示。

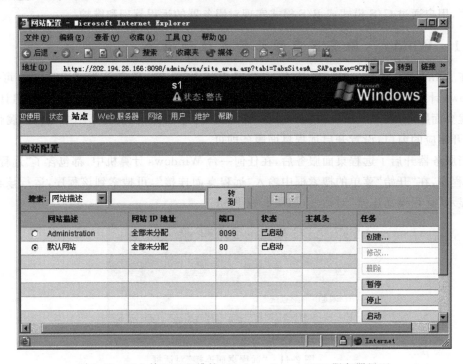

图 2-42　Web 接口远程维护 Windows Server 2003 服务器界面

通过 Web 接口,可以实现 Windows Server 服务器的远程维护,包括:站点、Web 服务器、网络、用户等维护功能。

2.7.2　Linux 服务器中网站的管理和维护

在互联网应用中,大量的网站是建立在 Linux 服务器平台上的,要实施对网站的远程管理和维护,就需要了解 Linux 服务器的管理知识。对计算机系统的管理,不管是 Windows 还是 Linux,其原理都是一样的,都采用 C/S 模式或 B/S 模式,并且对远程计算机进行管理,用户使用的计算机并不一定和被管理的服务器计算机使用相同的操作系统。

目前,对 Linux 服务器的远程管理和维护通常使用 SSH 工具,例如 putty、WinSCP 等,下面做简要介绍。

1. SSH(Secure Shell)协议

在远程管理中,有多种通信协议,常用的有:①远程登录协议 Telnet,早期客户机的性能较低,为了充分使用服务器计算机较高的配置,远程登录 Telnet 应运而生。Telnet 是早期远程登录最主要的工具,CLI 界面,明文传输,现在已经很少有人使用。②远程桌面协议(Remote Desktop Protocol,RDP),主要用于 Windows 系统远程管理,采用 C/S 模式工作,可看做是 GUI 界面的 Telnet。③SSH(Secure Shell,安全外壳)协议,几乎所有的类 UNIX 操作系统都采用 SSH 进行远程管理。SSH 分为服务器端和客户端,对于服务器端,SSH 是默认开机启动的,作为常驻服务存在。④RFB(Remote Frame Buffer)协议,图形化远程管理协议,VNC(Virtual Network Computing)就是基于该协议类 UNIX 系统常用的图形化远程管理工具。

2. Linux 系统管理工具

Linux 系统管理工具有两大类,分别是:

(1) 命令行界面(CLI)管理工具,基于 SSH 协议,SSH 分为服务端和客户端,在 Linux 服务器中,SSH 服务端是默认开启的。可以通过 service ssh status 命令来查看。客户端可以是 Windows 系统计算机,需安装 SSH 客户端软件。例如:常用的 SSH 工具 putty、WinSCP 等,为开源、免费软件,有 Windows、Mac OS 等多种版本。用户可以从网上免费下载,复制到计算机中即可运行。Putty 为命令行界面,WinSCP 为图形界面。

(2) 图形用户界面(GUI),基于 VNC 协议,VNC(Virtual Network Computing)是一种 Linux 系统(或 BSD、Mac OS 等)下常用的图形化远程管理工具,使用 RFB 协议,采用 C/S 模式工作。在需要进行远程管理的 Linux 等服务器上安装 VNC 服务端程序,进行必要的配置,并开启服务。在用户计算机(可以是 Windows 等)上安装 VNC 客户端程序,常用的 VNC 工具有 tigervnc 等。

下面简单介绍一下 WinSCP 工具的使用。WinSCP 有多种版本,如果我们使用的客户机为 Windows 系统,可以从网上搜索 WinSCP for Windows,将其复制到客户计算机中,双击 WinSCP 可执行程序,显示 WinSCP 登录对话框,如图 2-43 所示。

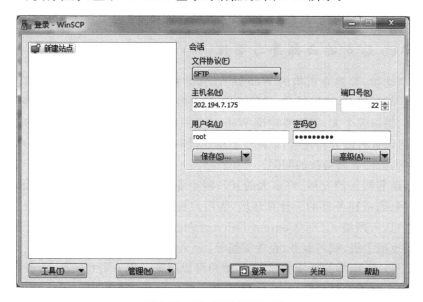

图 2-43　WinSCP 程序界面

输入远程主机的 IP 地址，用户名、密码，然后单击"登录"按钮，显示程序寻找主机，连接和验证过程，登录成功后，在窗口中显示本地计算机和远程计算机的目录结构，如图 2-44 所示。

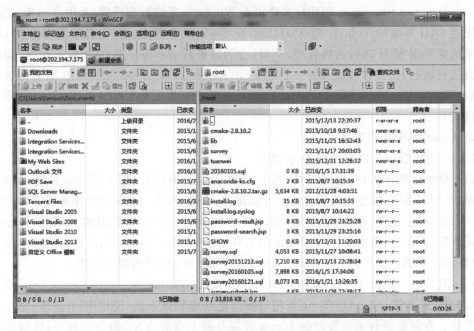

图 2-44　WinSCP 中本地和远程 Linux 服务器主机窗口

接下来用户就可以对远程 Linux 计算机进行管理了，例如文件和文件夹的复制、移动、删除等操作。

由于 Linux 应用软件较少，在客户机上安装 Linux 系统的用户还较少。但是，在服务器领域，由于 Linux 的安全性和效率较高，在服务器主机上 Linux 系统的装机量却远超Windows 服务器系统，因此，熟悉 Linux 服务器的管理和维护工具的使用是非常重要的。

2.7.3　Web 站点的云部署与管理

在传统概念里，要建立机构的 Web 站点，需要构建服务器主机，在服务器上配置 Web服务器，建立 Web 站点，注册域名，然后提供 Web 服务。而实际情况是，对于绝大多数的小微企业、公司、组织或个人，因为要建设 Web 站点而购买服务器，建立服务器机房等是不现实的。虽然可以进行服务器托管，以减少机房建设和维护的费用，但这种专用的服务器也会遇到利用率低，需要更新淘汰的问题。

近年来，随着网云的发展，许多大的互联网企业，例如：阿里巴巴、腾讯 QQ、百度等纷纷建立商业网云，搭建各自的云计算环境，为用户提供基于云计算的各种云服务，包括：云服务器、云主机、云网络、CDN（Content Delivery Network，内容分发网络）、云存储（云盘）、云数据库、云虚拟主机、域名服务、企业邮箱等。

不同的服务商，提供的功能大同小异，用户可以根据云服务资费情况、服务质量、站点性能要求以及个人需求选择一个供应商，将站点部署到云端。下面以阿里云（https://www.aliyun.com/）为例，介绍 Web 站点云部署的一般步骤。

（1）在产品列表中，在"域名与网站"列表中，单击"云虚拟主机"，查看不同的虚拟主机配置情况,包括:网页空间大小、数据库大小、内存大小、CPU 情况、带宽、月流量、IP 地址等。除此之外,还需要查看操作系统(Linux 版,Windows 版)及网站开发语言、数据库类型、Web 服务器等。

(2) 对云虚拟主机进行配置,安装服务器操作系统(Linux 或 Windows),安装数据服务器,流媒体播放器,Web 服务器等。

(3) 创建 Web 站点,根据虚拟服务器设置,利用 FlashFXP 等工具完成站点文件的上传。

(4) 注册域名,在云服务列表中,可以注册.cn,.com 等域名。域名注册后,需要提供个人或单位材料,进行认证。云服务机构负责将认证信息报送域名注册局(Domain Name Registry,又称域名注册数据库)进行注册,由网络信息中心(Network Information Center, NIC)管理与维护。

(5) 将域名绑定到云虚拟服务器主机 IP,绑定到网站。

不同的云服务,创建云 Web 服务器和站点的步骤大同小异,用户可以选择不同的云服务,进行实际的建站操作,感受在云中部署 Web 服务器及访问网站的实用性。

本 章 小 结

本章首先介绍了操作系统、Web 服务器和 Web 应用开发的关系,然后以 Windows Server/IIS 为例,讲解了 Web 服务器的安装和配置过程,介绍了其中的概念,包括:端口号、主目录、默认文档以及安全性等。在此基础上,重点讲解了 Apache 服务器和 Tomcat 服务器的功能、安装和配置。讲解了 Apache 服务器和 Tomcat 服务器的关系,Tomcat 服务器与 JSP、Java 之间的关系,以及 Java 运行环境的安装和环境变量配置。介绍了虚拟主机和虚拟目录的概念,讲解了 Apache 和 Tomcat 中虚拟主机和虚拟目录的配置方法。最后,对 Web 站点的远程管理和内容维护进行了介绍。

习 题

1. 什么是 Web 服务器? 有哪些主流的 Web 服务器产品?

2. 在 Windows Server/IIS 中,当连接新建的 Web 站点时出现如图 2-45 所示的"输入网络密码"对话框,为什么? 如何解决?

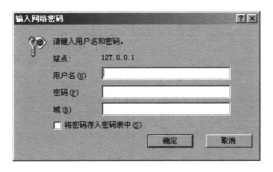

图 2-45 "输入网络密码"对话框

Web 服务器的架设和管理

3. 在 Windows/IIS 中,在一台服务器主机中运行多个网站,有哪些方式?

4. Java 运行环境包括哪些内容? 安装 JDK 后,需要设置哪些系统环境变量? 简述设置每个环境变量的目的。

5. 简述 Apache 服务器和 Tomcat 应用服务器的功能,说明两者之间的关系。

6. 安装一次 Tomcat,简述 Tomcat 目录结构中各个目录的功能。

7. 在 Web 应用中,WEB-INF 文件夹的作用、Web 应用配置文件 web.xml 的功能是什么?

8. 什么是虚拟主机和虚拟目录? 虚拟主机有几种方式?

9. 在一台 Windows 服务器上,能同时安装 IIS 和 Apache/Tomcat 吗? 如果能,在 IIS 下创建的网站和 Tomcat 下的网站能同时运行吗? 如何配置?

10. 要实现对 Web 站点的远程管理,有哪些方式? 请简要说明。

第 3 章　HTML 与 XML 基础

【本章导读】

在互联网的发展过程中,1991 年,超文本标记语言(HyperText Markup Language,HTML)问世,正是标记语言概念的创新,给互联网的发展带来了一次革命,促进了万维网的诞生。今天,面向内容的展示和表达,标记语言发展为 HTML 和扩展标记语言(eXtensible Markup Language,XML)两个不同的规范,为 Web 应用提供了最为精巧的实现技术。

本章将从广义的标记语言概念出发,介绍标记语言的概念和功能,对 HTML 规范进行总结,结合 Web 中一些典型的网页,介绍 HTML 规范中常用标记的功能及用法。同时,根据目前 Web 开发技术的发展,重点讲解 Web 前端开发中网页布局的概念,以及所使用的 HTML 5 和 CSS 3 中的相关概念。最后,对 XML 相关技术进行了介绍,讲解了 XML 产生的背景和功能,以及 XML 与 HTML 的本质区别,对 XML 技术相关的概念进行了简要介绍。

【知识要点】

3.1 节:标记语言的概念,标准通用标记语言 SGML,超文本标记语言 HTML,扩展标记语言 XML。

3.2 节:超文本标记语言 HTML 文档结构,标记(标签),标记属性,段落、字体标记,图片标记,超链接标记,表格标记,表单标记,输入域标记,脚本语言,帧,浮动帧。

3.3 节:层叠样式表(CSS)的概念,CSS 属性,样式表,选择器,元素选择器,关系选择器,属性选择器,伪类选择器,伪对象选择器,CSS 函数。

3.4 节:行内元素,块元素,网格布局,伸缩盒布局,多栏布局。

3.5 节:网页布局,输出流,静态布局,流式布局,自适应布局,响应式布局。

3.6 节:HTML 5,CSS 3,文档语义,文档结构标记,多媒体标记,画布标记(< canvas >),表单输入类型。

3.7 节:扩展标记语言 XML,XML 文档结构,文档类型定义(DTD),XML Schema(架构),XSD 预定义元素,预定义数据类型,元素声明,属性定义,可扩展样式语言 XSL。

3.1　标记语言及其发展

在标记语言这个概念出现以前,标记的概念就已经出现了。例如,在出版印刷行业,人们在对文字内容进行审阅时对内容所做的标记,通过这些标记符号来表达对内容的修改意见。在互联网发展的早期,人们对内容以怎样的方式在计算机的屏幕上展示,并未有好的想法。直到 1991 年,一种汲取了标准通用标记语言 SGML 灵感,对网络内容的展示进行标注的技术出现了,这就是超文本标记语言(HyperText Markup Language,HTML),这催生了

WWW 的出现,成为互联网发展的第一个里程碑。

3.1.1 标准通用标记语言 SGML

20 世纪 60 年代,计算机应用的领域不断扩展,在出版印刷行业,人们开始使用计算机进行大规模数据处理。1969 年,美国 IBM 公司的研究人员开始设计一种名为 GML (Generalized Markup Language)的语言,用于对电子表格中文件的结构和内容进行描述。经过十多年的研究,于 1980 年推出了标准通用标记语言 SGML(Standard Generalized Markup Language),并于 1986 年获得国际标准化组织 ISO 的批准,成为国际标准(ISO-8879)。

为了满足各种不同的页面表达需要,SGML 设计得非常复杂,SGML 的正式规范达 500 多页,使用起来很不方便,使得它未能得到普及和大规模的应用。因此,SGML 并不为其领域之外的人们所广泛了解。直至 1991 年,当超文本标记语言 HTML 问世之后,人们才开始认识 SGML。虽然 SGML 没有被广泛应用,但是 SGML 的意义非凡,它定义了标记语言的基本概念,奠定了标记语言发展的技术基础。

现在,在 Web 中普遍应用的标记语言 HTML 和 XML 都是在 SGML 的基础上开发成功的,可以说它们都是 SGML 的一个子集。作为互联网信息共享的技术规范,标记语言对互联网的发展起到了巨大的推动作用。

3.1.2 超文本标记语言 HTML

在互联网发展早期,为了在各种网络环境之间,不同文件格式之间进行交流,在 SGML 基础上,欧洲核子研究组织 CERN 的伯纳斯·李(Tim Berners-Lee)于 1991 年首先提出了超文本标记语言(Hyper Text Markup Language,HTML)的概念。简单地讲,HTML 是一种用来制作超文本文档的简单标记语言,他定义了一组标记符号(tag),对文件的内容进行标注,指出内容的输出格式,如字体大小、颜色、背景颜色、表格形式、各部分之间逻辑上的组织等,从而实现了文件格式的标准化。

HTML 文件包含了文档数据和显示样式两部分,其中文档数据是显示在 Web 浏览器中的数据内容,显示样式则规定了这些内容在浏览器中以何种格式、样子呈现给用户。通过统一使用支持 HTML 的浏览软件,用户可以在任意异构的网络环境中,阅读同一个文件,得到相同的显示结果,并可以对文件进行跳跃式阅读,展现了很强的表现力。

超文本标记语言的概念出现后,其思想的实现需要得到浏览器软件的支持,HTML 标准化是 HTML 发展的首要任务。在 HTML 提出后的较短时间里,出现了各种各样的 HTML 版本,包括伯纳斯·李的版本,这个版本没有定义 IMG 标记。为了实现 HTML 的标准化,从 1993 年开始,人们在各种已有 HTML 版本的基础上,试图设计一个 HTML 的超集,当时被称为 HTML+,这一设计最终并未实现。

在随后的 HTML 标准的研发中,为了和当时各种各样的 HTML 标准区分,W3C[①] 发

---

① 万维网联盟(World Wide Web Consortium,W3C),又称 W3C 理事会,1994 年 10 月在麻省理工学院计算机科学实验室成立,其创建的初始目的是为了完成麻省理工学院(MIT)与欧洲核子研究组织(CERN)之间的协同工作,并得到了美国国防部高级研究项目署局(DARPA)和欧洲委员会(European Commission)的支持。现已发展为 Web 技术领域最具权威和影响力的国际中立性技术标准机构。到目前为止,W3C 已发布了 200 多项影响深远的 Web 技术标准及实施指南,如广为业界采用的超文本标记语言 HTML、可扩展标记语言 XML 以及帮助残障人士有效获得 Web 内容的信息无障碍指南(WCAG)等,有效促进了 Web 技术的互相兼容,对互联网技术的发展和应用起到了基础性和根本性的支撑作用。

布的 HTML 标准从 HTML 2.0 开始,HTML 初期的各种版本,包括伯纳斯·李的版本被视作 HTML 的初始版,或者叫 HTML 1.0。HTML 主要版本和发布时间如下:

(1) HTML 2.0,1993 年开始研发,1995 年 11 月由 Internet 工程任务组中的 HTML 工作组开发完成并发布。

(2) HTML 3,1995 年 3 月,W3C 提出了 HTML 3.0 规范,包括很多新的特性,例如表格、文字绕排和复杂数学元素的显示。虽然它是被设计用来兼容 HTML 2.0 版本的,但是实现这个标准的工作在当时过于复杂,在草案于 1995 年 9 月过期时,标准开发也因为缺乏浏览器支持而中止。HTML 3.1 版从未被正式提出,下一个被提出的版本是 HTML 3.2,去掉了大部分 HTML 3.0 中的新特性,加入了很多特定浏览器元素及属性。HTML 对数学公式的支持最后成为另外一个标准 MathML。1997 年 1 月 14 日,W3C 发布 HTML 3.2,在 HTML 2.0 标准中添加了诸如:字体、表格、Java 程序、浮动、上标、下标等特征。

(3) HTML 4.0,1997 年 12 月 18 日,W3C 发布 HTML 4.0,HTML 4.0 中最重要的特征是引入了样式表 CSS 技术,使网站样式与内容分离,使得网站结构更加清晰,内容更加简洁。随后,在 HTML 4.0 基础上,W3C 于 1999 年 12 月推出其改进版 HTML 4.01,它对原版本做出了部分修正。

(4) HTML 5,作为下一代超文本标记语言的标准,草案最早于 2004 年提出,在经历了多年的功能开发和改动之后,2014 年 10 月 29 日,W3C 发布了 HTML 5 规范,其标准化进程预计于 2020 年完成。现在各类最新版本的浏览器早已提供了对 HTML 5 大部分功能的支持,因此,用户不会注意到各大网页会有任何变化。

在下一代 HTML 标准 HTML 5 的发展过程中,W3C 希望净化 XHTML 2,回归第一版 HTML 的设计理念。但是,这样的设计理念遭到了 W3C 之外的一些重要的 HTML 专家,包括浏览器厂商、Web 开发人员、作者和其他有关人员的质疑,2004 年,他们成立了一个独立的工作组,即 WHATWG(Web Hypertext Application Technology Working Group,Web 超文本应用程序技术工作组),为新的 HTML 版本提出了新的设计方向。

3.1.3 可扩展标记语言 XML

从本质上讲,HTML 是一种数据展示技术,它定义了一组标记,每个标记都定义了数据在浏览器中特定的显示样式。对于数据的结构和语义,HTML 并不能表达。为此,一种旨在表达数据语义的标记语言产生了,这就是可扩展标记语言(eXtensible Markup Language,XML)。1998 年 2 月 10 日,XML 工作组正式向 W3C 提交了 XML 的最终推荐标准,这就是 XML 1.0 标准。XML 规范定义了标记语言的主要特征,例如 DTD、XMLSchema 等基本要素,这些要素可以很好地用于定义数据,实现异构环境下的数据交换。

可以说,XML 是一种数据表达技术,它允许用户自己定义标记,通过标记来表达数据的语义,这种定义可以非常严格,甚至比计算机程序设计语言中数据类型对数据和取值范围的约束更加严格和规范。XML 不关心数据在浏览器中的显示问题,数据的显示最终还要通过 HTML 来标记,这样,通过 XML 和 HTML 的结合,数据的表达和展示就紧密地融合在一起,同时,很好地解决了文档中数据和显示的分离问题。对 Web 应用的开发提供了非常好的扩展性和开放性框架。

在 XML 技术中，对 XML 文档内容的显示、查询及操作则通过其他一系列的规范来实现，这些相关的规范包括：可扩展样式语言 XSL、XML 路径语言 XPath、XML 查询语言 XQuery、可扩展连接语言 XLL 以及 XML 文档对象模型 DOM 与简单应用程序接口 SAX 等，通过这些规范来实现对 XML 文档的显示及其他各种操作。

3.1.4　可扩展 HTML 规范 XHTML

在 HTML 的发展过程中，暴露出一些影响其发展的缺陷，例如：HTML 的标记固定，HTML 只是一种表现技术，不能表达语义；不能适应现在越来越多的网络设备和应用的需要，比如手机、PDA、信息家电都不能直接显示 HTML；由于 HTML 代码不规范、臃肿，浏览器需要足够智能和庞大才能够正确显示 HTML；数据与表现混杂，页面要改变显示，就必须重新制作 HTML。因此，1999 年，W3C 推出 HTML 4.01 后，HTML 的发展缓慢。

2000 年底，W3C 制定了可扩展 HTML，即 XHTML（EXtensible HyperText Markup Language），XHTML 是一种在 HTML 4 基础上优化和改进的新语言。建立 XHTML 的目的就是实现 HTML 向 XML 的过渡，是一种文档设计的新思想。在网站设计中，通常所说的 CSS＋DIV，即是基于 XHTML 应用的一种表现。

作为 HTML 的继承者，XHTML 和 HTML 的主要差异在于，HTML 语法要求比较松散，这样对网页编写者来说，比较方便，但对于机器来说，语言的语法越松散，处理起来就越困难，对于普通计算机来说，具有处理兼容松散语法的计算能力，但对于许多其他智能设备，比如手机，难度就比较大。因此，定义语法要求更加严格的 XHTML 就显得具有特别的意义。因此，本质上讲，XHTML 就是基于 XML 的 HTML，是一种采用 XML 语法，语法严谨、结构良好的 HTML，除此之外，XHTML 与 HTML 4.01 几乎是相同的。

从 XHTML 提出到现在，与 HTML 和 XML 相比，XHTML 似乎并不为人所知。这也符合当时提出 XHTML 的初衷，就是要让 HTML 文档更加严格和规范，因为结构良好的文档会极大地提高程序的文档解析效率，这比松散的语法给页面制作者带来的方便更有意义。随着 HTML 5 和 XML 的日臻成熟，XHTML 所追求的语法严谨和结构良好的思想正在新的 HTML 和 XML 中实现，现在的浏览器均支持 HTML 和 XML，也即支持了 XHTML。

3.2　超文本标记语言

超文本标记语言 HTML（Hyper Text Markup Language，HTML）是在 SGML 基础上发展起来的，是互联网中应用最为广泛的标记语言，被称为 World Wide Web 的通用出版语言。简单地讲，HTML 就是由一系列标记构成的，每一个标记给定了一组特定的显示样式，它们共同构成 HTML 语言标准，由 W3C 发布，各 Web 浏览器厂商实现并支持。

长期以来，互联网中常用的 HTML 版本是 HTML 4.01。随着 HTML 5 的推出，浏览器对 HTML 5 的支持越来越广泛，人们开始更多地制作符合 HTML 5 规范的网页。由于 HTML 5 内容很多，本节主要讲解 HTML 4.01 规范，关于 HTML 5 规范的发展将在后面的 3.5 节介绍。

3.2.1 标记、属性与元素的概念

在传统的文字处理中,文档编辑结束后,通常还需要对文档内容进行格式化,也就是说设定文字的字形、字体、字号,以及段前、段后,行间距等,从而保证所编辑的文档显示和打印更加美观。在互联网中,对网页的处理也是一样的,也需要对网页文件进行格式化,这就是对网页内容进行标记,从而保证所标记的内容以特定的格式和布局在浏览器中显示。

1. 标记的概念

在互联网中,网页文件是一种纯文本文件,由"内容"和"标记"两部分组成。标记描述内容以何种形式在浏览器中显示,也就是说"标记(Tag)"是对内容的标记,又称为"标签"。在HTML中,标记由封装在小于号(<)和大于号(>)构成的一对尖括号之中,标记一般分首标记和尾标记,它们成对出现。首标记用于开启某种形式的显示,尾标记用于关闭首标记开启的显示功能。例如:<u>欢迎光临</u>,首标记<u>开启下画线功能,尾标记</u>关闭下画线功能。该语句在浏览器中将把文本串"欢迎光临"加上下画线显示。

标记分为"单标记"和"双标记"两种类型。"单标记"是指只需单独使用就能完整地表达意思的一类标记,单标记不标记任何内容,单标记的一般形式是:

〈标记〉

常用的单标记有换行标记< br >,水平线标记< hr >等。

另一类标记称为"双标记",由"首标记"和"尾标记"两部分构成,必须成对使用。首标记告诉 Web 浏览器从此处开始执行该标记所表示的功能,而尾标记则告诉 Web 浏览器在这里结束该功能。首标记名称前加一个斜杠(/)即成为尾标记。双标记的一般形式是:

〈标记〉内容</标记>

其中"内容"部分就是要被这对标记施加作用的部分。例如,如果需要标记一段文本要红色显示,则将文本放在双标记< font color= "♯FF0000">…</font >中即可,即:

< font color = "♯FF0000">您好</font >

标记可以被 Web 浏览器解释,对所标记的内容以特定的样式在浏览器中显示。对于其他的文本阅读器,例如记事本等,则不能解析标记的含义。

2. 标记属性

在 HTML 规范中,标记都设定了默认的显示样式,例如,< hr >标记一条水平线,线宽、颜色和线型都是默认的。为了增强标记显示样式的灵活性,标记中通常还包含一系列标记属性,通过为标记属性赋值,可以修改标记的默认显示样式。

标记属性分为一般属性和事件属性两种类型,一般属性对应一个相应的属性值,事件属性则对应一段程序代码或一个函数。事件主要是指鼠标、键盘操作等,其主要目的是增加用户和网页的交互性,当标记上的对应事件发生时,事件属性对应的程序代码被激活。

设置标记属性的一般形式是:

<标记 属性 = "属性值|程序代码" 属性 = "属性值|程序代码" …>

各属性之间无先后次序,属性之间用空格分开。属性也可省略(即取默认值),属性值两侧一般为西文双引号("),也可以使用西文单引号('),或省略不写。这种书写上的灵活性便

于页面制作人员的书写,但却增加了 Web 浏览器进行文档解析的计算量。因此,一个结构良好的网页文件,应该是在属性值两侧使用双引号("),而不是随性而为。

不同的标记,拥有的属性也不一样。但是,有些属性是大多数标记都有的,这种属性称为通用属性,例如:id 属性,name 属性,style 属性,class 属性,title 属性等。

3. 元素的概念

在标记语言的发展过程中,人们认识到传统 HTML 中单标记的定义和标记本身是矛盾的。因为,所谓标记,就是对内容的标记,而单标记却没有要标记的内容,又如何称为标记呢? 这种概念上的自相矛盾,以及后来在浏览器处理标记解析时单标记所带来的额外计算量,都使得我们想到一个新的概念,这就是元素(element),我们可以将内容和对它的标记作为一个整体来看待,这就是元素。

一个元素由三部分组成,包括:起始标记,元素内容和结束标记。例如:

< p >你好</p >,就可以说成是一个< p >元素,其中元素内容为"你好"。

对于单标记,因为不标记任何内容,可以说成是空元素。

4. HTML 文档结构

HTML 文档是指按照 HTML 规范书写的文本文件,分成文件头和文件体两个部分,由相应的标记来区分。HTML 文档总体结构如下:

```
<!DOCTYPE > 文档声明指令
< html >
< head >
    头部信息
</head >
< body >
    文档主体
    (语句部分)
</body >
</html >
```

一个 HTML 文档的第一行通常是文档声明指令<! DOCTYPE >,用于指定文档的类型和版本。因为,在 Web 中,文档的类型很多,文档声明的目的就是告诉浏览器当前文档所使用的 HTML 版本,以便于浏览器对文档的正确解析。

常见的几种文档声明是:

(1) HTML 4.01 文档声明:

```
<!DOCTYPE html PUBLIC " - //W3C//DTD HTML 4.01 Transitional//EN"
          http://www.w3.org/TR/html4/loose.dtd">
```

(2) XHTML 1.0 文档声明:

```
<!DOCTYPE html PUBLIC " - //W3C//DTD XHTML 1.0 Strict//EN"
            "http://www.w3.org/TR/xhtml1/DTD/xhtml1 - strict.dtd">
```

(3) HTML 5 文档声明:

```
<!DOCTYPE html >
```

在 HTML 4.01 和 XHTML 1.0 中,定义了三种文档类型:①Strict,严格型 DTD,与层叠样式表配合使用。②Transitional,过渡型 DTD,包含了 CSS 样式表的呈现属性和元素,如果浏览器不支持层叠样式表,需使用此类型。③Frameset,Frameset 框架版 DTD,支持使用框架。根据上述指令,浏览器将首先寻找匹配此公共标识符的 DTD。如果找不到,浏览器将使用公共标识符后面的 URL 作为寻找 DTD 的位置。

在 HTML 5 文档中,因为 HTML 5 不基于 SGML,因此在文档声明指令中,没有对文档类型定义(Document Type Defination,DTD)的引用。

在一个 HTML 文档中,标记< html >…</html >表示这对标记间的内容是 HTML 文档,可以省略不写,浏览器可通过文件扩展名识别。< head >…</head >标记文件头,包含一系列子标记,若不需头部信息则可省略此标记。< body >…</body >标记文件体,表示正文内容的开始,< body >标记一般不能省略,其中的内容将显示在浏览器主窗口的客户区。

3.2.2　文档头标记及子标记

在 HTML 文档中,< head >…</head >标记对之间的部分称为文档头。根据 Web 的工作原理,在 Web 服务器和 Web 浏览器的 HTTP 通信中,HTTP 头为浏览器和服务器提供辅助信息,这些辅助信息也可以写在 HTML 文档的头部,为浏览器、搜索引擎等提供信息。例如:设置网页内容字符编码、设置网页有效期等,这可以使浏览器按照设定的字符编码正确地显示网页内容,以及让浏览器决定是否需要从服务器上下载网页。

在 HTML 中,文档头由若干子标记构成,主要的子标记有:

1. < title ></title >标记

用于标识网页标题,其中的内容将在浏览器的标题栏中或页面选项卡显示。设置网页< title >标记,当用户在打开多个网页时,根据页面标题,可以方便页面切换。

2. < meta >标记

meta 即"元"的意思,meta data 即元数据,是关于数据的数据。元标记< meta >是最重要的辅助性标记,往往不引起用户的注意,但是它对于浏览器显示网页,以及是否能够被搜索引擎检索、提高网页在搜索列表的排序起着关键的作用,是一个非常有价值的标记。

< meta >标记为单标记,有两个常用属性,即 http-equiv 属性和 name 属性,不同的属性又有不同的参数值,这些不同的参数值实现了不同的网页功能。

(1) http-equiv 属性

http-equiv 相当于 HTTP 头,向浏览器传回一些有用的信息,以帮助正确显示网页内容,与之对应的属性值为 content,content 中的内容其实就是各个参数的变量值。meat 标记 http-equiv 属性语法格式是:

< meta http - equiv = "参数名" content = "参数值">

其中 http-equiv 属性参数对应了 HTTP 头属性名,主要有以下几种参数:

- content-type,设定页面文档类型及使用的字符集。

例如:< meta http-equiv = "content-type" content = "text/html; charset = gb2312">,该< meta >标记告知浏览器,文档为 HTML 文档,参数 charset 设置文档所使用的字符集为 gb2312。

在页面制作中,字符集的设置至关重要,字符集不仅影响到网页的显示,还影响服务器页面中程序的运行。目前常用的字符集有 GBK,UTF-8,UTF-16[①] 等。

- expires,设定网页的到期时间。一旦网页过期,必须到服务器上重新下载。

例如:< meta http-equiv="expires" content="Thur, 8 May 2008 18:18:18 GMT">

- pragma,禁止浏览器从本地计算机的缓存中访问页面内容。

例如:< meta http-equiv="pragma" content="no-cache">,设定访问者不能使用脱机浏览功能。

- refresh,自动刷新并指向新页面。

例如:< meta http-equiv="refresh" content="60; url=new. htm">

则浏览器将在 60 秒后,自动转到 new. htm。利用该功能,可以显示一个封面提示页面,在若干时间后,再自动转移到其他页面。

如果不设置 URL 项,浏览器则刷新本页,这就实现了 Web 聊天室定期自动刷新特性。

- window-target,强制页面在当前窗口以独立页面显示。

例如:< meta http-equiv="window-target" content="_top">,可以用来防止别人在框架里调用该页面。

(2) name 属性

name 属性主要用于描述网页,与之对应的属性值为 content,content 中的内容主要是便于搜索引擎查找信息和分类信息用的。meta 标记的 name 属性语法格式为:

< meta name="参数名" content="参数值">

name 属性主要有以下几种参数:

- keywords,设置网页的关键字,用来告诉搜索引擎该网页的关键字是什么。

例如:< meta name="keywords" content="E-learning, ontology">

- description,description 用来告诉搜索引擎网站的主要内容。

例如:< meta name="description" content="This page is about E learning etc. ">

- author,标注网页的作者。

例如:< meta name="author" content="brion@mail. abc. com">

- robots,告诉搜索机器人需要索引的页面有哪些。content 的参数有 all、none、index、
  noindex、follow、nofollow,默认值为 all。

3. < link >标记

在稍微复杂一点的工程中,抽象和包含始终是一种有效的方法。例如,在软件开发中,我们定义头文件,定义公共函数库,然后在其他文件中包含(include)或导入(import)这些公

---

① 在字符编码中,常用的有 ASCII(7 位字符编码)、扩展 ASCII(8 位字符编码)、ISOLatin-1(8 位字符编码)和 UNICODE 字符编码(16 位字符编码,ISOLatin-1 扩展)。虽然理论上讲,UNICODE 字符编码可以编码世界上所有的语言文字,实际上它支持的文字有限。为了解决 UNICODE 字符编码存在的问题,出现了一种中间格式的字符集,称为通用转换格式(Unicode Transformation Format),即 UTF。

常用的 UTF 字符编码有 UTF-8、UTF-16、UTF-32,三种编码的不同主要表现在字符串数据的存储、排序和网络传输上。UTF-8 是最常使用的编码方案,优点是没有字节序的概念,缺点是在多个字节表示的语言文字(例如,汉字)中,字符串操作麻烦,网络传输流量也大。UTF-16 是 Windows 上默认的 Unicode 编码方式,使用 wchar_t 表示,程序中的字符常量在内存中的表示由源程序的字符编码决定。UTF-32 所有字符采用 4 字节编码,以英文为主的字符串,UTF-32 编码空间大。

共文件。在网页设计中,这样的思想依然存在。我们可以定义独立的样式表文件(.css),可以定义公共的 HTML 代码,保存为独立的 HTML 文件,然后在需要的文件中把它们包含进去,而不是重复地写多次。

在 HTML 中,<link>标记定义了文档之间的包含。在 HTML 的头部可以包含任意数量的<link>标记,<link>标记带有很多属性,下面是一些常用的属性:

(1) type,用于指定被包含的文件类型。例如,text/css 是指包含一个层叠样式表文件。

(2) rel,定义 HTML 文档和所要包含资源之间的链接关系,可能的取值很多,最为常用的取值是 stylesheet,用于包含一个固定首选样式表单。

(3) href,指向被包含资源的 url 地址。

例如,在一个文档中要引用一个 css 文件,在文档头部,需添加下列标记:

```
<link type = "text/css" rel = "stylesheet" href = "mystyle.css">
```

4. <base>标记

在一个 HTML 文件中,每一个<a>标记的 href 属性和 target 属性都可以有一个基础的 URL 地址,这就是通过文档头标记中的<base>标记来定义的。设置了<base>标记后,在文档中所有的相对地址形式的 URL 都是相对于这里定义的 URL 而言的。一篇文档中的<base>标记不能多于一个,必须放于头部,并且应该在任何包含 URL 地址的语句之前。

<base>标记包含如下属性:

(1) href 属性

href 属性,必选属性,指定了文档的基础 URL 地址。例如:如果希望将文档的基础 URL 定义为“http://www.abc.com”,则可以使用如下语句:

```
<base href = "http://www.abc.com">
```

当定义了基础 URL 地址之后,文档中所有引用的 URL 地址都从该基础 URL 地址开始,例如,对于上面的语句,如果文档中一个超级链接指向 gsl/welcome.htm,则它实际上指向的是如下 URL 地址:http://www.abc.com/gsl/welcome.htm。

(2) target 属性

在 HTML 中,target 属性用于定义文档的输出窗口,例如:<a>标记中,target 定义了打开超链接的目标窗口,<form>标记中定义了服务端程序的输出窗口。如果文档中超级链接没有明确指定打开页面的目标框架,则就使用这里定义的地址代替。

常用的 target 的属性值有:

• _blank,表明在新窗口中打开链接指向的页面。
• _self,在当前文档的框架中打开页面。
• _parent,在当前文档的父窗口中打开页面。
• _top,在链接所在的完整窗口中打开页面。

例如:<base target="_blank">表明页面上所有的链接都在新窗口打开。

3.2.3 文档体标记及其属性

在一个 HTML 文档中,在<body>…</body>标记对之间的部分称为文档体。文档体中描述的是浏览器窗口中显示的内容。无论网页多么复杂,它们都是由文本、图片、超链接等内容构成的,这些页面内容都由相应的 HTML 标记来标记,它们都是< body >标记的子标记。

在讲解具体文档内容标记以前,我们先介绍文档体标记< body >,< body >标记是一个非常重要的标记,含有大量的属性,许多重要的网页功能都是通过< body >标记的属性实现的。

1. 一般属性

< body >标记的一般属性用于页面的一般性设置,< body >标记的一般属性很多,常见的一般属性见表 3-1。

表 3-1 < body >标记一般属性

属　　　性	用　　　途	举　　　例
text=" # rrggbb"	设置文本颜色的 RGB 色值	< body text=" # ff0000">,红色文本
bgcolor=" # rrggbb"	设置页面背景颜色	< body bgcolor="red">,红色背景
background	设置页面背景图片	background=" images/bg1.jpg"
bgproperties	设置成 fixed,则背景图案不滚动	bgproperties=" fixed"
topmargin,leftmargin, bottommarigin,rightmargin	设置页面内容到上、下、左、右边框的距离,取值一般为像素数	< body leftmargin =" 0" topmargin =" 20px">

颜色的设置可以通过 HTML 语言所给定的颜色常量名,或者 RGB(红、绿、蓝三色的组合)颜色设置,例如" # ff0000"表示红色。各个属性可以结合使用,如:< body bgcolor=" red" text=" # 0000ff">,设置网页的背景色为红色(red),文本为蓝色(" # 0000ff")。

2. 事件属性

当一个 Web 文档被加载显示或者退出(关闭),当进行移动窗口或改变文档窗口大小等操作时,会发生相应的事件,这些事件在< body >标记中通过事件属性来表达。< body >标记常见事件属性见表 3-2。

表 3-2 < body >标记中的事件属性

事件	触发条件	事　　件	触发条件
onLoad	页面下载完成时触发	onMouseMove	鼠标移动时触发
onUnload	退出页面时触发	onDblClick	鼠标双击时触发
onFocus	页面窗口获得焦点时触发	onMouseDown	鼠标被按下时触发
onBlur	页面窗口失去焦点时触发	onKeyDown	键被按下时触发,按键的 ASCII 码值保存在 window. event. keyCode 中
onResize	窗口改变大小时触发	onKeyPress	键被按下然后被释放时触发
onScroll	单击滚动条时触发	onKeyUp	键被释放时触发

在上述事件中,有些事件是< body >标记特有的,有些事件可能存在于多个不同的标记中。

事件属性的值往往是一个 JavaScript 函数,来完成 Web 编程任务。在 Dreamweaver 等工具软件中,可以通过行为面板,显示一个标记支持的行为事件,并且可自动生成简单的行为 JavaScript 代码,从而减少用户书写程序的工作量,具体应用参考后面的章节。

【例 3-1】 HTML 标记的概念及认知。

HTML 标记就是标记内容在 Web 浏览器中以特定的格式显示,而在非 HTML 应用程序中,则不能按照标记的格式进行显示。

在 Windows 中,用 Windows"记事本"程序,或 UltraEdit[①] 编辑器,或 Sublime Text[②] 代码编辑器等文本编辑软件或 Dreamweaver 等网页制作工具可以编辑网页。例如,使用 Sublime Text 代码编辑器,输入下面 HTML 标记,如图 3-1 所示。

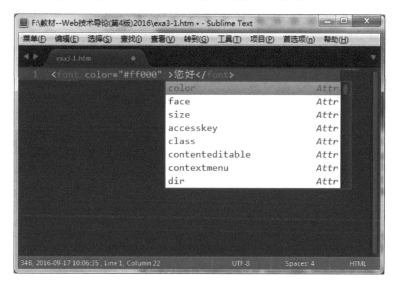

图 3-1　用 Sublime Text 代码编辑器创建 HTML 文档

与 Windows"记事本"程序相比,UltraEdit 编辑器或 Sublime Text 代码编辑器可以识别多种编程语言,支持关键字的高亮、着色和自动缩进功能。例如:在 Sublime Text 代码编辑器,执行"查看"菜单中的"语法"命令,可以选择不同的代码语言。

在编辑窗口输入:

<font color = "♯ff000">您好</font>

在选择了 HTML 后,HTML 编辑支持标记、标记属性列表提示。例如,在输入标记名称的过程中,伴随着对应的标签列表提示。在标记名后,输入空格,显示该标记的属性列表提示。这为 HTML 代码的书写带来很大方便。如果没有上述功能,则需要安装相应的插件,常用的插件包括:Convert To UTF8(将文件编码从 GBK 转换成 UTF8)、zenCoding(快速 HTML、CSS 编写方式,已更名为 Emmet)、JS Format(JS 代码格式化插件)、BracketHighlighter(括号高亮插件)、ChineseLocalization(汉化插件,支持无缝切换中文、日文、英文)等。

---

① UltraEdit 是一套功能强大的多文档文本编辑器,可以编辑文本、十六进制、ASCII 码,内建英文单字检查功能。同时,它还是一款良好的程序编辑器,支持语法高亮,代码折叠和宏,以及支持列模式编辑等大量特殊功能,内置了对于 C/C++、HTML、PHP 和 JavaScript 等语法的支持。UltraEdit 可运行在 Windows 平台,也可以运行在 Linux 平台,Linux 版本为 UEX,意即 UltraEdit for Linux。

② Sublime Text 是一个代码编辑器,由程序员 Jon Skinner 于 2008 年 1 月研发成功,内嵌 Python 解释器支持插件开发,通过安装插件,支持 HTML、CSS、XML、JavaScript 等流行的前端开发语言。Sublime Text 支持多种编程语言的语法高亮、拥有优秀的代码自动完成功能。支持强大的多插入点、多行选择和多行同时编辑功能。在界面上支持多种布局、多页标签和代码缩略图,右侧的文件缩略图滑动条,可方便地观察当前窗口在文件的哪个位置。多页标签在大屏幕或需同时编辑多文件时更加方便。

　　Sublime Text 代码编辑器具有强大的编辑功能,例如:按住 Ctrl,鼠标可以多处单击,从而定义多个插入点,此时可以多处同时插入。双击一个单词,可以框选所有相同的单词。

　　将上述内容保存为网页类型文件 exa3-1. htm,然后双击该文档,文档将将在浏览器中打开,显示结果如图 3-2 所示。

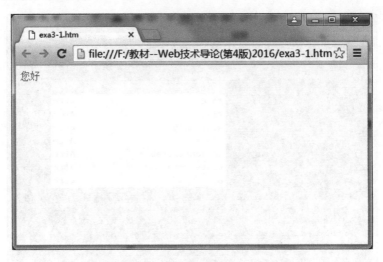

图 3-2　HTML 文档在浏览器中显示界面

　　可以看到,在浏览器窗口显示红色的"您好",对比在记事本中的显示,可见标记就是告知浏览器,被标记的内容要以什么方式来显示。

3.2.4　文本标记

　　在一个网页中,文本内容通常是网页的主要内容,在 HTML 规范中,关于文本内容的标记较多,每个标记都定义了文本内容在浏览器中的默认显示样式。同时,每个标记还有相应的标记属性,通过设置标记属性,可以修改标记的默认显示。HTML 中有关文本内容的标记及属性见表 3-3。

表 3-3　文本标记及常用属性

分　类	标　记	一 般 属 性
标题标记	< h1 ></ h1 >…< h6 ></ h6 >,一级到六级标题标记,对应的字体逐渐减小	align,设置冲齐方式 style,设置内联样式 class,设置样式类
文本格式标记	< font ></ font >,字体标记	face、size、color,设置字体、大小和颜色 style,设置内联样式 class,设置样式类
文本格式标记	< b ></ b >,粗体标记	style,设置内联样式 class,设置样式类
文本格式标记	< i ></ i >,斜体标记	同上
文本格式标记	< u ></ u >,下画线标记	同上
回车换行标记	< br >,将输出位置转到下一行的开始	

分　类	标　记	一　般　属　性
段落标记	`<p></p>`,标记一个段落,输出位置转到下一行开始,输出结束后增加一个空行。要修改段落内的行间距及段前段后需要使用 CSS 属性	align,设置冲齐方式 style,设置内联样式 class,设置样式类
水平线标记	`<hr>`,插入一条水平线	size,设置线的粗细,color,设置线的颜色,width,设置线长度
注释标记	`<!--注释性文字-->`,用于在 HTML 文档中书写说明性文字,注释文字可以多行,内容在浏览器中不显示	

在 HTML 中,虽然不同标记的属性不完全相同,但有些属性是大多数标记所共有的,这些标记属性称为通用属性,包括:①id 属性,唯一地标识一个标记,通常用于客户端脚本程序对元素的访问。②name 属性,为标记命名,这在 DOM 模型中对应了标记所对应的内存对象,类似于内存变量名,以便于客户端脚本程序的访问。③style 属性,设置标记的内联样式,内联样式是一个由 CSS 样式定义的样式表,用于修改标记的默认显示。④class 属性,设置标记的样式类,这是通过 CSS 定义的。

上述标记可以联合使用,例如:

`<b><font face = "宋体" size = "3" color = "♯0000FF"><i><u>字体标记一</u></i></font></b>`

显示效果为:

字体标记一

在网页中,我们经常看到一些滚动显示的标题新闻,这称为跑马灯,使用`<marquee>`标记,示例代码如下:

```
<marquee onmouseover = this.stop() onmouseout = this.start() scrollAmount = 1 scrollDelay = 60
direction = up width = 150 height = 200>
活动字幕内容第一行<br>
活动字幕内容第二行<br>
活动字幕内容第三行<br>
</marquee>
```

上述代码,将在一个区域内,垂直地滚动多行,鼠标指向该区域时停止滚动,离开时继续滚动。

以下是几点说明:

(1)`<marquee>`标记常用的属性有:

- align 属性,设定活动字幕的位置,取值可以是 left、center、right、top 或 bottom。
- bgcolor 属性,设定活动字幕的背景颜色,一般是十六进制的 RGB 色值。
- direction 属性,设定活动字幕的滚动方向,取值可以是 left、right、up 或 down。
- behavior 属性,设定滚动的方式,主要有三种方式:behavior = "scroll"表示由一端滚动到另一端;behavior = "slide"表示由一端快速滑动到另一端,且不再重复;

behavior＝"alternate"表示在两端之间来回滚动。

- height 和 width 属性,设定滚动字幕的高度和宽度。
- hspace 和 vspace 属性,设定滚动字幕的左右边框和上下边框的宽度。
- scrollamount 属性,设定活动字幕的滚动距离。
- scrolldelay 属性,用于设定滚动两次之间的延迟时间。
- loop 属性,用于设定滚动的次数,当 loop＝－1 表示一直滚动下去,直到页面更新。

默认情况下,< marquee >标记是向左滚动无限次,字幕高度是文本高度,水平滚动的宽度是当前位置的宽度;垂直滚动的高度是当前位置的高度。

(2) 由于< mqrquee >标记只能作用于一段(< p >…</ p >)文本,因此活动字幕为多行时,分行时只能用< br >标记,不能用< p >标记。

(3) 字幕中可以加入图像,代码如下:

```
< marquee >< img src = "image/logo.gif" width = "20" height = "20">欢迎光临</marquee>
```

如果希望滚动的内容带有超链接,可以将内容用< a ></a>标记,即< marqee >< a href＝"＃">活动字幕内容</a ></marqee >。

3.2.5 图像标记及影像地图

在一个网页中,图片和文本一样是最常见的网页内容之一。在 HTML 中,图片由两种形式出现,一种是简单的图片,另一种表现形式是影像地图。

1. 图像标记< img >

在网页中插入一幅图片,图片由< img >标记,它是一个单标记,在网页中标记一个图片的一般形式是:

```
< img src = "图片的 url">
```

在< img >标记中,src 属性为必选属性,它的取值为图片所在的路径和文件名。因为 HTML 文件为文本文件,因此,< img >标记并不真正把图像嵌入到 HTML 文档中,而是将 src 属性赋值为图片文件所在的路径及文件名(浏览器显示的图像格式为 gif、jpg 或 png)。这也是在 Web 服务器配置中为什么要选择保持 HTTP 连接的原因,同时也是 Web 浏览器在保存页面时有多种文件保存类型的原因。

< img >标记部分常用属性及说明如下。

- src:设定图片文件的存放路径,采用和当前页面保存位置的相对路径形式。图片文件须保存在站点主目录下的某个文件夹中。
- id:图片 id 号,客户端脚本程序可通过标记的 id 属性值访问标记所对应的内存对象。
- name:图像名称,功能同 id 属性类似。在一个网页中,标记的 id 属性不能重名,但标记的 name 属性可以重名。
- width 和 height:分别用于设置图像显示的宽度和高度,取值可以是像素值,百分比或 auto。如果图片实际的宽度和高度不同,浏览器将对图片进行缩放。
- border:设置图片边框线条属性,包括线型、线宽和颜色,设置为 0,则不显示边框。
- style:设置标记内联样式表。

- class：设置标记样式类。
- title：设置图像标题，当鼠标移到图片上时，在鼠标的右下角显示 title 的内容。
- alt：设置图片替代文字，在浏览器还没有装入图像（或关闭图像显示）时，此图像位置显示替代文字。一个网页除了网页文件外，其他所包含的图片都是单独的文件，浏览器下载一个网页时，除了下载网页文件，默认情况下，会一并下载网页中包含的其他文件，例如<img>中 src 标记的图片文件。
- align：设置图像的对齐方式。除了常规的 left、right、center 外，还有 absmiddle 等取值，它将影响图片和文字混排时的对齐方式，例如在一个单元格内（<td>），让图片和文字垂直居中。

除了上述的一般属性外，<img>标记还有大量的鼠标和键盘事件属性，例如 onload，onclick、ondbclick、onmouseover、onkeydown、onkeypress 等。此外，在 HTML 5 中，为适应自适应网页设计，img 标记包含的属性更加广泛。

【例 3-2】 在一个网页中，插入一幅图片 1.jpg，编写相应的 HTML 代码，实现当鼠标移到图片上的时候，显示另一幅图片 2.jpg，鼠标移走后重新显示图片 1.jpg。

分析：根据题目要求，可以用<img>标记图片 1.jpg，然后设置<img>标记的 onmouseover 属性和 onmouseout 属性，来实现图片的切换。设网页文件名为 myimg.hm，两幅图片在同一文件夹下，示例代码如下：

```
<html>
<head>
<meta http - equiv = "Content - Type" content = "text/html; charset = gb2312">
</head>
<body>
<img src = "1.jpg" name = "tai" title = "泰山日出"
    onmouseover = "tai.src = '2.jpg'" onmouseout = "tai.src = '1.jpg'" >
</body>
</html>
```

在 onmouseover 和 onmouseout 事件属性中，我们为当前的<img>标记对应的内存对象的 src 属性赋值，从而改变当前显示的图片。

2. 影像地图标记<map></map>

所谓"影像地图"，就是在一幅图片上定义若干区域，每个区域设置一个超链接。设置影像地图，首先要通过<img>标记标记一幅图片，并设置<img>的 ismap 属性；然后再定义相应的热点区域。使用影像地图的一般形式是：

```
<img src = "图片 url" usemap = "#mapname" ismap>
<map name = "mapname">
<area href = "url" shape = "circle" coords = "坐标值" >
<area href = "url" shape = "rect" coords = "坐标值">
…
</map>
```

其中，<map>…</map>为影像地图标记，包含一系列 area 子标记，该标记可以在图像地图中设定作用区域（又称"热点"），每个热点区域通常对应一个超链接。热点的坐标值由图片决定，通常需要利用 FrontPage 等工具来完成热点的定义，详见第 4 章的介绍。

3.2.6 超链接与书签

在网页中,所谓超链接,就是在一个 HTML 文档的一段文本或者一个图片对象上建立的到自身或另一个目标对象的链接关系,这个目标对象可以是一个网页、某种类型的文档或一个应用程序等。建立了超链接关系的对象将以特定的方式(例如:手形或下画线等)显示,当浏览者单击建立了链接的文字或图片时,根据链接目标的文件类型,链接关系所指定的链接目标将在浏览器窗口打开显示,或提示用户下载或运行。根据链接对象不同,超链接分为外部超链接和内部超链接两种,外部超链接是一个页面到另一个页面的链接,内部超链接则是在一个页面内书签之间的跳转。在 HTML 中,超链接和书签都通过< a ></a >标记来定义。

1. 定义超链接

在 HTML 中,超链接通过< a ></a >标记来定义,根据标记的内容不同,超链接分为文本超链接和图像超链接两种。

定义文本超链接的一般格式为:

< a href = "url # bookmark">文本</a>

如果是在图片上建立超链接,一般形式为:

< a href = " url # bookmark">< img src = "imge - url"></a>

在默认情况下,当鼠标移到建立了超链接的文本或图片上方时,鼠标变成手形🖐,表示文本或图片对应一个超链接。

下面介绍< a >标记的主要属性及功能。

(1) href 属性,设置被链接目标的 url 地址。一般形式是:

href = "[url][# bookmark][?para = value&para = value …]"

在上述 href 取值中,每一部分都是可选项。其中,url 为一个网址,可以省略,若省略则代表是当前页面。bookmark 是书签名,指定打开一个网页的时候,定位到特定的书签位置。问号("?")后面为参数名/参数值对列表,不同的参数名/参数值对之间用"&"分隔。

在实际应用中,除了可以设置一个完整的网址外,href 可以有多种特殊的形式,例如:

- href="#",表示当前页,这通常和 onclick 属性联合使用。
- href="#bookmark",则定位到当前文档的 bookmark 书签位置及内部超链接。
- href="",则定义一个空超链接,即不指向任何超链接位置。
- href="javascript 代码",例如:< a href="javascript:windows. alert('hi')">下一步</a>,则当单击超链接文本时,执行 href 属性中设置的 JavaScript 代码。

(2) target 属性,设置单击超链接时打开新文档的目标窗口。如果不设置该属性,则默认的目标窗口是当前窗口。设置 target 属性的一般形式是 target = " window-name",window-name 可以取常量:_self(相同框架),_blank(新建窗口),_top(整页),_parent(父窗口),或者是一个存在的帧名(frame 或 iframe)。

(3) title 属性,属性值为一字符串,鼠标指向超链接时,鼠标右下角显示标题文本。

通过 title 和 href=""空超链接属性结合,可以产生特定的效果。对尚未完成的超链接

显示一个提示信息,当超链接页面完成后,再给 href 属性赋具体的 url 值,例如:

```
< a href = "" title = "is building now…">学习论坛</a>
```

如果在提示信息中,需要换行,可以使用""或"
"来完成换行输出,例如:

```
title = "提示: &#13; 来宾无此权限"
```

(4) onclick 属性,接受鼠标单击,如果返回 true,则页面跳转到 href 指定的网页,否则,不执行 href 属性所设置的目标网页。

例如:

```
< a href = "#" onclick = " window. opener = null;window.close()">关闭</a>
< a href = "1. htm" onclick = "window.alert('111'); return(true)"> 111 </a>
< a href = "2. htm" onclick = "window.alert('222'); return(false)"> 222 </a>
```

对于上述三个超链接,在浏览器中打开,分别单击,查看它们的功能和差异,特别是当一个超链接同时设置了 href 属性和 onclick 属性时,当用户单击超链接时,浏览器是如何执行单击超链接操作的。

(5) disabled 属性,开关属性,无须赋值。设置超链接显示灰化,不可用。

2. 定义书签

在日常阅读中,我们都了解书签的概念,就是在图书的某个页面放一个书签,便于我们下次阅读时直接定位。在网页浏览中,书签的概念类似。在一个网页中,我们可以在不同的地方定义书签,便于快速定位,在一个网页中可以设置一个或多个书签。

在 HTML 中,网页中的书签是通过< a >标记来定义的,不同于超链接的定义,书签是通过< a >标记的 name 属性定义的,定义一个书签的一般形式是:

```
< a name = "bookmark – name">书签文本</a>
```

上述标记中,在书签文本上定义一个名字为 bookmarkname 的书签,书签必须是一个全文唯一的标记串。书签文本也可以是空的,也就是说,书签只是定义在文档的某个位置,而不在于这个位置上的内容。有了书签后,< a >标记的 href 属性除了指向一个网址外,还可以定位到网页内一个具体的书签,用法是 href = "url # bookmark-name",如果是同一个页内,可以写成 href = "# bookmark-name",同一网页内书签名不能重名。

【例 3-3】 有两个网页 p1. htm 和 p2. htm,要求在 p1 中建立一个超链接以链接到网页 p2. htm,p2. htm 中有两个超链接,一个返回 p1. htm,一个关闭 p2. htm 页面。

下述是两个网页的代码清单:

代码清单: p1. htm

```
< html >
< head >
< meta http – equiv = "Content – Type" content = "text/html; charset = gb2312">
</head>
< body >
< p >< a href = "p2. htm" target = "_self">在当前窗口打开网页 2 </a></p>
</body>
</html>
```

代码清单：p2. htm

```
< html >
< head >
< meta http - equiv = "Content - Type" content = "text/html; charset = gb2312">
</head >
< body >
< p >
< a href = "＃" onclick = "history.go( -1);return false;">返回</a>
</p >
< a href = "＃" onclick = "window. opener = null;window. close()">关闭</a>
</body >
</html >
```

上述代码清单演示了< a >标记的多种灵活用法，特别是当同时设置了 href 属性和 onclick 属性时，鼠标单击操作的执行流程与 onclick 的返回值有关。还有，对于 href＝"＃"，单击超链接即意味着刷新当前页面，要避免页面刷新，可在 onclick 属性中添加语句 return false。

3.2.7 表格

在日常工作和生活中，表格（table）是一种常见的数据组织和展示方式，由行列构成。在 HTML 中，表格不仅可以用于数据的组织和展示，表格还是进行页面布局的重要工具。根据表格的定义，使用表格不仅可以很好地定位文本或图像的显示位置，而且还可以对单元格进行背景和前景颜色的设置，以产生丰富的页面效果。

在 HTML 中，表格是由< table ></table >标记对创建的，每个< table ></table >标记对之间包含若干< tr ></tr >，一个< tr ></tr >定义表格中的一行。每一个< tr ></tr >标记对又包括若干个< td ></td >标记对，每一对< td ></td >标记行内的一个单元格。表格中每一行所包含的单元格数量不一定相同，每一行中单元格的数量及对齐方式由实际需要确定。

从表格结构的角度，还可以将表格分隔成三个部分，即表头、正文和脚注，分别用< thead >、< tbody >和< tfoot >来标记，它们都是由表格行构成的。一个表格中可以包括多个< tbody >，通过对< tbody ></tbody >标记的操作，可以灵活控制表格中部分行的显示与隐藏。

表格标记、行标记、单元格标记、表主体标记（< tbody >）及常见属性见表 3-4。

表 3-4　表格、行及单元格等标记属性列表

标　记	功能及常用属性
表格标记 < table >	width,height 设置表格的宽度和高度，可以是像素值，如 width＝"200"，或窗口总宽度的百分比，如 width＝"80％"或 auto
	border,设置表格边框的宽度，边框宽度默认值为 0，即无边框，无表格线。bordercolor,设置边框的颜色
	cellspacing,设置单元格间距，即单元格之间空间的大小，缺省值是 2
	cellpadding,设置衬距，即单元格内部内容之间与边框的距离
表格标题标记 < caption >	在表格的上部显示一行标题行，默认居中

标　记	功能及常用属性
行标记 ＜tr＞	标记表格的一行，可包含多个单元格，hight，设置行高
列标题单元格 ＜th＞	每一列的第一行，即表头单元格
单元格标记 ＜td＞	width，设置单元格宽度
	colspan，设置一个单元格跨占的列数；rowspan，设置一个单元格跨占的行数
	nowrap，禁止单元格内内容自动换行
表主体标记 ＜tbody＞	可以将若干行定义为一个＜tbody＞，每个 tbody 由若干行构成。一个表格可以定义多个＜tbody＞，通过脚本程序可以控制它们的显示和隐藏

在 HTML 中，要对表格进行更加精细的设置，可以使用标记的 style 样式属性或 class 样式类，定义 CSS 样式表来实现，详细设置参见 3.3 节的 CSS 技术。

【例 3-4】 定义一个高宽为 300 像素×200 像素的 3×2 的表格，要求其在页面中水平和垂直方向居中显示。

分析：要修改标记的默认显示，通常是通过为标记属性赋值来实现的。表格的水平居中容易做到，只要设置＜table＞的 align＝"center"即可，但垂直方向的居中，则没有合适的属性设置。为此，可以使用表格嵌套，首先定义一个 1×1 表格，设置它的 width 和 height 属性均为"100％"，然后在这个唯一的单元格内定义所要的 3×2 表格，并设定该单元格的 align 属性为 center。示例代码如下：

```
< html >
< head >
< meta http - equiv = "Content - Type" content = "text/html; charset = gb2312">
</head >
< body >
< table width = "100 %" height = "100 %" border = "0" >
< tr >
    < td align = "center">
    < table id = "table1" width = "300" height = "200" border = "1">
    < tr height = "50">
        < td width = "100"> </td>
        < td > </td>
    </tr >
    < tr >
        < td > </td>
        < td > </td>
    </tr >
    </table >
    </td>
</tr >
</table >
</body >
</html >
```

在定义表格时，如果使用 FrontPage 等页面制作工具，生成的表格属性设置很乱，往往

还包含许多冗余代码,此时应该对代码进行手工调整,一般设置应该是:

(1) 为避免因浏览器窗口大小改变而影响表格显示,一般要设置表格的宽度为绝对像素值,而不是比例,例如可设置 width＝"300",而不是"85％"。

(2) 行的高度设置应在< tr >标记中,设置 height 属性,而不要在每个单元格标记< td >中设置 height 属性。

(3) 单元格一般需设置 width 属性,如果有多个单元格,一般要有一个单元格不设置 width 属性。因为,如果各个单元格宽度的和不等于表格宽度时,各单元格的实际宽度将按照比例放大和缩小,不便于单元格宽度的调整。

如果有多行,只需要在第一行设置单元格宽度,后续行将按照第一行的宽度,不需要每一行都设置单元格宽度。

【例 3-5】 使用< tbody >标记,设计一个具有标签功能的表格。即设有两个标签,当鼠标移动到第一个标签上时显示部分行,移动到第二个标签时,显示另外若干行。

分析:上述页面是我们在互联网上经常看到的页面功能,从题目看这是一个具有交互功能的页面,通常需要客户端脚本程序实现。在没有学习 JavaScript 以前,我们先给出实现代码,主要是让大家体会表格中< tbody >标记的应用。

代码清单如下:

```
< html >
< head >
< meta http - equiv = "Content - Type" content = "text/html; charset = gb2312">
< style type = "text/css">
.label - normal
{
    background - image:url('images/labelbgnormal.gif');
    cursor: hand;
    font - size:13px;
    color: #000000;
    text - align:center
}
.label - select
{
    background - image:url('images/labelbgseclet.gif');
    cursor: hand;
    font - size:13px;
    color: #FF0000;
    font - weight:bold;
    text - align:center
}
</style>
< script language = "javascript">
//显示第 n 个选项卡对应的 tbody,同时隐藏其他 tbody 的显示
function labelcard(tableid,numcard)
{
    //通过表格 id 获取表格内存对象,有些浏览器不支持直接使用元素 id 操作对象
    tableobj = document.getElementById(tableid);
    for(i = 0;i < tableobj.rows[0].cells.length;i++)
```

```
            tableobj.rows[0].cells[i].className = "label - normal";
        tableobj.rows[0].cells[numcard].className = "label - select";
        //显示 tbody
        for(i = 0;i < table1.tBodies.length;i++)
            table1.tBodies[i].style.display = "none";
        table1.tBodies[numcard].style.display = "block";
}
</script>
</head>
< body >
< table id = "labeltable" border = "0" cellspacing = "0" cellpadding = "0">
< tr height = 25 >
    < td width = "130" class = "label - select" onmouseover = "labelcard ('labeltable',0)" >排行
榜</td >
        < td width = "130" class = "label - normal" onmouseover = "labelcard ('labeltable',1)" >贡献
度</td >
        < td width = "130" class = "label - normal" onmouseover = "labelcard ('labeltable',2)" >其他
</td >
</tr >
</table >
< table id = "table1" width = "100 % " border = "0" cellspacing = "0" cellpadding = "0" >
< tbody >
< tr height = 30 >
    < td width = "20" align = "center">< img src = "images/square01.gif"></td >
    < td >< a href = "../lanmu1 - news/news01.htm">教育部"十二五"本科教学工程</a></td >
</tr >
< tr height = "1">
    < td colspan = 2 background = "images/line01.gif"></td >
</tr >
< tr height = 30 >
    < td align = "center">< img src = "images/square01.gif"></td >
    < td >< a href = "../lanmu1 - news/news02.htm">全校核心通识课程建设项目公布</a></td >
</tr >
</tbody >
< tbody style = "display:none;">
< tr height = 30 >
    < td align = "center">< img src = "images/square01.gif"></td >
    < td >< a href = "../lanmu2 - news/news01.htm">GSL5.0 系统上线预告</a></td >
</tr >
< tr >
    < td align = "center">< img src = "images/square01.gif"></td >
    < td >< a href = "../lanmu2 - news/news02.htm">GSL 过程管理问题答疑...</a></td >
</tr >
</tbody >
</table >
</body >
</html >
```

在浏览器上打开上述页面,显示结果如图 3-3 所示。

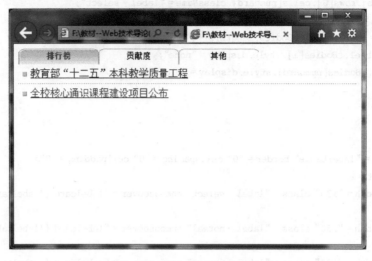

图 3-3　标签式网页的显示效果

上述页面涉及 JavaScript 脚本程序对表格数据的操作。需要说明的是,不同的浏览器对脚本程序的支持不完全一样,因此,当网页中包含脚本程序时,对网页应该多使用几个不同的浏览器进行测试,例如,分别测试网页在 IE、Chrome 等浏览器中的显示情况。此外,在 JavaScript 中,有些属性不区分大小写,有些属性却识别大小写,在写代码和进行程序调试时需注意。

3.2.8　表单

在传统应用软件中,用户输入通常是通过对话框完成的。在 Web 应用中,用户输入通常通过网页中的表单来填写。所谓表单(form),就是在 Web 网页中用来给浏览者填写信息,从而能获得用户输入数据的手段,表单由一系列输入域构成。当用户填写完信息后单击"提交(submit)"按钮,表单内容将从客户端的浏览器发送到 Web 服务器,此时,表单中所设定的 Web 服务端脚本处理程序被激活,来处理用户表单发送来的数据。

在 HTML 中,表单用< form ></form >标记,表单中包含了多种不同的输入域,分别由相应的标记进行标记。表单标记、常用输入元素标记、常用属性及用法见表 3-5。

表 3-5　表单标记、常用的输入元素标记、常用属性及用法

输入类型/标记	一　般　形　式	常　用　属　性
表单标记 < form >	< form name = " form － name"> … </form >	name 属性,表单名称,用于脚本编程。 method 属性,定义服务器表单处理程序从表单中获得信息的方式,取值为 get 或 post。 action 属性,设置表单处理程序的网络路径和程序名。 target 属性,设置 action 页面输出的窗口

输入类型/标记	一 般 形 式	常 用 属 性
单行文本框输入	< input type = "text" …>	type 属性,设置输入域的类型。 name 属性,设置输入域名字。 value 属性,存储文本框的取值,可以设一个初始值。 size 属性,设置文本框的显示宽度。 maxlength 属性,maxlength 是文本框中输入的有效数据长度
密码文本框输入	< input type = "password" …>	同上
多行文本框输入	< textarea name = "" …> input text </textarea >	name 属性,设置输入域名字。 rows 属性和 cols 属性,分别用来设置文本框的列数和行数,列与行以字符数为单位
button 按钮	< input type = "button" …>	name 属性,设置输入域名字。 value 属性,value 为按钮的显示名称
radio 单选按钮	< input type = "radio" …>文本	name 属性,单选按钮名称,一般是若干个 radio 一组,取相同的 name,构成一组。 value 属性,存储单选按钮的取值,多个具有相同 name 的单选按钮应该具有不同的 value。 checked 属性,设置该单选按钮缺省时是否被选中
复选框	< input type = "checkbox" …>	复选框是对某种输入做出"是"或"否"的选择。属性设置同 radio
复选列表框	< select name = "" …> < option value = "">…</option > < option value = "">…</option > …… </select >	name 属性,设置输入域名字。 size 属性,下拉式列表的高度,缺省值为 1,显示弹出式的列表框。若设置 size 的值大于 1,则不会有 PopUp 效果。如果 size 小于可选的项目数量,则出现垂直滚动条。 < option >标记用来指定列表框中的一个选项,value 属性用来给< option >指定的那一个选项赋值,这个值将传送到服务器,服务器通过调用< select >标记的 name 的 value 属性来获得该区域选中的数据项。selected 属性,用来指定默认选项
隐藏元素	< input type = "hidden" …>	类似于单行文本框,但在网页上不显示,不需要用户输入,主要用于客户端和服务端的数据传递。 name 属性,设置输入域的名字。 value 属性,存储文本框的取值
文件上传标记	< input type = "file" …>	name 属性,设置输入域名字。 size 属性,显示文本框长度。 accept 属性,设置上载文件过滤,即单击"浏览"按钮时,只显示指定类型的文件列表
表单提交	< input type = "submit" …>	将表单内容发送到服务器端。 value 属性,提交按钮的显示名字,一般为"确定""提交"等易于理解的名字。 onclick 属性,设置表单提交前的处理函数,通常进行表单输入有效性验证
重填按钮	< input type = "reset" …>	将表单中已做的输入和选择全部清除,重新填写

113

第 3 章

对于上述表单及输入标记，说明如下：

（1）每个输入元素都具有 name 属性和 value 属性，这是因为在浏览器打开一个 HTML 文档时，在浏览器按照标记对内容进行显示的同时，浏览器还在内存中创建一个 HTML DOM 树，对每个标记创建一个对应的 DOM 对象，标记的一般属性即为对象属性，事件属性则为对象的方法。在输入域中设置标记的 name 属性，即是内存对象的名称，脚本程序可以通过对象名称访问和操作标记对应的内存对象，从而实现对网页元素的操作。

（2）form 标记的 method 属性，决定客户端和服务端的 HTTP 通信中表单数据的传输方式，也决定了服务端获取表单输入数据的方法。通常有两种方法：

- get 方法，将数据打包放置在环境变量 QUERY_STRING 中作为 URL 整体的一部分传递给服务器。QUERY_STRING 变量可存储的量是有限的，一般限制在 1KB 以下。
- post 方法，通过 HTTP 的实体头域传递数据到 Web 服务器，没有数量限制，是发送表达数据的默认方法。

（3）如果表单中 file 类型输入，为了实现通过 HTTP 协议上传文件，在表单标记< form >中需要加入编码方案属性 enctype＝"multipart/form-data"。该编码方案在传送大量数据时比缺省的表单编码方案"application/x-url-encoded"效率更高。因为 URL 编码只有很有限的字符集，当使用任何超出字符集的字符时，必须用"％nn"代替（nn 表示两个十进制数），因此，通过 URL 编码方式上载的文件大小将是原来的 2～3 倍。

例如，有如下代码：

```
< form name = "myform" method = "POST" action = "/custom/feedback. jsp" enctype = "multipart/form - data">
```

提交论文：< input type＝"file" name＝"F1" size＝"20">

```
</form >
```

显示结果为：

提交论文：　[　　　　　　]　[浏览...]

用户单击"浏览"按钮，选择要提交的文件，文件将被上传到 Web 服务器。因为安全的原因，在 HTML 中，不能设置上传文件在服务器上的存储路径。上传文件的存储路径是在表单处理程序中设置的，在 Web 服务器端，通过组件，来设置每一个< input type＝"file">上传文件的存储路径。一个 HTML 表单可以设置多个< input type＝"file">控件，从而一次上传多个文件到 Web 服务器。

【例 3-6】 设计一个个人信息登记表页面，要求输入个人姓名、性别、出生日期，教育程度，工作单位，单位地址，电话，邮箱，个人简介，以及上传个人照片等信息。

分析：个人信息登记页面应由表单来实现，同时需要使用表格进行页面布局。设计的页面如图 3-4 所示。

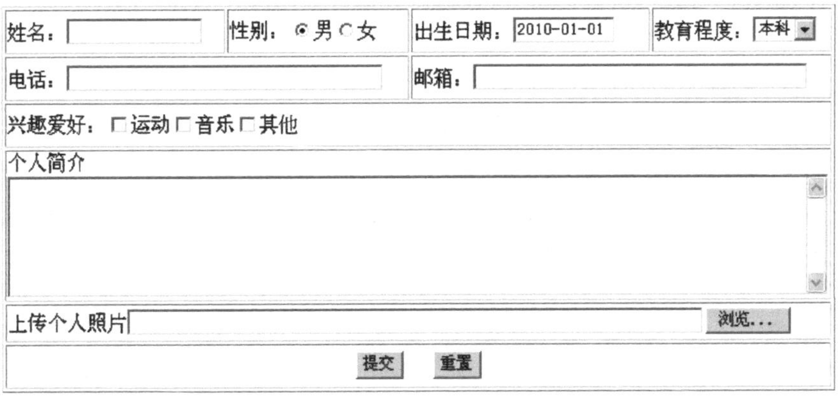

图 3-4 个人信息登记表页面设计

代码清单：myinfo.htm

```html
<html>
<head>
<meta http-equiv="Content-Type" content="text/html; charset=gb2312">
</head>
<body>
<form name="form1" method="POST" action="myinfo-add.jsp" enctype="multipart/form-data">
<table id="table1" width="600" border="1">
<tr height="35">
  <td width="160">姓名: <input type="text" name="myname" size="14"></td>
  <td width="150">性别: <input type="radio" value="sex" name="male" checked>男<input type="radio" name="sex" value="female">女
  </td>
  <td width="170">出生日期: <input type="text" name="birthday" value="2010-01-01" size="10">
  </td>
  <td>教育程度:
    <select size="1" name="degree">
      <option value="college">本科</option>
      <option value="master">硕士</option>
      <option value="doctor">博士</option>
      <option value="other">其他</option>
    </select>
  </td>
</tr>
<tr height="35">
    <td colspan="2">电话: <input type="text" name="tel" size="35"></td>
    <td colspan="2">邮箱: <input type="text" name="email" size="37"></td>
</tr>
<tr height="35">
    <td colspan="4">兴趣爱好: <input type="checkbox" name="interesting" value="sports">运动<input type="checkbox" name="interesting" value="music">音乐<input type="checkbox" name="interesting" value="other">其他
    </td>
</tr>
<tr height="120">
```

115

第 3 章

```
        < td colspan = "4">个人简介< br >< textarea rows = "6" name = "brief" cols = "92"></textarea >
    </td >
    </tr >
    < tr height = "30">
        < td colspan = "4">上传个人照片< input type = "file" name = "F1" size = "65"></td >
    </tr >
    < tr height = "35">
        < td colspan = "4" align = "center">< input type = "submit" value = "提交" name = "B1">
   < input type = "reset" value = "重置" name = "B2">
        </td >
    </tr >
    </table >
    </form >
    </body >
    </html >
```

通过上面的例子，可以看出几点：①不是所有的 form 表单都需要提交到 Web 服务器处理，即可以没有 action 属性。②如果是用 Frontpage 的 table 进行页面制作，在单元格中插入 form 表单控件时，生成的 HTML 代码比较混乱，甚至会出现多个 form，此时，要手工调整 HTML 代码，只要将所有的输入控件包含在< form >…</form >标记对之间就可以了。③在< form >标记的前后会产生空行，通常将< form >标记放在< table >标记的外面。

3.2.9　脚本程序标记

在计算机程序的概念中，传统的程序是在计算机操作系统上运行的计算机指令序列。所谓脚本程序是指那些不需要编译，可以直接在一些运行容器中，通过解释引擎解释执行的程序。在 Web 中，脚本程序可分为客户端脚本程序和服务端脚本程序两大类。

所谓客户端脚本程序，是指在客户端浏览器中执行的脚本程序。最早的脚本程序语言是 JavaScript 编程语言，它是网景公司于 1995 年在导航者（Navigator）浏览器上实现的，其解释器 JavaScript 引擎是 Navigator 浏览器的一部分。微软为了竞争的需要，1996 年 8 月，随 Internet Explorer 3.0 一起，推出了 JScript 活动脚本程序语言。两者语法上相似，没有本质的区别。

在 HTML 文档中，客户端脚本程序需要在< script >标记内书写，一般形式是：

```
< script language = "">
    脚本程序代码
</script >
```

属性 language 用于设置脚本程序语言，通常的取值是 language = "JavaScript" 或 language = "JScript"，表明脚本程序是用 JavaScript 语言编写的。客户端脚本程序的函数定义通常写在文件头内，程序语句则可以在文档体中直接书写。

所谓服务端脚本程序，是指在 Web 服务器端运行的脚本程序，不同的 Web 服务器可运行的脚本程序语言不同，例如 IIS 中内置 ASP 引擎，可运行 ASP 服务端脚本程序，Apache/Tomcat 服务器可运行 JSP 服务端脚本程序。在 HTML 文档中，服务端脚本程序需要写在<%…%>标记内。当用户浏览一个服务器页面时，页面首先被发送给服务端脚本引擎，执行页面中的服务端脚本程序，然后将执行结果页面返回给客户浏览器。

3.2.10 浏览器窗口与帧

在网页浏览时,我们在浏览器地址栏输入一个网址,或单击一个超链接打开一个网页时,Web 服务器将把一个网页文件发送到客户端浏览器,浏览器将其打开并显示。一般情况下,浏览器将在整个浏览器窗口显示打开的网页文件。其实,浏览器也可以将浏览器窗口分成几个窗格区域,让网页在某个特定的窗格显示,以丰富网页浏览的显示。

1. 帧(frame)与帧页

将浏览器窗口划分为多个区域(子窗口),每个区域称为一个帧(Frame)。在每个帧窗口,可以显示一个独立的 HTML 文件。即每个 HTML 文件占据一个帧,而多个帧可以同时显示在同一个浏览器窗口中,包含多个帧的网页称为帧页或框架网页。

帧页定义的一般形式是:

```
< frameset rows = "" cols = "">
  < frame name = " " src = " " target = " ">
  < frame name = " " src = " " target = " ">
  …
</ frameset >
```

(1) < frameset >…</ frameset >标记

标记< frameset >定义帧,用于定义主文档中有几个帧并且各个帧是如何排列的。rows 属性用来设置主文档中各个帧的行定位,而 cols 属性用来设置主文档中各个帧的列定位。这两个属性的取值可以是百分数、绝对像素值或星号(" * "),其中星号代表那些未被说明的空间,如果同一个属性中出现多个星号则将剩下的未被说明的空间平均分配。同时,所有的帧按照 rows 和 cols 的值从左到右,从上到下排列。

例如:rows="150px, * ",表示将浏览器窗口分成两行,第一行高度占 150px,剩余屏幕空间属于第二行。cols=" * ,1024px, * "表明将浏览器窗口分成三列,中间列占 1024 像素宽度,屏幕剩余空间在两侧平分,像素数由实际的屏幕分辨率决定。

(2) < frame >标记

通过< frameset >标记,将浏览器窗口分成若干帧,每个帧窗口可以显示一个独立的网页,也可以进一步划分成帧。对每一个帧的定义由< frame >标记来完成。< frame >标记具有 name 和 src 属性,这两个属性都是必须赋值的。src 是此帧要显示的网页的 url;name 是此帧的名字。在< a >标记或< form >标记中,可是设 target 属性的值为一个帧的 name 属性值。

此外,< frame >标记还有 scrolling 和 noresize 属性,scrolling 用来指定是否显示滚动条,取值可以是"yes"(显示)、"no"(不显示)或"auto"(文档内容超出窗口时自动显示)。noresize 属性直接加入标记中,不需赋值,禁止用户调整帧的大小。

目前由于计算机显示器技术的发展,显示器屏幕尺寸越来越大,屏幕的分辨率也越来越高,早期在 800×600,1024×768 图形分辨率下的网页设计受屏幕空间限制的情况已经不再存在。浏览器窗口划分帧,通过客户端脚本程序控制帧的显示和隐藏,从而释放更大的屏幕空间的应用需求变小了。由屏幕尺寸变大带来的程序用户界面设计的变化也同样在影响着网页的布局和设计。

2. 浮动帧（iframe）

在帧页（frameset）中，帧（frame）是对浏览器窗口的水平和垂直方向的分隔。对一个帧窗口也可以进一步类似的分隔，即帧可以嵌套。在每一个帧窗口，可以显示网页文件。除此之外，有时候我们可能希望将浏览器窗口的某一个区域定义为一个帧，它是独立的，不是按照行列来划分的，例如：一个单元格或一个 div。我们把这样的帧称浮动帧（iframe），又称内联框架。

浮动帧是用＜iframe＞标记的帧，通常利用表格布局，在一个单元格中插入浮动帧，一般形式是：

```
＜iframe id＝""  name＝""  style＝" "  src＝""＞＜/iframe＞
```

在＜iframe＞标记中，可以定义帧的 style 属性，设置帧窗口的大小，例如：style＝"width:100%；height:100%；visibility:inherit；z-index:2；"，其中宽度和高度采用百分比，是指和容器的比。src 属性对应了帧窗口要显示的网页的 URL 值。通过浮动帧，可以灵活地设置表单＜form＞服务端程序输出页面内容的显示位置，而不一定是表单所在的浏览器窗口。

3.3　层叠样式表 CSS 技术

在 HTML 中，大多数标记都包含了默认的显示样式，默认显示样式定义了所标记内容在浏览器中默认的布局和显示外观。同时，HTML 还提供修改标记默认显示样式的手段，这就是设置标记的属性值，但是这种修改是有限的。如果要对标记的显示做详细的定制，通过修改标记属性的方法并不理想，因为这需要设置更多的标记属性。

从网页管理和维护的角度出发，我们总是希望将文档内容和对内容显示的设定分开，通过设置标记属性来修改标记的默认显示的方法是无法达到这样的目的的。因此，在 1997 年 12 月发布的 HTML 4 中，引入了层叠样式表的概念，其核心思想就是实现将标记内容和显示样式的定义进行分离，从而使得文档结构良好，更加方便文档的维护。

3.3.1　CSS 及其发展

随着 HTML 的成长，为了满足页面设计者的要求，HTML 不断地添加新的显示功能，例如：标记属性。但是，随着这些功能的增加，使得 HTML 变得越来越杂乱，HTML 页面越来越臃肿。在这样的情况下，催生了层叠样式表概念的产生和发展。

1. 什么是层叠样式表

在 HTML 出现以后，样式的概念就以各种形式存在着。1994 年，哈坤·利提出了层叠样式表（Cascading Style Sheet，CSS）的最初建议，它是一种为 Web 文档添加样式的简单机制，即为 HTML 标记语言提供一种样式描述，定义元素的显示方式。

所谓层叠（Cascading），是指对于容器元素指定的所有选项，将被自动地应用到其包含的所有元素中。当属性设置发生层叠时，即对一个元素多次设置同一个样式，将使用最后一次设置的属性值。我们可以这样理解，在 HTML 中，标记是可以嵌套的，例如，在一个表格中，对于一个单元格，里面的内容可以被多个标记所标记，看下面的代码：

```
< table style = "font - size:22px;color: # ff0000">
 < tr >
     < td >姓名</td>
     < td style = "font - size:15px; font - weight:bold; color: # 0000ff;">性别</td>
 </tr >
</table >
```

在上述代码中,我们可以看到,姓名和性别两个单元格的内容从内到外分别被< td >、
< tr>和< table >标记所标记,其中在< table >标记和< td>标记中都定义了显示样式,那么姓
名和性别单元格的内容究竟以怎样的样式显示呢? 层叠的意思是这样的,当两种样式一样
且内外冲突的时候,按最内层的定义显示,如果内外没有冲突,则共同作用于内容。

2. CSS 技术的发展

1996 年底,W3C 公布了层叠样式表 CSS 规范第一版。1998 年 5 月 CSS2 正式发布,
2004 年 CSS 2.1 发布。在后续版本 CSS 3 的研发过程中,采用模块化开发,因此 CSS 3 的
发布时间并不是一个时间点,而是成熟一个模块,发布一个模块。从 2002 年 5 月 15 日发布
第一个定义文本行模型的 CSS 3 Line 模块开始,直到 2014 年 10 月,W3C 发布 HTML 5.0
规范,几乎每一年 W3C 都会发布相应的 CSS 3 模块。

CSS 3 包含的主要样式模块见表 3-6。

表 3-6　CSS 3 部分样式模块列表

序号	模 块 名 称	说　明
1	Line	定义文本行模型
2	Fonts	定义 CSS 字体模型
3	Text	定义文本模型
4	Lists	定义列表相关样式
5	Image Value	定义图像内容显示模型
6	Hyperlink Presenation	定义超链接的表示规则
7	Background and Borders	定义边框和背景模型
8	Generated and Replace Content	定义 CSS 3 生成及更换内容功能
9	Presentation Levels	定义演示效果功能
10	Speech	定义'语音'样式规则
11	Animations	定义 CSS 3 动画模型
12	Transitions	定义动画过渡效果
13	2D Transforms	定义 CSS 3 2D 转换模型
14	3D Transforms	定义 CSS 3 3D 转换模型
15	Generated Content For Page Media	定义分页媒体内容模型
16	Grid Positioning	定义 CSS 的网格定义规则
17	Basic box	定义 CSS 的基本盒子模型
18	Flexible Box Layout	定义灵活的框布局模块
19	Template Layout	定义模板布局模型
20	Syntax	重新定义了 CSS 语法规则
21	Cascading and inheritance	重新定义了 CSS 层叠和继承规则

在 CSS 中,预定义了大量的 CSS 样式属性,在网页制作时采用层叠样式表技术,可以有
效地对页面的布局、字体、颜色、背景和其他效果实现更加精确的控制。CSS 可以将样式定

义在 HTML 元素的 style 属性中,也可以定义在 HTML 文档的 header 部分,也可以将样式声明在一个专门的 CSS 文件,以供 HTML 页面引用,实现多个页面风格的统一。总之,CSS 样式表可以将所有的样式声明统一存放,进行统一管理,可以对整个网站的页面进行总体控制,从而解决了 HTML 的结构化问题和实现 Web 中的总体外观控制。

3.3.2　CSS 样式属性

在 CSS 规范中,定义了大量的样式属性,利用这些属性可以对标记的显示样式进行精细的设计,达到传统标记属性无法实现的功能和效果。在 CSS 属性中,有些属性和标记属性功能是一样的,但是,属性名和标记属性名不一样,用法也不一样。

CSS 对网页的控制是通过 CSS 样式属性实现的,这些属性可以分为以下几类。

1. 字体属性

在 CSS 中,用来控制文本的字体、字号等属性,在 HTML 5 中,字体标记< font >被废除,其功能由 CSS 替代,常用 CSS 字体属性见表 3-7。

表 3-7　CSS 字体属性

属性名	功　　能	常 见 取 值
font-family	设置字体名称,功能与< font >标记的 face 属性一样	字体名,例如:'宋体','仿宋','黑体'等。默认值由浏览器确定
font-size	设置字体大小尺寸,功能与< font >标记的 size 属性一样	< relative-size >:相对于父对象中字体尺寸进行相对调节,可选参数值:smaller | larger。 < percentage >:用百分比指定文字大小。其百分比取值是基于父对象中字体的尺寸。< absolute-size >:根据对象字体进行调节,可选参数值:xx-small | x-small | small | medium | large | x-large | xx-large。 < length >:用长度值指定文字大小,绝对尺寸
font-style	设置字体样式	normal:指定文本字体样式为正常的字体。 italic:指定文本字体样式为斜体。对于没有斜体的特殊字体,应用 oblique。 oblique:指定文本字体样式为倾斜字体
font-weight	设置字体粗细,取值和可以为	normal:正常字体,相当于 number 为 400。 bold:粗体,相当于 number 为 700。 bolder:特粗体。lighter:细体。 < integer >:用数字表示文本字体粗细,取值范围:100 | 200 | 300 | 400 | 500 | 600 | 700 | 800 | 900
font-variant	设置小写字母改为用大写的小体字	normal:正常字体。 small-caps:小型的大写字母字体

在 CSS 字体属性设置中,字体大小的设置是最复杂的,分 4 种不同的取值:①字体相对尺寸,单位为 px(像素),em(相对于当前对象内文本的字体尺寸),ex(相对于特定字体中字母 x 的高度),之所以说是相对尺寸,这是因为,对于同一个显示器,不同的分辨率设置,每个像素的大小是不一样的。②相对于父容器元素的一种相对大小,例如:百分比,如 50%等。③一组绝对大小关键字,包括 xx-small(最小),x-small(较小),small(小),large(大),x-large

（较大），xx-large（最大）等，实际显示大小由浏览器和显示设备来决定，W3C 建议浏览器开发公司，将每个关键字之间的比例设定为 1.5。④字体绝对尺寸，单位为 pt（点），mm（毫米）等，与显示器的分辨率设置无关。

在实际应用中，对于 font-size 属性设置，通常情况下我们会觉得设置字体像素值作为字体大小是最好的，实际情况并非如此。因为有时候我们希望通过浏览器来调整网页中文字的大小，但是，如果你在网页中设置了字体大小的绝对值，浏览器就不能改变这些文字的大小了。为此，在 CSS 中，才有了 font-size 的百分比取值和 small 和 large 等取值。

在 CSS 规范中，可以将字体的多个属性合并为一个 font 属性，取值包括 font-family，font-size，font-style，font-weight 和 font-variant，其中，font-family 和 font-size 必须设置，其他属性可以不设置，属性之间的顺序任意。例如：< p style＝ "font:宋体 17px blod">。

2. 文本属性

在传统的文档格式化中，例如，在 Word 字处理器中，通常将格式化分为字体和段落的格式化。在 HTML 中也不例外，文本格式化就等同于段落的格式化。在 CSS 中，提供了大量的文本属性，用以精细地控制文本段落中的字符间距、段落缩进、对齐方式，以及段落行间距（行高）等属性，CSS 常见文本属性见表 3-8。

表 3-8 CSS 常用文本属性

属 性 名	功 能	取 值
text-indent	设置首行缩进	< length >：指定文本缩进的长度值，如 2em，表示首行缩进 2 个字符。 < percentage >：指定文本缩进百分比。取值可以为负值，可以实现悬挂缩进
text-align	设置水平对齐	left：内容左对齐。center：内容居中对齐。right：内容右对齐。justify：内容两端对齐。 start：内容对齐开始边界。（CSS3） end：内容对齐结束边界。（CSS3）
text-transform	设置字符大小写转换	none：无转换。capitalize：将每个单词的第一个字母转换成大写。uppercase：转换成大写。lowercase：转换成小写
text-decoration-line	设置文本装饰线条的位置	none：指定文字无装饰。 underline：指定文字的装饰是下画线。 overline：指定文字的装饰是上画线。 line-through：指定文字的装饰是贯穿线
text-decoration-style	设置文本装饰线条的样式	solid：实线。double：双线。dotted：点状线条。dashed：虚线。wavy：波浪线
text-decoration-color	设置文本装饰线条的颜色	颜色 RGB 色值
text-fill-color	指定文字的填充颜色	颜色 RGB 色值
text-shadow	设置文本文字的阴影及模糊效果	none：无阴影。 < length >第一个长度值设置阴影水平偏移值，第二个长度值设置阴影垂直偏移值，第三个长度值用来设置阴影模糊值。 < color >：设置对象的阴影的颜色

属 性 名	功 能	取 值
text-stroke-width	设置文字描边厚度	< length >：描边厚度值，例如 2px
text-stroke-color	设置文字描边颜色	< color >：指定文字的描边颜色 RGB 色值
word-spacing	设置字、单词之间的标准间隔	normal：默认间隔。< length >：间隔的长度值，可以为负值。例如 0.2em，表示 0.2 字符宽度
letter-spacing	字符间距，设置字符或字母之间的间隔	同上
word-wrap	设置换行	normal：默认值，内容超出容器边界时不换行。break-word：内容将在边界内换行
word-break	设置词间换行	normal：默认值，允许在词间换行。break-all：允许文本行的任意字内断开。keep-all：不允许字断开
direction	设置文本流的方向	ltr：文本流从左到右。rtl：文本流从右到左
line-height	定义行高，在段落内表现为行间距	normal：允许内容顶开或溢出容器边界。< length >：用长度值指定行高，可以为负值。< percentage >：用百分比指定行高，其百分比取值是基于字体的高度尺寸，可以为负值。< number >：用乘积因子指定行高

在上述 CSS 属性中，有些属性可以合并书写，例如：装饰线三属性，可以合并写作 text-decoration，取值是三个每个独立属性的值，这样的属性称为复合属性。再如，文字描边 text-stroke 属性也是复合属性。

对文本段落的修饰是页面设置中常见的修饰，但是，在段落标记< p >中，可以设置的标记属性很少。因此，要设置文本段落的显示样式，通常需要使用 CSS 属性来完成，例如，设置首行缩进两字符，行间距为 1.5 倍，设置如下：

```
< p style = "text - indent:2em;line - height:150 % ">
```

对于首行缩进的设置，我们一般使用 em 单位，而不是 px，因为虽然两者都是相对大小，但是 px 和屏幕分辨率有关，而 em 指的则是当前对象内文本字体的尺寸，text-indent：2em 意味着首行缩进两个字符。

3. 颜色和背景属性

不管是在日常生活中，还是在计算机中，颜色都是相比较而存在的。因此，当我们谈论颜色时，将颜色分为前景色和背景色，我们关注的对象颜色是前景，它所处的环境颜色就是背景。对物体颜色渲染的终极目标是一个个像素颜色，但一个个像素来处理，实在是太麻烦了。因此，除了将对象赋予一种统一的颜色外，要表现多样的颜色，我们需要借助于图片，一块由大量像素构成的整体，这些像素可以有不同的颜色值。

在 HTML 中，许多标记包含涉及颜色的标记属性，例如：< body >标记，包含 bgcolor，text，vlink 等标记属性，用以设置文档中文本颜色及背景色，此外，还包含 background 标记属性来设置背景图片。在 CSS 中,同样有一组用来控制页面或元素颜色、背景颜色、背景图片的 CSS 属性,它们的功能和标记属性相似,但名字和用法不同,见表 3-9。

表 3-9　CSS 颜色与背景属性

属　性　名	功　　能	取　　值
color	设置对象的文本颜色	< color >:指定颜色值
background-color	设置背景颜色	< color >:指定颜色值
background-image	设置背景图片	background-image:url(路径/文件名)。如果同时设置了背景颜色,背景图片在背景颜色之上
background-position	背景图片位置(仅背景图片不重复时有效)	center:背景图像横向和纵向居中。 left:背景图像在横向上填充从左边开始。 right:背景图像在横向上填充从右边开始。 top:背景图像在纵向上填充从顶部开始。 bottom:背景图像在纵向上填充从底部开始。 < percentage >:用百分比指定背景图像填充的位置,可以为负值。 < length >:用长度值指定背景图像填充的位置,可以为负值
background-origin	设置背景图像计算 background-position 时的参考原点	padding-box:从 padding 区域(含 padding)开始显示背景图像。border-box:从 border 区域(含 border)开始显示背景图像。content-box:从 content 区域开始显示背景图像
background-size	设置对象的背景图像的尺寸大小	auto:背景图像的真实大小。< length >:指定背景图像大小。< percentage >:用百分比指定背景图像大小。cover:将背景图像等比缩放到完全覆盖容器,背景图像有可能超出容器。contain:将背景图像等比缩放到宽度或高度与容器的宽度或高度相等,背景图像始终被包含在容器内
background-clip	设置背景图像向外裁剪的区域	padding-box:从 padding 区域(不含 padding)开始向外裁剪背景。border-box:从 border 区域(不含 border)开始向外裁剪背景。content-box:从 content 区域开始向外裁剪背景。text:从前景内容的形状(比如文字)作为裁剪区域向外裁剪,如此即可实现使用背景作为填充色之类的遮罩效果
background-repeat	背景图片重复方式	repeat-x(沿水平方向平铺),repeat-y(沿垂直方向平铺),no-repeat(不重复)
background-attachment	设置背景滚动或固定	fixed(背景固定),scroll(背景与页面一起滚动)

在设置 background-position 属性值时,数值的设定和背景图片的大小以及所处容器的尺寸有关。容器的左上角为坐标(0,0),往下和右都为正,反之为负。属性设置及含义举例如下:background-position:0 0;表示背景图片的左上角将与容器元素的左上角对齐。为了简化 CSS 书写,可以将多个背景属性合并书写为一个复合属性 background,例如:

background:url(bg.jpg) no-repeat scroll 0 0 transparent;

表示背景图片在容器的左上角,不重复,滚动,透明。如果位置为非 0 值,表明图片相对于容器左上角(0,0)坐标分别在向上、下、左、右方向上有位置偏移。在 CSS3 中,还包含 multiple-background 属性,为一个元素同时设置多个背景图像。

4. 容器属性

容器(Container)是指其中可以包含内部元素、对象或数据的元素,如表格(table)、单元格(td)等,页面(body)也是容器对象。CSS 中对这样的对象都统一用容器属性来控制,包括边距属性、填充属性、边框属性和图文混排属性。其中,有些容器属性在标记属性中也有类似的功能,例如:在< body >标记中,包含上边距属性 topmargin,在 CSS 中也有类似的 CSS 属性(margin-top),但名称和用法不同。CSS 常用容器属性见表 3-10。

表 3-10 CSS 容器属性

属 性 名	功 能	取 值
大小尺寸		
width	设置对象宽度值	auto:无特定宽度值,取决于其他属性值。< length >:设置宽度的长度值。< percentage >:定义宽度百分比
min-width max-width	设置对象宽度最小值、最大值	同上
height	设置对象高度值	同上
min-height max-height	设置对象高度最小值、最大值	同上
边框属性		
border-style	设置四个边框样式	< border-style >{1,4},设 1～4 个值。 none:无边框。solid:实线边框。dotted:点状边框。dashed:虚线边框。double:双线边框。hidden:隐藏边框等。 如果提供全部四个参数值,按上、右、下、左的顺序作用于四边。如果只提供一个,将用于全部的四边
border-width	设置四个边框宽度	< border-width >{1,4},设 1～4 个值。 < length >:设置边框厚度的长度值。medium:定义默认厚度的边框。thin:定义比默认厚度细的边框。thick:定义比默认厚度粗的边框
border-color	设置四个边框颜色	< color >{1,4},设 1～4 个值
border-top border-bottom border-left borer-right	分别设置上、下、左、右四个边框三属性	设定边框线条的样式、线宽和颜色,三个属性顺序任意。例如:solid 1px #ff0000,表示边框为实线线条,1 个像素宽度,红色
border-radius	设置四个角使用圆角边框	[< length > ｜ < percentage >]{1,4} [/ [< length > ｜< percentage >]{1,4}],取 1～4 个值。 < length >:设置圆角半径长度值。< percentage >:设置圆角半径长度百分比。 如果只提供一个,将全部用于四个角。如果提供全部四个参数值,将按上左(top-left)、上右(top-right)、下右(bottom-right)、下左(bottom-left)的顺序作用于四个角

属 性 名	功 能	取 值
border-top-left-radius border-top-right-radius border-bottom-left-radius border-bottom-right-radius	分别设置四个圆角边框	同上
border-image	设置边框样式使用图像来填充,替代 border-style	none:无背景图片。 < url >:使用相对地址指定图像。 背景图的分隔方式,扩展和填充属性
box-shadow	设置对象阴影	none:无阴影。 < length >:第 1 个长度值设置阴影水平偏移值,第 2 个长度值设置阴影垂直偏移值,如果提供第 3 个长度值则用来设置阴影模糊值,如果提供第 4 个长度值则用来设置阴影外延值。 < color >:设置对象的阴影的颜色。 inset:设置对象的阴影类型为内阴影。该值为空时,则对象的阴影类型为外阴影
box-reflect	设置对象倒影	倒影方向< direction >: above:倒影在对象上边。 below:倒影在对象下边。 left:指定倒影在对象左边。right:倒影在对象右边。 偏移量< offset >: < length >:定义倒影与对象之间的间隔。 < percentage >:定义倒影与对象之间间隔的百分比。 遮罩图像< mask-box-image >: none:无遮罩图像。< url >:指定遮罩图像。 < linear-gradient >:使用线性渐变创建遮罩图像。 < radial-gradient >:使用径向渐变创建遮罩图像。 < repeating-linear-gradient >:使用重复的线性渐变创建遮罩罩像。 < repeating-radial-gradient >:使用重复的径向渐变创建遮罩图像

边距属性(对象到周围对象的距离)

属 性 名	功 能	取 值
margin	设置对象四边的外延边距	[< length > │ < percentage > │ auto]{1,4},设置 1~4 个值。 auto:被设置为相对边的值。 < length >:设置外边距的长度值,可以为负值。 < percentage >:设置外边距百分比,可以为负值。 如果提供全部四个参数值,将按上、右、下、左的顺序作用于四边。如果只提供一个,将用于全部的四边
margin-top margin-bottom margin-left margin-right	分别设置顶端、底端和左侧、右侧边距	同上

属 性 名	功 能	取 值
衬距属性(内容到边框的距离)		
padding	设置对象四边的内衬距	同 margin 属性
padding-top padding-bottom padding-left padding-right	分别设置上、下、左、右四边的内衬距	同上
表格属性		
table-layout	设置表格布局算法	auto：默认的自动算法。布局将基于各单元格的内容,表格在每一单元格读取计算之后才会显示出来,速度很慢。 fixed：固定布局算法。水平布局是仅仅基于表格的宽度,表格边框的宽度,单元格间距,列的宽度,而和表格内容无关,内容可能被裁切
caption-side	设置表格 caption 的位置	top：caption 在表格上边。 bottom：caption 在表格下边
border-collapse	设置表格的行和单元格的边是合并还是独立	separate：边框独立。 collapse：相邻边被合并
border-spacing	设置当表格边框独立时,行和单元格的边框在横向和纵向上的间距	< length >{1,2},可以设 1 个或 2 个值。 < length >：定义行和单元格的边框在横向和纵向上的间距
empty-cells	设置当表格的单元格无内容时,是否显示该单元格的边框	hide：当表格的单元格无内容时,隐藏该单元格的边框。 show：当表格的单元格无内容时,显示该单元格的边框

在上述 CSS 属性中,除了独立属性外,还包括多个复合属性。例如,边框对应三个独立属性 border-style,border-width 和 border-color,可以分别设置,也可以合并设置复合属性 border。例如,boder:1px soloid ♯ff0000,定义了边框为 1 个像素宽度、实线、红色的四个边框。除了统一设置四个边框属性外,也可以分别设置,这就是 border-top,border-right,border-left 和 border-bottom 四个复合属性,分别对应上下左右四个边框。

上述边框设置是对表格边框的设置,要显示单元格的边框,需要设置表格属性 border＝"1px",该属性不可设置线型和颜色。表格也包含 CSS 属性 border,其设置可以是线宽、线型和颜色,例如:1px solid ♯0000ff,该设置不仅用于表格四个边框,也将用于单元格边框。设置表格 CSS 属性 border-collapse:collapse,则表格边框和单元格边框共用。对于单元格边框,也可以通过 CSS 属性单独设置。

此外,对于边距属性,margin-left、margin-right 可以取负数,例如:< span style ＝"margin-left:-10px"></span>,则表示在正常输出位置左移 10 个像素,这可能会遮盖左边已有的内容,起到一种特别效果。

5. 列表属性

在日常工作中,我们经常把内容相关的项目并列地罗列出来,这就是列表(List)。列表项的前面通常添加项目符号或数字以表达无序或有序的概念。同时,列表项通过缩进的方式,可以分层组织数据,使数据的组织逻辑清晰,显示直观。

在 HTML 中,包含了列表相关的标记< ol >、< ul >、< li >等,为了对列表进行更精细化的设置,在 CSS 中,提供了控制列表样式的 CSS 属性,包括列表样式、图形符号、列表位置三个部分,CSS 列表属性见表 3-11。

表 3-11　CSS 列表属性

属　性　名	功　　能	取　　值
list-style-type	设置列表中的项目符号	none:无。disc:实心圆。circle:空心圆。Squre:实心方块。Decimal:阿拉伯数字。lower-roman:小写罗马字母。upper-roman:大写罗马字母。lower-alpha:小写英文字母。upper-alpha:大写英文字母等
list-style-image	设置列表项前的图形符号	none::无。url(imageURL)
list-style-position	设置列表项中第二行的起始位置	inside:在 BOX 模型内部显示。outside:在 BOX 模型外部显示,默认值
list-style	复合属性,一次定义前面的各独立列表属性	设置 list-style-type 或 list-style-image,list-style-position (同时给定两个属性值,属性值之间用空格分隔)

在设置显示位置时,提到一个概念,即 BOX 模型。那么,什么是 BOX 模型呢?所谓 outside,是指列表项目符号放在项目文本以外,当某项内容需要换行时,换行后的内容和上一行的文字左冲齐,而不是和上一行的项目符号左冲齐,这是列表标记的默认值。所谓 inside 是指列表项目符号和列表项文本作为一个整体,当某项的内容超过容器边界需要换行时,换行后的文本和上一行的项目符号左冲齐。

我们看下面代码:

```
< ul style = "width:90px;list - style - position:outside">
    < li > HTML 5 扩展标记</li>
    < li > CSS 基本属性</li>
    < li > CSS3 扩展属性</li>
</ul>
```

在浏览器中的显示如下:

- HTML5扩展标记
- CSS基本属性
- CSS3扩展属性

6. 定位属性

当浏览器打开 HTML 文档时,总是从上到下对文档中的每一个元素,按照标记顺序输出。根据是否产生换行,HTML 元素分为块(block)元素和行内(inline)元素。块元素在输出前后会产生换行,例如:标题元素,< p >标记,< table >标记,< form >标记,< div >标记等,可以将输出内容看作一个矩形块。行内元素在输出前后不会产生换行,只有在到达边界时产生自动换行,例如:<span>标记,内容输出可以看作一个行内框。

正常情况下,HTML 文档元素按照先后顺序输出文档流。如果要改变这种正常的输出位置,可以对元素输出进行重新定位。定位的基本思想就是允许定义元素框相对于其正常位置应该出现的位置,或者相对于父元素、另一个元素甚至浏览器窗口本身的位置。从而建立列式布局,将布局的一部分与另一部分重叠,完成通常需要使用多个表格才能完成的任务。

为了更精细地控制文档内容的输出,在 CSS 中,提供了一组定位属性,可以对元素的输出进行定位,改变正常的输出流结果,精确控制页面上对象的输出位置,见表 3-12。

<p align="center">表 3-12　CSS 定位属性</p>

属性名	功　　能	取　　值
position	设置定位方式	static:无特殊定位,对象遵循正常文档流。relative:对象遵循正常文档流,依据位置属性在正常文档流中的偏移位置。absolute:对象脱离正常文档流,使用位置属性进行绝对定位。fixed:对象脱离正常文档流,使用 top、right、bottom、left 等属性以窗口为参考点进行定位,当出现滚动条时,对象不会随着滚动
top	设置元素顶部到父对象顶部的距离偏移量	auto:无特殊定位,根据 HTML 定位规则在文档流中分配。<length>:用长度值定义距离偏移量,可以为负值。<percentage>:用百分比来定义距离偏移量,可以为负值
left	设置元素左边到父对象左边的距离偏移量	同上
bottom	设置元素底部到父对象底部的距离偏移量	同上
right	设置元素右边到父对象右边的距离偏移量	同上
z-index	设置元素叠放次序	取值为整数(可以是负数),元素的 z-index 属性默认值为 0,当多个元素发生 z-index 层叠时,值大的在上面,因此如果有位置交叉,会出现遮挡

在确定距离偏移量时,可以使用数值和百分比,利用计算函数,例如,定义一个 150px×40px 的图层,在浏览器窗口中垂直和水平居中,图层样式定义如下:

```
#wincenter{
position:absolute;
top:calc(50% - 20px);
left:calc(50% - 75px);
width:150px;
height:40px;
background:#eee;
}
<div id="wincenter">水平垂直居中</div>
```

7. 页面布局属性

在传统的页面布局中,通常包括页面大小、边距、文字方向、分栏、冲齐方式等。简单地讲,页面布局就是对页面空间的分隔和安排。在 CSS 中,网页布局可以归纳为以下三种模式。

(1) 网格(Grid)布局模式。网格布局,也称为块布局,是最传统的页面布局方式。其基本思想是将页面分成一个个的网格块,常用的标记是 table 和 div,通过控制 div 的位置、大小、浮动、显示和隐藏来实现页面布局控制。

(2) 伸缩盒(Flexible box)模式。这是 CSS3 新增的页面布局模型,Flexbox 布局的基本思想是定义一个 Flex 容器,即设置容器对象的 display 属性值为 box,Flex 容器内包含的元素可以自动改变大小以适应可用空间的变化。

(3) 多栏(multiple columns)布局。将对象分成多栏目,为 CSS3 新增布局方式。页面布局相关 CSS 属性见表 3-13。

表 3-13 页面布局常用属性

属 性 名	功 能	常 见 取 值
网格(grid)通用属性		
display	设置元素显示方式。被隐藏的对象不占据屏幕物理空间	none:隐藏对象,与 visibility 属性的 hidden 值不同,其不为被隐藏的对象保留物理空间。block:设定元素为块元素。inline:设定元素为行内元素。list-item:设定元素为列表项目。 box:将对象作为弹性盒模型显示。inline-box:将对象作为内联块级弹性盒模型显示
visibility	设置对象是否显示。隐藏对象保留其占据的物理空间	visible:设置对象可见。hidden:隐藏对象。collapse:主要用来隐藏表格的行或列,隐藏的行或列能够被其他内容使用
float	设置对象是否浮动及如何浮动	none:不浮动。left:浮在当前行的左边。right:浮在右边。当该属性不等于 none 引起对象浮动时,浮动对象的 display 特性将被忽略,即 display 属性等于 block 的块对象将被视作行内对象。该属性可以被应用在非绝对定位的任何元素上
clear	设置不允许有浮动对象的边	none:允许两边都可以有浮动对象。left:不允许左边有浮动对象。right:不允许右边有浮动对象。both:不允许两侧有浮动对象
clip	设置对象可视区域	auto:无剪切。rect(top,right,bottom,left),形状剪切。只有 position 的值为 absolute 时,此属性方可使用
overflow overflow-x overflow-y	设置内容超出高度宽度时的剪切方式	auto:根据窗口大小剪切内容并显示滚动条,此为 body 对象和 textarea 的默认值。visible:不剪切内容。hidden:将超出对象尺寸的内容裁剪,不显示滚动条。scroll:超出对象尺寸的内容进行裁剪,并以滚动条的方式显示超出的内容
伸缩盒(Flexible box)布局		
box-orient	设置弹性盒模型对象子元素排列方式	horizontal:设置子元素为水平排列。 vertical:设置子元素为纵向排列。 inline-axis:沿行内轴排列子元素(从左往右)。 block-axis:按块排列子元素(从上往下)

130

属 性 名	功 能	常 见 取 值
box-align	设置弹性盒模型对象子元素对齐方式	start：从开始位置对齐(大部分情况等同于左对齐)。 center：居中对齐。 end：从结束位置对齐(大部分情况等同于右对齐)。 baseline：子元素基线对齐。 stretch：子元素自适应父元素尺寸
box-pack	设置弹性盒模型对象子元素对齐方式	start，center，end 属性同上。 justify：两端对齐
box-flex	设置弹性盒模型对象的子元素如何分配其剩余空间	< number >：指定对象所分配其父元素剩余空间的比例
box-ordinal-group	设置弹性盒模型对象子元素显示顺序	< integer >：子元素显示顺序
多栏(multiple columns)布局		
column-count	设置分栏列数	< integer >：定义列数。 auto：根据 column-width 自定分配列数
column-witdh	设置列的宽度	< length >：定义列宽 auto：根据 column-count 自定分配宽度
column-gap	设置列与列之间的间隙大小	< length >：定义列与列之间的间隙。 normal：与 font-size 大小相同
column-rule-style	设置列与列之间的边框样式	同 border-style 属性
column-rule-width	设置列与列之间的边框厚度	同 border-width 属性
column-rule-color	设置列与列之间的边框颜色	同 border-color 属性
column-fill	设置列的高度是否统一	auto：列高度自适应内容 balance：所有列的高度以其中最高的一列统一
column-span	设置是否横跨列	none：不跨列。all：横跨所有列

Flexbox(伸缩盒)布局是 CSS3 中一个新的布局模式,以实现网络中更为复杂的网页布局设计需要。Flexbox 由伸缩容器和伸缩项目组成。通过设置元素的 display 属性为 box 或 inline-box 可以得到一个伸缩容器。设置为 flex 的容器被渲染为一个块级元素,而设置为 inline-box 的容器则被渲染为一个行内元素。弹性盒布局可以更好地适应屏幕大小的变化,同时对于难以控制的浮动可以实行更好的控制。

在 CSS 有关行高和冲齐方式中,经常会遇到基线、底线、顶线、中线、内容区、行距、行高等概念,这些概念和中文不同,区别如图 3-5 所示。

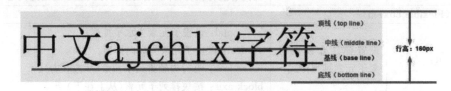

图 3-5　CSS 概念与中文的区别

内容区是指底线和顶线包裹的区域(行内元素 display:inline 可以通过 background-color 属性显示出来),实际中不一定看得到,但确实存在。内容区的大小依据 font-size 的值和字数进行变化。行高(line-height):包括内容区与以内容区为基础对称拓展的空白区域,我们称之为行高。一般情况下,也可以认为是相邻文本行基线间的距离。行距则是指相邻文本行间上一个文本行基线和下一文本行顶线之间的距离,也就是:(上文本行行高-内容区高度)/2+(下文本行行高-内容区高度)/2 的值。

此外,因为元素的输出有行的概念,同一行内的元素不一定高度相同,这样就有了行内框和行框的概念。行内框是一个浏览器渲染模型中的一个概念,无法显示出来,但是它又确实存在,它的高度就是行高指定的高度。行框(line box)是指本行的一个虚拟的矩形框,也是浏览器渲染模式中的一个概念。行框高度等于本行内所有元素中行内框最大的值(以行高值最大的行内框为基准,其他行内框采用自己的对齐方式向基准对齐,最终计算行框的高度)。

在 CSS 3 中,增加了内容分栏显示属性。例如,将网页分为三栏,网页中的图片显示在页面右上角,代码如下:

```
body{columns:3;column-gap:0.5in;}
img{float:pagetopright;width:3gr;}
```

其中,body 部分声明页面为 3 栏,栏间距为 0.5 英寸;img 中 float 属性指明图片浮动位置为页面的右上角,而宽度为 3 个栏宽。

8. 用户界面属性

在 CSS 规范中,除了上述列出的几大类 CSS 属性外,还有一些属性不好归类,例如鼠标状态、元素的显示设置等,我们将这些 CSS 属性列为其他属性,见表表 3-14。

表 3-14　用户界面属性

属性名	功　能	取　值
cursor	设置指针形状	hand(手形)、crosshair(定位"十"字)、text(文本"I"形)、wait(等待)、help(帮助)、move(移动),以及表达箭头不同朝向的鼠标形状
outline	设置对象外的线条轮廓。outline 画在 border 外面	复合属性,包括 outline-style、outline-width、outline-color 三个独立属性
nav-index	设置对象导航顺序	auto:元素的导航焦点顺序由客户端自动分配。 < number >:设置元素的导航焦点顺序。若某元素的该值等于 1 则意味着该元素最先被导航。当若干个元素的 nav-index 值相同时,则按照文档的先后顺序进行导航
box-sizing	设置对象盒模型组成模式	content-box:padding 和 border 不被包含在定义的 width 和 height 之内。 border-box:padding 和 border 被包含在定义的 width 和 height 之内
zoom	设置对象缩放比例	normal:使用对象的实际尺寸。< number >:定义缩放比例。< percentage >:定义缩放百分比
resize	设置对象区域是否允许用户缩放,调节元素尺寸大小	none:不允许用户调整元素大小。 both:用户可以调节元素的宽度和高度。 horizontal:用户可以调节元素的宽度。 vertical:用户可以调节元素的高度

利用鼠标形状,可以很容易地模拟一个超链接,或者按钮等输入元素,例如:

```
< span style = "cursor:hand;color: #0000ff" onclick = "window.location = 'aaa.htm'">单击进入
</span>
```

在对象盒模型中,如果设置为 content-box,对象的实际宽度等于设置的 width 值和 border、padding 之和,即(Element width = width + border + padding)。

例如:

```
.test1{
    box - sizing:content - box;
    width:200px;
    padding:10px;
    border:15px solid #eee;
}
```

则元素宽度为 $200+10×2+15×2=250$,定义如图 3-6(a)所示。

若设置为 border-box,定义如下:

```
.test2 {
    box - sizing:border - box;
    width:200px;
    padding:10px;
    border:15px solid #eee;
}
```

则元素宽度为 200,定义如图 3-6(b)所示。

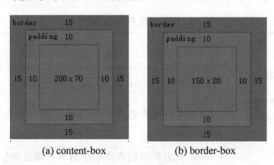

(a) content-box　　　　(b) border-box

图 3-6　对象盒模型示例

3.3.3　样式表

在 CSS 出现以前,修改标记的默认显示样式只能通过设置标记相应的属性来实现。这种修改是有限的,对标记显示样式的定义不够精细,这催生了 CSS 技术的出现。在前面我们已经看到了 CSS 规范中预定义的样式属性,这些属性是如何作用于标记的呢?这就是样式表和选择器的概念。在前面学习 HTML 时,我们知道,虽然不同的标记有不一样的标记属性,但是有些属性是几乎所有的标记都有的,称为通用属性,例如:id 属性,name 属性,style 属性和 class 属性,其中 style 属性和 class 属性就是 CSS 样式控制标记显示的手段。

要控制一个标记的显示样式,往往需要通过设置多个 CSS 样式属性来完成,我们把一组 CSS 样式属性的集合称为一个样式表(Style Sheet)。定义样式表的目的就是将样式表应用于特定的文档对象,以修改元素的默认显示样式。对哪些文档元素应用自定义的样式表呢? 我们把选取要应用样式表的对象的规则称为选择器(Selector)。

通常情况下,样式表是在 HTML 文档的头部定义的,通过< style >标记进行定义,样式表定义的一般形式是:

```
< style type = "text/css">
    选择器 {CSS 属性名:属性值; CSS 属性名:属性值;…}
</style>
```

样式表的书写有两种形式,如果 CSS 属性较多,可以分成多行书写,形式如下:

```
< style type = "text/css">
    选择器 {
        CSS 属性名:属性值;
        CSS 属性名:属性值;
        …
    }
</style>
```

通常情况下,样式表有三种应用情况,分别是:①在标记内通过 style 标记属性定义样式表,称为内联样式。②在文档头部,在< style ></style >内定义样式,称为内部样式。③在样式文件中定义样式,称为外部样式。对于内部样式和外部样式,需要使用选择器应用样式,常用的选择器为 class 选择器和 id 选择器,即设置标记的 class 属性或 id 属性来使用相应的样式表定义。

3.3.4 选择器

在样式表定义中,我们已经看到选择器(Selector)就是根据一定的规则在 HTML 文档中选取特定的元素。选择器通常和一个样式表关联,从而将样式表应用到选取的元素上。在 CSS 中,根据选取文档对象方法的不同,选择器通常分为以下五大类。

1. 元素选择器
元素选择器就是根据特定的规则选取文档元素,分为 4 种使用形式,见表 3-15。

表 3-15 元素选择器

选 择 器	功 能
通配选择符 *	选取文档中的所有元素
HTML 选择器 E	根据元素标记名(对象类型)选择文档中的元素
id 选择器 [E]♯myid	按照元素 id 属性选取对象
class 选择器 [E].myclass	按照元素 class 属性选取对象

本质上讲,元素选择器就是要选取特定的 HTML 元素,在选取的元素上应用样式。例如,*｛color:♯f00;｝,则文档中的所有文本均显示为红色。在文档对象类型选择器中,其

中，E 为 HTML 标记名，即文档元素类型。此时标记的显示样式将由样式表和标记的默认显示共同决定，如果样式表样式和默认样式冲突，以样式表定义显示。

任何 HTML 标记都可以用作 CSS 选择器，例如，要修改文档中 h1 元素和 p 元素的默认显示，p 元素设置首行缩进 2 个字符，行距为 1.5 倍行距，则样式表代码如下：

```
< style type = "text/css">
  h1{font − size:20px;}
  p{text − indent:2em;line − height:150 % ; }
</style >
```

上述样式表定义后，新的样式表将应用于文档中所有的 p 元素，h1 元素的字体为 20px。

在 id 选择器和 class 选择器中，方括号[E]为可选部分[①]。当不包含[E]时，意为在整个文档中，按照 id 属性或 class 属性取值选取对象，并应用样式表。当包含[E]部分时，只是在 E 对象中选取对象，限定了选取对象的范围，或者说应用样式表元素的范围。

例如：

```
< style >
  # title{font − size:20px;}
  p # content{font − size:13px;}
</style >
< h1 id = "title">标题</h1 >
< p id = "content">正文内容</p >
```

在四类元素选择符中，id 选择器和 class 选择器非常相似。通常情况下，由于标记的 id 属性通常用于标识唯一对象，因此，在实际应用时，经常使用 class 选择器，标记的 class 属性又称为样式类属性。

2. 关系选择器

所谓关系选择器，就是在一类特定对象 E 中，根据相关规则，选取文档对象 F。有四种不同的使用方式，见表 3-16。

表 3-16 关系选择器

选 择 器	功 能
关联选择符 E F	选择所有被 E 元素包含的 F 元素
子元素选择符 E > F	选择所有作为 E 元素的子元素 F
相邻选择符 E＋F	选择紧贴在 E 元素之后的 F 元素
兄弟选择符 E～F	选择 E 元素后面的所有兄弟元素 F

---

① 在计算机相关的语法描述中，方括号（[]）一般用于标明内容可选，尖括号（<>）表示里面的内容为用户输入，竖线（|）代表或关系。在写具体内容时，这些符号本身不需要书写。

关联选择器是由两个或更多的单个选择器组成的串。关联选择器选取选择器的最内层元素起作用，对单独的外层元素无定义。定义关联选择器时，选择符之间用空格分开。

例如：table a{color:red;}

它定义了< table >内< a >标记的样式，对于< table >标记本身，以及< table >标记外的< a >标记没有影响。

如果网页中有两个表格，要修改一个表格中单元格样式呢？可使用关联选择器或子元素选择器。首先根据使用 id 选择器或 class 选择器，选择其中一个表格，再选择表格内的行、行内的标题单元格和普通单元格，进行样式表定义。对表格 table1 设置，代码如下：

```
.table1 {
    width:100%;
    border - collapse:collapse;         /* 合并边框间隙 */
    empty - cells:show;
}
.table1 tr{                             /* 行高 */
    height:35px;
}
.table1 tr th{                          /* 表头单元格 */
    border:1px solid #fff;
    color: #fff;
    background: #3992d0;
}
.table1 tr td{                          /* 单元格 */
    padding - left:10px;
    text - align:left;
}
```

3. 属性选择器

所谓属性选择器，就是根据元素属性的取值选取对象。常用属性选择器见表 3-17。

表 3-17　属性选择符

选 择 符	功　　能
E[att]	选择具有 att 属性的 E 元素
E[att="val"]	选择具有 att 属性且属性值等于 val 的 E 元素
E[att~="val"]	选择具有 att 属性且属性值为用空格分隔的字词列表，其中一个等于 val 的 E 元素
E[att^="val"]	选择具有 att 属性且属性值为以 val 开头的字符串的 E 元素
E[att$="val"]	选择具有 att 属性且属性值为以 val 结尾的字符串的 E 元素
E[att*="val"]	选择具有 att 属性且属性值为包含 val 的字符串的 E 元素
E[att|="val"]	选择具有 att 属性且属性值为以 val 开头并用连接符"－"分隔的字符串的 E 元素

利用属性选择器，可以根据元素的属性取值情况来选取特定的元素。例如，选取文档中，具有 class 属性值为 comment 的单元格，选择符为：td[class="comment"]，则文档中所有设置了 class="comment"的 td 对象被选中。如果有多个表格，也可以查找某个表格，例如，选取 tabl1 中的单元格，选择符为：.table1 td[class="comment"]。

4. 伪类选择器

在 CSS 中，选择器的本质就是从文档对象树（Document Object Model，DOM）中选取特定的对象。有些对象有不同的状态，例如，超链接<a>元素，就有未被访问前、已访问过、鼠标悬停等不同状态。如何来精细地控制同一对象不同的状态呢？我们把这样的选择器称为伪类选择器，常用的伪类选择器见表 3-18。

表 3-18　常用伪类选择器

选　择　器	功　　能
E:link	超链接 a 在未被访问前的样式
E:visited	超链接 a 在其链接地址已被访问过时的样式
E:hover	元素在其鼠标悬停时的样式
E:active	元素在被用户激活（在鼠标单击与释放之间发生的事件）时的样式
E:focus	元素在成为输入焦点（该元素的 onfocus 事件发生）时的样式
E:not(s)	匹配不含有 s 选择器的元素 E
E:root	匹配 E 元素在文档的根元素。在 HTML 中，根元素永远是 HTML
E:first-child	匹配父元素的第一个子元素 E
E:last-child	匹配父元素的最后一个子元素 E
E:nth-child(n)	匹配父元素的第 n 个子元素 E
E:nth-last-child(n)	匹配父元素的倒数第 n 个子元素 E

在 HTML 中，最常用的伪类选择器是<a>标记的定义，一个超链接可以分为四种状态，分别是：①a:link，未访问链接；②a:visited，已访问链接；③a:hover，鼠标移到链接上时；④a:active，激活时，即链接获得焦点时。对应超链接的不同状态，可以分别定义不同的显示样式。例如，要个性化超链接的显示，可以定义下面的样式：

```
<style type = "text/css">
   a {font - size:17px;text - decoration:none}
   a:link{color: #0000FF;}
   a:visited{color: #0000FF;}
   a:hover {color: #FF0000;font - weight:bold;}
   a:active {color: #0000FF;}
</style>
```

这样，对于文档中<a>标记定义的超链接，文字显示为蓝色，无下画线。当鼠标指向的时候则显示红色，同时字体也加粗显示。对于访问过的页面，超链接显示为蓝色。

特别说明：在 CSS 定义中，a:hover 必须位于 a:link 和 a:visited 之后，才能生效；a:active 必须位于 a:hover 之后，才能生效。

除了 a 元素，很多情况下也可以使用伪类选择符，例如，有很多 p 元素，选择符 p:not(.abc)的功能是选取那些 class! ="abc"的 p 元素。

5. 伪对象选择器

伪对象选择器就是在所选对象内，对特定部分的选择。当然，我们可以把这些特定的部分进行单独的标记，这样会增加标记的数量，但选择方便。在 CSS 中，伪对象选择器可以对一个对象的一个部分进行选择，称为伪对象选择器，常用的伪对象选择器见表 3-19。

表 3-19　常用伪对象选择器

选　择　符	功　　能
E：first-letter/E：：first-letter	对象内第一个字符的样式，仅作用于块对象
E：first-line/E：：first-line	对象内第一行的样式
E：before/E：：before	在对象前（依据对象树的逻辑结构）发生的内容，和 content 属性一起使用
E：after/E：：after	在对象后（依据对象树的逻辑结构）发生的内容，和 content 属性一起使用
E：：selection	对象被选择时的颜色

在伪对象选择器中，E：first-letter 伪对象选择器常被用来配合 font-size 属性和 float 属性制作段落的首字下沉效果。例如：

```
p{width:200px;border:1px solid ♯ddd;font - size:14px}
p:first - letter{float:left;font - size:40px;font - weight:bold;}
p::selection{background: ♯000;color: ♯f00;}
```

上述选择符将使得 p 元素内的文字首字符下沉。同时，当文字被选中后文字颜色和背景发生变化。

最后，为了简化选择符的书写，可以将多个选择符共用一个样式表定义，避免样式表定义的重复，即定义组合选择符。定义组合选择符，选择符之间用西文"，"分隔。

例如：h1，h2{color：red}

则将< h1 >标记和< h2 >标记的文本颜色定义为红色。

3.3.5　函数

在定义样式表的时候，经常会遇到一些取值问题，例如，要将一块 div 在屏幕窗口居中，这就需要知道屏幕的高度和宽度。关于许多取值可以通过 JavaScript 程序获得，除此之外，在 CSS 中，也提供了一组常用的函数，便于 CSS 设置，常用函数见表 3-20。

表 3-20　CSS 常用函数

函　　数	功　　能
calc(exp)	计算表达式 exp 的值，支持＋，－，＊，/，mod 运算
min(exp$_1$, exp$_2$,.. exp$_n$)	比较数值的大小，取最小值
max(exp$_1$, exp$_2$,.. exp$_n$)	比较数值的大小，取最大值

例如：定义一个 150px×50px 的 div，并居中显示，代码如下：

```
.test{
    position:absolute;
    top:calc(50 % - 25px);
    left:calc(50 % - 75px);
    width:150px;
    height:50px;
    background: ♯eee;
}
< div class = "test">大小 150px×50px </div>
```

3.3.6 样式表文件

在 HTML 文档的头部,在< style ></style >标记内定义的样式表,只能应用于当前 HTML 文档本身,称为内部样式。如果要将这些样式应用到其他 HTML 文档中,应该使用样式表文件。即将这些样式表定义存储在一个扩展名为.css 的样式表文件中,称为外部样式。

样式表文件是一个由选择器样式表组成的文本文件,不需要< style >标记,扩展名为.css。然后,当某个网页需要使用其中的样式时,在文档的< head >…</head >中通过< link >标记引入样式表,一般形式如下:

```
< link type = "text/css" rel = "stylesheet" href = "样式表文件 URL">
```

这样,在当前文档中,就可以使用所引入的样式表文件中定义的样式表了。一种良好的 HTML 页面就是充分利用 CSS 技术,将页面的显示和布局分开,从而保证页面维护的灵活性。

【例 3-7】 设计一组表格样式类,绘制线宽为 1 的表格线,并设计表格的标题行单元格(即< th >)样式。

分析:在 HTML 中,表格是由一个个的单元格构成的。默认情况下,每个< table >标记和< td >标记都有边框,因此,即使设置< table >标记的 cellspacing = "0",表格的边框也是两个像素的线宽。要显示一个像素的表格线,可以为 table 设置 style = " border-collapse: collapse"。也可以对表格和单元格的四个边框设计边框 CSS 属性,通过边框的显示与否来得到需要的效果。

(1) 样式表文件 mytable.css

代码清单: mytable.css

```
.table - hasframe
{
    margin - top:15px;
    border - left:1px solid #0163A2;
    border - bottom:1px solid #0163A2;
    font - size:12px;
    background - color: #FFFFFF
}
.cell - title
{
    border - top:1px solid #0163A2;
    border - right:1px solid #0163A2;
    font - weight:bold;
    text - indent:0px;
    line - height:150 %;
    text - align:center;
    vertical - align:middle;
}
.cell - normal
{
    border - top:1px solid #0163A2;
    border - right:1px solid #0163A2;
    padding - left:5px;
    text - indent:0px;
    vertical - align:middle;
```

}

在上述的 CSS 文件中,定义一个表格样式,定义了它的上边框、左边框和下边框,边框宽度为 0,则不显示边框。两种单元格样式类都定义了上边框和右边框。这样只要在应用上述样式类时,设置< table >的 cellspacing＝"0",即可实现显示 1 个像素的表格线。

（2）在页面中应用样式表文件

代码清单：mytable. htm

```
< html >
< head >
< meta http - equiv = "Content - Type" content = "text/html; charset = gb2312">
< link rel = "stylesheet" type = "text/css" href = "mytable.css">
</head >
< body >
< table class = "table - hasframe" width = "100 %" cellspacing = "0">
< tr height = "35">
    < td width = "70" class = "cell - title">序号</td>
    < td width = "100"class = "cell - title">留言人</td>
    < td class = "cell - title">标题</td>
</tr >
< tr height = "30">
    < td class = "cell - normal" align = "center">1 </td>
    < td class = "cell - normal" align = "center">赵一平</td>
    < td class = "cell - normal">在 CSS 中,利用 id 和 class 设置标记样式有什么不一样?</td>
</tr >
< tr height = "30">
    < td class = "cell - normal" align = "center">2 </td>
    < td class = "cell - normal" align = "center">郭晶</td>
    < td class = "cell - normal">如何设置段落的行距?</td>
</tr >
</table >
</body >
</html >
```

在浏览器中打开上述页面,显示结果如图 3-7 所示。

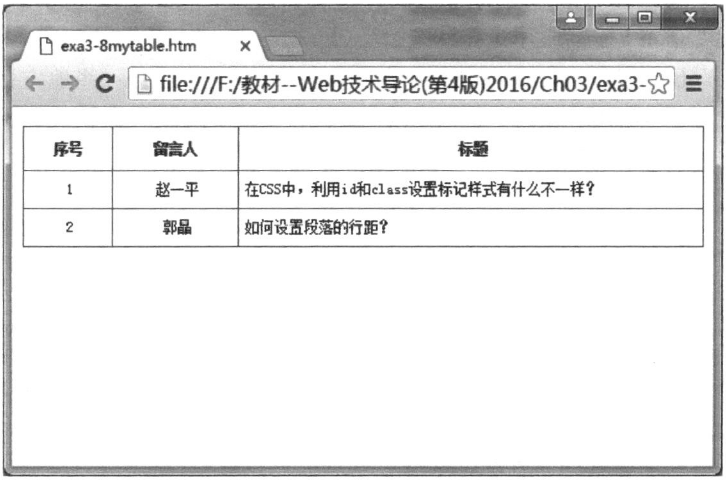

图 3-7　一个像素的表格线表格

3.4　行内元素与块元素

在传统的字处理器中,一个文本文档有行与列的概念,有段落、节的概念,HTML 文档也不例外。在输出(显示)HTML 文档时,浏览器也是对文档中的元素从上到下,自左向右一个个输出。由于显示器等输出设备的宽度所限,所有的内容不可能在一行内输出,这就会导致换行。因此,在 HTML 规范中,根据是否输出换行,元素可分为块元素和行内元素两大类。所谓行内(Inline)元素,是指在输出前后不换行的元素,如图片元素(< img >)、超链接元素(< a >)等。所谓块(Block)元素,就是指在元素输出前后换行的元素,如段落(< p >)元素、表格(< table >)元素、表单(< form >)、列表(< ul >,< li >)等。

在 HTML 文档的输出过程中,如果当前元素的宽度超出了输出容器的宽度,则会自动换行输出,这和字处理器中段落是一样的,一个段落可能会包含多行。除了上面谈到了的行内元素和块元素外,在页面布局和控制中,HTML 中还有两个重要的元素,即块元素< div >和行内元素< span >。元素的行内输出和块级输出不是固定不变的,通过 CSS 的 display 属性和 float 属性可以互相改变。

3.4.1　区段标记< span >

在页面设计和控制中,有时候我们要对页面上的一个部分进行控制,例如,对一个 p 元素的一部分进行处理,而不是 p 元素的全部内容。这种局部的处理可能是设置特定的显示样式,或者单独的处理程序。如何来完成这样的需求呢?

我们知道,当浏览器打开一个网页的时候,对于网页中的每一个元素浏览器都会在内存中创建一个 DOM 对象,我们可以通过客户端脚本程序对这些内存对象进行操作。因此,理论上讲,只要将要处理的部分标记为一个独立的元素,就可以对它进行处理了。

为此,在 HTML 中,定义了一个行内元素,即区段标记< span >。标记< span >没有默认的显示样式,可以说,定义该标记的主要目的是标记特定内容,从而创建文档对象,以便通过客户端脚本程序或 CSS 实现对文档内容的精细控制。可以说,< span >标记的强大功能都是通过 CSS 和脚本程序实现的。

【例 3-8】　< span >标记应用示例。

分析:在 Web 应用的开发中,有时候需要动态地改变页面上一些地方的内容,例如单元格、文本内部等。对于单元格,它是由< td >标记定义的,因此可以访问,但如果是一段文本的一部分,则没有特别的标记就无法访问了,此时,可使用< span >标记标记需要操作的文本。

示例代码如下:

代码清单:exa3-10 .htm

```
< html >
< head >
< meta http - equiv = "Content - Type" content = "text/html; charset = gb2312">
< script language = "javascript">
//参数 strid: span 对象 id 字符串
function setspan(strid,flag)
```

```
    {
        if(flag == 1)
        {
         //求对应的 span 元素内存对象,为对象属性赋值
         obj = document.getElementById(strid);
         obj.innerHTML = "< font color = red size = 5 > Hao </font>";
         //直接使用< span >标记的 id 访问对象
         sp2.style.display = "inline";
         sp3.style.display = "none";
        }
        if(flag == 2)
        {
         document.all.item(strid).innerHTML = "< font color = red > Ma </font>";
         sp2.style.display = "none";
         sp3.style.display = "inline";
        }
    }
</script>
</head>
< body >
    < a href = "javascript:setspan('sp1',1)">Mr.Hao </a > |
    < span onclick = "setspan('sp1',2)" style = "cursor:hand;color:#0000ff">Miss.</span>
    < span style = "color: #0000FF">Ma </span ></br >
    < p >亲爱的< span id = "sp1"></span >< span id = "sp2" style = "display:none">先生</span >
    < span id = "sp3" style = "display:none">女士</span ></p >
</body >
</html >
```

在上述代码中,我们展示了 span 元素的不同用法,包括模拟一个超链接,显示或改变其内容。为了展示客户端脚本程序的功能的多样性,对一个 span 元素的访问我们使用了不同的方法,在实际研发中,只要保证可读性就好。

运行上述代码,显示结果如图 3-8 所示。

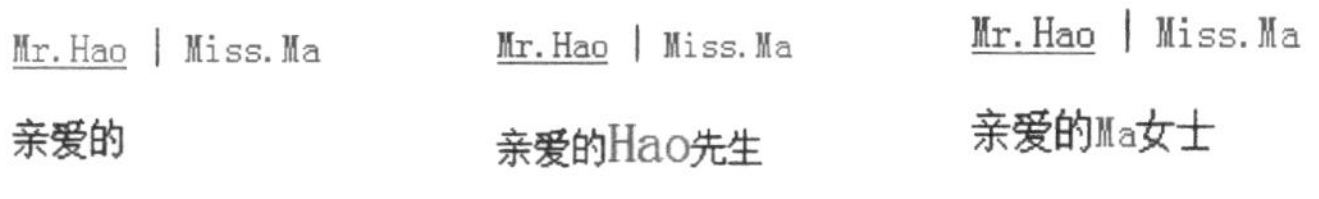

Mr.Hao | Miss.Ma   Mr.Hao | Miss.Ma   Mr.Hao | Miss.Ma

亲爱的   亲爱的Hao先生   亲爱的Ma女士

(a) 初始页面   (b) 单击"Mr.Hao"   (c) 单击"Miss.Ma"

图 3-8   < span >标记应用

3.4.2   块标记< div >

在 HTML 中,由于页面布局的需要,经常需要将网页中的一个矩形区域的内容作为一个整体标记出来,这就是块标记< div >的功能。块标记< div >用于定义网页上的一个矩形块,中间可以包含引起行中断的元素,如 p 元素、table 元素等。默认情况下,< div >是一个块级(Block)元素,在输出前后会产生换行,且不对所标记的内容做任何形式的格式化渲染,要控制这个区域的位置、显示及各种效果,需要通过定义 CSS 样式属性来实现。

定义块的一般形式是：

```
< div id = " " style = " ">
</div >
```

主要属性有：

- id 属性，用于标识一个< div >块，客户端脚本程序通过 id 可以引用该块或对块进行操作。
- style 属性，定义块的位置、大小、显示等 CSS 样式表。

此外，< div >标记还可以接受 onclick 等鼠标事件，来增加交互功能。

在通常情况下，在网页上，我们可以将一个区域用< div > </div >标记来定义一个矩形区域，即定义一个区域块，通过块的 style 属性操作，来得到一些特殊的显示效果。块标记的主要用处就是页面布局，也可以通过定义块，通过客户端程序，来实现对区域块的显示、隐藏和移动等操作，实现树状菜单等特殊的客户端效果。

【例 3-9】 块的显示或隐藏。

分析：在许多 Web 应用系统的页面设计中，通常使用区域块来显示一些帮助信息，通过单击来显示或隐藏区域块。例如，我们在开发 GSL 系统时，设计的页面如图 3-9 所示。

图 3-9　区域块的显示和隐藏设计

当用户在"教学计划列表"文本上单击时，显示"系统帮助"区域块，再次单击，隐藏该区域块。示例代码如下：

代码清单：

```
< html >
< head >
< meta http - equiv = "Content - Type" content = "text/html; charset = gb2312">
< link rel = "stylesheet" type = "text/css" href = "pubcss/linestable.css">
< link rel = "stylesheet" type = "text/css" href = "pubcss/common.css">
< script language = "javascript">
function showorhide_div(id)
{
    if (document.all.item(id).style.display == "none")
        document.all.item(id).style.display = "block";
    else
        document.all.item(id).style.display = "none";
}
</script >
```

```
</head>
<body>
<table class = "location - table" width = "97%">
<tr height = "35">
    <td class = "location - title" colspan = "2">您的位置：教学计划管理>>
     <a href = "#" onclick = "showorhide_div('helpdiv')">教学计划列表</a>
    </td>
</tr>
<tr height = "35">
    <td align = "right">
      <a href = "addbook - groupslist.jsp">添加班级</a>|
      <a href = "addbook - personadd.jsp">添加单个学生</a>
    </td>
</tr>
</table>
<div id = "helpdiv" style = "border:0px solid #0163A2;padding:5px;display:none">
<table style = "width:97%;margin - bottom:20px" cellpadding = "0" border = "0">
<tr height = "20">
    <td class = "menuposword" width = "97%" align = "left">系统帮助：</td>
    <td rowspan = "2"><a href = "#" onclick = "showorhide_div('helpdiv')">?</a><td>
</tr>
<tr class = "bannerword" height = "20">
    <td align = "left">一项教学计划对应一个教学班,教学班可以包括多个不同的自然班; 对于选
修课,一个教学计划的教学班,可以是某些班的部分同学.每一个教学计划都有一个唯一的教学计划
号,教学计划号 = 课程代码 + 课程顺序号.
    </td>
</tr>
</table>
</div>
<table id = "table1" width = "97%" border = "1">
<tr>
    <td></td>
    <td></td>
</tr>
</table>
</body>
</html>
```

上述代码中,涉及了脚本程序和 CSS 技术,这在接下来的小节中介绍。在默认状态下,div 占整个窗口宽度,高度由所包含的内容确定,且不显示 div 块的边框,这可以设置 style="border:1px solid #0163A2"来显示区域块的边框,以便对区域块有个更直观的认识。

3.4.3 输出形式转换

在 HTML 中,所有元素都可归为行内元素或块元素。在默认情况下,行内元素输出前后不产生换行,块元素在输出前后会自动换行。一个元素的输出是否换行不是固定不变的,可以通过 CSS 属性 display 和 float 进行改变,例如:可以将段落(<p>)元素设置为行内输

出,既可以让 div 元素前后自动换行输出,也可以设置为不换行输出。

　　【例 3-10】 使用列表元素创建水平菜单。

　　分析:通常情况下,列表元素通常用于内容的列表显示中,除此之外,通过 CSS 样式,将列表项水平排列,可以构造一个单行的水平菜单。

```
<html>
<head>
<style type = "text/css">
ul{
  list - style - type:none;
  width:100 % ;
  padding:0;
  margin:0;
  float:left;
}
li{display:inline;}
a{
  width:10em;                        /* 设置菜单项宽度为当前字体尺寸的 10 倍,即 10 个字符 */
  color:white;
  background - color:purple;
  text - decoration:none;
  padding:0.2em 0.6em;
  border - right:1px solid white; /* 超链接块右边框 */
  float:left;
}
a:hover{background - color: #ff3300}
</style>
</head>
<body>
<ul>
<li><a href = " # ">Link one</a></li>
<li><a href = " # ">Link two</a></li>
<li><a href = " # ">Link three</a></li>
</ul>
<p>将超链接元素 a 的 CSS 属性设置在 li 元素中,看上去逻辑更清晰,实现的效果一样吗?</p>
</body>
</html>
```

　　默认状态下,列表元素(< ul >,< li >)属于块元素,在输出前后均会自动换行。在 ul 元素的属性设置中,设置 CSS 属性 float:left,则 ul 元素改变为行内元素输出,width:100%因当前行没有剩余空间,则使得后面的输出元素被输出到下一行。此时,还需要设置 padding 和 margin 为 0,否则将出现水平滚动条,因为加上 padding 和 margin 会超过 100%。元素 li 是 ul 元素的子元素,设置 display:inline 则 li 输出按行内元素输出,即列表项水平显示。

　　对于 a 元素,为什么要设置 float 属性呢? 在菜单中,我们设置了菜单项的宽度,即设置了 a 元素的 width 属性。如果不设置 float 属性,a 元素输出宽度 width 将按照实际内容输出，并且在不同的 a 元素输出中间添加空格。在上述代码中，可能会想到将 a 元素的 CSS 定义通过 li 定义实现更好理解，但显示效果是不一样的。

在网页布局中，div 元素是最常用的元素之一。在默认情况下，div 输出为块元素，即输出前后会自动换行。通过 display:inline 设置可以将 div 输出为行内元素，也可以设置 float 属性将 div 输出为行内元素，并浮动到当前行的左侧或右侧。例如，有下列代码：

```
<div style = "width:100px;border:1px solid #ff0000;display:inline;">
block1
</div>
<div style = "width:100px;border:1px solid #0000ff;display:inline;">
block2
</div>
<div style = "width:100px;border:1px solid #ff0000;float:left;">
block3
</div>
<div style = "width:100px;border:1px solid #0000ff;float:right;">
block4
</div>
```

定义了 4 个 div，4 个 block 将输出为 1 行，从左向右的顺序分别是 block3、block1、block2 和 block4，其中 block4 浮动到行的最右侧，各 block 会随着浏览器窗口宽度的变化浮动。

3.5　页　面　布　局

对于一个网页，我们可以从两个方面来认识，一方面是网页文件，它通过标记记录了网页中的所有内容；另一方面是网页文件在浏览器窗口中的显示，它是网页文件内容在显示屏幕上的可视化。我们看到的每一张网页，其内容都不会是杂乱无章毫无规则地摆放的。所谓页面布局(Layout)，就是根据一定的原则，对网页中的内容，在位置和大小上进行设置和控制，从而达到特定的页面整体显示效果。

3.5.1　网页内容输出流

当浏览器下载了一个网页，打开网页文件时，对文件中的网页元素是按照流的方式读取并以输出流的方式在浏览器窗口显示的。浏览器按照网页文件中的书写顺序一个个地读取网页元素(文本、图片、超链接、表格等)，然后根据标记，对这些元素在浏览器窗口中确定它的位置和尺寸大小，进行显示。

默认情况下，网页元素在窗口中自上而下，自左向右顺序输出，每个元素有一定的尺寸大小(高度、宽度)，当遇到窗口边界时，可能引起元素输出的自动换行。为了控制输出流换行，在 HTML 中也定义了特定的标记，或者说有些标记有换行显示的默认设置。

在实际应用中，可能一个网页元素(例如，一张图片)的大小(宽度或高度)超过了浏览器窗口的大小，一般情况下，浏览器窗口会出现水平或垂直滚动条，以便用户能够看到窗口外的内容。在微机等桌面设备中，水平滚动条等操作是方便的，但对于屏幕较小的智能手机或平板电脑，水平滚动条不是一种好的用户操作体验。为了增强用户体验，对网页内容输出的定位和尺寸处理，即网页布局就显得非常重要了。

3.5.2 定位与尺寸

网页中的每一个元素都有大小和定位问题，这是网页布局的两个方面。定位确定了网页元素的位置，尺寸确定了网页元素的空间大小。

1. 尺寸

网页元素的大小包括宽度（width）和高度（height）两个方向，设置的值有绝对大小和百分比两种。百分比是相对父对象的，它会随着浏览器窗口大小的变化而变化。浏览器窗口尺寸的改变，就是根节点 HTML 长宽的改变，可以用百分比将元素尺寸和浏览器尺寸联系起来，做到自适应。

在尺寸值设置中，除了绝对值大小和百分比，还有一个特定的值 auto，auto 是很多尺寸值的默认值，即由浏览器自动计算。例如：在水平方向，若块元素（Block）水平方向尺寸设置为 auto，则块级元素的 margin、border、padding 以及 content 宽度之和等于父元素的 width。使用 auto 属性在父元素宽度变化的时候，该元素的宽度也会随之变化。但是，如果该元素被设为浮动时，该元素的 width 则是内容的宽度，由内容撑开，即具有包裹性。

在高度方向，外边距 auto 为 0。为什么 margin：auto 不能计算垂直方向的值呢？很简单，垂直方向是被设计成可以无限扩展的，即内容的高度是无限的，内容越多浏览器便产生垂直滚动条来扩展，所以垂直方向都找不到一个计算基准，以此返回一个 false，即 0 值。

根据上述分析，在 HTML 中，对于所有的网页元素，通过 width、height 属性控制大小，各个方向的 margin 和 padding 值控制与边界或者其他元素的距离来定位。通过将 margin 和 padding 设为负值，可以打破网页元素的正常顺序输出，使得一个元素和其他元素叠加，或子元素输出到父元素的边界以外，即产生浮动效果。例如，左、中、右三个 div，在文档中，根据内容的重要程度，依次书写 center，right，left，然后把最后书写的 div 块浮动到最前方，即 margin-left：calc（－100%-100px）到预定位置。

2. 位置

在默认情况下，元素的输出都是从上到小、自左向右顺序输出的，虽然可以通过设置高度和宽度，以及显示（display）属性和浮动（float）属性，改变元素的显示位置，但这种定位是相对的。此外，还可以设定（x，y）坐标来确定网页元素的位置，这就是绝对定位。使用绝对定位，网页元素将脱离正常的输出流，浮动到指定的绝对位置。

3.5.3 网页布局类型

从本质上讲，页面布局涉及页面元素的位置和大小两个方面。同一个网页，在不同的浏览器窗口中，网页的显示又会有怎么样的变化呢？今天，这个问题更加突出，因为电脑屏幕、平板电脑、智能手机的显示屏大小悬殊很大，即使是同一台显示器，其分辨率的设置也有多种选择，这导致了同一尺寸的图片等网页元素，在不同的显示环境，显示效果不同。

在不同大小的浏览器显示窗口，我们总是希望页面内容能够以完整、相对良好的输出顺序来显示，因此，从技术上讲，网页的布局类型可以分为以下四种类型，见表 3-21。

表 3-21　网页布局类型

| 页 面 布 局 | 页面元素 | | 技 术 特 点 |
	位置	尺寸	
静态布局 (Static Layout)	不变	不变	页面元素位置和大小固定,当内容超过容器或窗口宽度时,会出现换行、水平滚动条等
流式布局 (Liquid Layout)	变	不变	根据窗口宽度和网页元素的宽度,自行调整网页元素输出位置
自适应布局 (Adaptive Layout)	不变	变	不改变网页元素在水平方向和垂直方向的相对关系,即固定断点,当浏览器窗口变化时,网页元素按照浏览器宽度自动缩小放大,以适应窗口的变化
响应式布局 (Responsive Layout)	变	变	分别为不同的屏幕分辨率定义布局,同时,在每个布局中,应用流式布局(流体网格)的理念,即页面元素宽度随着窗口调整而自动适配

在传统的网页设计中,布局主要考虑的是显示器分辨率大小的不同。现在,因为平板电脑和智能手机的使用已经非常广泛,网页布局就变得更加复杂,但目标是一样的,就是要在不同的显示器窗口大小,或者改变浏览器窗口大小时,让网页都呈现出比较满意的效果。

在 HTML 5 以前,很多网站的解决方法就是为不同的设备提供不同的网页,分别提供电脑版和手机版的网页,这是一种静态布局的概念,固然可以保证显示效果,但要制作和维护多个版本,工作量巨大且需要做许多重复劳动。

因此,很早就有人设想,能不能“一次设计,普遍适用”呢?让同一张网页自动适应不同大小的屏幕,根据屏幕宽度,自动调整布局(layout)。在 CSS 3 中,通过对元素的放大和缩小显示,可以实现这种自适应。但是,问题依然存在,那就是如果网页元素(例如:图片)原始尺寸和窗口要适配的大小悬殊较大时,放大缩小的效果可能不够理想。

为解决移动互联网浏览问题,2010 年 5 月,Ethan Marcotte 提出了响应式布局的概念,融合了自适应布局和流式布局的理念。在浏览器窗口大小发生变化时,页面元素的位置和大小都可能发生变化。保证网页能够兼容多种显示终端,而不是为每个终端做一个特定的版本。

在 HTML/CSS 3 中,增加了许多元素和样式属性,例如 Media Queries 响应媒体查询标签可以判断分辨率大小,执行 CSS 中的样式代码,结合 JavaScript 脚本程序,从而实现自适应布局、响应式布局等显示效果。要判断一个网页是否能够自适应,除了分别使用电脑、平板和手机显示网页外,也可以在电脑显示时,改变浏览器窗口的大小,查看显示效果的变化。

【例 3-11】　进行页面布局设计,显示图 3-10 所示的网页效果。

分析:在 HTML 4 中,常用的页面布局工具有表格、帧和 div,其中,帧标记(frame)在HTML 5 中已经被废弃,使用 div 进行页面布局是最常用的手段。使用 div 进行页面布局,常常把网页大致分为头部、内容、底部几个区块。然后定义各部分的 CSS 样式表,通过 id 或class 属性将样式作用于每一个 div,完成页面的布局。

图 3-10　使用 div 进行页面布局

要得到图 3-10 所示的网页,我们将网页分成 header,menuleft,content 和 footer 四个区域,使用 div 布局,示例代码如下:

```
< html >
< head >
< meta http - equiv = "Content - Type" content = "text/html; charset = gb2312">
< style type = text/css >
 body{margin:0px}
 div#maincontiner{
    width:100 % ;
    height:100 % ;
    }
 div#header{
    width:100 % ;
    height:130px;
    background - color:red;
    }
 div#menu - left{
    width:25 % ;
    height:calc(100 %  - 200px);
    background - color:blue;
    float:left;
    }
 div#content{
    width:75 % ;
    height:calc(100 %  - 200px);
    background - color:gray;
    float:left;
    }
 div#footer{
```

```
    width:100%;
    height:70px;
    background-color:green;
    clear:both;
    }
</style>
</head>
<body>
<div id="maincontiner">
    <div id="header">页面头部</div>
    <div id="menu-left">左侧菜单</div>
    <div id="content">页面内容</div>
    <div id="footer">页面底部</div>
</div>
</body>
</html>
```

在上面的 div 定义中,我们通过设置 div 背景色,以便于我们能清楚地看到每一个不同的 div,同时设置 folat 属性,使得左侧的菜单 div 和右侧的内容 div 能够从左向右排列。关于左侧菜单和右侧页面内容的高度,使用了函数 calc(100%-200px),即客户区的高度减掉了页面头部和页脚的高度。

使用 div 布局,只是物理上的一种区块划分,对每一个 div 的内容并没有语义上的表达。内容语义的表达是设计人员在页面设计中完成的,这种隐式的语义计算机程序将无法获得,这也是 HTML 4 规范存在的最大缺陷,当然这种缺陷是由 HTML 本身的定位决定的。

3.6 HTML 5 技术的发展

在 2000 年前后,HTML 4 的表现已相当完美,人们开发新版本的需求并不迫切。因此,在 HTML 4.01 于 1999 年 12 月发布后,后继的 HTML 5 和其他标准被束之高阁。可是,在随后的日子里,智能手机等智能设备快速发展,基于手机的移动互联网应用迅猛增长。计算机应用也出现了从传统程序向 Web 应用发展的趋势,此时,HTML 4 暴露出了很大的局限性。人们需要更新的 HTML 技术,以拓展它更广泛的适应性。

为了推动 Web 标准化的发展,一些公司联合起来,成立了一个 Web 超文本应用技术工作组(Web Hypertext Application Technology Working Group,WHATWG)的组织。WHATWG 致力于 Web 表单和应用程序,而万维网联盟(World Wide Web Consortium,W3C)专注于 XHTML 2.0。在 2006 年,双方决定进行合作,来创建一个新版本的 HTML,即 HTML 5。2014 年 10 月 29 日,经过接近 8 年的艰苦努力,W3C 发布了 HTML 5 规范。

3.6.1 HTML 5 技术特性

这些年来,计算机应用和互联网已经密不可分。一方面,基于 B/S 架构的 Web 应用系统(即网络平台)已经超越传统的单机应用和 C/S 网络应用,成为计算机应用系统的主流模式;另一方面,随着智能手机的快速发展和普及,手机 APP 发展迅猛。这种基于互联网的 C/S 应用设计精致、功能独立、应用简单，受到用户的普遍欢迎。但是，他却违背了我们所追求的软件平台无关性，因为移动 APP 是在操作系统上运行的，不可移植是其固有特性。

浏览器/服务器(B/S)模式为我们勾画出了互联网时代计算机应用的美好模式，但 APP 却不可避免地在这条路上设置了一个门槛。能否在保证 APP 精致、应用简单的前提下，继续使用 B/S 架构呢？显然 HTML 4 已经无能为力。简单的版本升级，已经不能满足我们的需要，在保证 B/S 结构的前提下，对 HTML 进行全面优化升级，从而构造一个全新的、功能强大的前端开发与应用框架，既能保证 APP 功能的实现，同时又是基于 Web 的。这就是 HTML 5 研发的初始目标，这些目标使 HTML 5 表现出了许多新的特性。

HTML 5 的新特性，主要表现在以下几个方面：

(1) 淘汰过时的或冗余的标记及标记属性。例如：纯粹显示效果的标记，如< font >和< center >，它们已经被 CSS 取代。

(2) 自适应网页设计，同一张网页可自动适应不同大小的屏幕，根据屏幕宽度，自动调整布局(layout)，实现"一次设计，普遍适用"。彻底解决传统网站为不同的设备提供不同的网页设计，如专门提供一个 mobile 版本，或者 iPhone/iPad 版本。

(3) 增强了文档结构化和语义表达，结构良好和表达语义是实现页面智能处理的基础，它可以让浏览器或搜索引擎更容易地、准确地理解页面内容。

(4) 在文档编程接口方面，除了原有的 DOM 接口，HTML 5 增加了丰富的 API，如用于即时 2D 绘图的画布(Canvas)标签，定时媒体回放，离线数据库存储，文档编辑，拖拽控制以及浏览历史管理等，这些都极大地增强了 HTML 的编程功能。

(5) 提供了强大的新增框架，如手机端设备与页面交互，重力感应、地理定位、离线操作等，在主流移动端平台，可以很轻松地自定义性能强大的 WebAPP，包括游戏、动画和企业级的应用开发。

基于上述特性，HTML 5 表现出了强大的技术优势，对移动 APP、网络游戏、Flash 动画等已有的技术产生了巨大的挑战。开发基于 HTML 5 的 WebAPP 将成为一种发展趋势，在网页中，HTML 5 标签也将最终替代传统的 Flash 动画，就如 20 年前，网页客户端的 Applet 被 Flash 动画所替代一样。

3.6.2 HTML 5 新标记

在 HTML 5 规范中，一些 HTML 4 中过时的或冗余的标记及标记属性被淘汰，这些标记包括< acronym >、< applet >、< basefont >、< big >、< center >、< dir >、< font >、< strike >、< frameset >、< frame >、< noframes >等，它们的功能被 CSS 技术或其他标记所替代。

同时，随着互联网应用的日益广泛，特别是移动应用在互联网应用中的比例越来越高，对标记语言的自适应、编程功能都提出了更高的要求。因此，在 HTML 5 中，添加了很多新元素及功能以满足这些新的需求，比如：更好的页面结构，图形绘制，多媒体内容展示，表单输入对象以及拖放元素等。

1. HTML 5 部分新增标记

在 HTML 5 中，增加了许多新的元素及属性，有些元素不是所有的浏览器都支持的，所有浏览器都支持的部分常用 HTML 5 新增标记及功能说明见表 3-22。

表 3-22　HTML 5 部分新增标记列表

标　记	功　能
文档语义和结构标记	
< article >	定义一个独立的语义结构,可以表示一个独立的内容项目,例如:论坛帖子、博客、用户提交的评论等。在一个 artilcle 元素中,除了内容主题以外,通常会有自己的标题(header)及脚注(footer)
< header >	定义了文档或一个 article 元素的头部区域。在头部区域通常包含标题、logo 图片、导航等
< footer >	定义 document 或 section 的页脚,通常情况下,该元素会包含创作者的姓名、文档创作日期以及联系信息等
< address >	定义文档作者或拥有者的联系信息,经常用于 header、footer 或 article 元素内部
< aside >	定义页面内容之外的内容,为页面的一部分。< aside >元素通常显示成侧边栏(sidebar),通常用于显示目录、索引、术语表等
< figure >	设置独立的流内容(图像、图表、照片、代码等),内部包含 img 元素
< figcaption >	定义< figure >元素的标题
< nav >	定义导航链接的部分,内容包含多个<a>元素
< time >	定义日期或时间,使得程序可读取日期和时间,而不是个普通的字符串,搜索引擎也能够生成更智能的搜索结果
< progress >	定义任何类型的任务的进度,例如下载进度
< section >	定义文档中的节(section),它是内容在语义上的分节。article 元素还可与 section 元素结合,需要的时候,可以使用 section 元素将文章分为几个段落
多媒体标记	
< audio >	定义音频内容,比如:声音、音乐或其他音频流。属性包括:src(设置音频 URL),autoplay(音频在就绪后马上播放),controls(显示播放控件),loop(重复播放)
< video >	定义视频(video 或者 movie),属性包括:height(播放器窗口高度),width(窗口宽度),其他属性同 autio 元素
< source >	为媒介元素(比如< video >和< audio >)定义媒介资源。属性包括:media(定义媒介资源的类型,供浏览器决定是否下载),src(媒介的 URL),type(定义播放器在音频流中开始播放的位置)
< embed >	定义嵌入的内容,比如插件。属性包括:src(嵌入内容的 URL),type(嵌入内容的类型),height(设置嵌入内容的高度),width(设置嵌入内容的宽度)
< track >	为诸如< video >和< audio >元素之类的媒介规定外部文本轨道。用于规定字幕文件或其他包含文本的文件,当媒介播放时,这些文件是可见的
图形画布标记	
< canvas >	画布标记,定义图形容器,图形绘制由脚本程序完成。canvas 拥有多种绘制路径、矩形、圆形、字符以及添加图像的方法

可以看出,在 HTML 5 的新增标记中,许多标记并不是为了渲染显示效果,而是使文档结构更加语义化。例如,在页面中插入多媒体,细致的标记也能表达内容语义,要播放一段带有字幕的视频,示例代码如下:

```
< video width = "320" height = "240" controls = "controls">
  < source src = "forrest_gump.mp4" type = "video/mp4" />
  < source src = "forrest_gump.ogg" type = "video/ogg" />
  < track kind = "subtitles" src = "subs_chi.srt" srclang = "zh" label = "Chinese">
```

```
<track kind = "subtitles" src = "subs_eng.srt" srclang = "en" label = "English">
</video>
```

在 HTML 5 中，画布（canvas）元素将给浏览器带来直接在上面绘制矢量图的能力，下面代码将在浏览器窗口绘制一个红色的矩形。

```
<canvas id = "myCanvas"></canvas>
<script type = "text/javascript">
    var canvasobj = document.getElementById('myCanvas');
    var ctx = canvasobj.getContext('2d');
    ctx.fillStyle = '#FF0000';
    ctx.fillRect(0,0,170,100);
</script>
```

HTML 5 直接在浏览器中显示图形或动画的功能，意味着用户可以脱离 Flash 和 Silverlight，也就是说在 HTML 5 网页中，传统的 Flash 动画将被 HTML 5 标记所代替，就如当时 Flash 的出现代替了 JavaApplet 一样。

针对 HTML 5 增强的图标绘制功能，一些针对 HTML 5、jQuery 和 JavaScript 开发者设计的图表库可供开发人员免费使用。例如：.NET 图表控件 Chart FX，它充分利用了 HTML 5、CSS 和 SVG，在无插件纯 JavaScript 的浏览器上运行，支持 JSON，实现任何数据源中的数据都可以展现到图表中，支持超过 40 种的 2D、3D 图表类型，从而在浏览器中提供美观优越的图表和更丰富的最终用户体验。

2. 表单输入类型

在 HTML 中，表单（form）是用户和程序的主要交互界面，系统功能主要是通过表单完成的。因此，为了增强客户端的编程能力，在 HTML 5 中，对表单输入类型进行了大量的扩充。同时，为了简化用户输入数据有效性的验证，还扩充了相应的属性，从而使前端客户端脚本编程变得更加简单高效。

HTML 5 表单输入元素（input）部分新增属性及功能见表 3-23。

表 3-23　输入（input）元素部分新增属性及功能

属 性 名	属性值及功能
type	设置输入域类型。 已有输入类型包括：text（文本框）、password（密码框）、radio（单选按钮）、button（按钮）、checkbox（复选框）、file（文件）、hidden（隐藏）reset（重置按钮）、submit（提交按钮）。 新增输入类型：date（日期）、time（时间）、datetime（日期时间）、datetime-local（本地）、month（月份）、week（周）、number（数字）、range（）、image（图片）、email（邮件地址）、url（网址）
autofocus	规定输入字段在页面加载时是否获得焦点（不适用于 type＝"hidden"）
placeholder	设置帮助用户填写输入字段的提示
required	指示输入字段的值是必需的
step	规定输入字的合法数字间隔
min，max	规定输入字段的最小值和最大值，创建合法值的范围
pattern	设置正则表达式，规定输入字段的值的模式或格式。例如，pattern＝"[0-9]"表示输入值是 0 与 9 之间的数字

属　性　名	属性值及功能
form	规定输入字段所属的一个或多个表单
formaction	覆盖表单的 action 属性服务器程序 URL(适用于 type＝"submit"和 type＝"image")
formenctype	覆盖表单的 enctype 属性(适用于 type＝"submit"和 type＝"image")
formmethod	覆盖表单的 method 属性(适用于 type＝"submit"和 type＝"image")
formtarget	覆盖表单的 target 属性(适用于 type＝"submit"和 type＝"image")
formnovalidate	覆盖表单的 novalidate 属性。如果使用该属性,则提交表单时不进行验证

在 HTML 5 中,对表单输入进行了重要优化和提升,增加了许多全新的输入类型,包括日期、Email、URL 等,在输入数据有效性验证方面,增加了 range、min、max 以及 pattern 属性,减少了数据有效性验证的编程。此外,还增加了输入元素 form 属性,使得一个输入域,可以在多个表单中共享,增强了一个页面多个表单设计中的编程灵活性。

3.6.3　自适应网页设计

现在,随着移动互联网的发展,网络接入设备日趋多样性,人们不仅可以通过台式电脑上网,还可以通过笔记本、平板电脑、智能手机等设备访问互联网。不同的设备,其显示屏幕的大小很悬殊,即使是同一显示屏,分辨率的设置也有很大不同,这就导致了网页在不同的显示器或同一显示器不同的显示分辨率下如何自适应显示的问题。

针对不同的显示器和显示分辨率设置不同的网页,其工作量大,难以维护。随着 HTML 5 的出现,自适应网页设计成为可能。所谓自适应网页设计,就是指通过在网页中使用 CSS 和 JavaScript 代码,使得网页可以自动识别不同的显示屏幕大小及分辨率设置的变化,然后对网页的显示能够自动做出相应的调整,以保证页面显示效果的美观,避免出现水平滚动条。

1. 设置浏览器窗口宽度

在有些情况下,为了适应屏幕,不少移动浏览器都会把 HTML 页面置于较大窗口宽度(一般会大于屏幕宽度),可以使用 viewport meta 标签来设定,代码如下:

```
<meta name="viewport" content="width=device-width, initial-scale=1.0">
```

上述 meta 标记告诉浏览器窗口宽度等于设备屏幕宽度,且不进行初始缩放。

2. 判断媒体类型

在 CSS3 中,提供了 Media 查询功能,可以查询用户端的媒体类型及显示分辨率大小,以便使得网页在显示时适应媒体的变化。媒体查询有两种常用方法:

(1) 在文档头部的 link 元素中,设置媒体查询条件,并设置符合条件时要调用的 CSS 样式表。一般形式如下:

```
<link rel="stylesheet" media="mediatype and|not|only (media feature)"
    href="stylesheet.css">
```

参数说明如下:

- mediatype,媒体类型,常用取值有: screen(电脑屏幕、平板电脑、智能手机等),print(打印机和打印预览),all(所有设备)等。

153

第 3 章

- media feature,媒体特征,常用取值有：max-width(输出窗口最大可见区域宽度,例如浏览器窗口),max-device-width(输出设备最大可见区域宽度,例如整个显示屏宽度)。根据上述两个属性的含义,如果使用 max-device-width 属性,当浏览器窗口改变大小、手机横竖发生变化时,不会激活相应的 CSS 调用,因为这只是显示区域的变化,设备(device)并未改变。相应的属性还有 min-width、min-device-width、max-height、max-device-height 等。

在实际应用中,如果使用电脑上网,我们可能会放大或缩小浏览器窗口的大小,但对于智能手机,因为屏幕本身就不大,因此,较少去缩小浏览器窗口的大小。因此,面向"移动设备"用户常常使用 max-device-width,面向"PC 设备"用户常使用 max-width。

例如：

```
<link rel = "stylesheet" media = "screen and (max-width: 1024px)" href = "small.css" />
```

上面 media 语句的含义是：当显示器浏览器窗口宽度小于或等于 1024px 时,调用样式表 small.css。

(2) 在<style>标记内定义,定义媒体查询条件及对应的 CSS 样式。一般形式如下：

```
@media "mediatype and|not|only (media feature)" {
    样式表定义
}
```

上述语句的含义是：当满足相应的媒体特征时,应用相应的 CSS 样式表。

3. 页面布局与元素浮动设置

当我们设置页面布局时,必须要考虑不同的显示设备以及显示分辨率的大小。现在计算机、手机等设备的显示屏的大小很悬殊,同一个显示器,显示分辨率的设置也不相同。对于同一个网页,在不同的显示器条件下,如果希望不出现水平滚动条,要么对网页整体进行缩小,要么改变页面布局。例如：将一个三列布局的网页,变成两列或一列。

如果要使网页的布局随着设备和浏览器窗口的大小而改变,除了在网页中使用 Media 查询条件外,网页中元素的宽度不能使用绝对值,应使用百分比或 auto,同时还需要设置为可浮动的。

【例 3-12】 设计一个两列 div 的自适应页面,分为 4 种情况：①浏览器窗口宽度大于 1000px,左侧 div 占 300px 固定宽度,剩余宽度给右侧 div；②当窗口宽度小于等于 1000px,且大于 800px 时,显示两列,左侧宽度占 30%,剩余宽度给右侧 div；③当窗口宽度小于等于 800px 时,显示为 1 列,div 宽度设为 auto,不浮动；④当窗口宽度小于等于 480px 时,一般为手机显示屏,显示为 1 列,并隐藏 sidebar。

根据题目要求,编写自适应网页代码如下：

```
<!doctype html>
<html>
<!doctype html>
<html>
<head>
<meta charset = "utf-8">
<meta name = "viewport" content = "width = device-width, initial-scale = 1.0">
```

```
< style type = "text/css">
/ * 显示宽度大于 1000px 时 * /
#container{width:auto;}
#header {height:160px;}
#sidebar {width:300px;float:left;}
#content {width:calc(100 % - 300px - 4px);}
#footer {clear:both;}
/ * 显示宽度小于等于 1000px 时 * /
@media screen and (max - width:1000px) {
#container{width:100 % ;}
#sidebar {width:30 % ;float:left;}
#content {width:calc(70 % - 4px);}
}
/ * 显示宽度小于等于 800px 时 * /
@media screen and (max - width:800px) {
#sidebar {width:auto;float:none;}
#content {width:auto;float:none;}
}
/ * 显示宽度小于等于 480px 时 * /
@media screen and (max - width:480px) {
#header {height:auto;}
#sidebar {display:none;}
}
#content {background: #f8f8f8;}
#sidebar {background: #f0efef;}
#container, #header, #sidebar, #content, #footer{border:solid 1px #ccc;}
</style>
</head>
<body>
<div id = "container">
    <div id = "header">
    <h1>Header</h1>
    </div>
    <div id = "sidebar">
    <h2>Sidebar</h2>
    <p>menu1</p>
    <p>menu2</p>
    </div>
    <div id = "content">
    <p>Content</p>
    </div>
    <div id = "footer">
    <p>Footer</p>
    </div>
</div>
</body>
</html>
```

在浏览器中打开上面的网页,对浏览器窗口进行放大缩小操作,可看到页面布局的变化。上述代码虽然只有三个 media 查询,开始的 CSS 样式代表了窗口宽度大于 1000px 的情况。后面的三个 media 查询,分别用于处理当窗口宽度发生变化时,对每个 div 的 CSS 设置,包括宽度和浮动属性,其目的是不显示水平滚动条。

在默认情况下,div 为块元素,输出前后会发生换行,如果设置了 float 属性,则该 div 元素的输出先后不发生换行,后面的 div 会接着输出,如果宽度大于当前行的剩余宽度,则自动输出到下一行。如果宽度大于浏览器窗口宽度,则显示水平滚动条。为避免出现水平滚动条,设置宽度为 auto 即可。

在 content 的 CSS 设置中,width:calc(70%-4px)含义是左侧占了 30%宽度,剩余宽度给右侧,因为两个 div,左右共 4 条边框,占 4 个像素,应从宽度中减去。

4. 图片大小自适应

在网页布局自适应时,如果存在图片,当图片宽度大于浏览器窗口宽度时,将出现水平滚动条,要保证不出现滚动条,就需要对图片进行缩小。要对图片放大缩小,可以通过 img 元素的 width 和 height 属性完成。在浏览器窗口放大缩小的过程中,不可能设置 width 和 height 的绝对值,因此,只能设置相对比例或 auto。对图片进行放大缩小的方式很多,要控制图片按比例缩放,可通过 CSS 实现,例如:

```
.img {max-width:300px;height:auto;}
```

上面 CSS 代码可以把图片按照比例缩放,宽度不得超过 300 像素,超过的话就缩小到 300px,高度按照比例缩放。

通过 JavaScript 也可以实现对图片大小的控制,例如:当放大或缩小浏览器窗口时,调用函数修改 image 对象的尺寸。示例代码如下:

```
<!DOCTYPE html">
<html>
<head>
<style type="text/css">
  #boxdiv img{width:100%;height:100%;}
</style>
<script type="text/javascript">
function findDimensions()
{
  //获取浏览器窗口宽度,高度代码类似
  if (window.innerWidth) {
      winWidth = window.innerWidth;
  }
  else if ((document.body) && (document.body.clientWidth)) {
          winWidth = document.body.clientWidth;
      }
  /* 设置 image 对象尺寸
  imgobj = document.getElementById("smile");

  imgobj.width = winWidth + "px";
  */
```

```
//间接缩放图片,设置 div 的宽度值,高度 auto,图片尺寸随 div 变化
  if (document.getElementById("boxdiv")) {
      document.getElementById("boxdiv").style.width = winWidth + "px";
      //document.getElementById("boxdiv").style.height = winHeight + "px";
  }
}
</script>
</head>
<body style = "margin:0px;padding:0px;" onresize = "findDimensions();">
<div id = "boxdiv">
    <img id = "smile" src = "smile.gif">
</div>
</body>
</html>
```

需要注意的是,网页文件本身和图片文件的加载是异步的,只有图片文件加载完成后才可以获取图片的原始尺寸。因此,在 image 加载尚未完成时,可能得不到 image 对象的值。可以将 image 包含在一个 div 中,通过修改 div 的宽度,来间接地修改 image 对象的宽度。

3.7　扩展标记语言 XML

在互联网浩若烟海的数据中,HTML 技术解决了数据的显示问题,让人们在浏览网页时有更好的体验。但是,对互联网数据的挖掘利用却遇到了重要的难题,因为 HTML 数据是没有语义的。例如,我们使用搜索引擎搜索信息,主要还是靠关键词搜索,这种依赖字符串匹配进行的搜索导致的结果就是查全率高而查准率很低,搜索得到的信息是不准确的。

为了解决文档的语义问题,一种新的标记语言的概念出现了,这就是可扩展标记语言(eXtensible Markup Language,XML)。虽然都是标记语言,但 XML 和 HTML 的定位完全不同,HTML 标记的是内容的展示形式,XML 则是对内容做的语义标记,其目的是数据的组织和使用,是为计算机应用系统之间进行跨平台数据交换的重要手段。

3.7.1　XML 技术简介

XML 和 HTML 都称为标记语言,但是两者有着本质的不同。HTML 是一种数据展示技术,它对内容加以标记,使得内容以特定的方式在 Web 浏览器中显示。但是,XML 的基本动机则是对数据结构的表达,实现内容和内容展示的分离,其追求的目标是 XML 文档的结构良好以及内容的有效性约束。而 XML 文档内容的显示,则需要其他相应的 XML 规范,例如 XML 扩展样式语言 XSL 等。

1. HTML 的局限

HTML 的出现无疑是 Internet 技术和 Web 技术的一次突破,为推动 Internet 和 Web 技术的发展发挥了巨大的作用,被称为互联网发展历史上的第一个里程碑。随着 Web 技术的快速发展,Internet 上的 Web 信息越来越多,内容越来越复杂,数据格式也越来越多,特别是近年来移动终端设备的多样化,HTML 的适用性遇到了很大的挑战。

这些挑战包括:

HTML 与 XML 基础

（1）不能适应现在越来越多的网络设备和应用的需要，比如手机、PDA、信息家电都不能直接显示 HTML。

（2）HTML 代码不规范、臃肿，浏览器需要足够智能和庞大才能够正确显示 HTML。

（3）HTML 文档中数据与表现混杂，页面要改变显示，就必须重新制作 HTML。

（4）HTML 的标记固定，HTML 只是一种表现技术，不能表达语义。

在上述诸多的挑战中，虽然通过 HTML 版本的升级和浏览器版本的升级来解决 HTML 文档的简单和规范问题。但是，在语义表达上，HTML 表现出来的局限是不可解决的，因为，这是由 HTML 本身的定位所决定的，否则，HTML 就不是 HTML 了。

2. XML 的产生和发展

HTML 所表现出来的局限性推动了 XML 的产生和发展。1996 年 8 月，那些关心 SGML 的专家聚集在美国西雅图，成立了一个名为 GCA（Graphic Communications Association，图形通信协会）的组织，研究如何开发 SGML 以便使它适应和促进 Web 技术的发展。他们对 SGML 过于复杂且难于被理解和实现的方面进行简化，去掉其语法定义部分，适当简化 DTD 部分，并增加了部分互联网的特殊成分。为了体现它与 HTML 的不同，工作组将其命名为 XML（eXtensible Markup Language），同时也将自身更名为 XML 工作组。1998 年 2 月 10 日，XML 工作组正式向 W3C 提交了 XML 的最终推荐标准，这就是 XML 1.0 标准。

在 XML 中，SGML 的最初动机得以延续，那就是将文件内容和处理这些内容的应用程序进行分离，在文件内容中不嵌入数据的处理过程代码，文件内容被编码为条理清晰的文本，从而便于数据交换和处理。对数据进行研究有着重要的意义，因为，数据往往是相对稳定的，变化的通常是处理这些数据的程序。实现数据和操作这些数据的程序的分离是 XML 的设计动机，这是深刻理解 XML 的基础。在 XML 中，如果 XML 某方面设计得与应用程序太过紧密，就可以认为这是一种 bug，这是使用 XML 最重要的一个原则。

XML 标准的发展没有 HTML 那样迅速，直到 2002 年 10 月 15 日，W3C 才发布了 XML 1.1 候选推荐标准。在 XML 1.0 规范中，使用的字符集为 Unicode 2.0。随着 Unicode 版本的升级，XML 1.1 支持新的 Unicode 字符，不再局限于一个具体的 Unicode 版本。此外，在 XML 1.1 中，增加了 IBM 大型主机规定的换行符（♯x85：十六进制的 85）和 Unicode 换行符（♯x2028）的处理能力，这些改变都提高了 XML 的国际化支持水平。

3. XML 解析器

对 XML 文档的理解，是通过 XML 解析器完成的，它是一个软件模块。XML 解析器有确认型和非确认型两种。确认型 XML 文档解析器检查 XML 文档的语法，将 XML 文档内容同文档类型定义 DTD 和 Schema 作比较。XML 分析器通过判断 XML 数据是否和预定义的确认规则相符，以判定 XML 文档是否为构造良好。非确认型 XML 解析器也进行 XML 文档语法的检查，但不进行 XML 文档内容和 DTD 及 Schema 的比较。

现在，几乎所有的主流浏览器都实现了 XML 解析器，支持 XML 和 XSLT（eXtensible Stylesheet Language Transformation，扩展样式表转换语言）。例如，在微软的 Internet Explorer 浏览器中，内置了 XML 确认性解析器 MSXML。如果是一个有效的 XML 文件，在浏览器中打开 XML 文件时，XML 文档将显示为一个树状结构，称为 XML 文档树。通过单击元素左侧的加号或减号，可以展开或折叠元素结构。此外，浏览器或其他应用程序也可以使用 CSS 或 XSLT 样式转换以 HTML 格式显示 XML 文档数据。

4. XML 技术分析

随着 Internet 的快速发展,尤其是电子商务,Web 服务等应用的广泛使用,XML 类型的数据成为当前主流的数据形式。虽然,XML 作为一种通用的数据交换语言,已经成为业界的一种具有垄断性的标准,在跨平台跨系统数据交换方面拥有无可比拟的优势。但是,与关系数据库相比,XML 的最大缺陷就是它的效率较低。因为在关系型数库中,数据的字段名只需要出现一次,但是在 XML 数据文件中,元素名将反复出现,这必须会影响到查询的效率。

作为一种数据存储方案,XML 技术无疑具有绝对的优势。提高数据的查询、使用效率成为 XML 技术研究的热点,这些研究包括 XML 与关系数据库之间的相互转换,利用关系数据库的成熟技术对 XML 数据进行处理。为提高 XML 的查询效率,需要为 XML 类型提供索引功能。如果对 XML 文档不构建索引结构,那么针对 XML 数据的任何查询都很可能导致对整个文档树的遍历,随着 XML 数据集的增大,这种开销是不可忍受的。

上述关于 XML 研究和应用的需求推动了 XML 的发展,也导致了许多新的 XML 相关标准和规范的产生,这包括 XMLSchema、扩展样式表转换语言 XSLT、XML 路径语言 XPath、XML 查询语言 XQuery、XML 链接语言规范 XLink 和 XPointer 等。这些规范都以 XML 语法为基础,遵守 XML 规范,因此,目前 XML 已经成为各种语言规范的元语言。

3.7.2 XML 文档结构

XML 文档是一个纯文本文件,XML 规范定义了 XML 文档良好的结构,将一个 XML 文档分为 XML 文档头部(文档序言)和文档体(文档内容)两个部分,一般形式如下:

```
<?xml version = "1.0" encoding = "gb2312"?>
<?xml - stylesheet type = "text/xsl" href = "userxslfile.xsl"?>
<! DOCTYPE rootElementName SYSTEM "userDTDfile.dtd">
<! DOCTYPE rootElementName[
    <! ELEMENT elementname(element - defination)>
    ......
]>

< rootElementName >
    < elementname > ElementContent </elementname >
    < elementname > ElementContent </elementname >
    … …
    < elementname > ElementContent </elementname >
</rootElementName >
```

1. XML 文档头部

XML 文档头部又称为文档序言,它是指根元素之前的部分,XML 文档头部的作用是通知 XML 解析器按相关条件和限制对 XML 文档进行解析。在 XML 文档中,文档头部包括 XML 声明、处理指令、文档类型定义和注释四部分。按 XML 规范要求,"声明"必不可少,并且作为文档的第一条语句出现,其他部分根据需要确定,可以省略。

(1) XML 声明

XML 声明是 XML 文档头部的第一条语句,也是整个文档的第一条语句。XML 声明语句的格式如下:

160

```
<?xml version = "versionNumber" [encoding = "encodingValue"] [standalone = "yes/no"] ?>
```

XML 声明语句，以"<? xml"开始、以"? >"结束，表示这是一个 XML 文档。Version 属性为必选属性，表明使用的 XML 规范的版本号，以便解析器进行正确的解析。encoding 属性指定本 XML 文档使用的字符集。XML 解析器至少能够识别 UTF-8 和 UTF-16 两种字符编码，也可以设置 GB2312、BIG5 等汉字字符编码。standalone 属性指定本 XML 文档是否需要外部的 DTD 文档作为本文档的校验依据。即本 XML 文档是否是一个独立文档。默认值是 yes，表示是独立文档不需要外部 DTD 关联，否则应该赋值为 no。

（2）处理指令

处理指令（Process Instruction, PI）是在 XML 文档中由应用程序进行处理的部分，XML 解析器把信息传送给应用程序，应用程序解释指令，按照它提供的信息进行处理。处理指令是以"<?"开始、以"? >"结束，其格式是：

```
<?处理指令名称 处理指令信息?>
```

以"xml-[name]"开头的处理指令指定的是[name]中给出的与 XML 相关的技术。处理指令以"xml-stylesheet"开头，指明相关的技术是样式表，这条指令就被传送给由 type 指定的引擎，而不传给 XML 解析器。例如，<? xml-stylesheet type＝"text/css" href＝"file1.css"? >，该语句中 type 表示关联的文档类型，现在的文档是文本、层叠样式表 CSS 类型引擎，href 指定关联的文档所在位置和文档的名称。再如，<? xml-stylesheet type＝"text/xsl" href＝"file1.xsl"? >，则关联的样式文件为 XML 扩展样式表 xsl 文件，以上是使用较频繁的两条指令，它们规定 XML 文档中的数据使用哪一种格式在浏览器上显示。

（3）文档类型定义

如果 XML 文档需要使用 DTD 对内容进行有效性验证，则需要在文档头部增加外部文档类型定义声明或进行内部文档类型定义。外部文档类型定义声明，即声明一个外部 DTD 文件，它属于处理指令的范畴，一般形式是：

```
<!DOCTYPE rootElementName SYSTEM "dtdFile ">
```

在外部文档类型定义后面将是内部文档类型定义（DTD）部分，用于定义 XML 中用到的元素、元素属性和实体，即声明用户自定义标记及相关属性，其目的是用于确认型 XML 解析器检查 XML 文档是否结构良好。相对于用外部的 DTD 声明，这里的文档类型定义称为内部 DTD 声明，其一般形式是：

```
<!DOCTYPE rootElementName [
  <!ELEMENT element – name(element – defination)>
  …
]>
```

其中，rootElementName 为文档的根元素，在根元素内定义其他元素。例如，<!ELEMENT address(buildingnumber, street，city，state，zip)>，则定义一个名称为 address 的元素，address 元素按顺序又包含< buildingnumber >，< street >，< city >，< state >，< zip> 5 个元素。可以进一步定义< buildingnumber >元素为<!ELEMENT buildingnumber (＃PCDATA)>，它确定了< buildingnumber >元素的取值。

在一个 XML 文档中，内部文档类型定义（DTD）部分不是必需的，如不需要可以省略。

（4）注释

XML 中使用注释对文档进行解释说明，增加程序的可读性，处理程序不对注释标记的内容进行处理。与 HTML 一样，注释是由"<!—"开始，由"—>"结束，注释语句的格式是：

```
<! -- 注释文字 -->
```

使用注释时需要注意，第一，注释可以出现在文档头部，也可以出现在主体部分，但不能出现在声明之前，声明语句必须是 XML 文档的第一条语句。第二，注释可以包含标记，使标记失去作用，但注释不能出现在标记中。

2. XML 文档内容

XML 文档内容，即 XML 文档体，它是 XML 文档的数据部分。文档体包括一个或多个元素，每个元素有一个开始标记和一个结束标记定义。文档体中的元素定义了数据的结构，有一个单独的根元素包含所有其他元素，文档中所有数据都包含在文档体的根元素中。

在文档体内，还可以使用名称空间，即在每一个元素和属性前面加上前缀"名称空间："来唯一地标识一个元素或一组元素的属性，以避免多个 XML 文档中的元素重名。

【例 3-13】 一个简单的 XML 文档。

下面是 Brion 给 Jane 的便条，使用 XML 格式，内容如图 3-11 所示。

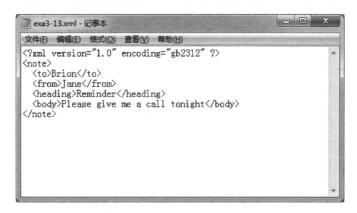

图 3-11 一个简单的 xml 文档

用 HTML 的思想，双击该文档在浏览器中打开，显示如图 3-12 所示。

图 3-12 XML 文档在浏览器中的显示界面

在浏览器中,我们看到了一棵 XML 文档树。这个 XML 文档做了什么呢? 好像什么都没做。我们需要的是观念上的转变,不能再以 HTML 的思想来理解 XML 了。XML 不是 HTML 的替代品,HTML 设计的目的是用来显示数据,重点是显示数据以及如何使数据的显示更美观。XML 是用来存储数据的,XML 设计的目的是用来描述数据结构,以及存储数据,实现数据存储和显示的分离,数据的显示则是通过层叠样式表 CSS 或扩展样式表转换语言 XSLT 实现的。

3.7.3 文档类型定义 DTD

在 XML 中,没有像 HTML 一样拥有一个通用的标记集合,标记(在 XML 中,称为“元素”)是通过文档类型定义(Document Type Difinition,DTD)来实现的。DTD 定义了 XML 文档中可以使用的元素符号,元素的属性、元素的排列方式/顺序、元素能够包含的内容等,其目的保证确认型 XML 解析器来确定 XML 文档数据的有效性,保证 XML 文档结构良好。DTD 可以在 XML 文件中直接定义,也可以保存为一个完全独立的文件(.dtd)。因此,DTD 分为内部 DTD(在 XML 文件中直接定义 DTD)和外部 DTD(在 XML 文件中调用已经编辑好的 DTD 文件)两种。

1. 在 DTD 中声明 XML 元素

一个内部 DTD 声明必须写在 XML 文档的头部,在处理指令和 XML 根元素之间,一般形式为:

```
<!DOCTYPE rootElementName[
    <!ELEMENT element-name (element-definition) >
    …
]>
```

其中,<! DOCTYPE 表示开始设定 DTD。rootElementName 指定此 DTD 的根元素的名称,一个 XML 文件只能有一个根元素。

<!ELEMENT element-name(element-definition)> 为元素定义语句,其中,<! ELEMENT 是 XML 的保留字,表示开始元素定义。element-name 是为元素所起的名称,element-definition 是对元素的定义,就是说<元素>…</元素>之间能够包含什么内容。元素的内容可以是一般性文字,也可以是其他元素。

元素内容定义(element-definition)可以是:

```
EMPTY | #PCDATA | 元素 | ANY
```

(1) EMPTY,没有内容的元素。在 XML 文件中,空元素不需要结束标记,但必须采用</空元素名>这样的写法。XML 中的空元素类似于 HTML 中的单标记,空元素不标记内容,但可以设置元素属性。如果元素定义为 EMPTY,EMPTY 不需要用小括号括起来,即元素定义语句可写为:

```
<!ELEMENT element-name EMPTY>
```

(2) #PCDATA,声明一个基本元素,元素内容为可解析字符数据(Parsed Character Data),即元素所标记的内容将被 XML 解析器解析。如果内容可能是子标记、实体等,它们一并被解析器解析,从而得到正确的数据关系。

解析器之所以这么做是因为 XML 元素可包含其他元素,例如,定义一个< name >元素如下:<!ELEMENT name(#PCDATA)>,则对于下列的标记内容:

< name >< first > Bill </first >< last > Gates </last ></name >

解析器会把< name >元素的内容解析为下列的关系:

```
< name >
 < first > Bill </first >
 < last > Gates </last >
</name >
```

如果不希望解析器解析,则使用 CDATA,意思是字符数据(Character Data),CDATA 是不会被解析器解析的文本,在这些文本中的标签不会被当作标记来对待,其中的实体也不会被展开。

(3) 元素,声明一个容器元素,即元素还可以包含另外的元素,形成一种嵌套和层次结构。声明容器元素的基本语法为:

```
<!ELEMENT containerElement(containedElement1,..., containedElementn)>
```

其中,containerElement 为容器元素名称,containedElement$_1$ 至 containedElement$_n$ 为被包含的元素。被包含元素可以取下列三种格式之一:

* element,要求该元素有且只有一个值。
* element+,要求该元素有一个或多个值。
* element * ,要求该元素有零个或多个值。

例如,<!ELEMENT 书籍(名称,作者,价格)>表示定义了一个容器元素(即标记)"书籍",包含三个子元素,分别是"名称""作者"和"价格"。

在一些容器元素的声明中,有可能它包含的子元素是在多个子元素中的一个,那么在声明此父元素时,就可以把它声明成选择性元素,可供选择的子元素用"|"分隔。例如:<!ELEMENT 配偶(妻子|丈夫)>。

(4) ANY,表明所有可能的元素以及可解析的数据。

【例 3-14】 文档类型定义 DTD 举例。

对于例 3-13 中的添加文档内容进行 DTD 定义,XML 文档(note. xml)内容为:

```
<?xml version = "1.0" encoding = "gb2312" ?>
<!DOCTYPE note[
<!ELEMENT note (to,from,heading,body)>
<!ELEMENT to        (#PCDATA)>
<!ELEMENT from      (#PCDATA)>
<!ELEMENT heading   (#PCDATA)>
<!ELEMENT body      (#PCDATA)>
]>
< note >
    < to > Brion </to >
    < from > Jane </from >
    < heading > Reminder </heading >
    < body > Please give me a call tonight </body >
</note >
```

2. 在 DTD 中声明元素属性

和 HTML 标记一样，XML 元素往往也包含属性，元素属性定义的一般形式是：

```
<! ATTLIST element – name attribute – name Type Default – value>
```

其中，<! ATTLIST 表示开始属性的设定，element-name 为要定义属性的元素名，attribute-name 是元素属性名称，Type 是该属性属性值的类别，元素属性值类型见表 3-24。

表 3-24　XML 中元素属性类型列表

类　型　名	描　　　述
CDATA	表明属性值可以是任何文本字符串，但不包括小于号"<"和西文双引号"""，如要使用这两个符号可以使用实体引用"<"和"""
ENUMERATED	枚举该属性的取值范围，一次只能有一个属性值能够赋予属性
NMTOKEN	表示属性值只能由字母、数字、下画线、"："""-"等符号组成
NMTOKENS	表示属性值能够由多个 nmtoken 组成，每个 nmtoken 之间用空格隔开
ID	该属性在 XML 文件中是唯一的
IDREF	表示该属性值是参考了另一个元素的 id 属性
IDREFS	表示该属性值是参考了多个其他元素的 id 属性，这些 id 属性的值用空格隔开
ENTITY	表示该属性的设定值是一个外部的 entity，如一个图片文件
ENTITIES	该属性值包含了多个外部 entity，不同的 entity 之间用空格隔开
NOTATION	属性值是在 dtd 中声明过的 notation（声明用什么应用软件解读某些二进制文件，如图片文件）

Default-value 是指该属性值的取值特点，有 4 种不同的属性取值，分别是：

- #REQUIRED，表示在标记中必须给定属性值。
- #IMPLIED，表示该属性值可以省略。
- #FIXED，表示一个固定的属性值。
- 字符串，指定属性的默认取值。

下面是一组 XML 元素和元素属性声明：

```
<! ELEMENT FAMILY (PERSON + )>
<! ELEMENT PERSON EMPTY>
<! ATTLIST PERSON
    myId      ID #REQUIRED
    truename  CDATA #REQUIRED
    sex       (male|female) "male"
    nickname  NMTOKENS #IMPLIED
    parentId  IDREFS #IMPLIED
>
```

上述 XML 语句为元素 PERSON 声明了 myId、truename、sex、nickname 和 parentId 五个属性。属性 myId 属性类别为 ID，表明在 myId 属性的取值在此 XML 文件中是唯一的，否则将出现解析错误。此属性设定中的属性取值要求为 #REQUIRED，表示 myId 属性在元素 PERSON 中必须出现，否则也会产生解析错误。

属性 truename 为 CDATA 属性类别，表明属性取值为一般性文字。属性 sex 的属性值类别是枚举类型，取值范围为 male 或者 female，如果在 XML 文件中没有为此属性赋值，属性默认取值是一个字符串"male"。

属性 nickname 属性类型为 NMTOKENS,规定了其取值的字符集,此属性可以省略。属性 parentId 的类型为 IDREFS,表明该属性的值必须在文档中出现过,该属性可以省略。如果该属性的值没在文档中出现过,解析器将认为该文档为不规范文档。

根据上面的元素属性说明,我们看下面的 XML 文档数据。

```
<FAMILY>
<PERSON myId = "P_1" truename = "Brion" nickname = "sun@#$"/>
<PERSON myId = "P_2" truename = "Jane" sex = "female"/>
<PERSON myId = "P_3" truename = "Linda" sex = "female"/>
<PERSON myId = "P_4" parentId = "P_1 P_5" name = "David"/>
</FAMILY>
```

上述文档数据是不正确的,因为在第一个元素 PERSON 的 nickname 属性值中包含了 NMTOKENS 所不允许的字符"@#$"。此外,parentId 属性值中出现了值"P_5",但该值没有在文档中出现过。

需要说明的是,许多 Web 浏览器(例如 IE),仅支持 XML 文档的结构良好,并没有数据内容的 DTD 有效性验证功能,因此,在 XML 文档的语法上出错时,浏览器打开文档时会报错,但内容上如果不符合 DTD 定义,浏览器不报错。

对文档的结构和内容的有效性检查,可通过一些专用的 XML 编辑工具,例如 Altova XMLSpy 来完成,打开 XML 文档,在 XML 菜单中,包含"检查良构性(F7)"和"验证 XML (F8)"两条菜单命令,第一条用于检查结构是否良好,第二条则检查内容是否有效。例如,对于上述文档,按 F8 键,在信息输出窗口,显示如图 3-13 所示的检查结果。

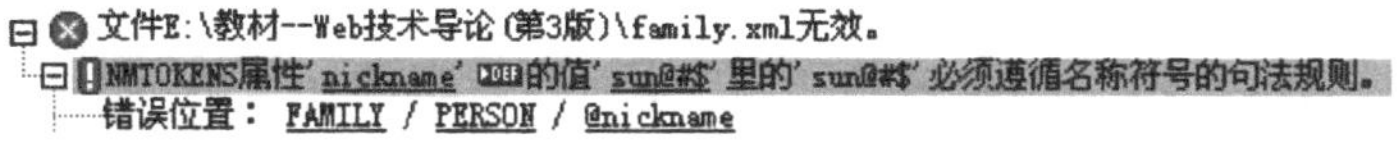

图 3-13　检查结果

3. 定义实体

在 XML 的 DTD 中,还可以定义实体(Entity)。实体实际上起一种类似"宏"的作用,一些常用的或者不便于直接书写的文字或数据,可以用一个标识定义下来,在数据中可以直接引用,这就是实体。实体的引用通过"&"来引用,末尾加";"。

在 XML 中,有 5 种预定义实体,分别是:字符"&"(&)、"<"(<)、">"(>)、"""(")和"'"(')。除了这些预定义实体,还允许用户自己定义实体,例如,如果在 XML 文档中需要频繁使用词组"Good Luck",可以在 DTD 中这样表示:<! ENTITY gl "Good Luck">。这样当使用这个词组"Good Luck"时,可以敲入 ≷,从而可以避免拼错和重复敲入相同的信息,这里,gl 就是实体。

在 XML 中,实体可以分成内部实体、外部实体和参数实体三种类型。内部实体的一般形式为:

```
<! ENTITY entityName "will be replaced string">
```

如果被替换的文本很长,可能要把被替换的信息存储在一个文件中。可以通过外部实体参考来实现,即在实体名和文件的 URL 中使用关键字 SYSTEM,构成外部实体,一般形式为：

```
<! ENTITY entityName SYSTEM "URL">
```

例如，下面一个关于实体定义和引用的 XML 文档，代码清单如下：

```
<?xml version = "1.0" encoding = "gb2312" ?>
<! DOCTYPE message[
<! ELEMENT title ( ♯PCDATA)>
<! ENTITY hi "您好!">
<! ENTITY ans "&hi; 谢谢!你也好吗?">
]>
<message>
<title>Jane,&hi;,&ans;</title>
</message>
```

除此之外，在 XML 中，还提供了参数实体，它在实体定义中通过在实体名前插入百分号（％）实现，百分号表示该实体为参数实体。一旦被定义，参数定义可以通过用百分号和分号包围参数名来实现。例如：<! ENTITY ％ role"(boss | manager | employee)">。

最后，我们要说明的是，对于定义面向数据的文法，DTD 的功能，特别是有效性验证，远不如 XML Schema，但是 DTD 的实体是 XML Schema 很难做的。在 DTD 中很容易定义实体，但是这种功能很难在 XML Schema 中再现出来。一般情况下，实体常见于叙述性文法，在这个领域 DTD 的地位仍然很稳固。

4. 字符数据段

通过预定义 XML 实体可以在 XML 文档中加入特殊符号，如果需要大量的特殊符号，可以使用字符数据段，称为 CDATA 段。

字符数据段（CDATA 段）是指不被 XML 解析器解析的文本段，即使这些文本包含了元素标记、实体引用，以及特殊符号，它们均不被解析器解析。CDATA 段可以使用户在一个 XML 文档中引用大量的特殊符号文本块，而不需要分别以实体的形式来代表每一个特殊字符。比如 JavaScript 代码，包含大量"<"或"&"字符，这在被 XML 解析时，必须使用预定义实体，否则将发生错误。为了避免错误，减少麻烦，可以将脚本代码定义为 CDATA。

CDATA 部分中的所有内容都会被解析器忽略，CDATA 部分由"<! [CDATA["开始，由"]]>"结束，一般形式为：

```
<! [CDATA[
    text
]]>
```

其中，text 是包含特殊字符的文本串，该文本不被 XML 分析器检查。XML 处理器负责分析或者以一种有意义的方式使用该文本块。其中的左右方括号"["和"]"不能省略。

例如：下面是一个包含 CDATA 的 XML 文档。

```
<?xml version = "1.0" encoding = "gb2312" ?>
<people>
<! [CDATA[
<teacher>
<name>Li</name>
```

```
<sex>女</sex>
<age>25</age>
<add>Shan Da Nan lu 27 号</add>
</techer>
]]>
</people>
```

在浏览器中打开该文档时,CDATA 段内的内容不被 XML 解析器解析为 XML 元素。

5. DTD 的优势和不足

文档数据类型定义 DTD 在保证 XML 文档数据的有效性方面提供了一定的手段,定义 DTD 有如下两个方面的优点:

(1) 每一个 XML 文档都可携带一个 DTD,用来对该文档格式进行描述,测试该文档是否为有效的 XML 文档。通过定义公用外部 DTD,那么多个 XML 文档就都可以共享使用该 DTD,使得数据交换更为有效。甚至在某些文档中还可以使内部 DTD 和外部 DTD 相结合。在应用程序中也可以用某个 DTD 来检测接收到的数据是否符合某个标准。

(2) 对于 XML 文档而言,虽然 DTD 不是必需的,但它为文档的编制带来了方便。加强了文档标记内参数的一致性,使 XML 语法分析器能够确认文档。如果不使用 DTD 来对 XML 文档进行定义,那么 XML 语法分析器将无法对该文档进行确认。

虽然如此,DTD 也有其内在的不足,主要表现在:DTD 有自己的特殊语法,其本身不是 XML 文档;DTD 只提供了有限的数据类型,用户无法自定义类型;DTD 不支持域名机制。这些不足导致了 XMLSchema 的产生。但是,由于现在很多的 XML 应用是建立在 DTD 之上的,能读懂 DTD 文件以及在必要时创建简单的 DTD 文件仍然是很重要的。

3.7.4 Schema 及其应用

在 XML 1.0 规范中,虽然 DTD 实现了 XML 文档中元素(标记)类型、元素属性的定义,对于 XML 文档的结构化起到了很好的描述作用。但是,DTD 支持的数据类型非常有限、扩展性较差,没有一种机制保证数据的应用方和数据的服务方对数据解释的一致。为此,W3C 于 2001 年 5 月正式发布了 XML Schema 推荐标准,提出了 XML 架构(Schema)的概念,通过 XML Schema 给 XML 数据标注数据类型,从而使得数据的应用方可以通过 XML Schema 规范对所交换的 XML 数据中的信息进行正确的解释,并实现自动处理。利用 XML Schema 规范,Web 服务方和应用方无须事先协调所要交换的数据类型,从而解决了 XML 文档数据的结构和类型一致性解析问题,使 XML 文档结构更加良好。

1. XML Schema 的概念

XML Schema 是一种对 XML 文档的内容和结构进行描述和定义的语言。在 XML 中,DTD 和 Schma 都是 XML 文档数据的约束规则,和 DTD 相比,Schema 具有以下优点:①XML Schema 对 DTD 进行了扩充,引入了数据类型、命名空间,从而使其具备较强的可扩展性。DTD 提供的数据类型只有 CDATA、Enumerated、NMTOKEN、NMTOKENS 等 10 种内置(built-in)数据类型。这样少的数据类型通常无法满足文档的可理解性和数据交换的需要。XML Schema 则不同,它提供了更加丰富的数据类型,如 long、int、short、double 等常用的数据类型。②XML Schema 利用 Namespace 将文档中特殊的结点与 Schema 说明相联系,一个 XML 文档可以有多个对应的 Schema,而一个 XML 文档只能有一个对应的

DTD。③XML Schema 文档本身也是 XML 文档，而不是像 DTD 一样使用特殊格式。开发人员可以使用相同的工具来处理 XML Schema 和其他 XML 信息，而不必专门为 Schema 使用特殊工具。经过数年的大规模讨论和开发，如今 XML Schema 已经成为全球公认的 XML 环境下首选的数据建模工具。

2. XML Schema 文档结构

XML Schema 本身就是一个 XML 文件，不同的是，Schema 文件所描述的是引用它的 XML 文件中的元素和属性的具体类型，即是对于 XML 文档中元素的定义。一个 XSD 文档就是一个命名空间，可以被其他的 XML 实例文档引用。

W3C XML Schema 是使用最为广泛的 XML Schema 架构，其 XML Schema 定义（XML Schema Ddefination，XSD）的一般形式为：

```
<?xml version = "1.0" encoding = "gb2312"?>
< xs:schema xmlns:xs = http://www.w3.org/2001/XMLSchema
            elementFormDefault = "qualified"
            attributeFormDefault = "unqualified">
```

（数据类型定义、元素声明、属性声明）

```
</xs:schema>
```

定义 Schema 的 XML 文档扩展名为 .xsd，文档的根元素一定为< schema >，用于声明该 XML 文档是一个 XSD Schema 文档。元素< schema >包含若干属性，常用的属性有：

- xmlns，规定在此 schema 定义中使用的一个或多个命名空间的 URI 引用，它通常是 W3C 的规范的 XSD Schema。可以使用多个命名空间，对于每一个命名空间，通常分配一个前缀（即名称空间的别名），以便于引用该命名空间中的各个 schema 组件而不至于重名。

如果某个命名空间没有命名，则写为 xmlns="命名空间"，该空间为默认命名空间，使用它的元素无须前缀。

- targetNamespace，设置该 Schema 的命名空间的 URI 引用。指出当 XMLSchema 实例文档在引用该 Schema 时，xmlns 设置的名称空间，用于在该 Schema 的 XML 实例文档中使用该 Schema 中的数据类型和元素。
- elementFormDefault，attributeFormDefault，可选。指出任何 XML 实例文档在使用在此 Schema 中声明过的元素或属性是否必须被命名空间限定。如果设置为 "unqualified"，则使用该 shchema 中的元素/属性时，无须限定前缀；如设置为 "qualified"，则在使用该 Schema 中的元素或属性时，必须通过命名空间前缀限定。两个属性的默认值均为"unqualified"。

3. XSD 内置元素与数据类型

在 W3C XML Schema 规范中，预定义了大量的 XML 元素和数据类型，供用户定义自己的 Schema 时使用。这类似于程序设计语言中的关键字和标准函数。要设计自己的 Schema，必须了解这些内置的元素和类型，否则将无法完成 Schema 中数据类型和元素的定义。

（1）XSD 预定义元素

在 W3C XML Schema 文档中，我们已经看到了< xs:schema >元素和< xs:elment >元

素,这就是在命名空间 http://www.w3.org/2001/XMLSchema 中定义的元素,称为预定义元素。W3C XML Schema(XSD)定义了大约 30 多个预定义元素,每个元素定义了其功能和属性。利用这些预定义元素,用户可以设计自己的 Schema。关于 W3C XML Schema 规范预定义属性的详细介绍在此省略,需要的读者可参考 XML 的专门书籍。

为了更精细地定义数据的取值范围和取值模式,在 XSD 中还定义了一组内容取值约束及限定(Restrictions/Facets)元素,来更精确地限定元素的取值。例如,minExclusive(内容值范围最小,但不包含此值),minInclusive(内容值范围最小,且包含此值),maxExclusive(内容值范围最大,但不包含此值),maxInclusive(内容值范围最大,且包含此值),totalDigits(指定最大数字的位数),pattern(正则语言的元素内容)等。通过对数据类型设置内容约束,可以使数据的有效性设置更加准确。

(2) XSD 内置数据类型

在 W3C XML Schema 规范中,给出了大量的标准数据类型,这些数据类型的定义比传统的计算机程序设计语言中的数据类型的定义更加精细,其目的就是保证 XML 实例文档数据更加严格而有效。在 XSD 中,预定义的内置数据类型分为字符串数据类型(14 种)、数值型数据类型(14 种)、日期时间型数据类型(9 种),以及 Boolean、进制等杂项数据类型。

例如,仅字符串数据就定义了 14 种不同的字符串数据类型,包括:string(字符串,其他字符串数据类型均衍生于 string 字符串类型),normalizedString(规格化字符串数据类型,不包含换行符'\10'、回车'\13'或制表符'\9'的字符串),token(不包含换行符、回车或制表符、开头或结尾空格或者多个连续空格的字符串),Name(Token 的衍生类型,包含合法 XML 名称的字符串,XML 名称的第一个字母必须是字母、下画线或表意字符),NCName(Name 的衍生类型,不包含冒号的 XML 名称,以字母或下画线字符开头,后接 XML 规范中允许的任意字母、数字、重音字符、变音符号、句点、连字符和下画线的组合)。

对于数值型数据类型,定义了 decimal(十进制数字、小数或整数),从 decimal 衍生出了 byte(有正负的 8 位整数)、integer(整数值)、positiveInteger(仅包含正值的整数,取值范围为 $1\sim 2^{31}-1$))、negativeInteger(仅包含负值的整数,取值范围为 $-2^{31}\sim..,-2\sim-1$)等等,这些丰富的数值型数据类型,对数据的取值范围进行了更加精细的定义。在日期类型中,定义了 date(定义一个日期值,格式为 yyyy-mm-dd)、time(定义一个时间值,格式为 hh:mm:ss)以及 duration(定义一个时间间隔)等类型。

在 XSD 中,对于每一种数据类型,除了进行了更加精细化的类型划分外,还可以附加相应的类型的限定(Restriction),从而使得数据的取值更加精确。

4. 数据类型定义

在 XML Schema 中,除了上述预定义的数据类型外,从 XML 语义出发,当我们在定义元素或属性时,对它们的取值可能会有更加具体的约束和限制,例如:要说明表示年龄的一个元素属性,这个属性的值是一个正整数,但取值会有一个范围,怎么来表达这个约束呢?通过 XSD 预定义数据类型和约束项,我们可以定义自己特定的数据类型,这就是进行数据类型定义的意义和目的所在。

定义数据类型的目的是声明元素,根据元素的复杂程度不同,元素分为简单类型元素和复杂类型元素两种,因此,数据类型也分为简单类型和复杂类型两种。简单类型元素的值不能包含元素或属性,复杂类型元素可以产生在其他元素中嵌套元素的效果,或者为元素增加属性。

数据类型的定义有两种方式,一种是单独地定义数据类型,并为类型命名;另一种方式是将数据类型定义写在元素声明中。两种方式各有特点,应根据实际情况而定,如果一个数据类型只在一个元素中使用,在元素声明时定义类型更加简单。

用户自定义数据类型是通过 XSD 内置元素和预定义数据类型完成的,简单类型定义的一般形式是:

```
< xs:simpleType name = "name">
  < xs:restriction base = "xs:datatypes">
    < xs:facets_element value = "value"/>
    …
  </xs:restriction>
</xs:simpleType>
```

在上述简单数据类型定义中,< xs:simpleType >元素为 XSD 内置元素,功能是定义简单类型,name 属性给出类型名。内置元素< restriction >的 base 属性设置基础数据类型,如 string、float、double 和 decimal 等,也可以是用户定义的简单数据类型。restriction 元素的子元素 facets_element 描述数据类型的细节规则,即元素内容取值的精确约束,如长度、范围等。

【例 3-15】 定义一个简单数据类型 age,要求取值为 18 至 65 的整数。

分析:该类型不仅要说明基本类型,还需要给出类型的取值范围,这可通过内容约束元素来设定。类型定义如下:

```
< xs:simpleType name = "age">
  < xs:restriction base = "xs:integer">
    < xs:minInclusive value = "18"/>
    < xs:maxInclusive value = "65"/>
  </xs:restriction>
</xs:simpleType>
```

【例 3-16】 利用上面定义的 age 类型,定义一个年龄在 18 至 25 岁的青年数据类型如下:

```
< xs:simpleType name = "young">
  < xs:restriction base = "age ">
    < xs:minInclusive value = "18"/>
    < xs:maxInclusive value = "25"/>
  </xs:restriction>
</xs:simpleType>
```

【例 3-17】 定义数值型数据类型,并约束取值的格式。

示例类型定义如下:

```
< xs:simpleType name = "productCode">
  < xs:restriction base = "xs:string">
    < xs:length value = "6" fixed = "true"/>
  </xs:restriction>
</xs:simpleType>
```

还可以用 pattern 字符串比对的正则语言模板字符串：

```
<xs:simpleType name = "productCode">
    <xs:restriction base = "xs:string">
        <xs:pattern value = "\d{2}-\d{3}-\d{7}"/>
    </xs:restriction>
</xs:simpleType>
```

从上面的几个例子可以看出，在 XSD 中，用户可以定义取值范围更加明确的数据类型，这对保证 XML 文档内容的正确性是非常有意义的，这也是 Schema 比 DTD 优越的地方。关于复杂数据类型的定义，由于篇幅所限，在此不做介绍。

5. 声明元素

声明元素就是定义元素的名字和内容模型。在 XML Schema 中，元素的内容模型由其数据类型定义，定义一个元素，即声明一个元素名称及给定该元素的取值类型。在 XML Schema 中，定义 XML 元素的一般形式是：

```
<xs:element name = " " type = " " default = " " fixed = " " />
```

其中，element 为 XSD 内置元素，表明该命令为元素声明，name 属性为要定义的元素的元素名，type 属性设置元素取值的数据类型，default 属性给定默认值，fixed 属性指定固定值。

除了上述通过元素类型声明一个元素外，还可以将数据类型的定义和元素的声明进行合并，来声明一个元素。一般形式是：

```
<xs:element name = " ">
    元素数据类型定义
</xs:element>
```

【例 3-18】 用两种不同形式声明一个元素<car>，元素内容为 Audi、BWM 或 Buick。
示例代码如下：
形式一：

```
<xs:element name = "car" type = "carType" />
<xs:simpleType name = "carType">
    <xs:restriction base = "xs:string">
        <xs:enumeration value = "Audi"/>
        <xs:enumeration value = "Buick"/>
        <xs:enumeration value = "BMW"/>
    </xs:restriction>
</xs:simpleType>
```

形式二：

```
<xs:element name = "car">
<xs:simpleType>
    <xs:restriction base = "xs:string">
        <xs:enumeration value = "Audi"/>
        <xs:enumeration value = " Buick"/>
        <xs:enumeration value = "BMW"/>
</xs:restriction>
```

```
</xs:simpleType>
</xs:element>
```

【例 3-19】 声明一个元素< passeword >，其取值为 6～8 个字母、数字字符构成的字符串。

示例代码如下：

```
<xs:element name = "password">
<xs:simpleType>
    <xs:restriction base = "xs:string">
        <xs:minLength value = "5"/>
        <xs:maxLength value = "8"/>
        <xs:pattern value = "[a-zA-Z0-9]{6,8}"/>
    </xs:restriction>
</xs:simpleType>
</xs:element>
```

介绍完了 XML Schema 中声明元素的方法后，下面我们通过一个例子来比较一下 DTD 和 XML Schema 的不同。假定有一个简单的 XML 文档内容如下：

```
<图书>
    <书名>丁丁历险记</书名>
    <作者>Georges Remi</作者>
</图书>
```

如果用 DTD 的形式来定义该 XML 文档结构的话，DTD 定义如下：

```
<!ELEMENT 图书 (书名, 作者)>
<!ELEMENT 书名 (#CDATA)>
<!ELEMENT 作者 (#PCDATA)>
```

如果用 XML Schema 形式来定义 XML 文档结构，则 XMLSchema 定义如下：

```
<xs:element name = "'图书" type = "图书类型"/>
<xs:complexType name = "图书类型">
  <xs:all>
    <xs:element name = "书名" type = "string"/>
    <xs:element name = "作者" type = "string"/>
  </xs:sequence>
</xs:complexType>
```

其中，元素<图书>的取值类型为用户定义的一个复杂数据类型，因此，<图书>元素为复杂类型元素。

6. 声明元素属性

复杂元素可以拥有子元素和元素属性，简单类型没有元素属性，因此，元素属性的声明通常是在复杂数据类型的定义中实现的。声明元素属性的一般形式是：

```
<xs:attribute name = " " type = " " default = "" use = "required|no"/>
```

其中，attribute 为 XSD 内置元素，功能是声明元素属性，name 属性设置属性名，type 设置属性值的数据类型，default-value 是属性的默认值，use 设置该属性是否为必选属性。

【例 3-20】　声明一个空元素< product >,拥有一个长度为 6 个数字字符的编码。
示例代码如下：

```
<xs:simpleType name = "idtype">
    <xs:restriction base = "xs:string">
        <xs:pattern value = "[0-9]{6}"/>
    </xs:restriction>
</xs:simpleType>
<xs:complexType name = "prodtype">
    <xs:attribute name = "prodid" type = " idtype"/>
</xs:complexType>
<xs:element name = "product" type = "prodtype"/>
```

【例 3-21】　声明一个复杂元素< bookorder >,拥有两个子元素< bookname >和
< customer >以及一个 orderid 属性,规定一个订单可以订多本书,orderid 为长度为 6 个字符的字符串。
要实现上述要求,可分成三个基本步骤,如下：
(1) 定义简单数据类型,进行内容取值约束和限定：

```
<xs:simpleType name = "orderidtype">
    <xs:restriction base = "xs:string">
        <xs:pattern value = "[0-9]{6}"/>
    </xs:restriction>
</xs:simpleType>
```

(2) 定义元素属性：

```
<xs:complexType name = "bookordertype">
    <xs: sequence>
        <xs:element name = "customer" type = "xs:string"/>
        <xs:element name = "bookname" type = "xs:string" maxOccurs = "unbounded"/>
    </xs: sequence>
    <xs:attribute name = "orderid" type = "xs:string" use = "required"/>
    <xs:anyAttribute/>
</xs:complexType>
```

(3) 声明元素：

```
<xs:element name = "bookorder" type = "bookordertype"/>
```

在元素属性的声明中,使用了< xs:anyAttribute/>,可以使创作者在元素中添加
orderid 以外的任意数量的属性,但是这些属性必须通过 Schema 声明,例如,我们在 Schema
中包含属性 note 的声明：

```
<xs:attribute name = "note">
    <xs:simpleType>
        <xs:restriction base = "xs:string">
            <xs:pattern value = "普通|加急"/>
        </xs:restriction>
    </xs:simpleType>
</xs:attribute>
```

还可以将属性应用到< bookorder >元素中,对于下列 XML 内容:

```
< bookorder orderid = "201201" note = "加急" status = "OK"> < customer > Hao </customer >订购图
书清单< bookname > Web 技术导论(第 3 版)</bookname ></bookorder >
```

其中,note 属性是有效的,虽然未在< bookorder >元素中声明,但 status 属性无效,因为在 schema 中未声明该属性。上述内容看起来不够自然,我们可以将其关系用层次缩进来表达,形式如下:

```
< bookorder orderid = "201201" note = "加急" status = "OK">
    < customer > Hao </customer >订购图书清单
    < bookname > Web 技术导论(第 4 版)</bookname >
</bookorder >
```

7. 将架构应用到 XML 文档

用户可以在一个 XML 文档的内部应用一个架构(Schema),从而使用架构中声明的元素或定义的数据类型,以及对 XML 文档数据进行有效性验证。在 XML 文档中应用架构,需要在该文档的根元素中声明 xmlns,一般形式是:

```
< rootelement xmlns = "Schema - URI XSD - file">
```

其中,rootelement 为用户希望应用架构的 XML 文档的根元素。Schema URI 为统一资源标识符,是要附加的架构的名称,如果文档中需要应用多个 Schema,应为它们的命名空间命名,以便在使用不同的 Schema 中的元素时,不至于出现元素重名。XSD-file 给定包含 Schema 定义的 xsd 文件名。

下面我们设计一个有关家庭的 Schema 文档 family. xsd,并利用该 Schema 完成一个 XML 文档 Myfamily. xml 数据的验证。

代码清单:模式文件 family. xsd

```
<?xml version = "1.0" encoding = "gb2312"?>
< xs:schema xmlns:xs = "http://www.w3.org/2001/XMLSchema"
            elementFormDefault = "qualified">
< xs:complexType name = "familytype">
    < xs:sequence >
        < xs:element name = "father" type = "xs:string" minOccurs = "0"/>
        < xs:element name = "mother" type = "xs:string" minOccurs = "0"/>
        < xs:element name = "boy" type = "xs:string" minOccurs = "0" maxOccurs = "5"/>
        < xs:element name = "girl" type = "xs:string" minOccurs = "0" maxOccurs = "5"/>
    </xs:sequence >
</xs:complexType >
< xs:complexType name = "hometype">
  < xs:all >
     < xs:element name = "house" type = "xs:string" minOccurs = "1"/>
  </xs:all >
</xs:complexType >

< xs:element name = "familys">
    < xs:complexType >
        < xs:sequence >
```

```
            <xs:element name = "family" type = "familytype" maxOccurs = "unbounded"/>
        </xs:sequence>
    </xs:complexType>
</xs:element>
<xs:element name = "family" type = "familytype"/>
<xs:element name = "home" type = "hometype"/>
</xs:schema>
```

下面是一个 XML 实例文档 myfamily. xml,代码清单如下:

代码清单: myfamily. xml

```
<?xml version = "1.0" encoding = "gb2312"?>
< familys xmlns:xsi = http://www.w3.org/2001/XMLSchema − instance
        xsi:noNamespaceSchemaLocation = "family.xsd">
< family >
    < father > Tony Smith </father >
    < boy > Linda </boy >
</family >
< family >
    < father > David Smith </father >
    < boy > mike </boy >
    < girl > Mary </girl >
    < girl > Susan </girl >
</family >
< family >
    < father > Michael Smith </father >
</family >
</familys >
```

在 XML 中,Schema 是验证 XML 实例文档数据有效性的手段。由于 XSD 内置元素较多以及预定义数据类型较多,手工编写 XML 文档和 XML Schema 是非常麻烦的,需要记忆大量的预定义元素和数据类型,因此,在实际应用中,可以借助于 XML 开发工具来完成,这些工具还提供 XML 数据有效性和文档结构良好的检查。

3.7.5   XML 相关技术

XML 技术包含的内容很多,除了 XML 元语言规范外,我们对于 XML 文档的有效性、XML 数据处理、XML 数据转换、XML 数据显示等都是 XML 技术非常重要的内容之一。了解这些技术及它们的用途、相互之间的关系,对于理解 XML 技术至关重要。

1. 可扩展样式语言 XSL

W3C 给出了两种样式单语言的推荐标准,一种是层叠样式表 CSS(Cascading Style Sheets),另一种是可扩展样式表语言 XSL(eXtensible Stylesheet Language)。样式表 (Style Sheet)是一种专门描述结构文档表现方式的文档,它既可以描述这些文档如何在屏幕上显示,也可以描述它们的打印效果。使用样式表的目的就是要保证文档内容和文档显示的彻底分离。CSS 主要应用在 HTML 的页面制作,而可扩展样式语言 XSL(eXtensible Style Language)则是用于描述 XML 文档样式的语言。

对于 XML 文档数据,我们可能还需要将 XML 数据以不同的方式进行显示。在 XML

技术中，我们可以和 HTML 一样，定义样式表(.css)文件，在 XML 文档的序言中增加声明显示该 XML 文档要使用的样式表，处理指令为：<? xml-stylesheet type＝"text/css" href＝"mycssfile.css"? >，然后通过在 XML 元素中使用 class 属性和 id 属性来定制元素的显示。但是，必须要记住的是：XML 技术的核心是将数据和数据的显示分离，任何在 XML 文档内容中包含显示信息的 XML 文档都认为是含有 bug 的，因此，这样的设计不符合 XML 的思想。XML 技术的基本规则是，XML 文档存储数据本身，对数据的显示则通过 XML 数据的应用程序来完成。

基于上述两个方面的原因，W3C 颁布了可扩展样式语言 XSL 规范，用于 XML 文档的转换和显示。XSL 在转换 XML 文档时分为两个过程：首先转换文档结构，然后将文档格式化输出。这两步可以分离开来并单独处理，因此 XSL 在发展过程中逐渐分为 XSLT (XSL Transformations)和 XSL-FO(XSL Formatting Objects)两种分支语言。XSLT 用来实现 XML 文档结构的转换，其中，将 XML 文档转换为 HTML 文档是目前 XSLT 最主要的功能。XSL-FO 的作用则类似 CSS 在 HTML 中的作用。

作为可扩展样式表语言，XSL 文档有其特定的文档结构和语法，定义了大量的内置元素，用于获取 XML 文档的数据，然后进行转换，以特定的样式进行输出。

2. XML 路径语言 XPath

XML 路径语言 XPath(XML Path Language)是用来查询和定位 XML 文档中的元素或文本的一种通用查询语言。不管是在 XSLT 还是 XPointer 规范中，都需要定位 XML 文档树中的元素、元素属性或元素区间，XPath 规范的目的就是向 XSLT 和 XPointer 共同需要的功能提供统一的语法和语义，可以说，XPath 是一种 XML 文档内容寻址语言。有特定的语法和预定义函数，用于对 XML 文档进行操作。

XPath 将一个 XML 文档建模成为一棵节点树，通过路径表达式来实现对 XML 文档内容的定位，在 XML 文档中选择结点或结点集，从而实现对 XML 文档中的元素和属性进行遍历。XPath 1.0 于 1999 年 11 月 16 日成为 W3C 推荐标准，2007 年 1 月 23 日，XPath 2.0 成为 W3C 推荐标准，很好地修复了 XPath 1.0 版中的问题。

3. XML 查询语言 XQuery

现在，越来越多的信息以 XML 格式进行存储和交换，XML 数据查询成为重要的功能需求。1999 年，W3C 成立了 XML 查询工作组，开始研究制定相关标准规范。经过一个漫长的时期，2005 年 11 月，W3C 发布了关于 XML 查询的 8 个备选推荐规范。2007 年 1 月 23 日，W3C 才将 XPath 2.0 和 XQuery 1.0 确定为推荐标准。

XQuery 1.0 是 XPath 2.0 的扩展集，除了拥有 XPath 2.0 的特点外，增加了排序、重装、构造功能，而且实现了 XPath 2.0 未能实现的数据浏览和过滤方面的性能。XQuery 的优点包括：

- 相比 XSLT 的查询语句，XQuery 查询语句代码更简洁。XQuery 执行查询需要的代码比 XSLT 少，所以它的执行效率也高。
- 当 XML 数据是类型化的，那么 XQuery 是一个强类型语言，它能够通过避免非法的类型转换以及确认类型是否可以在查询操作中使用，来提高查询语句的执行效率。
- XQuery 能当作弱类型语言使用，为非类型化数据提供更强的功能，将会被主流的数据库提供商所支持。

由于本书篇幅所限,关于 XQuery 的基本语法和应用请参考 W3C 的具体规范。

4. 可扩展连接语言 XLL

在 XML 的规范中,并没有规定有关文件链接的问题。为了使 XML 文件也能够有类似 HTML 文件超链接的功能,W3C 制定了 XML 可扩展链接语言规范 XLL(eXtensible Linking Language),分为三个部分:XLink 语言、XPointer 语言和 XML Base。其中 XLink 是规定 XML 文件之间的链接规范(和 HTML 中的外链接相似),XPointer 是规定 XML 文件中不同位置之间的链接规范(类似 HTML 中的书签)。通过 XLink 规范和 XPointer 规范可以定义类似 HTML 中<a>标记的超链接功能,然后通过 XSL 显示该超链接。

本 章 小 结

本章首先介绍了标记语言的概念、产生和发展,对几种常见的标记语言进行了简要说明,并分析了它们的定位和不同。重点讲解了 HTML 规范,特别是 CSS 技术,讲解了改变标记默认显示样式的不同方法,各自的优缺点,块元素和行内元素的概念。对 HTML 5 和 CSS 3 中出现的新概念在相应的章节进行了介绍。对于 XML 标记语言,讲解了 XML 的定位以及 XML 和 HTML 的本质区别。简要介绍了 XML 文档结构,数据类型定义 DTD,XMLSchema 技术,在此基础上,介绍了 XML 文档中的元素及属性的定义,展现了 XML 文档的优势。最后,对 XML 相关技术,包括 XSL、XPath、XQuery 等技术进行了简要介绍,讲解了它们和 XML 实例文档的关系,从而对 XML 技术建立一个全面的认识。

习　　题

一、简答题

1. 什么是 HTML? 简述 HTML 文档的基本结构。

2. 关于 HTML 标记,回答下列问题:

(1) 标记的属性是如何分类的? 有何区别?

(2) 不同的标记拥有的属性不同,但有些属性是大部分标记都有的,称为通用属性,有哪些常用的通用属性? 并说明这些属性的作用。

(3) 要修改标记的默认显示样式,有哪几种方法?

3. 简述 HTML 中表单<form>标记的 target 属性的作用。

4. 关于 CSS 技术,回答下列问题:

(1) 什么是层叠样式表 CSS? 使用 CSS 有什么好处?

(2) 什么是样式表?

(3) 什么是内部样式和外部样式?

5. 随着网络接入终端的多样化,在网页设计中,有哪些主要的页面布局? 说明各自的特点。

6. 在 HTML 5 文档编辑中,出现在编辑工具中的汉字正常显示,但在浏览器中显示乱码。比如,使用 FrontPage 编辑网页,设置文字编码<meta charset="utf-8" />,汉字显示正常,但在浏览器中打开网页时,会显示乱码。如果字符集设置为<meta charset="gb2312" />,

则在浏览器显示正常。为什么?

7. 一个 XML 文档有哪几个组成部分? 简述每一部分的功能。

8. 在 XML 文档中,定义文档类型和文档架构(Schema)的目的是什么?

9. XML 技术实现了数据和显示的分离,关于 XML 文档内容的显示,回答下列问题:

(1) 如果不声明 XML 文档的显示样式,在浏览器中加载一个 XML 文档时,显示的结果是什么?

(2) XML 文档树显示了文档数据的结构,如何进行 XML 文档的格式化显示?

10. XML 与 HTML 相比有什么本质不同?

二、阅读理解题

1. 在 CSS 中,提供了一组定位属性,可以对块级元素和行内元素进行定位,改变正常的输出流结果,阅读下列代码,说明其输出结果。

(1) 块级元素的相对定位

```
< html >
< head >
< style type = "text/css">
    p.pos_left {position:relative;left: - 20px}
    p + p{color: #ff0000}
</style >
</head >
< body >
<p>段落的正常输出位置</p>
< p class = "pos_left">段落在输出时相对于其正常位置向左移动</p>
<p>相对定位会按照元素的原始位置对该元素进行移动.</p>
</body >
</html >
```

(2) 块级元素的绝对定位

```
< html >
< head >
< style type = "text/css">
h1.pos_abs{position:absolute;left:100px;top:150px}
img{position:absolute;bottom:0px}
</style >
</head >
< body >
< h1 class = "pos_abs">这是带有绝对定位的标题</h1>
<p>通过绝对定位,元素可以放置到页面上的任何位置.</p>
< img class = "normal" src = "images/smile.gif" />
</body >
</html >
```

(3) 在文本中垂直排列图像

```
< html >
< head >
```

```
< style type = "text/css">
    img.top {vertical - align:text - top}
    img.bottom {vertical - align:text - bottom}
</style>
</head>
< body >
<p>图片与文字< img class = "top" border = "0" src = "images/smile.gif" />上重齐.</p>
<p>图片与文字< img class = "bottom" border = "0" src = "images/smile.gif" />下重齐.</p>
</body>
</html>
```

(4) 元素的摆放顺序

```
< html >
< head >
< style type = "text/css">
    img.x{position:absolute;left:0px;top:0px;z - index: - 1}
</style>
</head>
< body >
< h1 >这是一个标题</h1>
< img src = "images/smile.jpg"class = "x" />
< p > z - index 的默认值 0, z - index: - 1 拥有更低的优先级,将作为背景.</p>
</body>
</html>
```

2. 在 HTML 中,经常使用 div、span 元素,并结合 CSS 的定位、浮动属性,实现特定的输出效果。阅读下列代码,说明运行结果。

(1) 图层的浮动

```
< html >
< head >
< style type = "text/css">
div{margin:0 0 15px 20px;border:1px solid black;width:100px;text - align:center;float:right}
</style>
</head>
< body >
< div >
< img src = "images/mydog.gif" />< br />
my dog
</div>
< p >
在该段落中,div 元素的宽度是 100 像素,其中包含图像.div 元素浮动到右侧.同时,div 元素添加了
外边距,使 div 与文本保持一个距离,此外,还向 div 添加了边框和内边距。
</p>
</body>
</html>
```

(2) 段落的首字母浮动于左侧

```
< html >
< head >
```

```
< style type = "text/css">
span {width:0.7em;font - family:algerian,courier;font - size:400 % ;line - height:80 % ;float:
left}
</style >
</head >
< body >
```

\<p\>\<span\>T\</span\>his is some text.在段落中,文本的第一个字母包含在一个 span 元素中.这个
span 元素的宽度是当前字体尺寸的 0.7 倍.span 元素的字体尺寸是 400 % ,行高是 80 % 。\</p\>

```
</body >
</html >
```

第4章 网页设计与制作

【本章导读】

在互联网中,网页是用户和 Web 进行交互的主要界面,用户通过网页进行信息浏览和实现与 Web 应用的交互。网页是存储在 Web 服务器上的一个个 HTML、JSP、ASP、PHP 等各种类型的文档在浏览器中的显示,一个 Web 应用或者一个网站是由大量的网页构成的,并通过页面间的超链接表达和实现业务逻辑。网页作为 Web 应用的用户界面,不仅要强调它的功能性,还必须强调它的艺术性效果,追求良好的用户体验,这就使得 Web 应用的设计融入了更多非技术的要素,网页设计成为 Web 前端设计与开发的重要组成部分。

本章首先介绍了页面设计的概念,将页面设计分成面向业务逻辑的功能性设计(交互设计)和面向用户体验的视觉设计两个不同的层面。然后重点讨论了面向用户体验的页面布局设计、页面视觉设计和页面效果设计的有关问题。介绍了系统开发中代码编辑器、网页制作工具和集成开发环境的概念以及各自的特点,并对 SublimeText、Dreamweaver 和 MyEclipse 进行了介绍。最后以 Dreamweaver 工具为例,以 HTML 规范框架为主线,讲解了使用 Dreamweaver 等开发工具进行网页设计的一般过程,进一步加深对 HTML 规范的理解。

【知识要点】

4.1 节:前端设计,后端设计,网页设计,页面功能与内容设计,用户体验,页面布局,显示分辨率,图像分辨率,图片大小,视觉设计,效果设计。

4.2 节:代码编辑器,多点编辑,代码补齐,Dreamweaver,集成开发环境,工作空间(Workspace),项目(Project)。

4.3 节:Dreamweaver 网页制作工具,代码视图,设计视图,拆分视图,实时视图。

4.4 节:文本格式化,插入图片,插入表格,插入表单,插入 div。

4.5 节:标记属性,CSS 样式属性,Intellisense 技术。

4.6 节:内联样式,内部样式,外部样式。

4.1 网页设计基础

网站或者说 Web 系统,都是由大量的网页构成的,网页是系统与用户之间的交互界面。与传统的应用程序界面不同,网页是内容和艺术的综合体。网页在实现 Web 应用系统功能的同时,表现出更大的灵活性、随意性和艺术性。Web 开发团队的人员也更加多样,除了传统的系统设计人员、代码开发人员外,开始出现了美工人员,Web 设计已经越来越明显地分成面向业务逻辑的功能性设计(交互设计)和面向用户体验的视觉设计两个不同的层面,网页设计成为 Web 系统设计中前端设计的重要组成部分。

4.1.1　Web 系统设计

　　计算机软件系统的发展可以简单地分为单机应用、客户/服务器(Client/Server,C/S)应用和浏览器/服务器(Browser/Server,B/S)应用几种模式。计算机软件模式上的发展是随着计算机技术的发展而变化的。在计算机发展的早期,计算机网络还未诞生,所有的计算机应用都是安装在一台计算机上运行和使用的,计算机应用表现为一种单机应用模式。20 世纪 70 年代,出现了计算机网,计算机应用分布在网络中,出现了 C/S 模式。20 世纪 90 年代,随着互联网技术的发展和应用的普及,浏览器/服务器(B/S)计算机应用模式快速发展,成为今天计算机应用的主流模式,计算机应用系统又称为 Web 系统。

　　对于所有的计算机软件系统,不论什么样的应用模式,不论其规模和功能大小,从概念上讲,一个计算机软件系统都可以分成数据和程序两个部分。所谓数据,就是我们要处理的业务数据,而程序则是对数据的处理,是业务逻辑的表达和编码的实现。从逻辑的角度讲,一个软件系统则可以分为数据、业务逻辑和连接逻辑几个方面。业务逻辑是对领域业务的编程(函数)实现,连接逻辑是指这些业务逻辑之间的连接和调用关系(调用机制,如函数调用,消息机制等),用以实现一项复杂的业务关系。

　　传统的软件系统设计包含了系统功能设计和数据结构设计两个主要部分,传统软件系统的特点是界面采用窗口＋对话框模式,其结构是相对统一的。但是,Web 系统不同,用户界面体现为一系列的网页,网页中既要展示数据内容、提供输入输出接口,还可以表达调用逻辑,这些要素的组织表现出很大的灵活性、随意性和艺术性,这就决定了 Web 系统设计不同于传统的软件系统设计。

　　在一个 Web 系统中,程序分为客户端脚本程序和服务端脚本程序两部分,因此,Web 系统设计一般分为前端设计和后端设计两部分。所谓前端设计,是指面向用户端的设计,包括网页设计、UI 设计和客户端脚本程序设计。后端设计则是指服务器端的设计,主要是数据操作的设计。Web 前端针对的是用户体验和用户交互,在前端设计中,主要利用 HTML、CSS 和 JavaScript 技术,来保证网页的功能和用户体验。Web 后端针对的是服务器端的面向业务逻辑与数据处理的编程,主要是数据库操作,以支撑系统的数据存储和管理。

4.1.2　MVC 设计模式

　　在软件系统的开发中,系统设计人员追求的目标就是要保证系统的可维护性、可扩展性和灵活性等。要实现这样的目标,高内聚、低耦合是一种重要的保证。围绕这样的设计目标,出现了许多设计模式。在 Web 开发中,模型-视图-控制器(Model-View-Controller, MVC)设计模式是一种比较流行的设计模式。MVC 设计模式并不是一种新的模式,它是 Xerox PARC 在 20 世纪 80 年代为编程语言 Smalltalk-80[①] 发明的一种软件设计模式,其核

---

　　① Smalltalk 是由美国施乐公司帕洛阿尔托研究中心(Xerox PARC)于 20 世纪 70 年代开发的面向对象程序设计语言,被公认为历史上第二个面向对象的程序设计语言,是第一个真正的集成开发环境(IDE)。Smalltalk 对许多其他程序设计语言的研究产生了重大的推动作用,如 Objective-C、Actor、Java 和 Ruby 等。同时,20 世纪 90 年代的许多软件开发思想也得益于 Smalltalk,如 Design Patterns、Extreme Programming(XP)和 Refactoring 等。

心思想是在系统开发中强制性地使应用程序的输入、处理和输出分开,把数据、商业逻辑和界面显示进行分离,分别用模型、控制器和视图表示,它们相对独立而又能协同工作,各自处理自己的任务,从而增强系统的可维护性和可扩展性,逻辑关系如图 4-1 所示。

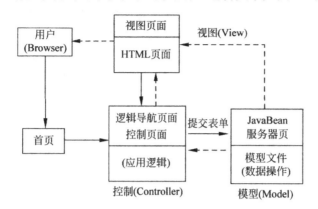

图 4-1 Web 应用中的 MVC 设计模式

模型(Model)表示企业数据及业务规则,在 MVC 的三个部件中,模型拥有最多的处理任务,实现数据操作等业务逻辑、状态管理的功能。被模型返回的数据是中立的,就是说模型与数据格式无关,这样一个模型能为多个视图提供数据。由于应用于模型的代码只需写一次就可以被多个视图重用,所以减少了代码的重复性。

视图(View)是用户看到并与之交互的界面,通常实现数据的输入(表单页面)和输出(控制模块返回的页面,模型处理结果返回页面、状态变化等)功能。

控制器(Controller)控制整个业务流程,实现 View 层跟 Model 层的协同工作。控制器接受用户的输入并调用模型和视图去完成用户的需求。当单击 Web 页面中的超链接和发送 HTML 表单时,控制器本身不输出任何东西也不做任何处理。它只是接收请求并决定调用哪个模型构件去处理请求,然后确定用哪个视图来显示模型处理返回的数据。

4.1.3　页面功能与内容设计

在 Web 应用或 Web 站点中,页面作为用户和 Web 的界面,页面的功能就是内容展示和用户交互。因为一个 Web 站点通常由大量的页面文件构成,因此对页面的功能划分、存储和组织应按照软件系统分析、设计和开发相关的方法和模式进行,包括生命周期法、原型法和 MVC 设计模式等。

综合利用生命周期法、原型法和 MVC 设计模式,对整个 Web 站点进行系统分析和功能设计,然后规划文件夹结构和页面划分。与传统的软件系统开发相比,Web 站点中的一个页面,类似于传统软件系统中的一个源文件,只是页面之间的调用是通过超链接,或者页面中包含的表单的 action 属性完成的,而不是传统 C 中的函数调用。

根据 MVC 设计模式,可以将网页功能进行分类,分为:①用于内容展示、输入输出的页面(视图),通常为 HTML 静态页面;②导航页面,类似于传统程序中的菜单,实现页面之间的调用和导航,典型的导航页面有站点首页和菜单网页等。③服务端脚本程序页面,这类页面不在浏览器中显示,主要是负责数据的查询、存储等,通常为 JSP 服务器页。虽然,通过服务器页面可以简单地实现 MVC 模式中控制器的功能,但并不安全,传统的方法是控制器由 Servlet 来完成。

页面的功能划分主要服务于 Web 应用的交互,提高网站的易用性,协助用户顺利地完成期望的任务流程。对于视图类和导航类页面,还必须考虑用户体验,网页的内容设计要丰富多彩,包括网站标志、导航区、菜单区、表单样式、表格数据文字表现、新闻、公告、讨论区、友情链接、广告条、版权信息等。对网页内容的表现形式,应根据内容和用户特点,选用文本、图片、动画等不同的媒体形式来展示,以产生更好的用户体验。

4.1.4 页面布局设计

在 Web 应用中,网页是用户和互联网的人机界面。在 Web 设计中,网页布局越来越重要,只注重内容,而忽视页面布局的网页很难产生较好的用户体验。实际情况是,用户对页面的体验第一印象就是页面的栏目和布局,然后才是页面内容。只有当网页内容和网页布局完美地融合时,才能产生最好的用户体验。

1. 网页布局涉及的因素

新建网页就像一张白纸,没有任何表格、框架、图层和约定俗成的东西。接下来,设计人员首先需要根据页面内容、浏览用户等因素对页面布局进行设计。进行页面布局,通常需要先在纸上或者利用 Photoshop 等画图程序来设计草稿,画出页面布局的草图,然后再深入加工,最后定稿。在进行页面布局设计时,需要考虑以下几个因素:

(1)页面尺寸。页面尺寸和显示器尺寸[①]及显示分辨率[②]紧密相关,同时浏览器本身(如菜单栏、工具栏等)也将占去一定的屏幕空间,这在页面布局设计时必须考虑。由于台式计算机、笔记本、平板电脑、智能手机的显示器的大小各不相同,在进行页面尺寸定义时,必须考虑各种可能的显示屏幕情况,使网页具有更好的自适应性。

在早期,计算机屏幕的常见显示器分辨率为 1024×768,网页的设计大都设计为 1024×768 大小。对于宽屏的情况,分辨率可能为 1600×900 等,许多网页设计将页面宽度设计为最主流的 1024,遇到宽屏,则居中显示。之所以要考虑屏幕的显示分辨率,因为在涉及网页中的图片时,必须要指定图片大小[③],即图片长宽方向的像素数量。

(2)整体造型。指页面的整体形象,虽然显示器和浏览器都是矩形,但对于页面的造型,可以根据网站的性质,充分运用自然界中的各种形状以及它们的组合,例如:矩形,圆形,三角形以及不规则边界的图形等。

不同的形状所代表的意义是不同的。例如:矩形代表着正式、规则,大多数政府网页都是以矩形为整体造型;圆形代表着柔和、团结、温暖、安全等,许多时尚站点喜欢以圆形为页面整体造型;三角形代表着力量、权威等,许多大型的商业站点为显示它的权威性常以三角

---

①　显示器尺寸,显示器一般有 CRT 显示器和 LCD 显示器两种,显示器尺寸是指屏幕对角线的长度,单位为英寸(1英寸=2.54cm)。常见的有 12 英寸、14 英寸、15 英寸、17 英寸、19 英寸、22 英寸等。

②　显示分辨率(resolution),显示分辨率又称屏幕分辨率,是屏幕图像的精密度,是指显示器所能显示的水平和垂直方向的像素数。通常情况下,同一个显示器,可设置多种不同的显示分辨率。

③　图片大小,指图片水平和垂直方向的像素数。同一张图片,在不同的显示器分辨率下显示的大小不同。图像分辨率是指单位英寸中所包含的像素点数,常用的图像分辨率单位有:ppi(像素每英寸)和 dpi(点每英寸)。在显示器中,一般用像素,在打印机或出版印刷中用点来描述。

形为页面整体造型；大部分的游戏场景则使用不规则的图形。

（3）页头。页头又称为页眉，页头常放置站点的名字、公司标志或旗帜广告。页头的内容和设计风格直接影响到整个页面的协调性。对于站点首页，为了有效利用屏幕空间，许多网站的页头中，除了放置公司标志，往往在页头右侧放置登录按钮、超链接等。

在页头下方，可以是一行滚动新闻，或者是水平方向的导航菜单，或者是一个动画效果，将页头和下面的内容进行分开，从而产生较好的视觉效果。大多数门户网站首页都采用了上述的页头设计，例如 sina，163 的首页页头。

（4）页脚。页脚和页头相呼应，页头放置站点主题，页脚则放置制作者、公司信息、联系人信息以及网站版权信息等。

（5）菜单。与传统的程序类似，在网页上也通常组织菜单，菜单其实都是超链接，菜单超链接通常组织成水平下拉式菜单或树状目录结构形式。菜单的组织形式与网站用户以及菜单数量的多少有关，普通用户通常组织成水平下拉式菜单，在页头的下方。管理员用户或菜单数量众多的时候，菜单通常组织成树状结构，放在页面的左侧。

（6）超链接。在具有导航功能的页面中，包含了大量的超链接，以链接到其他页面。可以按照链接的内容，将超链接组织成不同的超链接区。例如，许多门户网站的各种板块栏目，就是一个个的超链接区。超链接可以单独出现，也可以组织成多行多列的超链接区，还可以组织成横向菜单条，或者纵向的超链接区。

2. 常见网页布局

在第 3 章介绍网页自适应时，我们从技术的角度，根据显示器大小和分辨率大小设置的不同，介绍了页面布局的问题。在这里，我们从功能的角度，介绍页面布局，就是对页面空间的分割和安排，以便组织网页内容。在数以亿计的 Web 页面中，网页的布局可谓千差万别。由于网页的功能不同，表达的内容不同，人们的审美情趣不同，因此，我们不可能要求设计人员设计统一的网页布局。虽然如此，根据页面的功能不同，许多页面在布局上是相似的。例如，站点首页设计，菜单设计，导航设计，内容页面设计等。

常见的页面布局有：

（1）基于栏目的页面布局。对于内容很多的网页，通常将页面按照栏目进行组织，组织成多个矩形区域（内容板块），每个区域包含一组超链接，形成一个超链接区。超链接区通常包含一个栏目标题，栏目之间通过色彩块来区分。为了增加视觉效果，在栏目之间，或矩形块栏目内部，通常插入一些动画广告。

基于栏目的页面布局主要用于导航页面设计，大部分的门户网站首页，或者是内容众多的网页，常常采用基于栏目的页面布局形式，例如，sina，163，265 上网导航等。网页布局示例如图 4-2 所示。

基于栏目的页面布局主要应用于一些商业网站的首页。为吸引用户，增加用户访问量，从商业运营的目的出发，网站的内容很多，分成了不同的超链接区域（板块）。为节省屏幕空间，在栏目内往往还使用标签选项卡，以组织更多的内容。

（2）整幅效果型布局。对于页面内容较少的网站，特别是一些专用的 Web 应用系统，在首页设计时，没有特别多的内容显示。此时，通常将首页设计成一个登录界面，采用一个大幅图片或动画，包含用户账户登录表单，方便用户登录，示例页面如图 4-3 所示。

整幅效果型布局的特点是页面简洁美观，具有一些简单的功能，如通知公告、留言也可

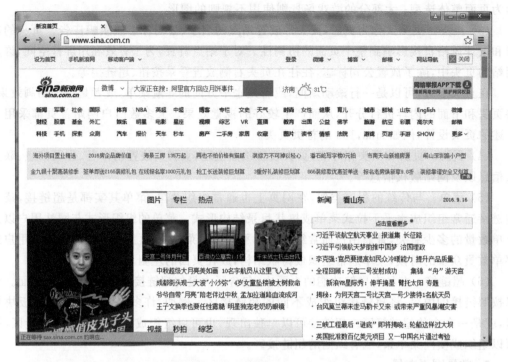

图 4-2　基于栏目的页面布局示例

图 4-3　整幅效果型布局网站首页示例

以在页面中体现，以增强页面的功能。现在，对于内容较少的页面，通过 HTML＋CSS3 进行网格化布局的设计更加流行，其展示的内容也更加丰富，首页示例如图 4-4 所示。

图 4-4　网站首页布局示例

在首页显示水平菜单和登录接口，体现系统功能，通过大幅图片绕开了页面内容少而难于布局的问题。

（3）网页"工"形结构布局。所谓"工"形结构布局，是指将页面分成上、中、下三个部分，页面顶部为横条网站标志＋广告条，页面底部是版权等信息，中间为主要内容，又分为左右两个部分，左面为菜单区，右侧显示内容的页面，示例如图 4-5 所示。

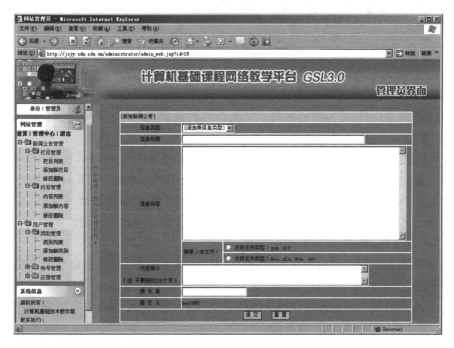

图 4-5　"工"形页面布局示例

"工"形页面布局是网页设计中用得最广泛的一种布局方式,这种布局的优点是左侧菜单采用树状结构,逻辑结构清晰,菜单项组织数量多。缺点是规矩呆板,如果细节和色彩上搭配不好,很难给人留下印象,不适宜做前卫的和个性化强的站点。

(4) 自顶向下层次结构布局。对于一般的内容页面,通常将页面自顶向下分成几个平行的区域,顶部是页头,接下来的区域分别放置超链接块、分享按钮、评论等,最下面的区域显示具体的文章正文内容。一些文章页面或注册页面等经常采用这种类型的页面布局,示例网页如图 4-6 所示。

图 4-6   自顶向下层次结构布局示例

自顶向下组织网页内容,由于现在的大多数显示器为宽屏,页面通常采用多栏布局。例如,在内容区右侧设置侧边条(sidebar),放置广告、推荐、排名等超链接。商业网站通常会在页面上安排商业广告,采用多栏布局。其他内容的设置则与网页内容相关,例如,如果是新闻页面,则会有评论、分享等按钮。

(5) 自由式结构布局。上述的结构布局可称作"传统型"页面布局,还有一些页面结构布局打破了传统的页头、页尾、菜单、栏目、超链接区域等布局模式,把页面设计成一张极具创意的广告作品。这种页面的结构布局通常用精美的图片、网站标识性图案(Logo)或变形的艺术化文字作为设计中心进行主体构图。菜单、栏目条等则按次要元素处理,自由地安排在页面上,起到点缀、修饰、均衡页面的效果。

自由式结构布局的优点是页面靓丽、现代、轻松、节奏明快,很容易让访问者驻足欣赏。缺点是下载速度缓慢,文字信息量少,信息的逻辑表达能力弱,浏览者不易直奔主题,信息查找麻烦。自由式结构布局一般用在时尚类站点上,如时装、化妆品等以崇尚现代、美感为主题的站点,专业性的商务站点不宜采用。

页面布局设计是一项复杂的创意工作,在进行页面布局设计时,需要根据网站的性质

（例如政府网站、企业或机构应用平台、专业性商务站点、前卫现代时尚类站点等）、页面的功能、是否首页、页面内容的多少，以及不同的用户角色进行精心策划，才能设计出功能性和视觉效果好的页面。此外，还需要考虑网页的自适应，选取大小合适的图片，以便适应用户的电脑屏幕、笔记本屏幕以及智能手机等不同的网页浏览。

4.1.5　页面视觉设计

视觉设计是指利用视觉符号来传递各种信息的设计，其应用的范畴很广，可以包括工业产品设计，广告设计，新媒体设计，服饰设计等。在 Web 中，则有网页的视觉设计。在网页中，视觉设计和功能性设计不同，它没有功能性要求，没有太多的理论约束，更多的是体现出感性和个性元素，服务于人的审美情趣。我们可以把页面视觉设计分成色彩、图形和字体几个方面。

在页面的视觉效果的诸多影响因素中，色彩设计产生的视觉效果最直接、最明显，不同性质和功能的网站，其颜色的主色调设计也不相同。大部分网站都追求一种明快的颜色设计，例如绿色、深蓝、橙色和粉红色，这些颜色都十分抢眼。其次是颜色的搭配，浓重的主色调表明了幽默的态度，也有助于人们迅速注意到页面上的重要元素。关于常用颜色的 RGB 色值，可以利用百度搜索 Web 标准颜色[①]获得。

关于图形的应用，现在许多 Web 2.0 站点的页面都避免使用照片，大都选择简洁的图形符号。可以将图形的应用分为两个方面：①用于信息反馈，信息反馈一般有以下 5 种情况：成功、失败、询问、警告、错误/异常，用于视觉辅助的图形必须表达每种情况的准确含义。②增加趣味性，为了增加趣味性，通常用图形来表现一种状态，例如，表现喜怒哀乐的简单图形。当使用图形时，图形的设计一定要注意它的准确性，否则会起到相反的效果。例如，用一个惊讶的表情来表示警告，但往往被误以为是询问或者出现了异常。关于图形符号，除了日常的积累外，互联网中有许多分享图形符号的网站，例如 Font Awesome 站点[②]。

对于文字的字体，更多地应选择大号字。另外，要注意发挥空白的作用，巧妙利用空白可以提高页面的易读性和易用性。空白可以分离出重要信息，使眼睛得到休息，并给人以冷静和有秩序的感觉。

此外，从总体上来讲，页面视觉设计还需要遵循几个一般性原则，包括：①平衡，避免一边倒、头重脚轻，可以是均衡对称，也可以是不均衡对称；②重点突出，有且只有一个视觉趣味中心（Center of Visual Interest，CVI），可以通过对位置、对比和比例的处理来实现；③简化原则，去除或尽量弱化干扰，突出一点；④重复原则，通过合理重复，形成一个视觉模式；⑤统一一致，保持风格的一致性；⑥便利性，可读性与易辨认，便于浏览者阅读。

最后简单地总结如下：功能性设计通常是一种交互设计，其主要目标是提高系统的易用性；视觉设计的主要目标不是功能性的，而是改善人们的视觉感受。视觉设计是一项复杂的艺术创造，需要很深厚的艺术文化积淀。虽然人们不断推崇务实的简约设计概念，但是

---

①　Web 标准颜色是由 W3C 组织定义的，可以直接以英文名称形式在网页脚本中使用的一组 RGB 颜色。Web 标准色共计 140 种，其中 Aqua 与 Cyan 异名同色（青色），Fuchsia 与 Magenta 异名同色（洋红），所以实际上共有 138 种。Web 标准颜色是命名颜色的一个子集。

②　网址：http://fontawesome.dashgame.com/，提供了一套丰富的矢量图标字体库和 CSS 框架，用户无须依赖JavaScript，可以使用 CSS 所提供的所有特性对它们进行更改，包括大小、颜色、阴影或者其他效果。

另类的创新艺术表现也不时地出现在各种时尚和前卫的网站中。

4.1.6　页面效果设计

当网页的整体布局确定后,接下来就是效果设计了。效果设计就是利用 Photoshop 等图形图像处理工具,按照页面的布局设计,来设计并制作页面的效果图。然后对图片进行切图,为后续的页面 HTML 代码编写准备图片素材。

当页面设计效果图制作完成后,接下来就是切图。将效果图中的元素剪切为一个个小的图片,以保证网页的浏览速度。首先要分析页面效果图,它是未来网页的显示效果。对于上述的页面效果图,切图时应从以下几个方面考虑:

(1) 对于一些用于背景色的背景图片,往往是一种颜色渐变,因此,我们可以切一个宽度或高度为 1 个像素的小图片,在页面 HTML 代码中,利用该图片实现 Table 单元格中的背景横向或纵向填充,以达到效果图的显示效果。

(2) 对于页面主体中的一些栏目标题,可以直接切为小图片,图片大小需要考虑页面尺寸和网页的自适应需要。

其他的页面元素操作类似。最后将这些切图后的小图片存储到一个特定的 images 文件夹中,它是后续进行 HTML 页面设计的图片素材。

在页面效果设计中,还涉及了其中的文字,对于文字内容,可以通过 CSS 样式表技术,来定义文字样式。如果布局采用 Table,表格属性要定义 CSS,从而实现页面布局和显示样式的分离,增加页面的可维护性。

4.2　Web 开发工具

在软件系统开发或网页制作中,编写代码基本上有两种方式,即手工编写代码和利用集成开发环境编写代码。很多情况下,一些熟练的开发人员会选择一款高效的文本编辑器采用手工编写代码,因为对代码非常熟悉,手工编写不需要安装复杂环境,简单省事。对初学者,手工编写代码是困难的,效率很低,需要借助于特定的软件开发工具或集成开发环境。

集成开发环境(Integrated Development Environment,IDE)一般包括代码编辑器、编译器、调试器和图形用户界面工具。同时,许多 IDE 还有所见即所得的设计功能,用户可以利用图形界面操作,自动生成相应功能的程序代码或 HTML 代码。IDE 中的设计视图或代码生成器可以简化代码的编写工作,提高编程效率,但产生的代码冗余度大,可手工调整。

4.2.1　SublimeText 代码编辑器

理论上讲,任何纯文本编辑器都可以用作编写代码的工具,例如,Windows"记事本"程序。但是,这样的编辑器没有代码的拼写检查、语法着色等程序文件特定的功能,编辑功能也有限,效率很低,不适合用作代码编辑。

2008 年 1 月,程序员 Jon Skinner 推出了一个专用于程序编码的代码编辑器,即 Sublime Text。SublimeText 不仅仅是一个代码编辑器,它的设计目的是一个框架,内嵌 Python 解释器支持插件开发,通过安装插件,可以支持一个新的程序编辑,使得该工具具有强大的开放性。为方便使用,Sublime 安装了一组标准插件,支持 HTML、CSS、XML、

JavaScript 等流行的前端开发语言。Sublime Text 支持编程语言语法高亮、拥有代码自动完成功能，支持多行同时编辑，在界面上支持多页标签和代码缩略图（minimap）等强大功能。

SublimeText 是一个跨平台的编辑器，同时支持 Windows、Linux、Mac OS X 等操作系统。我们以 Windows 版为例简要介绍 SublimeText 代码编辑的应用。SublimeText 为免费软件，首先从网上搜索并下载该软件的中文版，进行安装，安装后运行该程序，如图 4-7 所示。

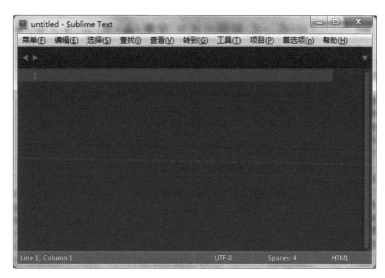

图 4-7   SublimeText 主窗口

下面介绍 SublimeText 的基本应用。

首先打开"查看"菜单，选择"语法"级联菜单，按字母顺序列出了 SunlimeText 支持的语言，包括 C、C++、CSS、HTML、Java、JavaScript 等众多语言。选择 HTML，以 HTML 代码编辑为例，介绍 SublimeText 的编辑功能。

1. 打开文件夹或文件

在"文件"菜单中，执行"打开文件…"或"打开文件夹…"菜单命令，将打开一个文件，或打开一个文件夹，打开文件夹将在 Sublime 窗口左侧边栏显示文件夹目录结构，便于多文件编辑。打开文件夹示例如图 4-8 所示。

2. GoAnything

在一个大型工程中，文件众多，查找文件比较麻烦，在 SublimeText 中，在"查找"菜单中包含了 GoAnything 菜单命令（Ctrl＋P）。执行该命令，打开文件列表窗口，在窗口的第一行是一个输入框，可以输入要找的文件名，实现文件的快速查找和切换。

GoAnything 功能非常强大，文件查找支持模糊匹配，用户输入的文件名不一定是精确的，系统同样可以筛选出文件名中包含用户输入的可能的文件。如果在输入中包含文件夹，则查找的文件将更加准确，例如：modeldemo/useraccount.jsp，将查找 modeldemo 文件夹中的 useraccount.jsp 文件，其他同名文件不会查找。文件查找功能使得用户对大型工程中的文件查找和切换带来很大方便。

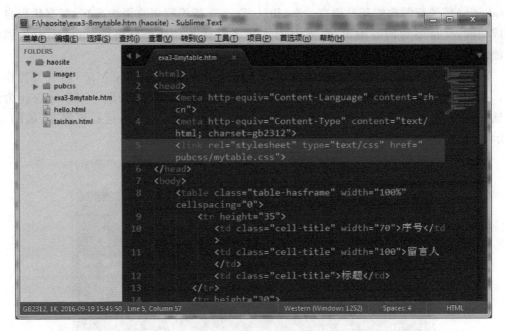

图 4-8　打开文件夹/文件

3. 命令面板

代码编辑有种说法就是多用键盘,少用鼠标,这就需要记住大量的快捷键。记忆快捷键需要一个过程,SublimeText 提供了命令面板功能,只要按组合键 Ctrl+Shift+ P 即可打开命令面板。在命令面板中,可以看到所有的命令列表,也可以在输入框中,通过输入查找需要的操作命令。例如,输入 reindent,查找重新缩进命令,找到后,按回车键,文档将按照默认的缩进方式重新缩进。按 Esc 键退出命令面板。

4. 多点编辑

多点编辑就是在多处设置插入点,同时在多处进行的编辑。进入多点编辑的方式很多,常用的有:

(1) 按住 Ctrl 键,依次单击鼠标左键,可定义多个插入点,即可实现多处同时编辑操作。

(2) 按住 Shift 键,按住鼠标右键上下左右拖动光标,可以得到一条垂直的多行插入点,同时进行多行编辑。

(3) 选择多行后,按 Ctrl+Shift+L 组合键,在每行的行尾增加插入点。

(4) 当执行查找操作时,连续按 Ctrl+D 组合键选择多处,也进入多点编辑状态。例如,按 Backspace 键,再输入新的内容,可实现多处同时替换操作。

在多点编辑模式,输入空格,可以实现多行多处同时插入空格。或者按回车键,实现在多处后面同时插入空行操作。多点编辑是 SublimeText 非常优秀的功能,它可以极大地提高用户的代码编辑效率。

5. 选择

在一个单词上双击,则所有相同的字符串被框出,按 Ctrl+D 组合键将依次选择下一个框选的字符串,并进入多点编辑状态。

如果要执行查找替换操作,通过按 Ctrl+D 组合键,不断选择框出的文本,如果要跳过某处,按 Ctrl+K 组合键,同时进入多点编辑模式,按 Backspace 键删除选中的文字,然后输入新的文字,即实现了查找替换操作。

6. 查找替换

查找替换是所有文字编辑软件的基本功能。字符串查找命令主要集中在"查找"菜单中,按快捷键 Ctrl+F,在窗口底部显示查找工具条,单击 Find All,则选中所有,并进入多点编辑状态。快捷键 Ctrl+H 的作用为查找替换功能。

如果在多个文件中进行查找操作,在左侧边的文件夹目录树中,在文件夹节点上右击,执行"查找/替换…"命令。

7. 代码补齐

代码补齐就是根据语法,当用户只输入一部分,系统会自动补齐成一个完整的代码片段。例如,按 Shift+Ctrl+P 组合键,打开命令面板,输入 HTML,找到 Set Syntax:HTML 命令,按回车键,进入 HTML 代码编辑状态。此时,HTML 标签有着色和高亮显示。

输入 HTML,然后按 Tab 键,则系统自动生成一个 HTML 代码框架,即常用的代码片段。在输入代码的过程中,输入代码的前面部分,输入 Tab,则进行代码补齐,比如:输入 link,按 Tab 键,则补齐为:

```
<link rel = "stylesheet" type = "text/css" href = "">
```

上述用于输入的能进行代码补齐的词称为触发词,其补齐的代码片段是通过 Emmet 包定义的,高级用户可以定义自己的补齐代码包。

8. SublimeText 常用快捷键列表

在文本编辑中,菜单命令和命令按钮的效率很低,最好的方法是使用快捷键。SublimeText 常用快捷键见表 4-1。

表 4-1　SublimeText 常用快捷键列表

快　捷　键	功　　能
Ctrl+L	选择当前行,重复可选择下一行
Shift+ ↑ 或 ↓	向上选中多行,或向下选中多行
Ctrl+Shift+L	选择多行后,再按 Ctrl+Shift+L,会在每行行尾插入光标,即可同时编辑这些行
Ctrl+X	删除当前行,同 Ctrl+Shift+K
Ctrl+K+K	从光标处开始删除代码至行尾
Ctrl+ Shift+D	快速复制光标所在的一整行,并插入到该行前面
Ctrl+Shift+ ↑ 或 ↓	在一行的任意位置,按 Ctrl+Shift + ↑ / ↓ 组合键可以实现当前行的上下移动
Ctrl+Enter	在当前行后插入一空行,按 Ctrl+Shift+Enter 组合键,在当前行前插入一空行
Ctrl+J	合并选中的多行代码为一行,例如:将多行格式的 CSS 属性合并为一行。在一行的任意位置,按 Ctrl+J 组合键,下一行和本行合并,连续按 Ctrl+J 组合键也可实现多行的合并
Shift+ → / ←	连续向右或向左选择文本
Ctrl+D	双击,选择一个单词,其他相同的单词被框选。按快捷键 Ctrl+D 选择下一个单词,重复可选择下一个相同的单词
Ctrl+Shift+M	选择括号内的内容(继续选择父括号)。例如:快速选中删除函数中的代码,重写函数体代码或重写括号内的内容

快 捷 键	功 能
Ctrl＋A	全选
Ctrl＋/	注释当前行，或将选中的文本变为注释，或取消注释
Ctrl＋Shift＋/	注释多行
Ctrl ＋F	打开底部搜索框，在当前文件内查找关键字
Ctrl＋Shift＋F	在文件夹内查找，与普通编辑器不同的地方是 Sublime 允许添加多个文件夹进行查找
Ctrl＋P	打开搜索框，用法：①输入文件名，快速搜索文件；②输入"："和数字，跳转到文件中该行代码（同 Ctrl＋G）；③输入@和关键字，查找文件中函数名（同 Ctrl＋R）；④输入＃和关键字，查找变量名（同 Ctrl＋:）
Ctrl＋H	查找/替换
Ctrl ＋Shift ＋P	打开命令面板，输入关键字，调用 Sublime 或插件的功能。例如：输入 HTML，快速选择要编辑文件的类型
Ctrl ＋/－	文字放大或缩小

除了上述的快捷键，平时系统中用的快捷键，Sublime 也默认支持，例如 Ctrl＋C（复制）、Ctrl＋V（粘贴）、Ctrl＋Z（撤销），Ctrl＋N（新建文件）、Ctrl＋S（保存文件）等。为便于记忆，可以将这些快捷键分类，例如：选择类、编辑类、查找类、显示类等。

在 SublimeText 中，系统允许用户自己绑定快捷键，具体操作大家可以逐步练习。最后需要说明的是，SublimeText 功能非常强大，社区也非常活跃，如果遇到问题，很容易在网上找到答案。许多优秀编辑器的快捷键都与 Sublime 兼容。

4.2.2 网页制作工具

网页文件是一种纯文本文件，通过 Windows"记事本"程序，SublimeText 代码编辑器、UltraEdit 编辑器等编辑工具可以编辑网页文件，但这些文本编辑软件没有可视化的网页设计功能，网页制作效率很低。因此，当进行大量的页面制作时，可选择一款合适的网页制作工具，从而提高页面制作效率。常用的页面制作工具有 Adobe Dreamweaver 和 Microsoft FrontPage，两者的功能相似，都是一种所见即所得的网页制作工具。

1. Dreamweaver

Dreamweaver 最早由美国 Macromedia 公司[①]于 1997 年 11 月发布，是一款集网页制作和网站管理于一身的所见即所得的网页编辑器，随后又陆续推出了多个版本。2005 年，Macromedia 公司被 Adobe 公司[②]收购。随着 Adobe 公司创意套件（Creative Suite，CS）计划，2007 年 7 月，Adobe 发布 Dreamweaver CS3 版本，Dreamweaver 进入一个新的发展阶段。随后又陆续推出了 Dreamweaver CS4（2008 年 9 月）、Dreamweaver CS5（2010 年 4

[①] Macromedia 成立于 1992 年，公司位于美国旧金山，由 MacroMind、Paracomp 和 Authorware 三家公司合并而成，致力于图形图像处理、音视频和动画等多媒体技术在艺术领域的软件开发，开发了号称网页三剑客的 Dreamweaver、Flash 和 Fireworks 工具以及 Authorware 等著名工具软件。2005 年 4 月 18 日，Macromedia 公司被 Adobe 公司收购，其后 Authorware、Freehand 等软件相继停止开发。

[②] Adobe 公司是世界著名的数字媒体供应商，公司创建于 1982 年，总部位于美国加利福尼亚州圣何塞。Adobe 是其创始人约翰沃诺克（John E. Warnock）老家中一条小河的名字（Adobe Creek）。

月）、Dreamweaver CS6（2012 年 7 月）。2013 年，推出 Dreamweaver CreativeCloud，即 Dreamweaver CC 2013，当前最新版本为 Dreamweaver CC 2018。

一般情况下，软件的较新版本功能更加强大。但是，当我们选择一个开发工具时，不是所有的功能我们都会用到，因此，版本的选择也就不是越新越好。有时候是一个习惯问题，以 Dreamweaver CC 为例，运行程序，显示程序主界面，如图 4-9 所示。

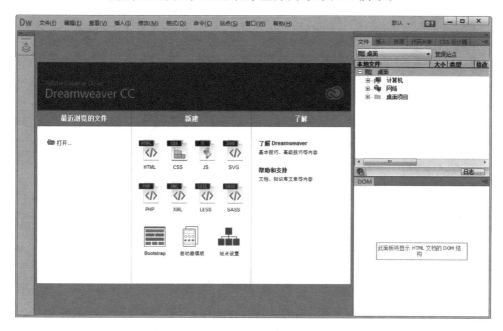

图 4-9　Dreamweaver CC 2015 主界面

Dreamweaver 是一款功能强大的网页制作工具，主要功能包括：所见即所得设计功能、HTML 编辑功能以及网页预览功能。在版本升级过程中，软件的功能也不断增加和增强。从 Dreamweaver CS5 开始，增加了 HTML 5＋CSS3 的支持和多浏览器预览支持。在 Adobe Dreamweaver CC 中，增加了 CSS 编辑器和 jQuery 库代码自动完成，以及对 HTML 5 更加完善的支持等，使得 Dreamweaver 功能更加强大。

2. FrontPage 与 SharePoint Designer

Microsoft FrontPage 是微软开发的一款网页制作入门级软件，该软件最早于 1995 年随 Microsoft Office 一起发布，是 Office 套件的一部分。随后，又陆续发布了相关的升级版本，主要是 FrontPage 97、FrontPage 2000，FrontPage 2003。2006 年，微软宣布 Microsoft Frontpage 停止更新，取而代之的是 Microsoft SharePoint Designer。

SharePointDesigner 是微软新的网站创建工具，用来取代 Frontpage。最早的 SharePoint Designe 于 2009 年 3 月发布，2010 年 6 月，微软发布 SharePoint Designer 2010。2013 年，发布 SharePoint Designer 2013。目前，微软官方提供 SharePointDesigner 软件的免费下载。

要使用 SharePointDesigner 程序进行页面设计与制作，还必须安装微软对应的 SharePointFoundation 服务器，以实现网站的创建、网页的制作和管理。只安装 SharePointDesigner 是不能够完成网页制作任务的。SharePointDesigne 与 SharePointFoundation

服务器结构,可以保证小组开发中,进行有效的版本的控制,但对于个人简单的网页制作,则显得非常麻烦。

运行 SharePointDesigne 程序,程序主界面如图 4-10 所示。

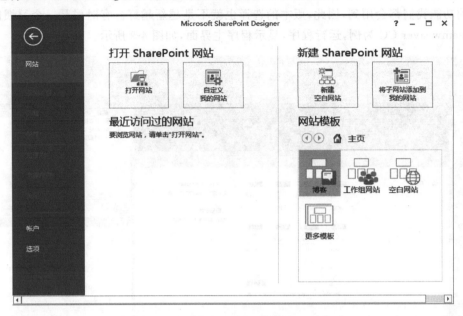

图 4-10　SharePointDesigne 程序主界面

理论上讲,网页都是属于一个网站的,因此,网页制作的前提是先创建或打开一个已经存在的网站。其实,网站就是一个 Web 服务器上的文件夹。有时候,我们如果仅仅是做一个网页,这样的处理过于复杂。但打开网站,再来制作网页,当网站内的网页或图片的位置移动时,系统会对所有相关的链接进行重构,以保证链接的正确性。

最后需要说明的是,如果是简单的 HTML 文档编写,建议使用 SublimeText 代码编辑器,在插件支持下,可以支持标记属性、CSS 属性智能提示,极大地方便 HTML 代码编写。同时,SublimeText 代码编辑器强大的编辑功能和快捷键,也可以极大地提高编辑效率。

4.2.3　MyEclipse 集成开发环境

在目前的 Web 开发环境中,常用的是 Eclipse 和 MyEclipse 集成开发环境。Eclipse 最初是由 IBM 公司开发的替代商业软件 Visual Age for Java 的下一代 IDE 开发环境,2001年 11 月贡献给开源社区,成为开源代码免费软件。MyEclipse 为商业软件,是由 Genuitec 公司在 Eclipse 基础上加上自己的插件开发而成的功能强大的企业级集成开发环境。

从本质上讲,Eclipse 和 MyEclipse 都只是一个框架,允许用户添加各种插件,以构建特定的开发环境。为使用方便,默认情况下,它们都会附带一个标准的插件集以方便用户系统开发,这些预装的插件通常是 Java 开发工具(Java Development Kit,JDK)、Tomcat 以及自带的大量框架。特别是 MyEclipse,经过不断的发展,包括了完备的编码、调试、测试和发布功能,支持 HTML、JSP、CSS、JavaScript、SQL、Spring、Struts、Hibernate,在数据库和 JavaEE 开发及应用程序服务器整合方面可以极大地提高工作效率。

1. 创建用户工作空间（Workspace）

在现代软件集成开发环境中，工作空间是用户在一个开发环境中工作环境的集合，通常为一个文件夹，里面包含了环境配置文件，用户创建的 Project 文件夹等。在 MyEclipse 中，要创建项目，必须有一个工作空间，默认文件夹为 C:\users\workspaces\MyEclipse2015。为管理项目方便，特别是项目的查找和备份，我们一般不采用默认文件夹作为自己的工作空间，而是修改为一个盘根路径下的一个文件夹，例如 D:\HaoMyeclipseWorkspaces，这样便于查找和文件备份。创建完成后，会在根目录下创建两个文件夹.metadata 和 Servers，这是 MyEclipse 系统管理用户工作空间用到的，用户无须修改。

2. 新建项目（Project）

软件开发的第一步是新建项目（Project），一个 Project 包含了系统中有关的所有文件，项目保存在用户空间中。创建一个新的 Project 分为以下几个步骤：

（1）打开"文件"菜单，执行 New→Web Project 菜单命令，创建一个 Web 项目，打开 New Web Project 对话框。

（2）在 New Web Project 对话框中，输入 ProjectName，例如"HaoExampleProject"，选择默认存储位置，在项目配置中列出了 Java 版本。

（3）设置项目源文件和编译文件输出的位置，采用默认值不变。

（4）设置 WebModule 配置，包括 Context Root、Content Directory 以及要生成的 index.jsp 和 web.xml 文件。

（5）配置 Project Libraries，添加项目中用到的库，默认包括 Java EE 6 Generic Library，JSTL Library，采用默认值。

项目创建完成后，在 MyEclipse 窗口左侧显示新建项目目录结构，如图 4-11 所示。

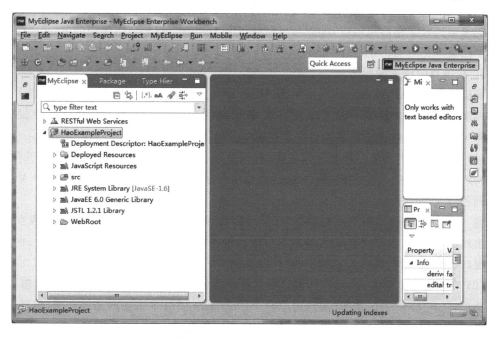

图 4-11　MyEclipse 新建项目

网页设计与制作

此时，在工作空间文件夹，对新建的项目创建一个文件夹 HaoExampleProject，包含三个子文件夹，目录结构如图 4-12 所示。

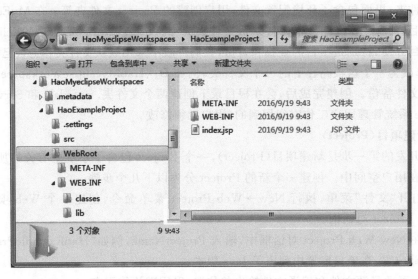

图 4-12　新建项目目录结构

在新建项目的物理目录结构中，src 存放项目中的 Java 类文件，通常包含若干子文件夹，对应不同的包，这些 Java 类编译后存储在 WebRoot\WEB-INF\classes 文件夹中。WebRoot 是 Web 项目的根，存放 JSP 文件、JAR 包以及编译后的 Class 文件等。通常情况下，还需要建立子文件夹，对文件进行分类管理。文件夹的创建不能在操作系统下创建，必须在 MyEclipse 中完成，否则，MyEclipse 将无法管理新建的文件夹。

如果是已经存在的项目（Project），可以通过 MyEclipse 的 File 菜单中的 Import 命令导入一个已经存在的项目，项目将在 MyEclipse 中打开。

3. 在项目中添加源程序

新建项目完成后，就可以在项目中添加源程序等文件了。源程序有 Java 类文件和 JSP 文件两种，Java 类文件保存在 src 文件夹下相应的包（子文件夹）中，JSP 文件保存在 WebRoot 或其子文件夹中。在项目中添加程序分以下两种情况：

（1）将一个已有的文件添加到项目中，首先复制（Ctrl＋C）文件，然后，在 MyEclipse 左侧的树形目录中，在 src 文件夹、WebRoot 或相应的子文件夹节点上单击，按 Ctrl＋V 复制文件到相应文件夹中。

将一个 Java 文件复制到当前项目，可能会因为原有文件的包定义等原因，导致在新的位置出现错误，在文件和文件夹名的左下角显示橙色“！”或红色“×”。双击该文件，在文件编辑窗口，用鼠标指向错误行首的橙色“！”或红色“×”，显示错误信息。

（2）在项目中新建文件，在左侧窗口项目树状目录的 src 或 WebRoot 节点上右击，打开快捷菜单，指向 New 级联菜单，显示可以在 WebProject 项目中添加的文件类型，包括 JSP、HTML、CSS、XML、JavaScript、Servlet 等，选择要建的文件类型。

在 MyEclipse 中添加已有的 Java 类文件或 JSP 文件，由于保存文件和打开文件使用的编码不同可能导致出现乱码。此时可执行 MyEclipse 中 Windows→Preferences 菜单命令，打开 Preference 对话框,依次单击 General→Workspace,在右侧的 Text File encoding 中选择字符编码。或者,在项目节点上右击,在快捷菜单中,执行 Properities 命令,设置 Text File encoding 方式。也可以先将文件在"记事本"程序中打开,在 MyEclipse 中执行 New→File 命令新建文件,将记事本内容复制到 MyEclipse 新建文件中。

4. 服务器部署

在 MyEclipse 中执行 Windows 菜单中的 Show View→Servers 命令,打开 Servers 面板,在 MyEclipse 自带的 MyEclipse Tomcat 服务器节点上,右击,执行 Add→Remove Deployments 命令,在列表中,选择要部署的 Project,则在 Servers 面板窗口显示部署的项目。此时,服务器为 Stoped 状态,右击节点,执行 Start 开启命令即可。开启后的 MyEclipse 窗口如图 4-13 所示。

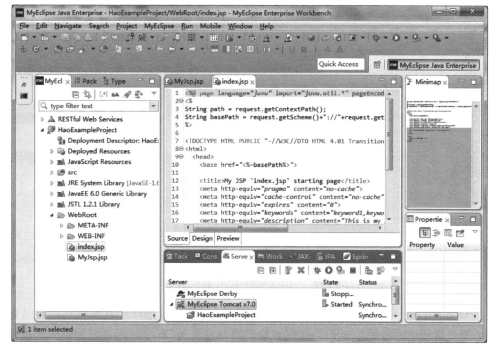

图 4-13　服务器部署

5. 项目运行

服务器部署完毕后,在浏览器中就可以查看 WebProject 了,在浏览器地址栏输入"http://localhost:8080/HaoExampleProject/",即可显示项目中的 index.jsp 页面了,其中 HaoExampleProject 为项目名称,区分大小写。

此时,外网用户也可以访问上述网站,只要输入该计算机的 IP 和项目名称即可,其中 8080 是 MyEclipse 自带 Tomcat 的默认端口。

4.3　使用 Dreamweaver

对于 Web 前端开发,虽然许多熟练的开发人员习惯使用 SublimeText 等代码编辑器编写网页,但是,对于初学者来讲,网页的设计功能是非常重要的,这是一般的代码编辑器所不具备的，需要使用专门的页面制作工具。Dreamweaver 具有强大的网页设计与制作功能，不仅对于初学者，对于熟练用户，网页的交互设计和页面预览也可以提高工作效率。

4.3.1　Dreamweaver 视图

设计 Dreamweaver 的基本目标就是通过交互式操作进行网页设计，并自动生成对应的 HTML 代码。在 Dreamweaver 程序主窗口，执行"文件"→"新建"命令，打开"新建文档"对话框，选择 HTML 文档类型，创建一个新的 HTML 5 文档，如图 4-14 所示。

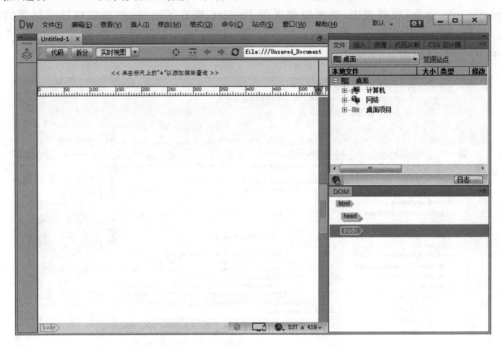

图 4-14　Dreamweaver CC 2015 主窗口

在 Dreamweaver 主窗口左侧区域，为网页设计与代码编辑窗口，右侧是一组浮动窗格，列出了用户常用的一些操作面板。在网页设计窗口左上角，有一组网页视图模式选项标签，分别是"代码""拆分""实时视图"和"设计"4 种显示模式。

1. 代码视图

在新建或打开一个 HTML 文档后，打开"代码"选项卡，将显示网页对应的 HTML 代码。一般情况下，用户在设计模式下设计网页，然后在代码模式下查看网页对应的 HTML 代码。另外，用户也可以直接在该模式下编辑、修改其中的 HTML 代码，适用于那些对 HTML 比较熟悉的用户。如果网页中包含脚本程序，则脚本程序也可以在代码模式下进行编辑。

如果用户需要复制其他网页的 HTML 代码，应选择代码模式，将被复制的内容复制到当前网页的适当位置，而不应该在设计模式下进行复制。

2. 拆分视图

打开"拆分"选项卡，编辑窗口将分为上下两个区域，下面的区域显示设计的网页，上面部分显示对应的 HTML 代码。该模式的目的是将设计中的网页元素和对应代码准确定位,当单击设计视图的某个网页元素时,在上面的代码视图将自动定位到该元素对应的HTML 代码,这对于一个较大的网页修改是非常方便的,便于手工调整。

3. 设计视图

这是一种可视化的网页设计模式。在设计模式下,用户可以采用"所见即所得"的方式设计、编辑和修改网页,系统将自动生成对应的 HTML 代码。代码可在"代码"或"拆分"视图下显示。这是 Dreamweaver 工具的核心功能,即通过交互设计自动生成代码。

4. 实时视图

实时视图是一种网页预览模式,在网页设计或编辑中,单击"实时视图",将显示当前网页在浏览器中的显示效果,与通过浏览器所看到的网页一致。有时候,实时视图显示的结果和用浏览器打开网页的效果并不完全一致,需要以浏览器打开的显示为准。

4.3.2 Dreamweaver 常用功能

要使用 Dreamweaver,应该先理解 Dreamweaver 软件的设计目标,或者说它的功能定位。在 Dreamweaver 丰富的菜单命令中,我们可以看出它的基本功能有两个,一个是网页设计,另一个是网站管理,所有的菜单命令都是围绕着这两个基本功能来设计的。

在这里,我们不准备讲解网站管理问题,我们的重点是学习网页设计,虽然网页最终都是属于网站的。在网页设计与制作方面,Dreamweaver 的常用功能如下。

1. 网页设计

网页设计是 Dreamweaver 的基本功能,在设计视图可以进行页面设计。通过"插入"菜单中的各种菜单命令,可以交互式地在页面中插入各种 HTML 元素,并可以可视化的方式进行页面布局。系统会根据页面设计的结果,自动生成对应的 HTML 代码,从而可以提高手工编写 HTML 代码的效率。

2. 代码编辑

在代码视图或拆分视图,可以对生成的代码手工编辑,并支持标记属性和 CSS 属性智能提示,可方便用户修改。同时,因为设计视图自动生成的代码可能会出现代码冗余,代码的手工编辑可消除代码冗余,进一步提高代码质量。

3. CSS3 样式表设计

通过 CSS 面板设置样式,可支持 CSS3 规则。设计视图支持媒体查询,在调整屏幕尺寸的同时可应用不同的样式。同时提供代码提示和设计视图渲染支持。

4. JQuery 集成

jQuery 是行业标准 JavaScript 库,可以为网页轻松加入各种交互功能,Dreamweaver支持 jQuery 代码集成。

5. 文档验证功能

在"文件"菜单中,增加了文档验证功能,以便检查文档中的错误。对于 XML 文档,可以检查文档是否结构良好和有效。

4.3.3 新建网页文件

一个网站对应一个主目录,里面包含了大量的网页文件,这些网页通常按照网页功能组织在不同的文件夹中。因此,一个网站和传统的软件开发中的一个项目(Project)类似,每一个网页文件都是网站的一部分。一种良好的网页制作思想是,在新建或编辑网页以前,应该先打开一个站点,因为任何网页都是一个站点的一部分,而不是孤立存在的。当然,我们可以直接新建一个网页文件,而不是先打开一个网站。这样做的缺点是,当修改了网页、图片等文件位置时,相关的超链接必须手工修改,不能自动重构。

1. 新建或导入网站

在 Dreamweaver 主窗口,在右侧的"文件"浮动面板,单击"管理站点"命令,打开"管理站点"对话框,可以新建或导入一个站点,即指定一个文件夹作为站点根目录,以后网页都将保存在该目录下或其子目录中。

2. 新建网页文件

在"文件"菜单中,执行"新建"命令,打开"新建文档"对话框,如图 4-15 所示。

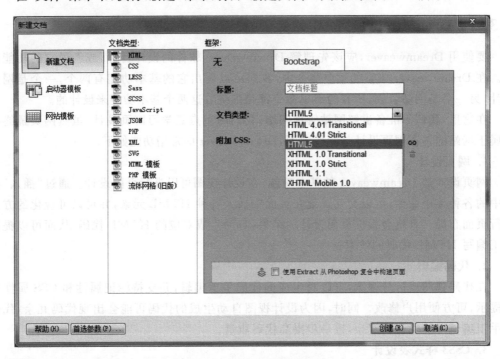

图 4-15　新建网页模板对话框

选择 HTML 5 文档类型,则创建一个新的 HTML 5 文档。新建网页后,系统将生成一个 HTML 文档内容的基本框架,在"代码"视图或"拆分"视图下,可以看到相应的 HTML 代码内容,如图 4-16 所示。

从上述代码也可以看到,在文档的< body >…</ body >标记之间,还没有内容,具体内容根据用户的需要来设计。

使用 Dreamweaver 设计网页,实际上就是在设计视图,在网页中输入文本,利用"格式化"菜单对文本进行格式化,或利用"插入"菜单插入图片、超链接、表格、表单等操作,以便在网页中添加所需的元素,然后 Dreamweaver 将自动生成对应的 HTML 代码,从而简化HTML 文档的手工编写任务。

为了扩大网页编辑窗口的空间,可以将右侧的浮动面板关闭,如果需要打开,执行"查看"菜单中的"隐藏面板"命令(F4)即可。

图 4-16　新建网页后系统自动生成 HTML 代码

网页编辑完成后,在"文件"菜单中,执行"保存"命令,或者直接单击"常用"工具栏中的"保存文件"按钮,保存当前网页。如果网页文件是第一次存盘,则打开"另存为"对话框,在"另存为"对话框中,选择网页的存储位置、文件名和保存类型。

4.4　网 页 设 计

当网页文件创建后,接下来就是网页内容的编辑了。网页文件是一种符合 HTML 规范的纯文本文件,可以使用任意的文本编辑器进行编辑,但是这需要非常熟悉 HTML 规范。特别是对于初学者,手工编写代码效率较低,容易出错。使用 Dreamweaver 工具进行网页设计,自动生成对应的 HTML 代码,可简化 HTML 代码编写工作,提高工作效率。

4.4.1　输入文本与格式化

在一个网页中,文字几乎都是不可少的元素。在 HTML 规范中,有很多标记用于对文本进行标记,如:< p >、< font >、< i >、< bold >、< em >等,使用这些标记可以实现文本显示的格式化,即设定文本在浏览器中的显示效果。在 HTML 5 中,许多格式化标记已经被废弃,取而代之的是用 CSS 样式来设置元素样式。

在 Dreamweaver 中,文本的输入和格式化非常简单。在设计视图或拆分视图,在编辑区域输入文字即可。如果要对文字进行格式化,首先选中要格式化的文字,然后使用"格式"菜单命令对文本进行格式化。

例如,在拆分视图输入文本"泰山",在代码视图可以看到< body >标记内,添加了"泰山"两个字,但文字没有做任何标记。如果需要将文字设置成一个段落,颜色为红色,水平居中,如何操作呢?

首先选中要格式化的文字,单击"格式"菜单,可以看到 Dreamweaver 的文本格式化分为4个方面：段落格式、列表、HTML 样式、CSS 样式。单击段落样式中的"段落"，可以看到文字添加了<p>标记。然后，将文字标记为红色，在 HTML 样式中，找不到文字颜色的设置命令，因为 HTML 5 希望所有的颜色设置都是通过 CSS 属性设置的。

在"格式"菜单中，指向"CSS 样式"级联菜单，可以看到"附加样式表"命令，而此时我们还没有样式表。而"将内联样式转化为规则"菜单命令为灰化状态，不可用，但提醒了我们下一步可以直接在<p>标记中使用内联样式，即在代码视图，直接输入 style＝"color：red；"。输入完毕后，可以看到"将内联样式转化为规则"菜单命令不再灰化，执行该命令，打开"转换内联 CSS"对话框，如图 4-17 所示。

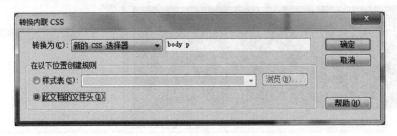

图 4-17　转换内联 CSS 样式对话框

选择"此文档的文件头"单选按钮，单击"确定"按钮。在代码视图，可以看到文档头部增加了内联样式表定义，如图 4-18 所示。

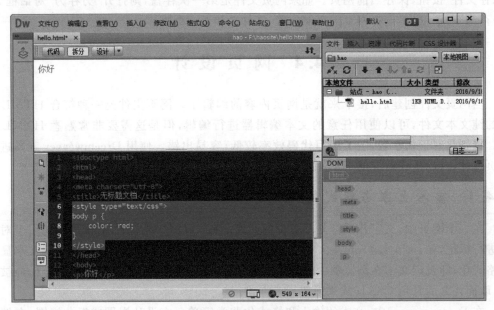

图 4-18　创建 CSS 内联样式

在拆分视图，可以看到在<body>…</body>标记内增加了代码：<p>你好</p>，样式定义写在了文档头部的<style>标记中，以保证文档内容和样式定义的分离。

可以看到，上述 HTML 代码都是 Dreamweaver 根据用户的输入和格式化操作自动生成的，可见通过 Dreamweaver 网页制作工具进行网页设计要比用 Windows"记事本"、SublimeText 代码编辑器等程序手工书写 HTML 代码方便和快捷得多，并且也不容易出错,不需要记忆各种标记属性,这也正是 Dreamweaver 等网页制作工具的优势所在。

4.4.2 插入图片

在网页制作中经常需要插入一些图片,以达到丰富信息内容和美化页面的双重功能。在网页中插入图片,即通过<img>标记来指向一个图片文件,为了页面布局的需要,通常还需要设置<img>标记的属性。例如,我们设计一个介绍泰山的网页,在文字中插入一幅泰山日出的图片。具体操作步骤如下:

(1)将插入点定位到要插入图片的地方(本例定位到文字的开始)。

(2)执行"插入"→"图像"菜单命令,打开"选择图像源文件"对话框。选择要插入的图片文件,单击"插入"按钮,则图片自动以无环绕样式的方式插入到网页中。

(3)设置图片属性。由于图片的高度和文字不一致,接下来应该设置图片的环绕方式。右击图片,在快捷菜单中,选择对齐方式为右对齐。

设置完成后的页面如图 4-19 所示。

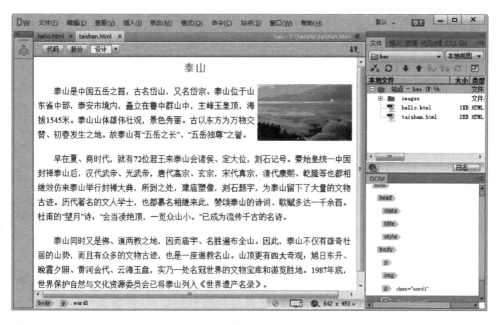

图 4-19　在网页中插入图片

单击"代码"或"拆分"视图,可以看到在< body >…</body >标记内增加了一行类似下面的代码:

< img src = "images/taishan01.JPG" alt = "" width = "189" height = "110" align = "right"/>

对于<img>标记的 src 属性,如果是在一个新建的网页中插入图片,在当前网页尚未保存前执行插入图像操作,因为无法判断网页文件和图片文件之间的相对路径,src 将设置图片的绝对路径。此时,如果将新建的网页先保存一次,再插入图片时,在 HTML 代码中就会使用相对路径。或者,即使不是先插入了图片,只要保存一次 HTML 文件,原先的绝对路径也会变成相对路径。但是,如果 HTML 文件和图片不在一个驱动器上,将不能转换成相对路径。

最后要记住,既然是一个 Web 应用,所有的网页和用到的图片以及其他各种文件都应

网页设计与制作

该保存在 Web 站点的主目录下，或者主目录下面的子目录下。所有这些文件共同构成了一个 Web 应用，所有的引用都应该是相对路径，这样当 Web 应用，即该站点被复制到其他的目标位置时，才不会出现找不到网页或图片的错误。因此，如果页面编辑前执行了"打开网站"命令，当插入的图片不在主目录下，保存网页时会出现"保存嵌入式文件"提示对话框。

图片插入以后它在页面上的大小、位置等可能并不理想。要使得图片符合用户的要求，需通过设置图片属性来完成。图片属性的设置分别对应了< img >标记的不同属性，用户可以通过"拆分"或"代码"视图查看生成的 HTML 代码。此外，将图片直接插入网页中，要进行精细的布局是很困难的，要对网页进行布局，通常需要使用表格来完成。

4.4.3 建立超链接或书签

使用 Dreamweaver 在网页中建立超链接非常简单，只需要选定超链接的文本或图片，然后，在"插入"菜单中，执行 Hyperlink 命令，打开一个 Hyperlink 对话框，在超链接对话框中输入被链接的 URL 即可。

具体操作步骤如下：

（1）选定要建立超链接的文本。

（2）选择菜单"插入"、Hyperlink，打开 Hyperlink 对话框，如图 4-20 所示。

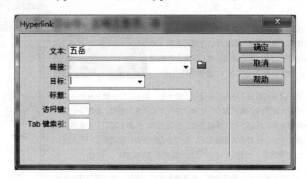

图 4-20　Hyperlink 对话框

（3）在 Hyperlink 对话框中，在"链接"后面的文本框可以输入或选择要链接的目标 URL。在"目标"后面的列表中，可以选择网页打开的目标窗口，即设置< a >标记的 target 属性值。在标题后面的文本框，设置< a >标记的 title 属性值。

当上述设置完成后，单击"确定"按钮，完成超链接的建立，即建立一个文本超链接。自动生成对应的 HTML 代码，形式如下：

```
< a href = "poems/wangyue. htm" target = "_blank" >《望月》</a>
```

对于 a 元素的其他属性，我们可以在代码视图手工添加，也可以手工将< a >元素修改为书签，在超链接中使用网页书签。也可以建立 CSS 样式，修改超链接的默认显示样式。

4.4.4 插入表格

在网页中，表格不仅仅用来显示数据，而且表格还是进行网页布局的重要工具。使用表格，可对各种网页元素的位置进行精确控制，例如文字和图片混排，从而使设计的网页布局整齐、美观。

在 Dreamweaver 中,要在网页中插入表格,在设计视图,首先将鼠标定位到要插入表格的位置,然后按照下面步骤操作:

(1) 选择菜单"插入",执行"表格"菜单命令,打开 Table 对话框,如图 4-21 所示。

(2) 在 Table 对话框,可以设置表格属性,即 Table 标记有关属性。在表格大小区域,包括表格的行数和列数,表格宽度,边框粗细和单元格边距及单元格间距。在标题区域,可以设置表格标题行(< th >单元格标记)的位置等。

表格标记的属性很多,对其他属性的设置可以在代码视图通过手工输入完成。一个好的习惯是定义一组 CSS 样式表,分别定义< table >、< td >等标记的显示样式。使用 CSS 样式表来定制 Table 的外观是一种良好的页面制作习惯,便于对网页进行修改。

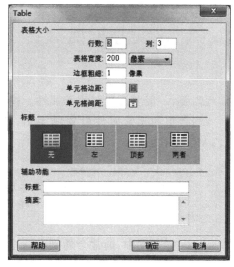

图 4-21 Table 对话框

4.4.5 插入表单

表单(Form)是 Web 中人机交互的主要手段,它由一系列输入元素组成。与 HTML 4 相比,HTML 5 中的输入元素类型进行了大量扩充,以适应当前 Web 开发的需要。使用 Dreamweaver 在网页中插入表单,具体操作步骤如下:

(1) 在"插入"菜单中,指向"表单",执行"表单"菜单命令,插入一个表单,然后依次执行要插入的控件(表单元素)命令,以便在表单中插入需要的表单元素。

此时,在设计视图,看到一个虚线矩形框,这是< form >元素的可视化表示。在代码视图,自动生成下列代码:

```
< form id = "form1" name = "form1" method = "post">
</form>
```

(2) 调整表单布局。表单一般和表格联合使用,通过表格设置表单布局。Dreamweaver 自动生成的代码会出现标记交叉的情况,为此,可以在"拆分"或"代码"视图中,手工调整代码。例如,将< form ></form >标记对调整到< table ></table >标记对的外面。

在插入表单或控件时,如果生成多个< form >标记,根据需要可以手工删除,只保留一个< form ></form >标记对,手工把所有的控件标记都移动到< form ></form >内部。

(3) 设置表单属性,在代码视图,可以手工设置< form >标记属性,例如 name 属性、action 属性、target 属性等。

(4) 设置表单元素属性,在表单输入元素上右击,在快捷菜单中,执行"属性"命令,打开表单输入元素"属性"对话框。不同类型的输入元素,其属性框也不相同,文本(text)对应的元素属性对话框如图 4-22 所示。

在"属性"对话框中,输入相应的属性值,这些值都对应了输入元素相应的属性。为脚本

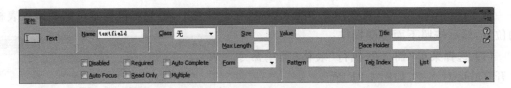

图 4-22 文本(text)属性对话框

编程需要,一般要设置名称等属性。输入完成后,单击右上角的关闭按钮。

当表单和元素属性设置结束后,切换到"代码"视图或"拆分"视图,可以看到生成的
HTML 代码如下:

```
< form id = "form1" name = "form1" method = "post">
  < label for = "useraccount">Text Field:</label>
  < input name = "useraccount" type = "text" id = "useraccount" value = "guest">
</form >
```

在实际开发中,通常会遇到在一个网页中,有多个 Form 表单的情况,每个表单都可以
单独提交。也可以设置一个统一提交的表单,定义多个 hidden 元素,把其他表单的数据都
保存到该表单中,提交该表单可以实现所有数据的统一提交。

4.4.6 插入 div

块元素 div 是 HTML 页面布局的重要工具。在 Dreamweaver 中,选择设计视图,在
"插入"菜单中执行 Div 命令,打开"插入 Div"对话框,如图 4-23 所示。

图 4-23 插入图层及其属性设置

在插入 Div 对话框,在 Class 和 ID 后面可以输入一个 Class 名或 ID 名,也可以选择列
表文档中已定义的样式表。然后单击"确定"按钮,系统生成代码如下:

```
< div class = "helptop" id = "help">此处显示 class "helptop" id "help" 的内容</div>
```

对上述生成的代码,可以按照需要,在代码视图进行手工编辑,或者定义该 div 的样式
表,将 CSS 规则应用于 div。

4.5 设置标记属性

在 HTML 规范中,每个标记都含有不同的属性,通过设置标记属性可以修改标记的默
认显示样式。标记的属性众多,很难记忆。利用 Dreamweaver 网页制作工具,在"设计"视

图下,通过一些标记的属性对话框可以进行标记的属性设置。除此之外,还可以在"代码"视图下,通过智能感知技术显示标记属性或 CSS 属性,进行属性设置。

4.5.1 使用属性对话框

在现代软件中,对于每一个对象,无论是操作系统级的对象(如文件夹、文件等),还是软件系统中的对象,例如 Dreamweaver 设计视图下的各个元素,例如表格、单元格、表单、输入域,还是 div,右击一个对象,都会弹出一个快捷菜单,里面包含了当前对象的常用操作命令,这就大大地方便了对象的操作。

在 Dreamweaver 中,设置标记属性,可以在设计视图中,在对象上右击,弹出快捷菜单,执行"属性"命令,在属性对话框中,进行设置,这种设置将修改代码视图中生成的代码,即修改标记的属性。

4.5.2 IntelliSense 技术

现在大多数的开发环境都使用智能感知(IntelliSense)技术为用户提供帮助。所谓 IntelliSense,是指当用户编辑到一个对象时,系统能动态地显示当前对象的方法、属性名列表,从而保证用户输入的正确性,或从中选择输入。在 Borland 的开发环境中,类似的技术称为 CodeInsight。下面举例说明。

在一个网页中,假定要设置< body >标记的属性。单击"代码"视图,将插入点定位到 < body >标记,在标记名的后面,按空格键,则自动打开一个窗口,显示< body >标记的所有属性列表,包括一般属性和事件属性,如图 4-24 所示。

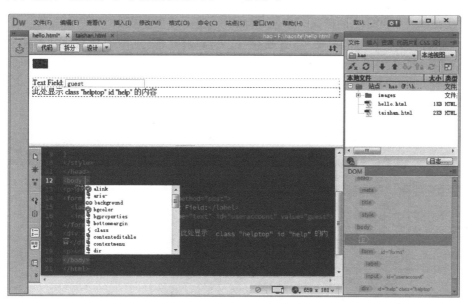

图 4-24 使用 IntelliSense 技术

要显示 CSS 样式属性,在标记中输入 style="",在双引号中输入空格,则显示 CSS 样式属性。现在大多数软件都使用了 IntelliSense 技术,有的软件默认情况下不打开智能感知,需要对软件进行设置,开启 IntelliSense 功能。

网页设计与制作

4.6 定义和使用 CSS 样式

层叠样式表 CSS 技术是 HTML 技术的核心,不仅可以保证网站显示风格的一致性,同时,它实现了内容和显示的分离,也可以保证文档结构良好。CSS 样式表的应用可以分为三种情况,即内联样式、内部样式和外部样式。由于 CSS 样式属性众多,样式表的定义比较麻烦。在 Dreamweaver 中,提供了新建样式和修改样式表功能。为了在多个页面中实现样式的共享,可以将用户自定义样式存储为样式表 CSS 文件,即外部样式。

4.6.1 定义样式规则

如果要在一个网页中使用样式,可以在标记中使用 style 定义样式,即内联样式。也可以将样式定义写在文档头部的< style >标记对内,即内部样式。

1. 定义内联样式

在代码视图中,在标记中可以手工地定义内联样式,输入标记属性 style="",在双引号中输入空格,可显示 CSS 属性列表,以此定义 CSS 属性。

2. 定义内部样式

内部样式是指在文档头部 style 标记内定义的样式。用户可以在代码视图手工编写样式,方法和定义内联样式一样。或者将内联样式转换为内部样式,选择要转换的样式,执行"格式"→"CSS 样式"→"将内联 CSS 转换为规则"命令即可。

3. 定义外部样式

为了在多个网页中共享样式定义,可以将样式保存为一个样式表文件(.css),外部样式就是定义在样式表文件中的样式。要创建样式表文件,一般步骤如下:

(1)执行"文件"→"新建"命令,打开"新建文档"对话框(见图 4-15)。在"新建文档"对话框的文档类型列表中,选择 CSS,然后单击"创建"按钮,进入 CSS 代码编辑窗口,如图 4-25所示。

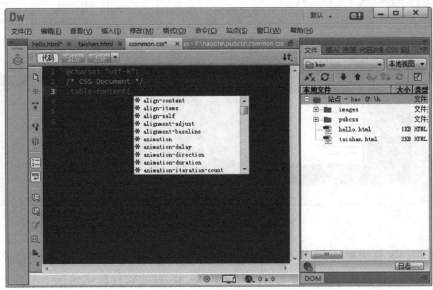

图 4-25　新建 CSS 文档

（2）编辑样式表，在 CSS 代码编辑窗口，可以手工编辑 CSS 样式规则，输入空格将显示 CSS 属性列表。因为 CSS 列表项很多，随着用户输入，系统将以此缩小列表范围，方便用户输入。选择 CSS 属性后，系统将进一步提示属性的可能取值，供用户选择。

当 CSS 规则定义好后，执行"文件"→"保存"命令，最后将文件保存为.css 文件。

4.6.2 使用样式表文件

当样式表文件定义后，多个网页就可以共用样式了，从而保证网站中网页风格的一致性，提高站点的可维护性。在一个网页中使用样式表文件，一般步骤是：

在"格式"菜单中，执行"CSS 样式"→"附件样式表"命令，打开"使用现有的 CSS 文件"对话框，如图 4-26 所示。

图 4-26 链接外部 CSS 文件

输入或选择要使用的样式表文件，选择添加方式为"链接"单选按钮，单击"确定"按钮，则代码视图中，在文档头部添加 HTML 代码如下：

`<link href = "pubcss/common.css" rel = "stylesheet" type = "text/css">`

此后，在该文档中，就可以使用上述样式表中定义的样式了。

网页文件和样式表文件采用相对路径，一般情况下，一个网站会建立一个公共 CSS 样式表文件夹，保存网站中定义的公共样式。

本 章 小 结

本章首先讨论了网页设计的概念，将网页设计分为面向业务逻辑的功能性设计（交互设计）和面向用户体验的视觉设计两个不同的层面。然后重点讨论了面向用户体验的页面布局设计、页面视觉设计和页面效果设计的有关问题。讲解了 Web 开发中不同层面的开发工具的概念，包括代码编辑器、制作工具和集成开发环境。然后以 Dreamweaver 网页制作工具为例，讲解了网页设计和代码编辑的基本过程，展示网页制作工具在网页制作中的作用，即自动生成 HTML 代码，以提高手工编写代码的效率，同时还介绍了 IntelliSense 技术的使用。

习 题

一、简答题

1. 在进行页面布局设计时,需要考虑哪些因素? 请上网进行搜索,总结一下有哪些常用的网页布局。

2. 什么是页面视觉设计? 有哪些主要内容?

3. 简要说明页面设计的主要步骤。在页面效果设计中,为什么要进行切图?

4. 对于 Dreamweaver 工具,回答下列问题:

(1) Dreamweaver 的核心功能是什么?

(2) 在 Web 开发中,网页制作的流程中,先打开网站,然后新建网页或对已有网页进行编辑,这样的一个流程反映了什么思想?

(3) 在 Dreamweaver 中,可以在不打开网站的情况下,直接新建一个网页吗?

(4) Dreamweaver 设计"拆分"视图的目的是什么?

5. 怎样在 HTML 文档中插入图片? <img>标记的常用属性有哪些? 怎样将这幅图片放在居中位置?

6. 在"图片属性"对话框中可以进行哪些属性的设置? 怎样将图片设置成文字环绕的形式?

7. 在 HTML 中,一个表单的< form ></form >标记对将产生换行,如果使用表格(table)进行页面布局,如何手工调整< form ></form >标记对的位置?

二、综合设计题

利用 Dreamweaver、Photoshop 或其他媒体制作和页面制作工具,结合 HTML 代码的手工调整,设计并制作个人主页,具体要求如下:

(1) 个人主页的内容要全面反映个人相关信息。

(2) 页面布局、图片、文本等元素要美观大方。

(3) 代码简洁。

(4) 灵活使用 CSS,便于代码维护。

(5) 显示兼容性好,页面布局要自适应浏览器窗口大小变化。

(6) 所用素材和页面文件及文件夹命名规范,各种连接使用相对路径。

第5章 客户端编程

【本章导读】

　　网页不仅仅包含 HTML 元素，通常还包含脚本程序，它们增加了页面的交互和计算能力，使网页更生动、功能更强大。脚本程序分为客户端脚本程序和服务端脚本程序两种，它们分别在 Web 浏览器中和 Web 服务器上执行。因此，在 Web 开发中，可分为前端开发和后端开发两个部分。前端开发是指客户浏览器端的开发，包括网页制作和客户端编程。后端开发则是指服务器端的开发，主要是业务逻辑处理和数据库编程。

　　本章介绍前端开发中的客户端编程问题，首先讲解 Web 浏览器和客户端脚本程序的关系，对浏览器的工作原理进行分析，它是理解脚本程序和脚本编程的关键。然后以 JavaScript 语言为例，讲解客户端脚本编程问题，包括 JavaScript 程序语言，对象及其操作，内部对象及函数，HTML 文档对象模型以及库和 jQuery。根据在 Web 开发中的具体需求，详细讲解了 Web 开发中有关表单编程中遇到的问题，包括数据的获取、可靠性验证、网页参数传递等，并提供了大量的实用代码，最后给出了几个综合案例。

【知识要点】

　　5.1 节：计算机程序，程序设计语言，源程序，解释执行，程序编译，程序运行。

　　5.2 节：浏览器脚本引擎，客户端脚本语言，JavaScript 脚本语言，Jscript 脚本语言，<script>标记，文件包含。

　　5.3 节：保留字，标识符，小驼峰命名法，大驼峰命名法，序言性注释，描述性注释，数据类型，弱数据类型，变量，运算符，表达式，程序语句，顺序语句，分支语句，重复语句，函数，返回值。

　　5.4 节：类，对象，new 操作，点运算符，括号运算符，this 指针。

　　5.5 节：内置对象，字符串对象(String)，正则表达式，元字符，限定符，正则表达式对象(RegExp)，数学对象(Math)，日期对象(Date)，数组对象(Array)，预定义函数。

　　5.6 节：浏览器对象模型 BOM，window 对象，location 对象，history 对象，screen 对象，navigator 对象。

　　5.7 节：HTML 文档对象模型 DOM，document 对象，body 对象，HTML 元素内存对象。

　　5.8 节：AJAX 技术，客户端和服务器的异步通信，页面局部刷新。

　　5.9 节：JavaScript 库，Prototype 库，jQuery 库，jQuery 函数，jQuery 插件。

　　5.10 节：折叠式菜单，树状菜单，数据有效性验证。

5.1 计算机程序与程序设计语言

人们使用计算机,确切地讲,是使用计算机软件。计算机软件,即是计算机程序。在信息社会,程序不应该是一个深奥的专业术语,随着软件集成开发环境的发展,编程也不再是计算机专业人员的专利,程序应该是信息社会人们基本信息素养的一部分。

5.1.1 计算机程序设计语言

从专业的角度讲,计算机程序是一组可以在计算机 CPU 中执行的计算机指令序列。计算机程序设计语言是用于编写计算机程序的语言。计算机程序设计语言很多,但程序设计语言的基本成分都是相似的,主要包括:①基本符号,定义语言所使用的字符集、保留字、标识符、注释等;②数据和数据类型,对程序所处理的数据的描述;③常量和变量,声明程序中用到的存储数据的量;④表达式和运算符,数据运算规则;⑤基本语句,进行数据处理和流程控制,表达业务逻辑;⑥函数,实现模块化和结构化编程。

对于程序设计语言,可以从不同的方面进行分类。按照语言级别可以分为低级语言和高级语言。①低级语言与特定的计算机有关、运行效率高,但使用复杂,低级语言有机器语言和汇编语言。机器语言是基于机器基本指令集的,或者是操作码经过符号化的基本指令集。汇编语言是机器语言中地址部分符号化的结果。②高级语言,是一种更加符号化的语言,接近于自然语言,与计算机硬件没有紧密关系。

按编程思想分,计算机程序分为过程式程序设计语言和面向对象程序设计语言。过程式程序设计流行于 20 世纪 90 年代以前,自顶向下逐步求精的结构化程序设计是软件开发的主要方法,直到现在,这种结构化的程序设计思想仍然被广泛采用。Pascal,C,Basic,Fortran 等高级语言很好地实现了结构化编程的思想,通过过程和函数(又称子程序),把一个复杂的问题划分成若干相对简单的子问题,如果子问题还比较复杂,再继续划分,最后将划分后的每个小问题编码成一个个的过程和函数,它们共同构成一个大的软件。

20 世纪 90 年代,面向对象技术兴起,对人们近半个世纪来的软件开发思想产生了深刻变革。面向对象的思想将自然界中的物理对象映射为软件中的软件对象,建立了类和对象的概念。在面向对象技术中,不仅用对象实现了数据和操作的封装,还通过消息映射的方式在事件和函数之间建立关联,避免了传统过程式程序设计中函数显式调用的不足。键盘鼠标等事件的发生会发出消息,消息来激活函数,函数之间的联系不再是显式的调用,这样就降低了函数之间的耦合度。对于复杂系统,面向对象技术可以提高系统的可扩充性和代码重用的层次。当前流行的 C++,Java 都是典型的面向对象程序设计语言。

5.1.2 程序开发及其运行

用计算机程序设计语言编写的程序称为源程序,程序的执行分为解释执行和编译后执行两大类。解释执行就是在某个环境下逐条执行程序语句,当遇到程序错误时,则可能停止运行。目前,网页中的客户端脚本程序就是由 Web 浏览器中的脚本引擎解释执行的。编译型程序则是将源程序转换成可在 CPU 中运行的机器指令,通过操作系统调用来执行。

对于编译型程序,需要经过源程序编译、连接才能形成一个可在计算机操作系统上运行的可执行文件。这个可执行文件被安装在计算机中，运行该程序，操作系统将把可执行程序文件调入计算机内存，在操作系统的调度下执行。编译型程序是计算机程序的主要形式，程序开发过程如图 5-1 所示。

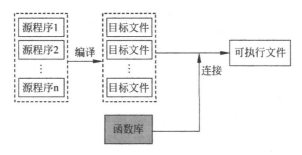

图 5-1　编译型计算机程序开发过程

编程人员利用开发工具（如 Visual C++，MyEclipse 等）来编写程序，即源程序。然后对源程序进行编译、连接操作，最终形成一个可执行文件。可执行文件（Executable File）指的是可以由操作系统进行加载执行的文件。在不同的操作系统环境下，可执行程序的呈现方式不一样。在 Windows 操作系统下，可执行程序可以是.exe 文件、.com 等类型文件。在 Linux 中的可执行文件格式为 ELF（Executable and Linkable Format），在 Mac OS 中的可执行文件格式为 Mach-O 即 Mach Object 格式。

编译型程序一直是计算机软件开发的主流模式，我们生活中见到的大多数软件系统都是上述开发过程的结果。直到 Web 出现，一种基于 Web 服务的程序开发和运行模式，即浏览器/服务器（Browser/Server，B/S）模式开始出现并被广泛应用。B/S 模式表现出了更大的灵活性，从此基于 Web 的软件开发开始成为程序设计和应用的主流。

5.2　浏览器与客户端脚本程序

在互联网中，Web 浏览器是一种专门用于网页浏览的程序。用户在浏览器地址栏中输入网址，或在某个网页上单击一个超链接时，浏览器将和相应的 Web 服务器建立联系，发送网址给服务器，服务器将网页文件发送给用户浏览器，文件在浏览器中打开并显示。浏览器在对网页内容进行显示的同时，如果遇到客户端脚本程序，浏览器则执行脚本程序。

5.2.1　客户端脚本程序与脚本引擎

所谓客户端脚本程序，是指在客户浏览器中运行的程序。客户端脚本程序不需要事先编译，如果浏览器从服务器上下载的网页中包含客户端脚本程序，浏览器将对脚本程序代码进行解释执行。浏览器之所以能够解释执行网页中的客户端脚本程序，是因为浏览器中内置了脚本引擎模块，从而可以对 HTML 文档中的脚本程序进行分析、识别、解释并执行。

客户端脚本程序通常是用脚本程序语言书写的，脚本程序语言和传统的编译型程序设计语言（如 C/C++，Java 等）相比，在语法结构上类似，最大的不同是脚本程序不需要编译、连接过程，即不生成在操作系统下运行的可执行文件，而是直接在浏览器中，被浏览器解释执行。在解释执行过程中，如果程序存在错误，浏览器即停止程序的执行，并在浏览器窗口的状态栏中显示"网页存在错误"的提示。

由于安全方面的原因，在浏览器设置中，可以使浏览器禁止脚本程序的运行。例如，在 IE 浏览器的"Internet 选项"对话框中，包含"安全"选项卡，打开"自定义级别"，在安全设置列表中，可以在"活动脚本"中选择"禁用""启用"或"提示"。如果选择"禁用"，则浏览器在打开网页时将不执行网页中的客户端脚本程序。

5.2.2　客户端脚本语言

在 Web 发展早期，用户提交一个表单，为了保证数据输入正确，浏览器和服务器之间可能需要进行多次交互。在网络速度很低的时代，这是不可接受的。人们自然想到的是，在数据提交以前，对用户输入进行有效性验证，即可解决该问题。

1995 年末，网景公司（Netscape）[①] 发布了导航者浏览器 Navigator 2.0，首次设计实现了浏览器脚本程序语言，这样数据有效性验证的问题就可以在客户端解决了。由于当时和 Sun 公司开展合作，加之当时 Java 技术的流行，Netscape 将其客户端脚本语言命名为 JavaScript。它是一种直译式脚本语言，用于在 HTML 网页上使用，从而为 HTML 网页增加了编程功能，其解释器称为 JavaScript 引擎，为浏览器的一部分。

随后，为了取得技术优势，微软推出了 JScript，CEnvi 推出 ScriptEase，与 JavaScript 一样可以在浏览器上运行。发展初期，JavaScript 的标准并未确定，同期有 Netscape 的 JavaScript，微软的 JScript 和 CEnvi 的 ScriptEase 三足鼎立。1997 年，在 ECMA（欧洲计算机制造商协会）的协调下，由 Netscape、Sun、微软、Borland 多家公司组成工作组，在 JavaScript 基础上制定了脚本语言标准，称为 ECMAScript。

1. 脚本语言的组成

在 ECMAScript 标准中，规定了脚本语言的基本组成，包括三个部分：

（1）语言语法和基本对象，这是一门程序设计语言的基本组成部分，包括：语法、类型、语句、关键字、保留字、运算符、内置对象等。

（2）文档对象模型（DOM），描述处理网页内容的方法和接口。对于网页中的每一个标记，浏览器都为其在内存中创建一个对象，通过 DOM 编程来实现对网页的交互控制。

（3）浏览器对象模型（BOM），描述与浏览器进行交互的方法和接口，实现在客户端脚本程序中对浏览器的访问和控制。

ECMAScript 不与任何具体浏览器绑定，它只是描述了有关脚本程序语言所具有的通用属性，这些具体内容需要由具体的浏览器实现。

目前，在 Web 浏览器中，主要的客户端脚本语言有 JavaScript 和 JScript，其中，JavaScript 是最早的客户端脚本语言，是浏览器默认的脚本程序语言。不同的浏览器对脚本语言的实现不完全一样，这就导致同样的网页在不同的浏览器中打开的效果可能不同。

2. 脚本程序

根据 HTML 规范，在网页中书写脚本程序，脚本程序应该书写在 < script >…</ script >

---

① 网景（Netsape），美国著名浏览器厂商，1994 年成立，同年 12 月，推出第一款商用浏览器导航者（Navigator），创始人之一就是马克·安德森（Marc Andreessen）。在微软进军浏览器市场以前，其市场份额一度达到 90%，1998 年 11 月 24 日，AOL 收购网景，后来导航者（Navigator）浏览器逐步淡出市场。

标记对内。在网页中包含脚本程序的一般形式是：

```
< script type = " ">
    语句部分
</script >
```

Script 标记包括一个必选属性 type 和若干可选属性。必选属性 type 规定脚本的 MIME 类型（Multipurpose Internet Mail Extensions，多用途互联网邮件扩展），它是设定某种扩展名的文件用一种应用程序来打开的方式类型，当该扩展名文件被访问的时候，浏览器会自动使用指定应用程序来打开，多用于指定一些客户端自定义的文件名，以及一些媒体文件打开方式。对于 JavaScript 来讲，其 MIME 类型为"text/javascript"。

Script 标记还包括若干可选属性，例如：language 属性（用于设定脚本程序语言，也可以包含版本号。一般不设，由 type 属性设定），src 属性（外部脚本文件 URL），charset 属性（外部脚本文件中使用的字符编码），defer 属性（是否对脚本执行进行延迟，直到页面加载为止）等。

与传统的程序设计一样，在 JavaScript 编程中，也可以将一些公用的函数保存为独立的文件（扩展名为.js），然后在其他网页的头部（< head ></head >），把其他 JavaScript 文件包含进来，一般形式是：

```
< script src = "脚本文件 url"></script >
```

脚本程序可以出现在网页的头部，也可以出现在网页的文档体中，其中出现在文档头部的脚本程序通常是一些函数，这些函数只有在显式地调用时才被执行。在介绍具体的客户端脚本程序设计以前，先看两个包含 JavaScript 客户端脚本程序的简单网页示例。

【例 5-1】 编写一段脚本程序，检测所用 Web 浏览器对 JavaScript 脚本程序的支持情况。

说明：不同的浏览器对脚本程序的支持情况不同，下述代码可以检测浏览器对 JavaScript 脚本程序不同版本的支持情况。

用 Sublime Text 代码编辑器编辑 HTML 代码，代码清单如下：

代码清单（exa5-1. htm）：

```
<! DOCTYPE html >
< html >
< head >
< meta charset = "utf - 8">
</head >
< body >
< h1 >JavaScript 检测</h1 >< hr >
<! -- JavaScript 支持性检测 -->
< script type = "text/javascript">
    document.write("浏览器支持 JavaScript!< br >< br >");
</script >
<! -- JavaScript 版本检测 -->
< script type = "text/javascript1.0">
    document.write("浏览器支持 JavaScript 1.0 < br >");
```

```
</script>
<script type = "text/javascript1.1">
    document.write("浏览器支持 JavaScript 1.1<br>");
</script>
…
<script type = "text/javascript1.5">
    document.write("浏览器支持 JavaScript 1.5<br>");
</script>

</body>
</html>
```

分别使用 IE10.0、Maxthon(遨游)、Mozilla Firefox 和 GoogleChrome 浏览器中打开上述网页文件 exa5-1. htm,在 IE 10. 0 和 Maxthon(遨游)浏览器中,显示浏览器支持 JavaScript 1. 1/1. 2/1. 3,因为 Maxthon 浏览器采用了 IE 内核,因此,两者对于 JavaScript 版本的支持一致。在 Mozilla FireFox 2. 0 浏览器中,显示浏览器支持 JavaScript 1. 0 到 JavaScript 1. 5 的全部 Javascript 版本。而 GoogleChrome 浏览器只支持 JavaScript1. 1/1. 2/1. 3。

与所有的软件开发一样,Web 页面中的程序也需要对程序进行结构化设计。在 JavaScript 中,同样提供了函数定义与函数调用功能,以支持结构化程序设计。由于浏览器浏览的 Web 页是顺序地从 Web 服务器调出,并由浏览器解释执行的,因此函数必须遵循先定义(一般放在< head >…</head >)后调用(在< body >…</body >内)的原则。

【例 5-2】 编写一个 JavaScript 函数,求一个正整数 n 的阶乘。

说明:模块化编程同样适用于脚本程序,函数可以写在 HTML 页面的任何位置,从良好的编程习惯上讲,函数定义通常写在< head ></head >中。

代码清单(exa5-2. htm):

```
<! DOCTYPE html >
< html >
< head >
< meta charset = "utf - 8">
< script type = "text/javascript">
function fact(n)
{
  if (n == 0)
   return 1;
  else
  return n * fact(n - 1);
}
</script>
</head>
< body >
<p > fact(5) =
< script type = "text/javascript">
document.write(fact(5));
```

```
</script>
</body>
</html>
```

在浏览器中打开上述网页文件,在浏览器中显示:fact(5) = 120。

JavaScript 程序和一般的编译型程序不同,它没有一个操作系统调用的主程序(如 C 语言中的 main 函数),一个 JavaScript 函数定义时并不发生作用,只有在引用时(函数定义后的 document. write 语句)才被激活。

不同的浏览器和浏览器版本,支持的脚本语言版本也不相同。因此,在书写客户端脚本程序时,应该根据浏览器的种类和版本,使用合适的内置对象和浏览器对象,否则,如果程序中使用了一些高版本脚本语言包含的对象,则网页在不支持该版本的浏览器中,或低版本的浏览器中可能不能正常显示。

5.3　JavaScript 程序设计基础

在为数不多的客户端脚本语言中,JavaScript 脚本语言是使用最为广泛的客户端脚本程序设计语言,得到了所有浏览器的支持,是各种浏览器首选的默认脚本程序语言。与传统的 C/C++、Java 等程序设计语言不同,作为脚本语言,JavaScript 的特点是:①是一种弱类型的语言,对使用的数据类型未做出严格要求,语法类似 C/C++ 和 Java 语言,语言简单。②是一种基于对象的脚本语言,它不仅可以创建对象,还定义了一系列内置对象。③采用事件驱动方式,使客户端具有强大的编程能力。④跨平台性,因为 JavaScript 脚本程序在浏览器中执行,所以不依赖于操作系统,具有跨平台性和良好的兼容性。

5.3.1　JavaScript 基本符号

任何一种程序设计语言都有其自身的字符集和基本符号,它们按照程序设计语言的语法构成程序语句,然后语句再构成程序。

1. 基本字符

JavaScript 的基本字符有字母(a、b、…、z,A、B、…、Z)数字(0、1、…、9)和特殊符号(+、-、*、/、<、=、>等)三大类。

同 C/C++ 一样,JavaScript 中同样有些以反斜杠(\)开头来表示不可显示的特殊字符,通常称为控制字符,例如:'\n'表示换行(nextline,\13),'\r'表示回车(return,\10)。因为所有的 ASCII 码都可以用"\"加数字(一般是八进制数字)来表示。在 C 等计算机语言中,定义了一些字母前加"\"来表示那些不能显示的 ASCII 字符,如:\0,\t,\n,\r 等,因为后面的字符不再是它本来的 ASCII 字符的意思了,故称转义字符。

2. 关键字

关键字又称为保留字,它是由字母构成的具有固定含义的单词,如 var 代表变量说明,if 表示条件语句等。JavaScript 的关键字很多,可以参考 JavaScript 的专门书籍。

需要特别注意的是,JavaScript 是识别大小写的,在 JavaScript 中,关键字需要小写,如果书写有误,在打开网页时,在浏览器窗口状态栏将显示"JavaScript 脚本错误"的警告。

3. 标识符

表示常量、变量、类型和函数等名称的符号。标识符分为标准标识符和用户自定义标识符。标准标识符是表示标准常量、标准类型和标准函数等名称的符号。JavaScript 中的标准常量和标准函数见后续章节的介绍。

用户自定义标识符是指用于说明常量、变量、类型和函数等名称的符号。用户自定义标识符必须以字母开始,由任意的字母、数字和"_"组成。用户在命名标识符时应该有一定的命名规范:首先,用户自定义标识符不应该与标准标识符重名。第二,用户自定义标识符要尽可能反映它所代表对象的含义。如用 Name 代表名称比用 x 代表名称可读性更强。第三,如果是一个变量名,还应该尽可能反映变量的数据类型和作用域,比如用 nUserID 表示一个用户标识,最前面的小写字母 n 代表变量为整数类型。总之,好的命名规范可以提高程序的可读性,便于程序的维护。

目前常用的标识符命名法有小驼峰命名法和大驼峰命名法,所谓小驼峰命名法,就是第一个单词的首字母小写,其他单词首字母大写,例如:int myUserAccount。大驼峰命名就是所有单词首字母均大写,例如:public class UserAccount。

4. 注释

为了增加程序的可读性,一般在程序中增加注释语句,注释内容没有语法要求,其内容仅仅是一个提示作用。注释一般分为序言性注释和描述性注释两种类型。序言性注释出现在模块的首部,其内容一般包括有关模块功能的说明,界面描述,包括调用语句格式、所有参数的解释和该模块需调用的其他模块名等。还包括一些重要变量的使用、限制及其他信息。描述性注释嵌在程序之中,描述性注释又有功能性的和状态性的,功能性注释说明程序段的功能,通常可放在程序段之前,状态性注释说明数据的状态,通常可放在程序段之后。

在 JavaScript 中,注释以"//"字符引导,注释可以单独一行,也可以在语句行的后面。与 HTML 的注释(<!--…. -->)不同,在服务器端处理脚本时,JavaScript 中注释将被删除,而不是被送到浏览器端。若需要客户端浏览器看到脚本中的注释,应该使用 HTML 注释将注释加进 HTML 页。此时,注释将返回给浏览器。

5.3.2 数据和数据类型

在程序设计中,所谓"数据类型",就是定义一段计算机内存空间的解析规则,说明变量就是要说明变量名称及其数据类型。数据类型决定了变量所占内存空间的大小,同时也决定了变量的取值范围。对于程序中声明的全局变量,程序在运行时,操作系统会为其分配空间。直到程序运行结束,所占用的内存空间被释放。

JavaScript 是一种解释性的程序设计语言,所写的脚本程序不需要编译和链接,它采用边读边执行的方式运行。在数据类型方面,JavaScript 提供了 4 种基本的数据类型用来处理数字和文本。JavaScript 提供的数据类型有:数值(整数和实数)、字符串型(用西文双引号"""或西文单引号"'"括起来的字符),布尔型(true 和 false,均为小写)。

与传统的编译型程序设计语言不同,JavaScript 语言中采用弱类型的变量类型,没有预定义的类型名,变量不必事先声明其数据类型,可以在使用或赋值时确定其数据类型。此外,一个变量的类型在使用时还可以被改变。通常情况下,可以先给变量赋一个初值,通过

初值的类型来声明该变量的数据类型,这更加符合一般的程序设计思想,例如:

```
var x = "hello";
```

上述语句声明了一个变量 x,通过为 x 赋初值"hello",将 x 作为一个字符串类型变量。在后面的语句中,可以给 x 赋一个整数,如:x＝100,这样变量 x 就成为整数类型了。在 JavaScript 中,上述变量类型的改变不会和其他程序设计语言一样出现赋值不相容的错误。

不同的数据类型之间可以进行转换,例如:将字符串转换为相应的整数,将整数转换为字符串数据等。这些转换被封装在相应的类或对象中,字符串到数值的转换函数可见 String 对象。如果是数值型转换为字符串,最简单的方法就是将一个字符串和数值做"＋"运算,结果即为字符串类型,例如:

```
var age = 18;
var agestr = age * 2 + "";
```

上述代码,第一个语句设置 age 为整数,第二个语句 agestr 则为字符串。通过整数和一个字符串,例如空串相加,即可得到一个字符串数据。

5.3.3 常量和变量

程序是对数据的处理,数据是通过常量和变量来表达的。一般情况下,系统不为常量分配内存空间。而变量在内存中则需要占据特定大小的存储空间,在程序运行过程中,通过变量赋值可以修改变量空间内存储的数值。

1. 常量和常量定义

常量是指在程序执行过程中,其值不发生变化的量。常量有字面常量和符号常量两种。字面常量就是一些数值或字符串,例如:3.14,"hello"等都是字面常量。根据数据类型的不同,常量可分为整数常量、实数常量、字符常量等。符号常量是指为一个常量起一个名字,即常量名,常量名是一个用户自定义标识符。例如:用 pi 代表圆周率 3.14。

常量命名有两方面的好处,首先恰当的常量名称可以增加程序的可读性;其次,使用常量名可以便于程序的维护。例如,可以命名常量 pi＝3.14,如果希望提高求解精度,可以修改 pi 的定义为 pi＝3.1416,这种修改只在一处进行,不会产生不一致的情况,而且修改简单。

在字面常量中,字符型常量使用得最为广泛,它是指使用单引号(')或双引号(")括起来的一个或多个字符。如'a'、"hello"、"5123"、"x＋y"等,其中单引号括起来的只能是单个字符,双引号括起来的为字符串,可以是单个字符,也可以是多个字符。

2. 变量和变量说明

所谓"变量"是指在程序执行过程中,其值发生变化的量。每一个变量都有一个变量名,对应一个特定的内存空间。变量有两个重要的属性,一个是数据类型,一个为操作运算。数据类型决定了变量所占内存空间的大小,也决定了数据的取值范围和操作运算。

在 JavaScript 中,变量命名的一般形式是:

```
var <变量名表>;
```

其中,var 是 JavaScript 的保留字,表明接下来是变量说明,变量名表是用户自定义标识符,变量之间用逗号分开。与 C/C++不同,在 JavaScript 中,没有预定义的数据类型标识符,变量说明不需要说明数据类型。此外,变量也可以不说明而直接使用。

例如 var x,y;则声明了两个变量,名称分别为 x 和 y,没有说明数据类型,也没有给变量赋值。

再如 var myName="John",则定义了一个变量 myName,同时赋予了它一个字符串值。在 JavaScript 中,变量可以不作声明,在使用时,数据的类型将确定变量的类型。

3. 变量作用域

变量作用域由声明变量的位置决定,决定哪些程序语句可访问该变量。在函数外部声明的变量称为全局变量,其值能被所在 HTML 文件中的任何脚本程序访问和修改。在函数内部声明的变量称为局部变量。局部变量只能被函数内部的语句访问,只对该函数是可见的,而在函数外部则是不可见的。当函数被执行时,局部变量被分配临时空间,函数结束后,变量所占据的内存空间被释放。

5.3.4 运算符和表达式

表达式是指将常量、变量、函数、运算符和括号连接而成的式子。根据运算结果的不同,表达式可分为算术表达式(结果为整数或实数)、字符表达式(结果为字符或字符串)和逻辑表达式(结果为逻辑值 true 或 false)。

JavaScript 提供了丰富的运算功能,包括算术运算、关系运算、逻辑运算和连接运算等。

1. 算术运算符

在 JavaScript 中,算术运算符有单目运算符和双目运算符。双目运算符包括:+(加)、-(减)、*(乘)、/(整除)、%(模除)、|(按位或)、&(按位与)、<<(左移)、>>(右移)等。单目运算符有:++(自加 1)、--(自减 1)、-(取反)、~(取补)等。

2. 关系运算符

关系运算又称比较运算,运算符有:<(小于)、<=(小于等于)、>(大于)、>=(大于等于)、=(等于)和!=(不等于)。

关系运算的运算结果为布尔值,如果条件成立,则结果为 true,否则为 false。

3. 逻辑运算符

逻辑运算符有:&(逻辑与)、|(逻辑或)、!(取反,逻辑非)、^(逻辑异或),运算结果为布尔值。

4. 字符串连接运算符

连接运算用于字符串操作,运算符为+(用于强制连接),将两个或多个字符串连接为一个字符串。

5. 三目操作符?:

三目操作符"?:"格式为:

操作数?表达式 1: 表达式 2

三目操作符"?:"构成的表达式,其逻辑功能为:若操作数的结果为 true(非 0 值),则表述式的结果为表达式 1,否则为表达式 2。例如 max=(a>b)? a:b;该语句的功能就是将 a,b 中的较大的数赋给 max。

5.3.5 语句

语句是对业务流程的描述,控制了程序执行的流程。所有的程序设计语言,无论是过程式程序设计语言还是面向对象的程序设计语言,其程序语句都可以分为三种类型,即顺序语句、分支语句和重复语句,使用这三种语句就可以描述用户的所有业务逻辑。

1. 顺序语句

从本质上讲,在一个程序中,语句的执行总是从上而下顺序执行的。在过程式程序设计语言中,这种顺序是程序本身所显式定义的。例如,C 语言中的函数调用,遇到函数调用,转去执行相应的函数,执行结束后返回。在面向对象的程序设计语言中,函数的调用变得更加复杂,它是在程序的运行过程中,由事件触发消息,由消息来激活函数。这样的事件驱动机制,使函数的调用变得不再和过程式程序设计中的显式调用那么清晰,但这种消息影射(Message Map)机制降低了函数之间的耦合度,大大增强了软件系统的可维护性。在函数内部,语句仍然是从上向下顺序执行的。

无论是 C、C++、Java,还是 JavaScript,由于语句语法的需要,有时候需要将多个语句看作逻辑上的一个语句,此时需要将这多个语句用一对花括号"{"和"}"括起来,语句之间用分号分开,称为语句块。在语句块内部,语句从上而下顺序执行。

2. 分支结构

在业务描述中,有些业务的执行是有条件的。要表达这样的业务流程,在程序设计语言中需要通过分支语句来实现。在 JavaScript 中,实现分支结构的语句有三种,它们是条件判断语句 if 语句、if…else…语句和开关语句 switch 语句。

(1) if 语句

if 语句的一般形式是:

```
if (<条件表达式>)
    <语句>;
```

if 语句首先计算条件表达式的值,若计算结果为 true,或非 0 值的数,包括正数或负数,则执行语句部分,否则执行 if 语句下面的语句。

if 语句逻辑功能如图 5-2 所示。

语句部分逻辑上是一个语句,如果语句部分需要多个语句来实现,应将这多个语句用"{"和"}"括起来,形成语句块,作为逻辑上的一个语句。

例如:

```
if   (a>=b)
{
    max = a;
    min = b;
}
```

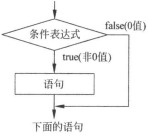

图 5-2　if 语句逻辑功能图

(2) if…else 语句

在需要多种条件判断的业务逻辑中,用 if 语句来描述是麻烦和低效的。对于有两种分支的情况，一般可以使用 if…else 语句来描述。if…else 语句的一般形式是：

```
if (<条件表达式>)
   <语句 1>;
else
   <语句 2>;
```

if…else 语句首先计算条件表达式的值，若为 true，或非 0 值的数，则执行语句 1，否则，执行语句 2，逻辑功能如图 5-3 所示。

在存在两种分支的情况下，if…else 语句可以很好地描述这种逻辑。在多种分支的情况下，可以使用 if…else 语句的嵌套进行描述，也就是说，语句 1 或语句 2 本身也是 if…else 语句。语句嵌套虽然可以描述多种分支的业务逻辑，但嵌套语句降低了程序的可读性。为此，对于多种分支的情况，JavaScript 提供了 switch 语句。

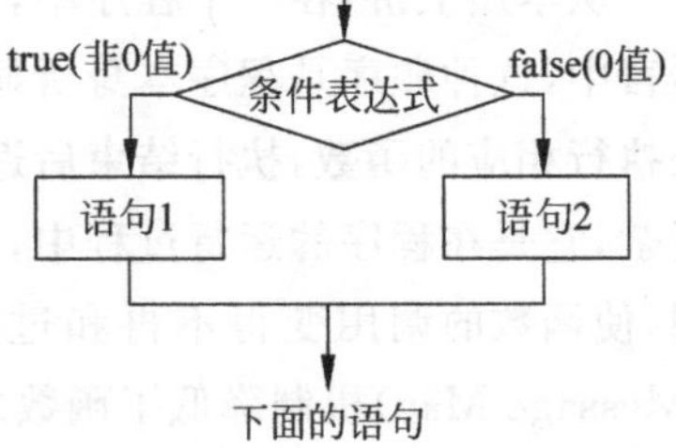

（3）switch 语句

图 5-3　if…else 语句逻辑功能图

对于有三种以上分支的情况，采用 if…else 语句嵌套降低了程序的可读性。switch 语句提供了 if…else 多层嵌套结构的一种变通形式，可以从多个语句块中选择执行其中的一个。switch 语句提供的功能与 if…else 语句类似，但是可以使代码更加简练易读。

switch 语句一般形式是：

```
switch (<条件表达式>)
{
    case 表达式 1
        语句块 1;
        [break;]
    case 表达式 2
        语句块 2;
        [break;]
        ⋮
    case 表达式 n
        语句块 n;
        [break;]
    [default:
        语句块 n+1;
    ]
}
```

在 switch 语句的开始是一个条件表达式，该条件表达式可以是一个整数、小数或字符串表达式。条件表达式的计算结果将与结构中每个 case 分支表达式值比较。如果匹配，则执行与该 case 关联的语句块。在语句块中，如果包含 break 语句，此时，则退出 switch 语句，否则，将继续下面的 case 匹配。switch 语句的逻辑功能如图 5-4 所示。其中虚线或框为可选语句及流程。

3. 重复结构

在业务流程中，有些部分是需要反复执行的。这需要通过程序设计语言中的重复语句

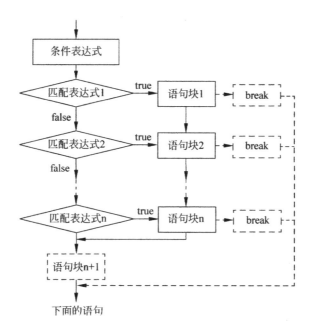

图 5-4　switch 语句逻辑功能图

来描述。重复语句总是由循环体和循环终止条件两部分组成,在 JavaScript 中有三种形式的重复语句。

(1) while 语句

while 语句是先判断循环终止条件,然后再执行循环体,因此循环体可能一次也不被执行。while 语句的一般形式是:

```
while (<条件表达式>)
    <语句>;
```

首先计算条件表达式的值,若计算结果为 true,或非 0 的数,则执行循环体语句,然后无条件地返回 while 语句开始,继续计算条件表达式的值。如果条件表达式计算的结果为 false,则结束循环,执行 while 循环语句下面的语句。逻辑功能如图 5-5 所示。

(2) do…while 语句

与 while 语句相似,不同的是 do…while 先执行循环体,然后再判断循环终止条件。因此循环体至少执行一次。do…while 语句的一般形式是:

```
do{
    <语句>
}while (<条件表达式>);
```

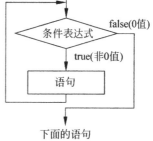

图 5-5　while 语句逻辑功能图

首先执行循环体,然后计算条件表达式的值,若计算结果为 true,或非 0 的数,然后无条件地返回 do…while 语句开始,继续执行循环体。直到条件表达式计算的结果为 false,则结束循环。逻辑功能如图 5-6 所示。

客户端编程

（3）for 语句

一般形式为：

for（表达式 1；表达式 2；表达式 3）
    <语句>；

执行过程如下：

Step1：计算表达式 1。

Step2：计算表达式 2，如果结果为 true，或非 0 值，则执行循环体，然后转 Step3。否则，结束循环。

Step3：计算表达式 3。

Step4：无条件转 Step2。

Step5：循环结束，执行 for 语句下面的语句。

逻辑功能如图 5-7 所示。

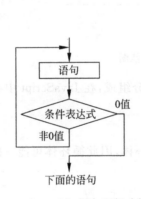

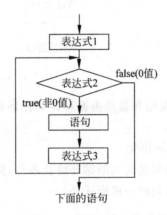

图 5-6　do…while 语句逻辑功能图　　　图 5-7　for 语句逻辑功能图

在 for 语句中，表达式 1、表达式 2 和表达式 3 中可以省略其中的一个或多个，但它们之间的分号不能省略。例如，可以写下面的 for 语句形式：

```
for (; ;)
{
…
}
```

上述 for 语句是一个死循环，在循环体中必须包含 break 语句，以结束循环的执行。另外，循环体的内部也可以包含循环语句，构成多重循环，即循环的嵌套。需要特别注意关键字要小写，例如 for 不应该写成 For。

4. break 和 continue 语句

与 C/C++ 语言相同，使用 break 语句使得程序执行从 for 语句或 while 语句中跳出，continue 使得跳过循环内剩余的语句而进入下一次循环。

5.3.6　函数

在结构化程序设计中，函数是实现结构化程序设计的主要手段，它把一个系统中需要反复多次执行的部分定义为一个函数。如判断一个数是否为素数、求两个数的最大公约数等。在 JavaScript 中,已经给出了许多标准函数。同时也允许用户自己定义函数。

在 JavaScript 中,函数是以 function 开头定义的,由函数头部和函数体构成,一般形式为:

```
function <函数名> (<形式参数表>)
{
    变量说明部分;
    语句部分;
    return(<表达式>);
}
```

在 JavaScript 函数定义中,函数名后有形式参数表,这些形式参数变量可能是一个或几个,在 JavaScript 中可通过函数名. arguments. Length 来检查参数的个数。在函数体中,可以分为变量说明部分和语句部分,变量说明用于说明该函数所要处理的数据,语句部分是对变量的处理。在 JavaScript 中,由于数据类型采用弱数据类型,变量说明部分可以省略不写。

在函数体的语句部分通常包含一个返回函数值的语句,即 return 语句,返回函数值。return 语句不一定是语句部分的最后一条语句,但逻辑上该语句会被执行。如果函数体不包含 return 语句,则默认的函数返回值为 true。

5.4 类 与 对 象

在软件系统开发中,面向对象程序设计(Object Oriented Programming,OOP)是目前最主流的程序设计思想,大部分的软件开发工具也是面向对象的,例如 C++、Java 等。面向对象的思想将问题域中的每一个实体都映射为软件系统中的一个对象,通过类和对象,实现了数据和数据操作的封装,极大地增强了系统的可维护性和可扩展性。

5.4.1 类与对象的概念

类(Class)和对象(Object)是面向对象程序设计的灵魂。所谓"类",它是指一种包含成员变量和成员函数的数据结构。类和传统的过程式程序设计中的数据类型相似,它不占用内存空间,主要目的是用于声明对象。对象是用类来声明的数据结构,如果将类比作数据类型,对象就是相应数据类型的变量,在内存中分配特定大小的空间,存储数据,类决定了对该存储空间的语义解析。

JavaScript 并不是一个完整的面向对象的程序设计语言,它不提供关于对象的抽象、封装、继承、派生、多态等功能。它是一种基于对象的程序设计语言,预定义了一组内置对象和浏览器对象。同时,对 HTML 文档,浏览器也创建 DOM 对象。通过这些对象操作,从而分享面向对象程序设计带来的好处。

因为 JavaScript 是一种基于对象的程序设计语言,理论上讲,JavaScript 并没有定义类的功能。在 JavaScript 中,所谓定义"类",其实是一种模拟的自定义类型。有两种常见的形式,介绍如下:

(1) 利用函数构造类

该定义类的方式和"函数"定义的语法相同,而且这样的函数称为该类的构造函数。用户用函数定义来定义类,然后用 new 语句创建该类的一个实例(对象)。一般形式是:

```
function className(< prop1, prop2, ...>)
{
    this.prop1 = prop1;            //属性
    this.prop2 = prop2;
    ...
    this.method1 = FunctionName1;  //方法,需要定义对应的函数
    this.method2 = FunctionName2;
    ...
}
```

上述定义即定义了一个名为 className 的类,它包含的属性是 prop1, prop2,...,包含的成员函数是 method1, method2,...。

(2) 利用原型 prototype 定义类

在 JavaScript 中,类是以函数的形式来定义的。每个类对象都包含一个 prototype 属性成员对象。用户可以向对象的 prototype 属性添加属性和方法。

例如:为 JavaScript 内置对象 Array 添加方法:

```
< script lanuage = "javascript">
Array.prototype.max = function()
{
    var i, max = this[0];
    for (i = 1; i < this.length; i++)
    {
        if (max < this[i])
            max = this[i];
    }
    return max;
};
</script>
```

删除 String 对象两侧的空格,代码如下:

```
String.prototype.trim()
{
    return this.replace(/(^\s + )|(\s + $ )/g, "");
}
```

除了可以为内置对象添加属性和方法外,还可以为用户定义的类添加方法,示例代码如下:

```
function TestObject(name)
{
    this.m_name = name;
}
TestObject.prototype.ShowName = function()
{
```

```
    alert(this.m_name);
  };
```

上述代码定义了一个类 TestObject,包含一个属性 m_name,一个方法 ShowName()。

【例 5-3】 定义一个 JavaScript 类,包含一个成员变量,三个成员函数,并用不同的方法定义成员函数,比较它们的不同。

分析: 在 JavaScript 中,可以使用 function 定义类。对类成员函数可以用不同的方法定义,不同方法定义的函数不同。

代码清单:

```html
<html>
<head>
<meta charset = "utf - 8">
<script language = "javascript">
function f1()
{
  return this.m_name;
}
//////////////////////////////////////////////////////////////////////
//定义 TestObject 类
function TestObject(name)
{
  this.m_name = name;
  //成员函数定义方法 1
  this.f1 = f1;
  //成员函数定义方法 2
  this.f2 = function()
  {
    document.write("this.f2()<br>");
  }
}
//成员函数定义方法 3
TestObject.prototype.ShowName = function()
{
  document.write(this.m_name);
}
</script>
<head>
<body>
<script language = "javascript">
a = new TestObject("Obj A");
b = new TestObject("Obj B");
a.ShowName();
b.ShowName();
document.write(a.f1 == b.f1);
document.write(a.f2 == b.f2);
document.write("<br>");
```

```
document.write(a.ShowName == b.ShowName);
</script>
</body>
</html>
```

在上述代码中,在页面的头部定义了一个 JavaScript 类 TestObject,用三种方法定义了三个成员函数 f1()、f2()和 ShowName()。在页面的< body >体内,声明了两个对象 a 和 b。在浏览器中打开该页面,显示结果如下:

```
Obj A
Obj B
true false true
```

从上述输出结果可以看出,三种方法定义的成员函数不同,如果在类的定义中嵌入函数定义(方法 2),不同的实例对象将拥有独立的成员函数副本。使用 prototype 定义的成员函数(方法 3),所有对象拥有同一个成员函数。

此外,不同方式定义的成员函数,JavaScript 解释引擎搜索的顺序也不相同,具体过程是:JavaScript 解释引擎在处理使用"."或"[]"操作符引用的对象的属性和方法时,先在对象本身的实例(this)中查找,如果找到就返回或执行。如果没有查找到,就查找对象的 prototype 成员对象,查看是否定义了被查找的对象和方法,如果找到就返回或执行,如果没有查找到,对于属性就返回 undefined,对于方法就返回 runtime error()。

5.4.2 对象操作

无论是 C++、Java 等面向对象的程序设计语言还是 JavaScript 这样基于对象的程序设计语言,定义类的目的是为了说明对象,对象实现数据的存储,类只是定义了对象的数据结构和内存解析规则。

1. 创建对象

创建对象就是按照类的定义在内存中分配一段空间,并为该空间命名。在 JavaScript 中,使用 new 运算符可以创建一个新的对象。创建对象的一般形式是:

```
myobj = new calssName(参数表);
```

其中,myobj 为新建对象的名称,calssName 是类的名称,参数表用于激活类的相应构造函数,从而为类中的成员变量赋值。

例如,创建一个日期对象,代码为:

```
myDate = new Date();
myBirthday = new Date("May 11,1975 6:15:00");
```

这样就创建了两个新的日期对象 myDate 和 myBirthday,myDate 对象取当前的计算机时钟作为其日期值,而第二个 Date 对象 myBirthday 被赋值一个具体的日期和时间。

2. 访问对象属性和方法

访问一个对象,就是访问对象的属性和方法。对象属性和方法的引用可以使用点(.)操作符或括号([])操作符,一般形式为:

```
对象名.属性名|方法名
```

或：对象名[属性名|方法名]

其中，点(.)操作符是最常使用的形式，类似于结构体。而括号([])操作符常用于数组中元素的访问。

3. for…in 语句

格式如下：for(对象属性名 in 对象名)

顺序输出对象各个属性的值，如果是方法，则输出对应的函数代码。例如：

```
function showData(object)
{
    for(var prop in object)
        document.write(object[prop]);
}
```

使用该函数时，在循环体中，可以不知道对象属性的个数，for 可以自动地将属性取出来，直到最后为止。

4. this 关键字

关键字 this 是对当前对象的引用，在 JavaScript 中，对象的引用是多层次的，往往一个对象的引用又需要对另一个对象的引用，而另一个对象有可能又要引用另一个对象，这样有可能造成混乱，为此 JavaScript 提供了一个用于指定当前对象的指针 this。

5.5　JavaScript 内置对象及全局函数

每一种程序设计语言，都可以分成语言语法和标准库两个部分。语法部分通常用于定义语言的基本语法规范，包括字符集、保留字、数据和数据类型、程序语句等内容。标准库则是指为用户提供的一组常用函数库或类库。对于结构化程序设计语言，例如 C 语言，标准库通常是一组标准的函数库，包含了大量的标准函数。如果是面向对象的程序设计语言，例如 C++、Java 等，标准库则是一组标准类库，包含了大量的预定义类或模板类。使用标准函数库或类库，可以提高用户的编程效率和保证程序代码质量。

由于 JavaScript 是一种基于对象的程序设计语言，它具有面向对象程序设计语言的特点，但又不完全是面向对象的程序设计。在类库设计方面，JavaScript 不仅提供了一组标准类库，同时还提供了一组常用的对象和全局函数。而在面向对象的程序设计思想中，尽量不使用全局对象变量，所有的函数都应该隶属于一个类。不同的 JavaScript 版本，包含的内部对象和函数也不一样，本节介绍 JavaScript 中常用的内部对象和函数。

5.5.1　字符串对象 String

在 JavaScript 中，每个字符串都是一个 String 对象。使用 String 对象时，不需要像一般自定义对象一样用 new 关键字在内存中创建对象，而是可以直接将一个字符串赋给一个变量。字符串对象封装了 JavaScript 中的字符串以及相关的操作。

字符串对象的生成十分简单，而且是隐式的，不使用 new 关键字，例如：

```
var myStr = "Hello";
```

这样，myStr 就是一个 String 对象了，一个变量被声明为字符串对象之后，它就拥有了这个对象类的属性和方法,可以和一般对象一样,使用对象的方法,取得对象的属性。

1. String 对象的属性

字符串对象的属性只有一个,这就是 length(长度)属性,返回字符串的长度。在 UTF-8 编码中,每一个汉字和英文字符一样,都属于一个字符。

例如:

```
< script type = "text/javascript">
    var myStr = "Hello 你好";
    document.write(myStr.length);
</script>
```

上述代码在浏览器中输出字符串"Hello 你好"的长度为 7。

2. String 对象常用方法

字符串对象是使用最为频繁的对象,因此包含更多的成员函数,常见的 String 对象成员函数见表 5-1。

表 5-1　String 对象常用成员函数

函数及一般形式	功　能
charAt(pos)	取字符函数,返回字符串对象中下标为 pos 的字符(字符串下标 pos 为大于等于 0,且小于字符串长度的整数)
substring(pos1,pos2) substring(pos)	第一种格式中,返回下标从 pos1 到 pos2 之前的字符串(不含下标是 pos2 的字符)。第二种格式返回下标为 pos 开始直到字符串结束的所有字符
indexOf(subStr) indexOf(subStr,StartPos)	subStr 是一个待查找的字符或者字符串,可以是常量,也可以是变量。在省略 StartPos 的情况下,此函数将从字符串的第一个字符开始查找;当 StartPos 参数存在的情况下,这个函数从字符串中下标为 StartPos 的字符开始查找。当 StartPos 超过字符串的长度时,返回-1。当所希望查找的字符串找不到时,返回-1。当字符串中有两个以上的待查找字符串,则返回被搜寻字符串中位置在最前面的待查字符串的下标位置
lastIndexOf (subStr) lastIndexOf (subStr,StartPos)	同 indexOf()函数类似,只是查找是从字符串尾部往前查找
match(searchvalue) match(regexp)	在字符串内检索指定的值,或找到一个或多个正则表达式的匹配。参数 searchvalue 规定要检索的字符串值。参数 regexp 为正则表达式。如果没有找到任何匹配的文本,match()返回 null。否则,返回一个数组,其中存放了与它找到的匹配文本有关的信息
replace(str1,str2)	将字符串中的子串 str1 用 str2 替换,同时 replace()支持正则表达式,它可以按照正则表达式的规则匹配字符或字符串
toLowerCase()	将字符串中所有的字母变为小写字母,返回变化后的结果。但是,原字符串内的大小写不变
toUpperCase()	将字符串中所有的字母变为大写字母,返回变化后的结果。但是,原字符串内的大小写不变
split(separator, limit)	将字符串分割为字符串数组,并返回此数组。Separator 为分隔符,limit 为可选参数,表示分割的次数,如果无此参数为不限制次数
length()	返回字符串的长度,所谓字符串的长度是指其包含的字符的个数

在 JavaScript 中，提供了大量的字符串处理函数，功能非常强大，下面是几个简单的例子。例如，在 HTML 的多行文本框输入中，包含了回车换行符，如果要保存到数据库中，则回车换行无法保存。如果要将数据库内容显示，则没有换行，因此，在保存数据库时可以将文本框中的回车换行替换为 HTML 的< br >标记，代码如下：

```
//设字符串保存在变量 str 中,删除其中的回车(\r)、换行符(\n)
str = str.replace(/\r/g,"<br>");
str = str.replace(/\n/g,"");
```

上述代码使用了正则表达式，"\r"表示回车字符(\13)，"/g"表示全部，即将 str 中全部的"\r"替换为< br >。第二行则表明将全部的换行"\n"(\10)，替换为空，即删除。如果要将全部的字符"a"替换为"A"，可写为 str＝str.replace(/a/g,"A")；

字符串的打散也是常用的操作之一，例如：

```
var str1 = "aa;bb;cc";
var str2 = "hello";
s1 = str1.split(";");
s2 = str2.split("");
```

则得到一个字符数组 s1＝["aa","bb","cc"]，s2＝["h","e","l","l","o"]。

与 split 对应的函数是 Array 对象的 join(delimiter)方法，使用给定的分隔符将一个数组合并为一个字符串，例如：

```
var aa = new Array("jpg","bmp","gif","ico","png");
var str = aa.join("|");
```

则字符串 portableList 为"jpg|bmp|gif|ico|png"。

5.5.2　正则表达式对象 RegExp

在字符串处理中，经常会用到查找某种特定模式的字符串，或者是验证某个字符串是否符合特定的模式。例如，检查一个字符串是否为有效的邮箱地址，检查用户账户是否是字母和数字的组合等。用来描述这种复杂规则的表达式称为正则表达式。在 JavaScript 中，RegExp 对象表示正则表达式，它是对字符串执行模式匹配的强大工具。使用正则表达式，可以大大减少字符串处理的编程工作量，使数据有效性验证更加准确和高效。

1. 正则表达式的概念

正则表达式(Regular Expression)的概念最初出现于理论计算机科学的自动控制理论和形式语言理论中，用于对模型和规则的一种形式描述。1950 年，正则表达式的概念被应用于 UNIX 的编辑器工具软件，随后被普及开来。许多程序设计语言都支持利用正则表达式进行字符串操作。

正则表达式是一种由普通字符和特殊字符(元字符)组成的字符串匹配模式，在正则表达式中，元字符(Metacharacter)是拥有特殊含义的字符。正则表达式只能使用"/"开头和结束，不能使用双引号，因为双引号是字符串对象的表示方法。

在 JavaScript 中，正则表达式中可以使用的元字符及其含义见表 5-2。

表 5-2　JavaScript 正则表达式元字符

元字符	含　　义	元字符	含　　义
.	匹配除换行符(\n)以外的任意字符	\0	匹配 NULL
\d	匹配数字(0..9)	\r	匹配回车符
\D	匹配非数字字符	\n	匹配换行符
\s	匹配空白字符	\t	匹配制表符
\S	匹配非空白字符	\v	匹配垂直制表符
\w	匹配一个字母、数字或下划线画单词字符	\f	匹配换页符
\W	匹配非单词字符	[ ]	匹配方括号之间的任何字符,字符范围可以用"-"连接,例如[abcd]可以写为[a-d]
\b	查找处在单词的开始或结束的匹配	[^]	匹配不在方括号之间的任何字符
\B	查找不在单词开始或结束处的匹配	(和)	指定子表达式,用于分组

在上述表格中,所谓"匹配",就是指字符串符合某种条件(正则表达式),通常是指这个字符串里有一部分(或几部分)能满足正则表达式给出的条件。另外,空白字符是指空格符(space character),回车符(carriage return character),换行符(new line character),制表符(tab character),垂直制表符(vertical tab character),换页符(form feed character)。

如果要查找元字符本身的话,比如查找字符"."或"*",应使用转义字符。转义字符使用"\"开始,用于取消紧跟在后面的字符的特殊意义。因此,要查找字符"."或"*",应该使用\. 和\ *。要查找"\"字符本身,可使用\\。

例如: myfile\. dat 匹配 myfile. dat,d:\\GPMS3 匹配 d:\GPMS3。

在正则表达式中,还会遇到重复的情况,这需要使用量词(限定符)来指定重复的数量,常用限定符见表 5-3。

表 5-3　常用限定符

量词/语法	说　　明
n *	匹配任何包含零个或多个 n 的字符串。例如: /lo * /g,在字符串中查找包含 0 个或多个"o"的字符串
n+	匹配包含至少一个 n 的任何字符串
n?	量词,匹配任何包含零个或一个 n 的字符串
n{x}	匹配包含 x 个 n 的序列的字符串
n{x,y}	匹配包含 x 或 y 个 n 的序列的字符串
n{x,}	匹配包含至少 x 个 n 的序列的字符串
^n	匹配任何开头为 n 的字符串。例如: /^You/g,查找所有以 Y 开头的字符串 You
n$	匹配任何结尾为 n 的字符串
?=n	匹配任何其后紧接指定字符串 n 的字符串。例如: /is(?=ok)/g,则查找所有的后面是"ok"的字符串"is"
?!n	匹配任何其后没有紧接指定字符串 n 的字符串

2. 创建 RegExp 对象

对于正则表达式,可以在有关的字符串对象中直接使用,也可以创建 RegExp 对象,然后在字符串操作中使用。前者使用直接量语法,一般形式为:

```
/pattern/attributes
```

如果要创建 RegExp 对象,一般形式为:

```
new RegExp(pattern, attributes);
```

其中,参数 pattern 是一个字符串,指定正则表达式模式或其他正则表达式。参数 attributes 是一个可选的字符串,包含属性"g"、"i"和"m",分别用于指定全局匹配、区分大小写的匹配和多行匹配,gi 表示全局并区分大小写的匹配。

例如:str=str.replace(/\r/g,"< br >");将字符串 str 中的所有回车字符(\r)全部用 < br >替换。

对于下述代码,则创建一个 RegExp 对象。

```
< script type = "text/javascript">
function checkemail(str)
{
    //在 JavaScript 中,正则表达只能使用"/"开头和结束,不能使用双引号
    var Expression = /\w + ([ - + . ']\w + ) * @\w + ([ - . ]\w + ) * \.\w + ([ - . ]\w + ) * /;
    var objExp = new RegExp(Expression);
    if (objExp. test(str) == true)
        return true;
    else
        return false;
}
</script>
```

正则表达式在一开始看上去是比较麻烦的,其实,一个正则表达式是由元字符和限定符构成的串,元字符的后面跟限定符,只要理解这两类符号的含义,正则表达式的含义也就不难理解了。例如,\w+表示至少一个字母、数字或下画线字符。

3. RegExp 对象属性和方法

RegExp 对象是 JavaScript 中提供的对字符串进行匹配、替换等操作的对象,和其他对象一样,也是由一系列的属性和方法构成的,见表 5-4。

表 5-4　RegExp 对象属性

属　　性	说　　明
global	查看给定的正则表达式是否执行全局匹配。如果 g 标志被设置,则该属性为 true,否则为 false
ignoreCase	如果设置了"i"标志,则返回 true,否则返回 false
multiline	查看正则表达式是否以多行模式执行模式匹配。在这种模式中,如果要检索的字符串中含有换行符,^和 $ 除了匹配字符串的开头和结尾外还匹配每行的开头和结尾
lastIndex	保存上一次匹配文本之后的第一个字符的位置。上次匹配的结果是由方法 RegExp. exec()和 RegExp. test()找到的,它们都以 lastIndex 属性所指的位置作为下次检索的起始点。找不到可以匹配的文本时,lastIndex 属性重置为 0
source	返回模式匹配所用的文本。该文本不包括正则表达式直接使用的定界符,也不包括标志 g、i、m

RegExp 对象方法见表 5-5。

表 5-5　RegExp 对象方法

方　　法	说　　明
test(str)	检测字符串 str 是否匹配某个模式。如果 str 中含有与 RegExpObject 匹配的文本，则返回 true，否则返回 false
exec(str)	检索字符串中正则表达式的匹配。参数 str 为要检测的字符串。返回一个数组，存放匹配结果。如果未找到匹配，则返回 null
compile (exp,mod)	在脚本执行过程中编译正则表达式。参数 exp 为正则表达式，mod 规定匹配的类型。"g" 用于全局匹配，"i"用于区分大小写，"gi"用于全局区分大小写的匹配

例如，有一段示例代码如下：

```
< script type = "text/javascript">
    var str = "Hello World!";
    var patt = /lo * /g;
    document.write(str.match(patt));
</script>
```

在上述代码中，使用了 String 对象的 match 方法，查找字符串中匹配的子字符串。输出结果为：l,lo,l

例如：(\d{1,3}\.){3}\d{1,3}是一个简单的 IP 地址匹配表达式。其中，\d{1,3}匹配一到三位的数字，(\d{1,3}\.){3}匹配三位数字加上一个英文句号，这个整体被定义为一个分组，然后分组重复 3 次，最后再加上一个一到三位的数字(\d{1,3})。这是一个简单的 IP 地址模式匹配，当然，IP 地址的每一个数字都是小于 255 的，可以进一步写出更加准确的验证 IP 地址的正则表达式。

在书写正则表达式时，还经常用[]来指定一个范围，例如：[0-9]代表的含义与\d 完全一致，表示一位数字。[a-z0-9A-Z_]等同于\w。例如，对于下述代码：

```
< script type = "text/javascript">
    var str = "Hello_你好!";
    var patt = /\w/g;
    document.write(str.match(patt));
</script>
```

输出结果为：H,e,l,l,o,_

可见元字符"\w"只是匹配一个字母、数字或下画线"_"，不能匹配汉字等其他字符。

例如：正则表达式 0\d\d-\d\d\d\d\d\d\d\d，它匹配这样的字符串：以 0 开头，然后是两个数字，然后是一个连字号"-"，最后是 8 个数字（即中国的区号为 3 位的电话号码）。其中"\d"是元字符，匹配一位数字(0,1,2,…)。"-"不是元字符，只匹配它本身——连字符或者减号。为了避免重复，也可以这样写这个正则表达式：0\d{2}-\d{8}。"\d"后面的{2}、{8}表示前面的"\d"必须连续重复匹配的次数为 2 次(8 次)。

4. 常用正则表达式

正则表达式通常用于表单中的字符串处理、表单数据的有效性验证等，实用高效。下面是一些常用的正则表达式。

（1）匹配中文字符的正则表达式：[\u4e00-\u9fa5]。

（2）匹配空白行的正则表达式：/\n\s*\r/，元字符\s匹配一个空白字符，后跟限定词*表示任意个数的空白字符。

（3）匹配HTML标记的正则表达式：/<(\S*?)[^>]*>.*?</\1>|<.*?/>/。

（4）匹配首尾空白字符的正则表达式：/^\s*|\s*$/，非常有用的表达式，可以用来删除行首行尾的空白字符（包括空格、制表符、换页符等）。

（5）匹配E-mail地址的正则表达式：/\w+([-+.]\w+)*@\w+([-.]\w+)*\.\w+([-.]\w+)*/，常用于表单验证。

（6）匹配网址URL的正则表达式：/[a-zA-z]+://[^\s]*/。

（7）匹配账号是否合法，以字母开头，允许5～16字节，允许字母、数字、下画线，则符合上述要求的正则表达式为/^[a-zA-Z][a-zA-Z0-9_]{4,15}$/。

（8）匹配国内电话号码：/\d{3}-\d{8}|\d{4}-\d{7}|\d{4}-\d{8}/，匹配形式如010-11112222、0531-8836111或0531-88361111。

（9）匹配中国邮政编码：/[1-9]\d{5}(?!\d)/，中国邮政编码为6位数字。

（10）匹配身份证：/\d{15}|\d{18}/，中国的身份证为15位或18位，只匹配位数，没有有效性验证。

（11）匹配IP地址：/\d+\.\d+\.\d+\.\d+/，提取IP地址时有用。

（12）匹配特定数字，例如：

```
/^[1-9]\d*$/          //匹配正整数
/^-[1-9]\d*$/         //匹配负整数
/^-?[1-9]\d*$/        //匹配整数
/^[1-9]\d*|0$/        //匹配非负整数(正整数或0)
/^-[1-9]\d*|0$/       //匹配非正整数(负整数或0)
/^[1-9]\d*\.\d*|0\.\d*[1-9]\d*$/                //匹配正浮点数
/^-([1-9]\d*\.\d*|0\.\d*[1-9]\d*)$/             //匹配负浮点数
/^-?([1-9]\d*\.\d*|0\.\d*[1-9]\d*|0?\.0+|0)$/   //匹配浮点数
/^[1-9]\d*\.\d*|0\.\d*[1-9]\d*|0?\.0+|0$/       //匹配非负浮点数(正浮点数+0)
/^(-([1-9]\d*\.\d*|0\.\d*[1-9]\d*))|0?\.0+|0$/  //匹配非正浮点数(负浮点数+0)
```

（13）匹配特定字符串

```
/^[A-Za-z]+$/        //匹配由26个英文字母组成的任意长度的字符串
/^[A-Z]+$/           //匹配由26个英文字母的大写组成的任意长度的字符串
/^[A-Za-z0-9]+$/     //匹配由数字和26个英文字母组成的字符串
/^\w+$/              //匹配由数字、英文字母或者下画线组成的任意长度的字符串
```

5.5.3 数学对象Math

在JavaScript中，Math对象封装了常用的数学常数和一些常用的数学运算，这些运算包括：三角函数、对数函数、指数函数和一些舍入函数等。

1. Math对象属性

Math对象中的属性与其他对象的属性有一些区别。这些属性是常用的数学常数，它们是定值，因此它们是只读的，不允许对这些对象属性进行写操作。表5-6列出了Math对

象的属性名、描述和近似值。

表 5-6　Math 对象属性

属 性 名	说　明
E	常数 e,也称欧拉常数,它是自然对数的底。近似值为 2.718
LN2	2 的自然对数,即以 e 为底的 2 的对数,近似值为 0.693
LN10	10 的自然对数,近似值为 2.302
LOG2E	以 2 为底的常数 E 的对数,近似值为 1.442
LOG10E	以 10 为底的常数 E 的对数(常用对数),近似值为 0.434
PI	π 常数,即圆周周长和直径之比,近似值为 3.14159
SQRT1-2	1/2 的平方根,近似值为 0.707
SQRT2	2 的平方根,近似值为 1.414

2. Math 对象成员方法

Math 对象的成员函数分为三角函数、反三角函数、对数、指数函数、舍入函数以及随机函数等,常用函数见表 5-7。

表 5-7　Math 对象成员方法

成 员 函 数	说　明
sin(x),cos(x),tan(x)	求 x 的正弦、余弦和正切值,x 为弧度值
asin(x),acos(x),atan(x)	求 x 的反正弦、反余弦和反正切值,x 为弧度值
atan2(x,y)	直角坐标系中(x,y)点与 x 轴所成的角度
exp(x)	e 的 x 次方
log(x)	x 的以 e 为底的自然对数
pow(x,y)	计算 x 的 y 次方
sqrt(x)	x 的平方根
abs(x)	x 的绝对值
round(x)	x 四舍五入值
ceil(x)	大于或者等于 x 的最小整数值,向上取整或向上舍入
floor(x)	小于或者等于 x 的最大整数值,向下取整或向下舍入
random()	产生随机数

5.5.4　日期对象 Date

Date(日期)对象封装了有关日期和时间的一些变量和函数,利用这些变量,可以掌握当前日期和时间。Date 对象中没有一个属性是可以直接地设定或者取得的,这种思想更符合对象的封装思想,即成员变量都是私有的,提供公有的成员函数来访问私有的成员变量。

1. 创建日期对象

创建日期对象和数组对象有些相似,都需要使用 new 关键字,但它的构造函数比较复杂,有多个不同参数的构造函数,我们可以根据需要选择一种格式来生成一个新的日期对象,下面分别给出它们的语法和范例:

格式 1: var DateObj = new Date();

这是最简单的一种日期对象的创建格式。创建该对象时,激活默认的构造函数,该构造函数取计算机的当前时间作为日期对象的时间值。

格式 2：var DateObj = new Date(年,月,日)；

这种格式中也有几点要说明：

(1) 参数是数值,不是字符串,年份取后两位。

(2) 当"月"超过 12 或"日"超过当月天数时,将自动进位换算到下一年和月。

(3) "月"参数取值是从 0 到 11,即实际月份比参数大 1。

(4) 小时、分、秒将被认为是 0。

格式 3：var DateObj= new Date(年,月,日,小时,分,秒)；

这种格式与前一种很相近,例如：var Date1=new Date(96,3,23,20,55,00)；

格式 4：var DateObj = new Date("月日,年小时：分：秒")；

在这种格式中,参数是一个字符串,描述了新建 Date 对象的各个属性,该字符串需要满足以下情况：

(1) 在月、日之间的空格可以省略,但是在年、时间之间的空格不可以省略,否则会使日期无效。月份必须用英语的 January,Februlary,…,December,不能用数字。

(2) 日、年之间的逗号不能省略。

(3) 时间部分的小时、分、秒间的冒号不可省略。

(4) 当"日"这一项超过当月的天数时,将自动进位换算到下一个月。"小时"这一项超过 24 时也将进位换算成日。

例如：var meetDate = new Date("June 22,2016 11:50:00")；

2. Date 对象常用方法

对于 Date 对象,不同的浏览器支持不完全相同,下面是一组常用的 Date 对象方法,见表 5-8。

表 5-8　**Date 对象常用方法**

方 法 名	功　　能
getDate()	返回 Date 对象一个月中的某一天(1～31)
getDay()	返回 Date 对象一周中的某一天(0～6)
getMonth()	返回 Date 对象的月份(0～11)
getFullYear()	返回 Date 对象以四位数字返回年份
getHours(),getMinutes(),getSeconds()	返回 Date 对象的小时(0～23)、分钟(0～59)和秒数(0～59)
setDate()	设置 Date 对象中月的某一天(1～31)
setMonth()	设置 Date 对象中的月份(0～11)
setFullYear()	设置 Date 对象中的年份(四位数字)
setHours(),setMinutes(),setSeconds()	设置 Date 对象中的小时(0～23)、分钟(0～59)和秒数(0～59)
setTime()	以毫秒设置 Date 对象
toString()	把 Date 对象转换为字符串
toDateString()	把 Date 对象的日期部分转换为字符串
toTimeString()	把 Date 对象的时间部分转换为字符串

除了上述这些常用的方法外,Date 对象还包含许多关于世界时和本地时间的设置方法,在此省略。

【**例 5-4**】 编写程序,在页面上显示一个走动的时钟,并且当用户关闭页面时,显示该页面停留的时间。

说明:获取页面的停留时间,需要对打开页面和关闭页面时间编程即可。

代码清单如下:

```html
<html>
<head>
<meta charset = "utf - 8">
<script type = "text/javascript">
var timeStr = "", dateStr = "";
var timebegin = new Date();
function timeclock ()
{
  now =  new Date();
  //时间
  hours = now.getHours();
  minutes = now.getMinutes();
  seconds = now.getSeconds();
  timeStr = ((hours < 10) ? "0" : "") + hours;
  timeStr += ((minutes < 10) ? ":0" : ":") + minutes;
  timeStr += ((seconds < 10) ? ":0" : ":") + seconds;
  document.myclock.mytime.value = timeStr;
  //日期
  day = now.getDate();
  month = now.getMonth() + 1;
  year = now.getFullYear();
  dateStr = year + "/" + month + "/" + day;
  document.myclock.mydate.value = dateStr;
  Timer = window.setTimeout("timeclock()",1000);
}
function timespan()
{
timeend = new Date();
minutes = (timeend.getMinutes() - timebegin.getMinutes());
seconds = (timeend.getSeconds() - timebegin.getSeconds());
time = (seconds + (minutes * 60));
window.alert('您在本页共停留了 ' + time +" 秒钟");
}
</script>
</head>
<body onload = " timeclock ()" onunload = "timespan();">
  <form name = "myclock">
      时间: < input type = "text" name = "mytime" value = "" size = "10"><br>
      日期: < input type = "text" name = "mydate" value = "" size = "10">
```

```
    </form>
</body>
</html>
```

显示结果如图 5-8 所示。

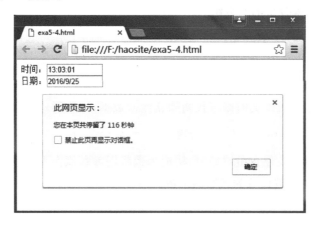

图 5-8　时钟显示示例

在上述代码中,采用了 UTF-8 编码,因此,如果使用 Windows 记事本编辑上述网页,在保存文件时需要选择编码方式为 UTF-8,否则网页显示为乱码,因为记事本程序文件存储的默认编码为 ANSI 编码。在上述程序中,用到了 window 对象、document 对象和 HTML DOM 对象,详细介绍见后面的讲解。

5.5.5　数组对象 Array

在计算机程序设计语言中,数组是用于保存一组数据的复杂数据类型。因为 JavaScript 为弱类型语言,不可能提供数组类型,数组被定义成一种内置的 Array 对象。用户通过新建 Array 对象来创建数组,并对数组对象进行操作。

在 JavaScript 中,数组的元素不一定是相同的,元素可以是不同类型的。数组的每一个成员对象都有一个"下标",用来表示它在数组中的位置(下标从 0 开始)。程序通过括号操作符([])访问数组成员。

1. 一维数组

在 JavaScript 中,要使用数组,必须创建 Array 对象,创建 Array 对象,有三种形式:

(1) 定义空数组

```
var <数组名> = new Array();
```

对于空数组,数组中元素的个数不确定,接下来可以为数组添加元素。

一般形式是:

```
<数组名>[<下标>] = <表达式>;
```

例如:

```
var colorArray = new Array();          //定义一个空数组
```

```
colorArray[0] = "red";
colorArray[1] = "green";
colorArray[2] = "blue";
colorArray[3] = 255;
```

（2）创建确定元素数量的空数组

```
var <数组名> = new Array(size);
```

参数 size 是期望的数组元素个数，数组对象的 length 属性值将被设为 size 的值。

（3）创建数组并初始化数组元素

用户还可以在定义数组的时候直接初始化元素数据，一般形式是：

```
var <数组名> = new Array(<元素 1>, <元素 2>, <元素 3>, …);
```

当使用这些参数来新建数组对象时，构造函数将用参数值作为新建数组的元素值，数组对象的 length 属性也会被设置为参数的个数。

例如，var myArray = new Array(1, 4.5, "Hi ")；新建一个数组对象 myArray，数组包含的元素分别是：myArray[0] =1；myArray[1] = 4.5；myArray[2] = "Hi "。

但是，如果元素列表中只有一个元素，而这个元素又是一个正整数的话，这将定义一个包含正整数个空元素的数组。例如，var myArray = new array(10)，定义一个长度为 10 的数组，而不是一个数组，包含一个正整数元素 10。

2. 多维数组

JavaScript 只有一维数组，不能和一般的程序设计语言一样，使用类似 var myArray = new Array(3,4)的方法来定义 3×4 的二维数组，或者用 myArray[1,1]来访问"二维数组"中的元素。实际上，所谓多维数组，就是数组的元素本身也是一个数组。因此，要使用多维数组，在 JavaScript 中，可用下面的形式来定义：

```
var myArray = new Array(new Array(), new Array(), new Array(), …);
```

例如：要定义一个 3×4 的二维数组，定义如下：

```
var myArray = new Array(new Array(4), new Array(4), new Array(4));
```

然后，可以用 myArray[i][j]的形式访问"二维数组"中的元素。

在 JavasCript 中，数组中的元素可以是不同类型的，因此可以定义 oneArray = new Array(new Array(3), new Array(4))，它不是一个 3×4 的二维数组，实际上 oneArray 有两个元素，第一个元素是一个长度为 3 的数组，第二个元素是一个长度为 4 的数组。

3. Array 对象属性

Array 对象常用的属性是 length 属性，保存数组的长度，即数组里元素的个数，它等于数组里最后一个元素的下标加 1。因此，想添加一个元素，可写做：myArray[myArray.length] = …。对于二维数组，例如上面的 myArray，document.write(myArray.length)将返回 3，而不是返回 3×4=12。也就是说 myArray 有 3 个元素，都是长度为 4 的数组。

4. Array 对象方法

对于 Array 对象，不同的浏览器支持不完全相同，下面是一组常用的 Array 对象方法，见表 5-9。

表 5-9　Array 对象常用方法

方　法　名	功　　　　能
slice(< s >[, < e >])	返回一个从第 s 个元素到第 e 个元素的一个子数组,如果不给出 e,则返回的子数组从第 s 个元素到数组的最后一个元素
shift()	删除并返回数组的第一个元素
pop()	删除并返回数组的最后一个元素
push()	向数组的末尾添加一个或多个元素,并返回新的长度
unshift(e1,e2,....)	向数组的开头添加一个或多个元素,并返回新的长度
a. concat(a1,a2,...)	将数组 a1,a2,… 中的元素添加到数组 a 中
reverse()	颠倒数组中元素的顺序
sort()	对数组中的元素进行排序
toString()	把数组转换为字符串,并返回结果
join(<分隔符>)	把数组中的各个元素串起来,用<分隔符>作为元素之间的分隔符,然后返回这个字符串

例如:

```
< script type = "text/javascript">
var aa = new Array(2)
aa[0] = "George"
aa[1] = "John"
var bb = new Array(3)
bb[0] = "James"
bb[1] = "Adrew"
bb[2] = "Martin"
document.write(aa.concat(bb))
</script >
```

在 JavaScript 中,可以直接输出一个数组对象,例如 document. write(aa),则输出数组中的每一个元素的值,元素值之间用逗号分开。

5.5.6　全局函数

在软件编程时,除了内置对象外,还有一些功能是经常需要使用的,这些功能被定义为标准函数,又称内置函数。内置函数不属于任何对象,因此不用通过引用对象的方式来使用它们,称为 JavaScript 全局函数。常用的全局函数见表 5-10。

表 5-10　JavaScript 全局函数

函　数　名	说　　　明
parseInt(str, radix)	解析一个字符串,并返回一个整数。参数 str 为要被解析的字符串,参数 radix 表示要解析的数字的基数,范围为 2～36
parseFloat(str)	解析一个字符串,返回字符串中的第一个数字。如果字符串的第一个字符不能被转换为数字,返回 NaN
Number(object)	把对象值转换为数字。如果参数是 Date 对象,Number()返回从 1970 年 1 月 1 日至今的毫秒数。如果对象的值无法转换为数字,则返回 NaN

函 数 名	说 明
isNaN(x)	检查参数 x 是否是非数字值。如果 x 是非数字值 NaN,返回 true。如果 x 是其他值,则返回 false
eval(str)	将字符串参数 str 看作一个 JavaScript 表达式,并把它作为脚本代码来执行,如果有计算结果,则返回计算结果
String(obj)	把参数 obj 对象转换为字符串。参数 obj 为 JavaScript 对象
isFinite(num)	检查参数 num 是否无穷大。如果是有限数字,返回 true。否则,如果是 NaN(非数字)、正、负无穷大的数,返回 false
encodeURI(str)	把字符串 str 作为 URI 进行编码并返回 URI 编码,其中某些字符被十六进制的转义序列替换。如果 str 中含有分隔符,比如?和♯,则应当使用 encodeURIComponent() 方法分别对各组件进行编码
encodeURIComponent (str)	把字符串 str 作为 URI 组件进行编码。参数 str 含有 URI 组件或其他要编码的文本
decodeURI(URIstr)	对 encodeURI()函数编码过的 URI 进行解码,返回解码后的字符串,其中的十六进制转义序列将被它们表示的字符替换
decodeURIComponent (URIstr)	对 encodeURIComponent()函数编码的 URI 进行解码

【例 5-5】 JavaScript 字符串函数 eval()常常用于动态地得到变量名的操作,阅读下列代码,分析运行结果。

```
< script type = "text/javascript">
var score1 = 97;
var score2 = 100;
for (i = 0;i < 2;i++)
{
    valstr = "score" + (i + 1);              //构造变量名
    document.write("valstr = " + eval(valstr) + "<br>");
}
</script >
```

上述代码中,声明了两个整数变量,用循环语句输出它们的值,在循环中构造变量名,通过函数 eval(str)来得到一个 JavaScript 代码计算。

5.6 浏览器对象

每一个符合 ECMAScript 规范的脚本程序设计语言都包含三个部分,即 ECMAScript 规范,浏览器对象模型(Browser Object Model,BOM)和文档对象模型(Document Object Model,DOM)。所谓浏览器对象模型 BOM,就是指当用户打开浏览器时,浏览器中的 JavaScript 运行时引擎将在内存中自动创建一组对象,用于对浏览器及 HTML 文档对象模型中数据的访问和操作。因为这些对象是和浏览器本身紧密相关的,故称为浏览器对象。

5.6.1 浏览器对象模型 BOM

当使用浏览器打开一个网页时,浏览器就在内存中创建了一个窗口对象(window),它封装了浏览器的整个窗口,如果文档中包含框架(frame 或 iframe 元素),浏览器还会为每个框架创建一个子 window 对象。在一个窗口中,包含了窗口标题、地址栏、客户区、状态栏等,它们也被定义为独立的浏览器对象,都是 window 对象的成员对象,这些对象构成一种层次结构,即浏览器对象模型。

在 JavaScript 中,根据窗口的构成,定义的浏览器对象及层次结构如图 5-8 所示。

图 5-8　浏览器对象模型 BOM 层次结构

在浏览器对象模型的 7 个对象中,window 对象是最顶层的对象,它对应了浏览器窗口本身,其他 6 个对象都是 window 对象的成员对象(对象名的首字母均为小写字母),其中document 成员对象也是 HTML 文档对象模型 DOM 中的重要对象。浏览器对象模型中的每一个对象都是预声明的内存对象,用户可以直接使用。

5.6.2　窗口对象 window

当浏览器打开一个网页文件,如果新建了一个浏览器窗口,则在计算机内存中创建一个窗口对象,对象名为 window。在客户端,window 对象是全局对象,所有的表达式都在当前的环境中计算。也就是说,要引用当前窗口不需要指定窗口对象本身,而是可以把 window对象的属性作为全局变量来使用。例如,可以将 window. document 简写为 document,window. alert()可以简写为 alert()一样。这是对窗口对象的隐式应用,如果要显式地表明窗口,可写为 window.[属性|方法]或 self.[属性|方法]。

一个 window 对象封装了浏览器窗口的全部内容,从浏览器窗口可以很容易地理解window 对象包含的属性和方法。例如:一个浏览器窗口都包括:标题栏、前进后退按钮、地址栏、客户区、滚动条、状态栏等。这些窗口元素构成了 window 对象的成员,为操作方便,许多成员本身又被封装为对象,构成 window 对象的成员对象。

1. window 对象常用属性

window 对象的属性可分为一般属性和对象属性,对于每一个属性,具有不同的读写权限,即有的属性为只读属性,不能为属性进行赋值,有的属性则可以进行读写操作。window对象一般属性及成员对象见表 5-11。

表 5-11　window 对象属性表

属 性 名	说 明
name	窗口名称,窗口名称可以用作一个< a >或者< form >标记的 target 属性值
window,self	指向当前窗口,相当于 this
history	封装浏览器窗口中"前进""后退"按钮,包含用户在当前浏览器窗口中访问过的 URL
location	封装浏览器窗口的地址栏,将一个网址赋给 location 属性,该网页将在浏览器窗口打开
document	封装浏览器窗口打开的 HTML 文档,是 DOM 模型的根

属 性 名	说 明
defaultStatus status	封装浏览器窗口状态栏,属性值可读写
frames	如果 window 中包含帧,则 frames 为一个数组对象,保存每个帧对应的子窗口。可以通过 window. frames["frame-name"]或数组下标 0..n 来访问子窗口对象
opener	创建此窗口的父窗口引用
top	顶级窗口指针
closed	窗口是否关闭标志。当浏览器窗口关闭时,该窗口对应的 windows 对象并不会消失,它的 closed 属性为 true
innerHeight innerWidth	窗口中文档显示区域的高度和宽度,不包括菜单栏、工具栏等部分。IE 对应的属性是 body 对象的 clientHeight、clientWidth 属性
screenTop screenLeft	窗口距离屏幕顶部和左侧的距离,即窗口左上角的 x、y 坐标

【例 5-6】 编写一个网页文件 1. htm,确保不被嵌入到一个框架中打开。

分析:利用 window 对象的 self 和 top 属性可以判断窗口是否在一个框架中,如果是,则跳出框架,代码如下:

```
< html >
< head >
< meta http - equiv = "Content - Type" content = "text/html; charset = gb2312">
</head >
< body >
< script type = "text/javascript">
    if (window. top!= window. self) {
        window. top. location = "1. htm"
    }
</script >
</body >
</html >
```

2. window 对象常用方法

浏览器对象 window 的常用方法见表 5-12。

表 5-12 window 对象常用方法

方 法	说 明
open(URL,Name,Features)	打开一个新浏览器窗口,并返回该窗口对象。 URL,可选参数,新窗口中要显示的文档的 URL,取值为空时,新窗口不显示任何文档。 Name,可选参数,新窗口名称。如果该参数指定了一个已经存在的窗口,那么 open()方法不再创建一个新窗口,而返回对指定窗口的引用。 Features,可选参数,设置窗口特征
close()	关闭浏览器窗口,只有通过 JavaScript 代码打开的窗口才能够由 JavaScript 代码关闭,这阻止了恶意脚本终止用户的浏览器
focus()	将键盘焦点设置到一个窗口
blur()	把键盘焦点从顶层浏览器窗口移走,整个窗口由 Window 对象指定。哪个窗口最终获得键盘焦点并没有指定

方　法	说　明
moveTo(x,y)	把窗口的左上角移动到一个指定的坐标(x,y)处
moveBy(x,y)	相对窗口的当前坐标把它在 x,y 方向移动指定的像素
resizeTo(width,height)	将窗口的宽度和高度调整为 width 和 height 个像素
resizeBy(width,height)	将窗口的宽度和高度增大或减少 width 和 height 个像素
scrollTo(x,y)	将浏览器窗口左上角定位到文档区域的(x,y)坐标位置,文档上边和左边的部分将滚动出浏览器窗口
scrollBy(xnum,ynum) scroll(xnum,ynum)	将浏览器窗口左上角分别向右、向下滚动 xnum 和 ynum 像素
setInterval(code,millisec)	按指定周期(毫秒)调用函数或计算表达式。 code,必选参数,要调用的函数或要执行的代码串。 millisec,周期性执行或调用 code 函数的时间间隔,以毫秒计
setTimeout()	在指定的毫秒数后调用函数或计算表达式。参数同 setInterval(),setTimeout()只执行 code 一次。如果要多次调用,请使用 setInterval()或者让 code 自身再次调用 setTimeout()
clearInterval(id)	取消由 setInterval()设置的 timeout。参数 id 必须是由 setInterval()返回的 ID 值
clearTimeout(id)	可取消由 setTimeout()方法设置的 timeout
alert(message)	显示带有一条指定消息和一个"确定"按钮的警告框
confirm(message)	显示一个带有指定消息和"确定""取消"按钮的对话框。如果用户单击"确定"按钮,则 confirm()返回 true,否则返回 false
print()	打印当前窗口的内容。类似用户单击浏览器的"打印"按钮

　　在 window 对象的方法中,方法 scrollTo()和 scrollBy()比较难理解。我们说 scrollTo(x,y)中(x,y)是浏览器窗口左上角在文档区域中的(x,y)坐标。这听起来比较拗口,其实文档和观察文档的浏览器窗口的移动是相对的。当我们拖动滚动条的时候,好像窗口不动,文档在动。如果说文档不动,窗口在动,其实结果是一样的。后一种情况虽然难理解,但更加符合实际。

　　通常情况下,文档的尺寸(宽度和高度)随着文档内容的多少而变化。但是,我们也可以设置一个很大的文档区,例如:body{height:10000px;width:10000px;},文档的实际内容其实没有这么宽和这么高,它位于 10000×10000 区域的左上部。通过 scrollTo(x,y)可以将浏览器窗口左上角定位到 10000×10000 区域的某个位置,这和拖动滚动条的效果是一样的。

　　对于 setInterval()和 setTimeout()两种方法,前者定义周期性执行的函数更加方便,不需要递归调用接口实现。例如,下列脚本程序可以在页面中显示一个走动的时钟:

```
<script type="text/javascript">
var clockid = self.setInterval("clock()",1000);
function clock()
{
  var nowtime = new Date();
  form1.clock.value = nowtime.toTimeString().substring(0,8);
}
</script>
```

当打开一个窗口时,可设置的窗口特征见表 5-13。

表 5-13　窗口特征列表

特　　征	说　　明
top,left	窗口左上角坐标的像素值
height,width	窗口的高度和宽度
titlebar	是否显示标题栏,取值为 yes|no|1|0。**默认值为 yes**
menubar	是否显示菜单栏,取值为 yes|no|1|0。**默认值为 yes**
toolbar	是否显示浏览器的工具栏,取值为 yes|no|1|0。**默认值为 yes**
location	是否显示地址字段,取值为 yes|no|1|0。**默认值为 yes**
status	是否添加状态栏,取值为 yes|no|1|0。**默认值为 yes**
scrollbars	是否显示滚动条,取值为 yes|no|1|0。**默认值为 yes**
resizable	窗口是否可调节尺寸,取值为 yes|no|1|0。**默认值为 yes**
fullscreen	是否使用全屏模式显示浏览器。**默认值为 no**。处于全屏模式的窗口必须同时处于剧院模式

【**例 5-8**】　当在浏览器中打开一个页面时,如果文档长度大于浏览器窗口的高度,则出现垂直滚动条,编写代码,使得窗口滚动条置于窗口的底部。

分析:这是在实际项目研发中常用的功能,它可能是单击上部一个按钮,在文档尾部添加了一条记录,应该自动地定位到文档底部。

代码清单:

```
<html>
<head>
<meta charset = "utf - 8">
<style>
#div1{
  position:absolute;
  top:10px;
  left:10px;
  width:100 % ;
  background - color: #ff0000;
  border:1px solid #00ff00;
}
#div2{
  width:70 % ;
  height:100 % ;
  overflow:auto;
}
</style>
<script type = text/javascript>
function gobottom()
{
  //将窗口的滚动条定位到页面底部,本处未用到
  var c = window. document. body. scrollHeight;
  window. scrollBy(0,c);
  //将 div 的滚动条移动到底部
  var divobj = document. getElementById('div2');
  divobj. scrollTop = divobj. scrollHeight;
```

```
}
function gotop()
{
  window.scrollTo(0,0);
  document.getElementById('div2').scrollTop = 0;
}
</script>
</head>
<body>
<div id = "div1">
<input type = "button" name = "b1" value = "滚动条置底" onclick = "gobottom();">
</div>
<div id = "div2">
<script type = "text/javascript">
for (i = 1;i<50;i++)
    window.document.write("Line" + i + "<br>");
</script>
<a href = "#" onclick = "gotop();return false;">回顶部</a>
</div>
</body>
</html>
```

在浏览器中打开上述页面,显示结果如图 5-9 所示。

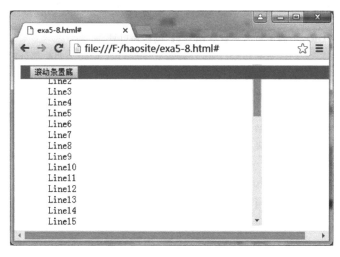

图 5-9　滚动条置底操作页面

在上述代码中,有三个在实际项目研发中遇到的重要的技术难点,解释如下:

(1)滚动条有两种情况,一种是窗口滚动条,一种是 div 滚动条。在图 5-9 中我们看到滚动条是 div2 的滚动条。为什么窗口没有出现滚动条呢? 这是与 div 的样式定义中设置了 height:100%有关。如果删除 div 的 height 属性设置,则会出现窗口滚动条,而 div2 不出现滚动条。因为,当设置了 div2 的 height 属性后,它不会超过窗口的高度,因此,窗口不会出现滚动条。但是,如果没有设置高度,则 div2 的高度是变化的,当内容超过窗口高度时,窗口自然会出现滚动条,但 div2 不会出现滚动条,因为 div2 并未设置高度。

(2)滚动条置底,通常情况下,滚动条会出现在窗口和 div 中,在窗口中,可以比较容易地控制滚动条的位置,即通过 gobottom()函数中的 window.scrollBy(0,c)即可实现。

（3）将 div 块固定，不随滚动条的滚动而滚动，且不闪烁。在通常情况下，当拖动窗口滚动条时，div 块也会随着滚动条的滚动而滚动。如何让一个 div 块不会随滚动条而滚动呢？方法就是将< body >分成两个 div，一个输出固定不动的内容，另一个是其他内容。如上面代码中的 div1 和 div2。然后，设置 div2 块的 height：100%，这样窗口就不会出现垂直滚动条了。

当 div2 中的输出内容超过 div2 设置的高度时，则< div >出现垂直滚动条，看上去类似窗口的滚动条，移动 div2 的滚动条，当然不会影响 div1，这样就看到 div1 是固定不动的。此外，还可以将 div 的 z-index 设置为−1，使得在有多个图层叠加时，该 div 处于底层。处于底层的 div 中的输入元素不能获得输入焦点。

5.6.3 地址栏对象 location

所有 Web 浏览器都包含地址栏，这是用户输入网址的地方。在 JavaScript 中，浏览器窗口的地址栏被封装成 location 对象，它是 window 对象的成员对象。地址栏对象 location 封装了浏览器窗口的地址栏，其常用属性和方法见表 5-14。

表 5-14　location 对象常用属性

属　性　名	说　　　明
href	存储地址栏网址 URL，可以通过为该属性设置新的 URL，浏览器将打开新的网页
protocol	存储 URL 中的协议部分，包括后面的冒号（：）
hostname	存储 URL 中的主机名＋域名部分，不包括端口号
host	存储 URL 的主机名和端口号，只有端口号是 URL 的一个明确部分时，值中才包括端口号
port	存储 URL 的端口部分
pathname	存储 URL 中文件路径。如果 URL 中的网页文件是根下的一个文件，则 location. pathname 的值为根（/）
hash	该字符串是 URL 的书签部分（从＃号开始的部分）
search	存储 URL 的中问号（"?"）之后的部分，即参数部分

在上述属性中，可以看出 location 对象属性可以分别获取一个 URL 的各个部分，这些属性都可以读写，从而可以在当前窗口打开新的网页。

Location 对象方法见表 5-15。

表 5-15　location 对象常用方法

方　　法	说　　　明
assign(URL)	把一个新的 URL 赋给当前窗口的 location 对象，即在当前窗口打开一个新的网页。也可以通过为 location. href 赋值来导航到一个新的网页，采用 assign 的方法会使代码易维护
reload([true|false])	如果参数设为 true，则从服务器上重新下载网页，等价于单击浏览器刷新（refresh）按钮 如果参数是 false，检测服务器上的文档是否已改变，如果文档已改变，则再次下载该文档。如果文档未改变，则该方法将从缓存中装载文档
replace(newURL)	用一个新文档取代当前文档。不会在 history 对象中生成一个新的记录，新的 URL 将覆盖 istory 对象中的当前记录

例如：下面代码定义一个超链接，单击，则在当前窗口打开一个新的网页。

```
< a href = " # " onclick = "window. location. assign('http://www.google.com')"> Google 搜索</a>
```

【例 5-9】 利用 location 对象，在 htm 页面中，编写一个函数获取并输出传入的参数名及参数值。

分析：在 HTML 中，当打开一个网页时，经常会传入相应的参数，如果调用的是服务器页面（如 JSP 页面），在服务器页面可以通过服务端的 request. getParameter()；程序来获取页面中的参数，这和表单数据的获取相同。如果调用的是 htm 文档，则需要通过客户端的 location 对象来获取，并且需要使用类。

假设有两个页面 1. htm 和 2. htm，在 1. htm 中，定义了一个超链接：

```
< a href = "2. html?username = jane&age = 18" target = "_blank"> test parameter </a>
```

在网页 2. htm 中，如何获取传入的参数呢？因为 2. htm 不是一个服务器页，无法像服务器页那样，来获取客户端中的表单数据和 URL 参数。在客户端要获取传入的参数，需要在 2. htm 中定义一个求传入参数的类，来解析 URL 中的参数表，然后将解析后的参数名称和参数值，在当前页面创建为内存变量。

页面 2. html 代码清单：

```
<! DOCTYPE html >
< html >
< head >
< meta charset = "utf - 8">
< script type = "text/javascript">
function GetParaString()
{
  var pname, pvalue, i = 0;
  var str = window. location. href;          //获取浏览器地址栏 URL 串
  var num = str. indexOf("?")
  str = str. substr(num + 1);                //截取"?"后面的参数串
  var parray = str. split("&");              //将各参数分离形成参数数组
  for (i = 0; i < parray. length; i++)
  {
    num = parray[ i]. indexOf(" = ");
    if (num > 0) {
      pname = parray[ i]. substring(0, num);  //取参数名
      pvalue = parray[ i]. substr(num + 1);   //取参数值
      this[ pname] = pvalue;                  //定义对象属性并初始化
    }
  }
}

function showPara(obj)
{
  for(var prop in obj)
    document. write(prop + ":" + obj[prop] + "< br >");
```

```
        }
    </script>
    </head>
    <body>
    <p>传入参数为: </p>
    <script type = "text/javascript">
        var Request = new GetParaString();          //创建参数对象实例
        var myname = Request["username"];           //取传入的参数 username
        var myage = Request["age"];                 //取传入的参数 age
        showPara(Request);
    </script>
    </body>
    </html>
```

上述代码完成后,进行测试:在 1. htm 中,单击超链接"test parameter",则打开一个新窗口,显示 2.html,在页面的顶部,显示传入的参数名和参数值。

5.6.4 显示屏对象 screen

在客户端编程中,常常需要获取用户计算机显示器的有关信息。在 JavaScript 中,用户计算机显示屏的信息被封装在 screen 对象中。JavaScript 程序可以利用这些信息来优化输出,以达到显示要求。Screen 对象常用属性见表 5-17

表 5-17 Screen 对象属性

属　　性	描　　述
availHeight,availWidth	存储显示器屏幕可用的高度和宽度的像素数
height,width	存储显示器屏幕的高度和宽度的像素数

除了上述属性外,screen 对象还有一组与分辨率、色彩有关的属性,在此省略。此外,和其他对象不同,screen 对象没有提供方法。

由于现在的大多数 Web 浏览器都采用标签式页面管理,这些页面窗口都被组织在浏览器窗口中,这使得网页的切换和关闭变得容易。在标签式页面组织模式下,如果在一个窗口通过 window. open()方法动态地打开一个新窗口,不管如何设置新建窗口的属性,或者移动新窗口的位置,以及对窗口放大缩小等操作,将都不生效,而是和其他窗口一样作为一个页面标签,出现在浏览器窗口中。

5.6.5 浏览器对象 navigator

随着浏览器产品的增多,网页在不同浏览器中可能会显示不同。因为不同的浏览器对 HTML 和 JavaScript 的支持不完全相同。为了保证设计的网页在大多数主流浏览器中都能够正确地显示,不仅要使用通用和更加规范的 JavaScript 代码,常常还需要获取用户打开网页时使用的浏览器信息。

在 JavaScript 的 BOM 中,客户浏览器信息被封装为一个浏览器对象,即 navigator 对象,它封装了有关操作系统、浏览器版本等环境信息,navigator 对象常用属性及方法见表 5-18。

表 5-18   navigator 对象属性及方法

属 性	
plugins[]	数组成员,存储浏览器已经安装的插件
appName	存储浏览器名称字符串
appVersion	存储浏览器版本号和操作系统信息,不同的浏览器显示的内容项目不同
appMinorVersion	存储浏览器的次级版本
appCodeName	浏览器代码名称
platform	存储客户端操作系统平台
方 法	
javaEnabled()	检查浏览器是否支持并启用了 Java。如果是,返回 true,否则返回 false

5.7   HTML 文档对象

当浏览器打开一个网页时,不管是 HTML 还是 XML 文档,浏览器在显示文档的同时,浏览器中的 JavaScript 运行时引擎同时还为每一个元素在内存中创建一个内存对象,称为文档对象。在 JavaScript 中,文档对象构成了网页的编程接口,通过对这些可访问的内存对象进行编程,从而实现对网页中元素及其属性的访问和修改,增强网页的交互功能。

5.7.1   文档对象模型 DOM

文档对象(Document Object)是浏览器在打开网页的过程中,对每一个元素在内存中创建的对象,它封装了网页元素的属性和方法。对应网页元素的层次结构,文档对象也形成一种对应的层次关系,以树状结构组织,构成一棵文档树。

为了更好地规范文档对象编程,W3C 发布了文档对象模型(Document Object Model,DOM)规范,以解决不同的浏览器厂商在脚本语言实现中的冲突和标准化问题。DOM 为 Web 应用的前端开发提供了一套标准方法,遵循 DOM 规范,客户端脚本程序将具有更好的兼容性,从而保证网页在不同浏览器中的显示更加一致。

W3C 将 DOM 分为三个不同的部分,即核心 DOM、XML DOM 和 HTML DOM。核心 DOM 是用于任何结构化文档的标准模型,XML DOM 和 HTML DOM 分别是用于 XML 文档和 HTML 文档的标准模型。在 DOM 中,定义了所有文档元素的对象和属性,以及访问它们的方法。

对于 DOM 对象的访问,可以出现在页面的脚本程序中,也可以直接在浏览器地址栏中书写。例如:当浏览网页时,有时候需要知道网页的发布时间,从而判断网页内容是否是很久以前的,此时,可以在浏览器的地址栏中输入:

```
javascript:document.write(document.lastModified)
```

输入结束后,按回车键,则打开一个新的网页显示当前正在浏览的网页的最后修改日期。然后单击浏览器工具栏中的后退按钮,返回到刚才浏览的网页。

1. HTML DOM 对象

当浏览器打开一个 HTML 文档时,对应文档中的每一个元素,在内存中创建一个文档对象,文档对象的属性和方法对应了元素的一般属性和事件属性。对应元素的层次关系,这些文档对象表现为层次结构,构成一棵 HTML 文档对象树。

根据 HTML DOM 的概念,每一个 DOM 对象都对应一个 HTML 元素,因此,网页中有什么元素就有什么 DOM 对象,常见的 HTML DOM 对象见表 5-19。

表 5-19　常用 HTML DOM 对象

DOM 对象	说　明	DOM 对象	说　明
document	封装整个 HTML 文档,可用来访问页面中的所有元素	Form	封装< form >元素
meta	封装一个< meta >元素	input text	封装表单中的一个文本框
link	封装一个< link >元素	input password	封装表单中的一个密码域
style	封装一个单独的样式声明	textarea	封装< textarea >元素
body	封装< body >元素	button	封装< button >元素
Image	封装< img >元素	input radio	封装表单中的一个单选按钮
Anchor	封装< a >元素	input checkbox	封装表单中的一个复选框
Table	封装< table >元素	select	封装表单中的一个选择列表
TableRow	封装< tr >元素	option	封装< option >元素
TableData	封装< td >元素	input file	封装表单中的一个文件上传
frameset	封装< frameset >元素	input hidden	封装表单中的一个隐藏域
frame	封装< frame >元素	Event	封装某个事件的状态
iframe	封装< iframe >元素		

在上述表格中,在 DOM 对象列,分为两种情况:①对象,例如 document、body 对象,因为一个 HTML 文档只有一个 document 和一个 body 对象。②对象类,例如 Image,因为一个 HTML 文档可能包含多个< img >标记,每个标记都创建一个 Image 对象。在所有的 HTML DOM 对象中,它们之间为层次结构关系,这种关系和文档中元素的层次关系一致。因此,可以说所有元素对象都是 document 对象的成员对象。同时,文档又是浏览器窗口的一部分,因此,document 对象又是 window 对象的成员对象。HTML DOM 对象层次结构关系如图 5-10 所示。

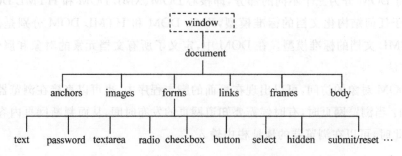

图 5-10　HTML DOM 对象层次结构

2. DOM 对象属性及方法

在计算机软件中,一个对象包括属性和方法两部分。在 HTML DOM 中,每一个文档对象都对应一个 HTML 元素,是对应 HTML 元素的封装。HTML 元素的一般属性对应 DOM 对象的属性,HTML 元素的事件属性对应 DOM 对象的方法。此外,用户也可以自定义 HTML 元素属性,这些属性也一并成为对应 DOM 对象的属性和方法。因此,当我们熟悉了 HTML 标记的属性后,HTML DOM 对象及其属性和方法是很容易理解的。

例如:对应< img src= "smile. jpg" style= "position:absolute;bottom:0px">,将创建一个 Image 对象,该对象必然有一个 src 属性和 style 属性,且 src 属性的值为"smile. jpg",style 属性将图片定位在窗口的底部。通过 JavaScript 编程,可以设置 Image 对象新的属性值,从而对网页中<img >标记的图片进行操作,例如:改换图片文件,改变图片位置等。

5.7.2　文档对象 document

当浏览器打开一个 HTML 网页文件时,在内存中创建一个文档对象,对象名为 document。文档对象 document 封装了整个 HTML 文档,因此,在 HTML DOM 层次结构中,所有元素对象都可看作是 document 对象的成员对象。

1. document 对象属性

文档对象 document 封装了整个 HTML 文档,因为一个 HTML 文档是由文本、图片、超链接、表格、表单等元素构成的,这些元素在内存中也会创建相应的对象,这些对象构成了 document 对象的属性,document 对象常见属性见表 5-20。

表 5-20　document 对象常见属性列表

属 性 名	说 明
all[]	成员数组,存储文档中所有 HTML 元素对象
images[]	成员数组,存储文档中所有<img >元素对应的 Image 对象
anchors[]	成员数组,存储所有< a name= "bookname">元素对应的 Anchor 对象,如果含有 href 属性,则对象保存到 links[]数组中
links[]	成员数组,存储所有< a href= "url">超链接元素对应的 Link 对象
forms[]	成员数组,存储文档中所有< form >元素对应的 Form 对象
body	成员对象,对应文档< body >元素。因为一个 HTML 只有一个< body >,因此,对文档体内元素的访问,可直接通过 document 对象进行
lastModified	存储文档最后修改的日期和时间
cookie	存储当前文档有关的所有 cookie
domain	存储当前文档的域名
URL	存储文档的 URL
referrer	存储载入当前文档的文档 URL

文档对象 document 包含的属性很多,这与 HTML 文档中包含的元素有关。但是不是所有的文档元素都被封装成一个 document 的成员,例如 table 元素。理论上讲,document 对象有两个成员对象,即 head 元素和 body 元素,其他文档元素都是 body 对象的成员。但是,由于一个 HTML 文档只有一个 body,为操作方便,对文档中元素的访问通常可以直接通过 document 完成,而不是写成"document. body. 元素"的形式。

2. document 对象方法

文档对象 document 常用方法见表 5-21。

表 5-21　document 对象常用方法列表

方　　法	功　　能
open(mimetype,replace)	打开一个输出流,返回一个新的 document 对象。 参数 mimetype,可选,设置文档类型,默认值为"text/html"。 参数 replace,新文档将覆盖当前网页内容
write(exp1,exp2,…)	在文档输出,如果是一个逻辑表达式,则输出 true 或 false,如果是一个 Array 对象,则输出数组元素的值,多个元素值之间用逗号分开。如果是对象,则输出属性名和属性值
writeln(exp1,exp2,…)	功能同 write()方法,输出结束后输出一个换行符
close()	关闭用 open()方法打开的输出流
getElementById(id)	返回文档中元素 id 属性为 id 的 DOM 对象。一个结构良好的 HTML 文档,元素的 id 属性是唯一的
getElementsByName(name)	返回文档中元素 name 属性为实际参数 name 的对象的集合。因为一个文档中元素的 name 属性可能不唯一,所以该方法可能返回一个简单变量,也可能返回一个数组
getElementsByTagName(tagname)	返回文档中指定标签名的对象集合。返回元素的顺序是它们在文档中的顺序。如果文档中包含多个相同的标记,则返回一个数组

在 HTML DOM 中,定义了多种访问 DOM 对象的方法,除了 getElementById()之外,还有 getElementsByName()和 getElementsByTagName()。如果需要查找文档中的一个特定的元素,最有效的方法是 getElementById()。在操作文档的一个特定的元素时,最好给该元素一个 id 属性,为它指定一个(在文档中)唯一的标识,然后就可以用该 ID 访问该元素。可以用 getElementsByTagName()方法获取任何类型的 HTML 元素的列表。例如,下面的代码可获取文档中所有的表:

```
var tables = document.getElementsByTagName("table");
window.alert ("This document contains " + tables.length + " tables");
```

需要注意的是,getElementsByName()方法和 getElementsByTagName()可能返回一个简单变量,也可能返回一个数组,在脚本编程时,必须要考虑到这两种不同的情况,否则将会出现 JavaScript 脚本运行错误。因为,编程时,对简单变量和数组的访问是不一样的。

3. 访问 HTML DOM 对象方法

利用文档对象 document,我们可以用多种方法获得一个 HTML 元素对应的 DOM 对象,主要可以有以下几种方法:

(1) 利用标记的 id 属性访问对象

在同一个 HTML 文档中,标记的 id 属性应该是唯一的,因此可以通过 id 来访问对应的内存 DOM 对象。有两种用法:

方法 1:通过元素 id 属性获得对应的 DOM 对象

```
var obj = document.getElementById("element-id");
```

方法 2:直接使用 id 标识

```
element-id.[属性|方法] = …
```

如果有一个标识元素 id 的字符串,使用 eval()函数,可以得到对应的 DOM 对象,即:

```
obj = eval("element - id")
```

理论上讲,上述三种方法都可以获取 DOM 对象,实现对 HTML 元素的访问和操作。但是,在浏览器中,对上述方法的支持并不一致。第一种方法是所有浏览器都支持的。

(2) 利用标记的 name 属性访问对象

在 HTML 文档中,如果一个元素声明了 name 属性,JavaScript 运行时引擎在创建 DOM 对象时,元素的 name 属性即成为对应 DOM 对象的名字。通过 name 属性访问对应的内存对象,有两种方法:

方法 1:获取 name 对应的 DOM 对象

```
var obj = document.getElementsByName("element - name");
```

因为在一个 HTML 文档中,元素的 name 属性可以重名,因此返回的可能是一个数组,也可能是一个简单变量。

方法 2:直接使用元素的 name 属性值

对于在< form >中的输入域,通常会给定一个 name 属性,此时可以使用下列形式访问表单中的这些输入域对象:

```
obj = document.form - name.element - name
```

也可以使用

```
obj = document.all.element - name 或 obj = document.all("element - name")
```

对于< form >外的元素,不能通过元素的 name 属性直接访问对象,例如:对于一个< span name="sp1"></span >,则下列两种写法都是错误的:

```
document.sp1.innerText = "xxx",
document.all.sp1.innerText = "xxx"
```

要使用上述写法,需将< span >的 name 属性的设置改为 id 属性的设置,即< span id= "sp1">。

(3) 利用 document 对象的成员对象 all 访问

在文档对象 document 中,包含一个数组成员 all,它存储了文档中所有元素对应的 DOM 对象。为增强代码的可读性,这些对象也分类保存在 images、links、anchors 和 forms 数组成员中,利用这几个成员可以访问 DOM 对象。

在 JavaScript 中,数组元素的访问有多种形式,既可以使用数组常用的括号([])操作符,也可以使用对象元素常用的点操作符(.),还可以使用圆括号操作符。使用 all 成员对象访问 DOM 对象的一般形式有:

```
obj = document.all.element - id
obj = document.all["element - id"]
obj = document.all("element - id")
obj = document.all.item("element - id")
```

需要注意的是,必须使用元素的 id 属性,不能使用 name 属性,因为在一个 HTML 文档中,name 属性是可以重名的,重名的时候,JavaScript 会创建一个数组,而 id 属性是不能重名的,它唯一地标识了一个元素。

【例 5-10】 正确访问 HTML DOM 对象是进行 JavaScript 编程的基础,阅读下列代码,分析运行结果。

代码清单：accessdoms. htm

```html
<! DOCTYPE html >
< html >
< head >
< meta charset = "utf - 8">
< style type = "text/css">
span{font - size:16px;color: #0000FF;cursor:pointer;}
div {
    position:absolute;
    top:50px;
    left:10px;
    width:150px;
    height:100px;
    border:1px solid #ff0000;
    text - align:center;
    line - height:600 % ;
}
</style>
< script type = "text/javascript">
//////////////////////////////////////////////////////////////////////////////
//参数 obj 为对象
function fun1(obj)
{
    document. form1. t1. value = obj. innerHTML;
}
//////////////////////////////////////////////////////////////////////////////
//参数 idstr 为元素 id 字符串
function fun2(idstr)
{
    obj = document. getElementById(idstr);
    obj. style. bottom = "100px";
    //eval(idstr). style. bottom = "100px";
}
//////////////////////////////////////////////////////////////////////////////
//无参函数,通过元素 id 直接访问元素对象
function fun3()
{
    winwidth = window. innerWidth ? window. innerWidth : document. body. clientWidth;
    winheight = window. innerHeight?window. innerHeight:document. body. clientHeight;
    left = (winwidth - 150)/2 + "px";
    if (popupdiv. style. left!= left)
```

```
        {
            popupdiv.style.left = (winwidth - 150)/2 + "px";
            popupdiv.style.top = (winheight - 100)/2 + "px";
        }
        else
        {
            if (popupdiv.style.display == "none")
                popupdiv.style.display = "block";
            else
                popupdiv.style.display = "none";
        }
    }
    </script>
</head>
<body>
<span onclick = "fun1(this)">参数传递,实际参数为对象</span> ||
<span onclick = "fun2('mydog')">参数传递,实际参数为字符串</span> ||
<span onclick = "fun3()">居中显示,或隐藏</span>
<img src = "images/dog.jpg" id = "mydog" style = "position:absolute;bottom:0;left:0">
<div id = "popupdiv">
图层在客户区居中
</div>
<form name = "form1">
<input type = "text" name = "t1" value = "">
</form>
</body>
</html>
```

对于上述代码清单,说明如下:

(1) 不同的 HTML 版本,有些代码可能不兼容,例如上述代码中修改对象的 style 属性语句 obj. style. bottom=100,在 HTML 4. 01 中是可以的,但在 HTML 5 中,所有关于位置量的都需要给定单位,即 obj. style. bottom="100px"。

(2) 不同的浏览器支持的 DOM 对象属性不完全一样,例如,在函数 fun3()中,求浏览器窗口客户区的高度和宽度,考虑到了 IE 浏览器和其他浏览器的情况。

(3) 对于 JavaScript 函数定义和调用,形式参数可以是字符串,也可以是一个对象,两者在函数内部使用时不同。例如:函数 fun1(obj)形式参数为对象,则在函数调用时,实际参数必须是 DOM 对象,参数 this 为当前对象,在函数内部可以直接对对象操作。函数 fun2(idstr)定义的形式参数类型为代表一个 DOM 对象的 id 字符串,在函数调用时,实际参数为字符串,因此在函数内部,通过 eval(),将参数字符串转化成对应的对象。

在定义 JavaScript 函数时,如果某个参数为标记的 id,在函数调用时,如果实际参数只写 id 号,则参数代表的是一个对象,如果参数写成 id 号两侧用双引号或单引号括起来,则参数为字符串,两者有着很大的不同,直接影响函数内部的语句写法。

在 Google Chrome 浏览器中打开该网页,显示结果如图 5-11 所示。

对于 document 对象,在执行输出操作后,最后一定要使用 close()方法关闭输出流,否

图 5-11 对象访问示例页面显示结果

则,在浏览器的状态栏将显示蓝色进度条,显示下载未完成。例如,在一个数据记录内容修改页面,向一个 iframe(name= filelistbox)中输出内容,代码如下:

```
document.filelistbox.document.write("< body style = 'margin - top:0px;margin - left:10px;font
  - size:12px;line - height:150% '>");
document.filelistbox.document.write("< span style = 'display:none;'>" + iframestr + "</span>");
document.filelistbox.document.write("...");
...
document.filelistbox.document.write("</body>");
document.filelistbox.document.close();
```

5.7.3 文档体对象 body

每一个 HTML 网页文件都有一个< body >标记,对应 body 元素,浏览器在内存中创建一个 body 对象,body 对象封装了 HTML 文件中< body >标记的属性以及所有的文档体中包含的元素对象。从 HTML 结构看,body 对象是 document 对象的成员对象,body 对象常用属性和方法见表 5-22。

表 5-22 document.body 对象属性列表

属　　性	说　　明
className	存储 body 元素 class 属性值
scrollWidth scrollHeight	存储文档实际的宽度和高度。若宽度大于浏览器窗口的宽度,则显示水平滚动条,若高度大于浏览器窗口的高度,则显示垂直滚动条
topMarign,bottomMargin leftMarign,rightMargin	存储浏览器窗口客户区内容和上、下、左、右边框的距离(像素)
clientWidth clientHeight	存储浏览器窗口客户区宽度和高度
clientLeft clientTop	存储浏览器窗口客户区左上角(x,y)坐标
innerHTML	存储< body >体内的 HTML 内容,包括标记
innerText	存储< body >体内的文本内容,标记被作为文本处理
bgColor	存储< body >背景色
disabled	如果该成员变量设为 true,则页面的内容被灰化,且不可被选取,右击时快捷菜单被禁用

在<body>标记属性中，scrollWidth 和 scrollHeight 存储了文档的宽度和高度。通常情况下，文档的大小随着内容的多少而变化。其实，body 和 div 一样，也是可以设置大小的，例如：body{width:10000px;height:10000px}。文档是通过浏览器窗口来观察的，通过window 对象的 scrollTo()和 scrollBy()方法可以将浏览器窗口左上角定位到文档区域空间的某个位置，所观察的范围就是浏览器窗口的大小。

对于 body 对象的 innerHTML 和 innerText 的属性功能不同，如果一段字符串文本包含 HTML 标记，将该文本赋给 innerText 属性，则页面内容用 innerText 的文本替换，该文本不按照其包含的 THML 标记显示；如果同样的文本赋给 innerHTML 属性，则页面内容被 innerHTML 中的文本替换，该文本按照 HTML 规范解析。例如：document. body. innerText="<b> Hello </b>"和 document. body. innerHTML="<b> Hello </b>"，产生的结果不同。

从 HTML 文档结构看，body 对象是 document 对象的成员对象，对文档体内所有元素的访问应该通过 document. body 来访问。但是，为了书写上的方便，在 document 对象中，直接包含了有关文档体内的元素对象。例如：设置文档的背景色，理论上应该写为document. body. bgColor=""，但是，也可以直接写为 document. bgColor=""，两种写法结果是一样的。实际上，对文档体中大多数元素的访问几乎都可以直接使用 document，而不是 document. body 来访问。

5.7.4 图像对象 Image

在 HTML 文档中，对应每个<img>标记，浏览器在内存中都创建一个对应的 Image 对象。与 document 对象和 body 对象不同，图像对象可能有多个，因此，可能给定一个唯一的对象名，因此，将图像对象定义为一个类，名称为 Image。每一个 img 元素都对应一个Image 对象，这些 Image 对象保存在 document 对象的 images 数组成员中。

在 HTML 中，img 元素的属性很多，这也就决定了 Image 对象的属性，常用 Image 对象的属性见表 5-23。

表 5-23　Image 对象属性

属　　　性	说　　　明
id	存储 Image 对象 id 值
name	存储 Image 对象 name 属性值
src	存储 Image 对象对应的图片文件 URL
height，width	存储图片的高度和宽度
border	存储图片周围边框属性值
vspace	图片在垂直方向上与上面或下面文字之间的距离
className	存储图片对象的 class 属性值

在网页中使用图片，除了增加页面的视觉效果，还可以通过 JavaScript 程序动态地选择载入的图片，或者实现一些动画效果，从而增加页面的动感。

【例 5-11】　有两幅小狗左右张望的图片，利用 Image 对象，实现简单的动画效果。

分析：只要利用 window 对象的 setInterval()函数，两幅图像轮流显示即可。

客户端编程

代码清单：imgloop. htm

```
<!DOCTYPE html >
< html >
< head >
< script type = "text/javascript">
var imgnum = 0;
var imglist = new Array(2);
for (i = 0;i < 2;i++)
{
  imglist[i] = new Image();
  imglist[i]. src = "dog" + (i + 1) + ". jpg"
}
/////////////////////////////////////////////////////////////////////
//对 dogimg 元素,设置对象的 src 属性,改变网页中显示的图片
function imgloop()
{
  imgnum  = (imgnum + 1) % 2;
  dogimg. src = imglist[imgnum]. src;
  form1. msg. value = imgnum;
}
var clockid = self. setInterval("imgloop()",1000);
</script >
</head >
< body >
< img id = "dogimg" src = "dog1. jpg">
< form name = "form1">
  < input type = "text" name = "msg" size = "15" />
  < input type = "button" value = "Stop" onclick = "window. clearInterval(clockid)">
</form >
</body >
</html >
```

在创建 Image 对象时,使用 new Image(),其中的 Image 首字母是大写,这点特别要注意。在 JavaScript 中,内置对象一般采用首字母小写的小驼峰命名法,而对象类则采用首字母大写的大驼峰命名法。例如数组 Array 对象、日期 Date 对象等。

5.7.5 Link 对象与 Anchor 对象

在 HTML 文档中,有两种类型的链接,一种是在< head >..</head >之间的< link >元素,还有就是超链接元素< a >。对于< a >元素,一种用于定义一个超链接,即设置 href 属性,还有一种形式就是定义文档中的锚点(书签),即只有 name 属性,没有 href 属性。

根据上述情况,文档对象 document 有两个成员对象数组,即 anchors[]和 links[],anchors[]保存锚点(书签)对象,links[]保存 Link 对象和超链接对象。不论是 Link 对象还是 Anchor 对象,对象的属性总是与< link >元素和< a >元素的属性相对应。

【例 5-12】 设置和更改< a >元素的相关属性。

分析：对于文档中的超链接,使用 HTML DOM 对象,可以在已经显示的网页中动态地更改超链接的目标文件。

代码清单：links. htm

```
<!DOCTYPE html >
< html >
< head >
< meta charset = "utf - 8">
</head >
< body >
< form >
    < input type = "button" value = "Google"
        onclick = "document. links[0]. href = 'http://www.google.com'">
    < input type = "button" value = "百度"
        onclick = "document. links[0]. href = 'http://www.baidu.com'">
</form >
< a href = "javascript:alert('先单击按钮,选择一个搜索引擎,然后再单击搜索')">搜索</a>
< script >
document. write(document. links. length);
document. write(document. anchors. length);
</script >
</body >
</html >
```

在浏览器中打开上述页面,超链接<a>的 href 属性的初值为一段 JavasSript 代码,当用户单击超链接时,显示一个警示对话框。当用户单击了某个搜索引擎按钮后,将修改 document. links[0]. href 的值,即 a 元素对应的内存对象的 href 属性,这样超链接的 href 就被设置成一个 URL。然后,再单击超链接时,将打开某个搜索引擎网页。

5.7.6 表格对象 Table

在 HTML 中,表格是最重要的数据组织和页面布局工具,通过表格 DOM 对象操作,可以在客户端对表格进行插入行、删除行、移动行、修改单元格内容以及行和单元格的显示及隐藏等各种操作。特别是在数据库操作中,通过表格操作,可以减少客户端和数据库服务器的操作次数,减少服务器负载,优化服务器性能。

1. 表格对象

在网页文件中,可以包含多个表格。每一个< table >标记,浏览器都会在内存中创建一个表格对象,对象类的名称为 Table。表格对象 Table 属性见表 5-24。

表 5-24 Table 对象常用属性及方法

属 性	
className	存储表格的 class 属性
width	存储表格的宽度,高度一般由表格行决定
border	设置或返回表格边框的宽度(以像素为单位)
cellSpacing	单元格之间的距离(以像素为单位)
cellPadding	单元格内容到单元格边框的距离(以像素为单位)
rows[]	表格包含的所有行对象(TableRow 对象)构成的数组
cells[]	表格中所有单元格对象构成的数组。要定位一个 i 行,j 列的单元格,可写为 rows[i-1]. cells[j-1]

属　　性	
tBodies[]	表格中所有 tbody 对象构成的数组
方　　法	
createCaption()	用于在表格中获取或创建< caption >元素
deleteCaption()	从表格删除 caption 元素以及其内容
createTHead()	在表格中创建一个空的 tHead 元素
deleteTHead()	从表格删除 tHead 元素及其内容
createTFoot()	在表格中创建一个空的 tFoot 元素
deleteTFoot()	从表格删除 tFoot 元素及其内容
insertRow(index)	在表格 index 行之前插入一个新行,并返回新插入的行对象 TableRow。若 index 等于表中的行数,则新行将被附加到表的末尾。如果表是空的,则新行将被插入到一个新的< tbody >段,该段自身会被插入表中
deleteRow(index)	参数 index 指定要删除的行在表中的位置。行的编码顺序为行在文档源代码的出现顺序。< thead >和< tfoot >中的行与表中其他行一起编码

对于表格中的相关属性值,可以通过 window. alert(表格 id. 属性)来检查,例如:有一个表格的 id 为 Table1,则 window. alert(Table1. width)将显示表格的宽度值。同时,也可以看到 window. alert(Table1. height)显示"undefined",表明表格对象不包含 height 属性。

2. 表格行对象

一个表格是由若干行(< tr >)构成的,每一行对应一个表格行对象,表格行对象类的名字为 TableRow。在 HTML 文档中,每一个< tr >元素,对应一个 TableRow 对象,其属性和方法见表 5-25。

表 5-25　表格行对象类 TableRow 常用属性及方法

属　　性	
rowIndex	存储表格行对象在集合中的位置(row index)
innerHTML	存储表格行开始标签和结束标签之间的 HTML 代码
cells[]	存储表格行包含的单元格对象数组
align	存储表格行中数据的水平排列设置
vAlign	存储表格行中数据的垂直排列方式设置
方　　法	
insertCell(index)	在单元格 index 之前插入一个新的单元格,并返回 TableCell 对象。若 index 等于行中的单元格数,则新单元格将被附加到行的末尾
deleteCell(index)	参数 index 指定了要删除的单元格在表中的位置

需要说明的是,虽然< tr >标记可以设置 height 属性,但表格行对象并不包含 height 属性,当然,也不包含 width 属性,执行 alert(Table1. rows[0]. height),显示"undefined"。

3. 单元格对象

单元格对象类的名称为 TableCell,一个 HTML 表格单元格对应一个 TableCell 对象。在一个 HTML 文档中,每一个< td >元素对应一个 TableCell 对象。TableCell 对象包含一组可读写的属性,但未定义方法,其常见属性见表 5-26。

表 5-26　单元格对象 TableCell 常用属性

属　　性	说　　明
id	存储单元格 id
width,height	存储单元格的宽度和高度值,如果单元格未设置 width 属性值或 height 属性值,则返回空
cellIndex	返回单元格在某行的单元格集合中的位置
innerHTML	存储单元格开始标签和结束标签之间的 HTML 代码
rowSpan,colSpan	存储单元格横跨的行数和列数
className	存储单元格的 class 属性
align	存储单元格内部数据的水平排列方式
vAlign	存储单元格内数据的垂直排列方式

在 HTML DOM 中,单元格对象包含了高度和宽度属性,一般情况下,我们会在<tr>标记中设置行的高度,但表格行对象和表格对象都不包含 height 属性。

【例 5-13】　设计一个页面,实现表格行顺序的上下调整。

分析:在 Web 开发中,对于列表项,有时候我们需要调整它们的显示顺序。显示顺序的调整最简单的方法是设计一个顺序编号,在从数据库读出时,按顺序编号排序。另一种办法就是,允许用户在客户端调整。

设我们设计的一个问卷项目编辑及项目顺序调整页面如图 5-12 所示。

【课程问卷管理】A(50 分)二级指标管理					添加二级指标项目	
序号	二 级 指 标	操	作	显示顺序		
1	老师讲课条一清楚,深入浅出(10)	修改	删除	上移	下移	
2	老师为我们耐心答疑,并且时间充分(10)	修改	删除	上移	下移	
3	我认为老师对我们和蔼可亲,平易近人(10)	修改	删除	上移	下移	
4	中心网站——学习园地上的内容对我们学习有帮助(10)	修改	删除	上移	下移	
5	教师教学认真,对我们要求严格(10)	修改	删除	上移	下移	
单击页面右上角的"添加二级指标项目",可以为一级指标添加二级指标项目						

图 5-12　问卷调查项目编辑界面

实现上述功能代码清单如下:surveymodal-edit2.htm

```
<!DOCTYPE html>
<html>
<head>
<meta charset="utf-8">
<script type="text/javascript">
////////////////////////////////////////////////////////////////////
//编辑一项新的项目
function itemnew()
{
    var tempstr = "<p align=left>二级指标:<input type='text' name='itemname' size='35'>";
    tempstr += "分值:<input type='text' name='score' value='0' size='2'>";
    tempstr += "<input type='button' name='btn1' value='添加' onclick='itemadd()'>";
    tempstr += "<input type='button' name='btn2' value='取消' onclick='itemcancel()'></p>";
```

```
        editarea. innerHTML = tempstr;
    }
//////////////////////////////////////////////////////////////////////////
//上移项目,交换第 2 列单元格对象,itemcode 为第 2 列单元格用户自定义属性
function moveup(itemnum)
{
    var rownum = parseInt(itemnum);
    if (rownum == 1) return 0;
    var temp = table1.rows[rownum - 1].cells[1].innerText;
    table1.rows[rownum - 1].cells[1].innerText = table1.rows[rownum].cells[1].innerText;
    table1.rows[rownum].cells[1].innerText = temp;
    var itemcode = table1.rows[rownum - 1].cells[1].itemcode;
    table1.rows[rownum - 1].cells[1].itemcode = table1.rows[rownum].cells[1].itemcode;
table1.rows[rownum].cells[1].itemcode = itemcode;
}
//////////////////////////////////////////////////////////////////////////
//下移项目
function movedown(itemnum)
{
    var rownum = parseInt(itemnum);
    var temp = table1.rows[rownum + 1].cells[1].innerText;
    table1.rows[rownum + 1].cells[1].innerText = table1.rows[rownum].cells[1].innerText;
    table1.rows[rownum].cells[1].innerText = temp;
    var itemcode = table1.rows[rownum + 1].cells[1].itemcode;
    table1.rows[rownum + 1].cells[1].itemcode = table1.rows[rownum].cells[1].itemcode;
    table1.rows[rownum].cells[1].itemcode = itemcode;
}
</script>
</head>
<body>
<table id = "table1" border = "1px" style = "border - collapse:collapse;empty - cells:show;">
<tr height = "35px">
    <td width = "10 %">序 号</td>
    <td width = "70 %">二级指标<a href = " # " onclick = "itemnew()">添加项目</a></td>
    <td colspan = "2">显示顺序</td>
</tr>
<tr height = "30px">
    <td>1 - 1</td>
    <td itemcode = "item11">老师讲课条理清楚,深入浅出(10 分)</td>
    <td><a href = " # " onclick = "moveup('1')">上移</a></td>
    <td><a href = " # " onclick = "movedown('1')">下移</a></td>
</tr>
<tr height = "30px">
    <td>1 - 2</td>
    <td itemcode = "item12">耐心答疑,时间充分(10 分)</td>
    <td><a href = " # " onclick = "moveup('2')">上移</a></td>
    <td><a href = " # " onclick = "movedown('2')">下移</a></td>
</tr>
<tr height = "60px">
    <form name = "form1" method = "post" action = "surveymodal - edit2save.jsp" target = "_self">
    <input type = "hidden" name = "head2list" value = "<% = head2list %>">
```

```
          < td id = "editarea" colspan = "4">
          单击页面右上角的"添加二级指标项目",可以为一级指标添加二级指标项目。
          </td>
          </form >
   </tr>
   </table>
   </body>
   </html>
```

上述代码演示了客户端强大的程序功能,这可以减少和 Web 服务器的连接次数,减少服务器的负载,提高整个系统的性能。上述示例程序,有两处核心代码:

(1) 在表格第 2 列中,我们在< td >标记中设置了一个用户自定义属性 itemcode,这是一种全新的用法,因为在 HTML 规范中,< td >标记中无此属性。对于有的标记,我们不仅需要标记的内容(即 innerText 和 innerHTML),有时候还需要更多的信息,这些信息希望不显示在单元格中,故为< td >添加了一个用户自定义属性 itemcode。

从 HTML DOM 对象的思想出发,对于 HTML 中的标记,除了规范给定的属性外,用户还可以根据需要设定标记属性,JavaScript 都将其转化为 DOM 对象的属性,这就大大提高了标记和 HTML DOM 的灵活性。这种用法,还常常用于复选框的分类等。

(2) 对于添加项目函数 itemnew(),示例代码没有给出其中涉及的所有函数,但它演示了 Web 开发中数据维护的三个主要问题:添加、修改和删除,图 5-12 给出了一个很好的功能组织界面,界面友好始终是 Web 系统设计和开发的重要内容。

(3) 为了突出重点,上述 HTML 代码只列出了核心代码,对于表格样式没有给出。其中,最重要的是表格和单元格线条问题,要显示表格中单元格的线条,必须设置表格属性 border="1px",该属性不能设置线型和颜色。如果要设置表格线的颜色和线型,则需要设置表格的 CSS 属性 border,例如:style = " border:1px solid ♯0000ff;",两个属性不能合并。

5.7.7　表单对象 Form

在 Web 页中,表单(form)是人机交互的主要手段。在一个网页中,可以包含多个表单,每一个< form >元素都在内存中创建一个表单对象,对象类名为 Form。Form 对象封装了网页中的 form 元素,Form 对象类属性及方法见表 5-27。

表 5-27　Form 对象类常用属性及方法

一 般 属 性	
name	存储表单名称,即 form 元素的 name 属性值
method	存储数据发送到服务器的 HTTP 方法
enctype	存储表单用来编码内容的 MIME 类型
action	存储表单的 action 属性值
target	存储表单提交后 action 输出结果的输出窗口,默认值为当前页面窗口
length	存储表单中的元素数目
elements[]	数组成员,存储表单中所有元素对象

事 件 属 性	
onsubmit	当用户单击表单中的 Submit 按钮提交一个表单时执行该方法，执行完后提交表单。如果不设置该属性，则直接提交表单
onreset	在重置表单元素之前调用
方 法	
reset()	把表单的所有输入元素重置为它们的默认值
submit()	提交表单，调用 form 的 onsubmit()方法

在表单输入中，在提交表单以前，通常要进行数据有效性验证。因此，在实际编码时，如果使用 Submit 按钮提交数据，则需要在 form 中添加 onsubmit 属性，在处理函数中完成数据有效性验证工作。

很多情况下，可能使用普通 button、超链接或任何一个可接受单击的元素来提交表单，此时，需要定义 onclick 处理函数，在处理函数中首先进行数据输入有效性验证，最后执行 document. form-name. submit()提交表单。表单提交后，form 的 action 属性设置的服务端页面被调用执行。

在< form >中通常包含了一系列输入元素，它们也被创建为相应的 DOM 对象，并被保存到 Form 对象的数组成员 elements[]中。对于输入对象的属性和方法，与输入标记的属性对应，在此不再详细介绍。

1. 访问 Form 对象

从 HTML 文档结构看，表单是文档对象 document 的成员。在一个 HTML 文档中，可以定义多个表单，因此在 JavaScript 中，访问 Form 对象有多种实现方法。

方法一：通过 form 名称访问

在< form >标记中，包含一个 name 属性，它对应了 Form 对象的对象名，JavaScript 程序可以通过表单名来访问表单对象，即：

obj = document. form - name

当然也可以利用 document. getElementsByName("form-name")来返回 Form 对象。

方法二：通过 document 对象 forms[]属性访问

文档对象 document 包含 forms[]数组成员，存储了文档中定义的所有表单元素。因此，可以通过 document 对象的 forms 对象数组来访问 Form 对象，有两种用法：

document. forms["form-name"]或 document. forms[num]，num 为 0,1,…整数，都返回 Form 对象。需要说明的是，在 JavaScript 中要对 form 引用的条件是：必须先在页面中用< form >标记创建表单，并将定义表单部分放在引用之前。

2. 访问 form 中的元素

一个表单是由若干的表单输入元素组成的，这些输入元素包括：文本框（text）、单选按钮（radio）、复选框（checkbox）、按钮（button）等。在 HTML 5 中，又新增了输入类型：日期（date）、时间（time）、日期时间（datetime）、月份（month）、周（week）、数字（number）、范围（range）、图片（image）、邮件地址（Email）、网址（url）等。HTML 5 丰富的输入类型，使得用户输入的有效性验证编码变得更加简单。

对于每一个输入元素，都在内存中创建相应的内存对象。根据 HTML 文档层次结构，访问表单元素 DOM 对象的方法有以下几种形式：

方法一：直接通过输入元素名

Obj＝document. form-name. element-name

方法二：通过 Form 对象的 elements[]数组

每一个 Form 对象包含一个 elements[]数组成员，存储了表单中所有的输入元素的 DOM 对象，因此，可以通过访问 elements[]数组来得到一个输入对象。一般形式是：

Obj = document. form - name. elements["element - name"]

两种方法都返回表单输入元素对应的 DOM 对象，不同的 form 元素，对应的内存对象的属性和方法也不相同，但每一个内存对象包含的属性和方法均与其对应的 HTML 标记对应。例如，对于 text 内存对象，对应一个单行文本框输入元素。在 HTML 中，标记单行文本框 text 输入的一般形式是：

< input type = "text" name = "input - name" value = "default - value">

因此，对应于每一个 text 对象，其包含的属性包括：name 属性、value 属性等。对对象属性的操作，即通过对象的点操作符完成，即：对象名.［属性|方法］。

对于每一个输入对象，通常还包含一组通用方法，如 blur()方法，将当前焦点移到后台；select()方法，选择 text 框内的文本。包含的事件有：onFocus：当 text 获得焦点时，产生该事件。onBlur：从元素失去焦点时，产生该事件。onselect：当文字被选中，产生该事件。onchange：当元素值改变时，产生该事件。

【例 5-14】 设计一个用户信息输入页面，完成用户个人信息的填写，当用户提交表单时，显示用户的输入信息。

分析：在上网过程中，数据输入大都是通过表单来完成的，如何提取表单中的用户输入数据，包括：文本框、复选框、单选钮、列表框、多行文本框等输入数据，以及对输入进行控制和有效性验证是 Web 编程中的共性和基础性问题。

设有一个用户信息输入界面，如图 5-13 所示。

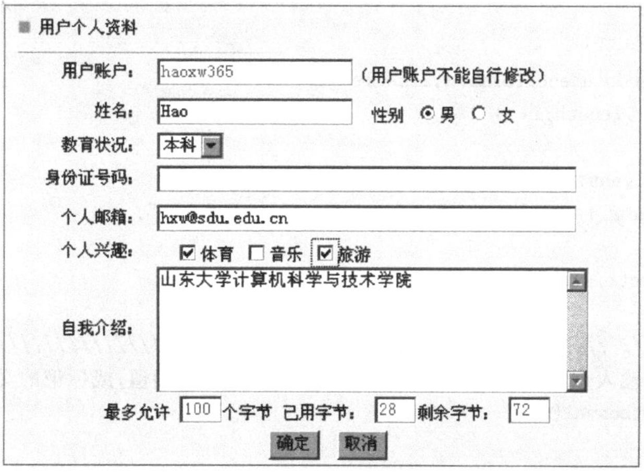

图 5-13　表单输入界面

在上述表单中,包括了常用的元素输入类型。除了要获取输入元素的数值外,经常还需要对用户输入进行控制,例如:检查文本框输入数据的合理性,设置文本框的只读属性,限制文本输入的字符个数,等等。

对应上述输入界面,代码清单如下:

代码清单:person-add.htm

```
<!DOCTYPE html>
<html>
<head>
<meta charset = "utf - 8">
<style type = "text/css">
body{margin - top:10px;background - color: #FFF8EB;font - size:30px;}
td{font - size:13px}
</style>
<script type = "text/javascript">

////////////////////////////////////////////////////////////////////////////
//返回单选按钮的值
function getsexval()
{
  var sexValue = "";
  for (i = 0;i < form1.sex.length;i++)
  {
    if (form1.sex[i].checked)
    {
      sexValue = form1.sex[i].value;
      break;
    }
  }
  return sexValue;
}
////////////////////////////////////////////////////////////////////////////
//获取复选框选择,多个复选框元素可以设置相同的 name 属性
function getcheckboxval()
{
    var likestr = "";
    var length = document.form1.mylike.length;
    for(i = 0;i < length;i++)
    {
        if(document.form1.mylike[i].checked)
            likestr += document.form1.mylike[i].value + ";";
    }
    return likestr.substring(0,likestr.length - 1);
}
////////////////////////////////////////////////////////////////////////////
//获取下拉列表输入,取< optin value = ></option>中 value 的值,或标记的文本
function getlistboxval(obj)
{
    return obj.options[obj.selectedIndex].text;
}
```

```
/////////////////////////////////////////////////////////////////////////
//限制多行文本域输入的字符个数,避免超过数据库字段长度
function CountUpdate(strobj)
{
    var strlength = strobj.value.length;
    var maxnum = parseInt(document.form1.total.value);
    if (strlength > maxnum)
    {
        alert("个人简介最多不超过" + maxnum + "个字符!");
        strobj.value = strobj.value.substring(0, strlength - 1);
        strlength -= 1;
    }
    document.form1.used.value = strlength;
    document.form1.remain.value = maxnum - strlength;
}
/////////////////////////////////////////////////////////////////////////
//验证身份证输入位数是否正确
function checkuserid(str)
{
    var Expression = /\d{15}|\d{17}[a-zA-Z]/;
    var objExp = new RegExp(Expression);
    if (objExp.test(str) == true) return true;
    else
    {
        alert("身份证位数应该为15位或18位!");
        return false;
    }
}
/////////////////////////////////////////////////////////////////////////
//验证邮箱地址是否正确
function checkemail(str)
{
    if (str == "")
    {
        alert("用户邮箱不能为空!");
        return false;
    }
    //在JavaScript中,正则表达式只能使用"/"开头和结束,不能使用双引号
    var Expression = /\w+([-+.']\w+)*@\w+([-.]\w+)*\.\w+([-.]\w+)*/;
    var objExp = new RegExp(Expression);
    if (objExp.test(str) == true) return true;
    else
    {
        alert("用户邮箱格式不正确!");
        return false;
    }
}
/////////////////////////////////////////////////////////////////////////
//提交表单前对输入数据进行有效性验证,最后提交表单
//在<form1>中,未设置action属性,程序最终是通过form99提交到服务器端的
function form1submit()
```

客户端编程

```
    {
        //用户账户不能包含汉字字符
        if (escape(document.form1.useraccount.value).indexOf("%u")!= -1)
        {
            alert("用户账户不能包含汉字,请重新输入");
            form1.useraccount.focus();
            return false;
        }
        //密码由 6-20 位的字母、数字、下画线、句点组成
        var Expression = /^[A-Za-z0-9]{1}([A-Za-z0-9]|[._@]){5,19}$/;
        var objExp = new RegExp(Expression);
        if (objExp.test(form1.password.value) == false)
        {
            alert("密码由 6-20 位的字母、数字、点、下画线、@组成且首字符为字母");
            form1.password.focus();
            return false;
        }
        //检查姓名不能为空
        if (form1.username.value == "")
        {
            alert("姓名不能为空!");
            form1.username.focus();
            return false;
        }
        //检查身份证号码的有效性
        if (!checkuserid(document.form1.userid.value))
        {
            form1.userid.focus();
            return false;
        }
        //检查 Email 的有效性
        if (!checkemail(document.form1.email.value))
        {
            form1.email.focus();
            return false;
        }
        //提取各输入元素的值
        var str = "个人基本信息:\n";
        str += "姓名: " + document.form1.username.value + "\n";
        str += "性别: " + getsexval() + "\n";
        str += "教育状况: " + getlistboxval(form1.grade) + "\n";
        str += "个人兴趣: " + getcheckboxval() + "\n";
        str += "个人简介: " + document.form1.mybrief.value + "\n";
        //将得到的数据合并成一个串,赋给 form99 的 hidden 元素,提交 form99
        form99.totalinfo.value = str;
        form99.submit();
    }
</script>
</head>
<body>
<form name = "form1">
```

```
<table border = "0" style = "border:1px solid red;padding - left:10px">
<tr height = "35">
    <td colspan = "2"><img src = "square.gif" valign = "absmiddle"> 用户个人资料</td>
</tr>
<tr height = "1">
    <td colspan = "2"><img src = "line2.gif"></td>
</tr>
<tr height = "30">
  <td align = "right">用户账户：</td>
  <td>
    <input type = "text" name = "useraccount" value = "haoxw365" disabled>（用户账户不能自行
修改）
  </td>
</tr>
<tr height = "30">
  <td width = "100" align = "right">姓名：</td>
  <td>
      <input type = "text" name = "username" value = "">性别
      <input type = "radio" name = "sex" value = "male" checked>男
      <input type = "radio" name = "sex" value = "female"> 女
  </td>
</tr>
<tr>
    <td align = "right">教育状况：</td>
    <td align = "left">
       <select name = "grade">
          <option value = "博士">博士</option>
          <option value = "硕士">硕士</option>
          <option value = "本科" selected>本科</option>
       </select>
    </td>
</tr>
<tr height = "30">
  <td align = "right">身份证号码：</td>
  <td><input type = "text" name = "userid" maxlength = "18"></td>
</tr>
<tr height = "30">
  <td align = "right">个人邮箱：</td>
  <td><input type = "text" name = "email" size = "45"></td>
</tr>
<tr>
    <td align = "right">个人兴趣：</td>
    <td> 
       <input type = "checkbox" name = "mylike" value = "体育">体育
       <input type = "checkbox" name = "mylike" value = "音乐">音乐
       <input type = "checkbox" name = "mylike" value = "旅游">旅游
    </td>
</tr>
<tr height = "30">
  <td align = "right">自我介绍：</td>
  <td>
```

```
        < textarea name = "mybrief" cols = "45" rows = "6" onKeyDown = "CountUpdate(this);"
onKeyUp = "CountUpdate(this);"></textarea>
    </td>
</tr>
<tr>
        < td colspan = "2" align = "center">最多允许
            < input type = "text" name = "total" value = "100" disabled>个字节 已用字节:
            < input type = "text" name = "used" value = "0" disabled>剩余字节:
            < input type = "text" name = "remain" value = "100" disabled>
        </td>
</tr>
<tr height = "30">
        < td colspan = "2" align = "center">
            < input type = "button" name = "myok" value = "确定" onclick = "form1submit();">
            < input type = "reset" name = "mycan" value = "取消">
        </td>
</tr>
</table>
< input type = "hidden" name = "password" value = "111111">
</form>
</table>
< form name = "form99" method = "post" action = "personaddsave.jsp">
< input type = "hidden" name = "totalinfo" value = "">
</form>
</body>
</html>
```

对于上述代码,说明如下:

(1) 在表格中,设置< table >标记属性 border＝"1",表格、单元格都含有表格线。若< table>标记属性 border＝"0",则单元格无边框。设置< table >的内联样式 style＝"border:1px solid red",只用于表格的四个边框,不用于单元格。

(2) 表单提交按钮设计为 Button 类型,而不是 Submit 类型,主要是增加可读性,在 form1submit()中进行数据的有效性验证。在实际开发中,一个网页通常不止一个表单,每个表单都可以设置 action 属性,提交表单,服务端将执行相应的服务器页。有时候需要将多个表单数据赋给一个表单,一起提交,这就是上述代码 form99 的用途。

(3) 对于 JavaScript 函数,参数基本上有两类,一类是字符串,另一类是对象。例如 checkemail(),如果参数是对象,则调用时可使用 checkemail(form1. email),如果是在标记的事件属性中调用,可直接写 checkemail(this),在函数内部再取对象的 value 值。如果参数是字符串,实际参数就写为 form1. email . value,this. value,即当前对象的 value 值。

(4) 表单中使用了 hidden 输入,主要用于客户端和服务端之间的数据交换,如果是服务器页(如 JSP),很容易把服务端的数据通过 hidden 传递到客户端。例如:< input type＝hidden name＝"nowdate" value＝"<%＝new date()%>",这样客户端就得到了服务器上的时钟。

(5) 数据有效性验证是一项重要的工作,可以避免在数据库操作时,出现数据插入、更新失败等操作,比如用户实际的数据比数据库字段定义的长度更长,在服务端则会引起数据插入操作失败。

5.7.8 事件对象 event

在网页浏览中,会有各种各样的鼠标和键盘操作,称为事件(event)。在 JavaScript 中定义了一个事件对象 event,封装了相关的键盘和鼠标操作,包括键盘按键的状态、鼠标的位置、鼠标按钮的状态等信息。

1. event 对象常用属性

事件对象 event 常用属性见表 5-28。

表 5-28　事件对象 event 常用属性

属　　　性	说　　　明
clientX,clientY	存储鼠标事件触发时,鼠标指针的 X、Y 坐标
screenX,screenY	存储鼠标事件触发时,相对于屏幕的横坐标和列坐标
button	存储鼠标事件触发时被单击的鼠标按键,0、1、2 分别代表鼠标左键、鼠标中键和鼠标右键
ctrlKey	存储事件发生时,Ctrl 键的状态,按下为 1,否则为 0
altKey	存储事件发生时,Alt 键的状态,按下为 1,否则为 0
shiftKey	存储事件发生时,Shift 键的状态,按下为 1,否则为 0
target	存储事件目标节点对象(触发该事件的节点),如生成事件的元素、文档或窗口
keyCode	对于 keypress 事件,存储被敲击的键的 Unicode 字符码。对于 keydown 和 keyup 事件,存储被敲击的键的虚拟键盘码
cancelBubble	如果事件句柄想阻止事件传播到包容对象,必须把该属性设为 true

2. 可能的事件

在浏览器中可能的事件主要有:onclick(鼠标单击)、ondblclick(鼠标双击)、onmousedown(按下鼠标按钮)、onmousemove(鼠标移动)、onmouseout(鼠标从某元素移开)、onmouseover(鼠标移到某元素之上)、onmouseup(松开鼠标按键)、onkeydown(按下键盘按键)、onkeypress(按下并松开键盘按键)、onkeyup(松开键盘按键)、onfocus(元素获得焦点)、onblur(元素失去焦点)、onchange(改变域的内容)、onselect(选中文本)、onload(网页或一幅图像完成加载)、onunload(退出页面)、onabort(图像加载中断)、onerror(加载文档或图像时出错)、onresize(调整窗口或框架的大小)、onreset(单击重置按钮)、onsubmit(单击确认按钮)等。

【例 5-15】　编写输入元素事件处理函数,当按回车键时,将输入焦点自动移动到下一个输入元素。

说明:在表单输入中,默认情况下,按回车键,输入焦点不会发生变化。这不符合我们的交互习惯,我们的一般习惯是:按回车键后,输入焦点将自动移向下一个表单元素。

利用事件对象 event,当输入字符为回车键时,转换输入焦点,代码如下:

```
<script type = "text/javascript">
function myenter(nextobj)
{
    if (event.keyCode == 13)
        nextobj.focus();
```

```
}
</script>
```

然后在每一个 Input 元素中，可以修改 onkeypress 事件属性为 onkeypress ＝"myenter （下一个输入元素）"。例如：

```
< form name = "form1">
< input type = "text" name = "useraccount" onkeypress = "myenter(form1.password)" />
< input type = "text" name = "password" onkeypress = "myenter(form1.username)" />
</form>
```

则用户输入完用户账户 useraccount 后，按回车键，输入焦点将转到 name＝"password" 的输入框，输入完 password 后，转到 username 输入框。

5.7.9 应用举例

在 Web 系统的开发中，表格和表单是使用最多的页面元素，利用 JavaScript 可以动态地在表格中插入、删除表格行，同时也可以隐藏表格行和单元格。实现一种类似数据库中记录插入和删除操作的用户界面，最后一次性提交到 Web 服务器。

在我们进行 GSL 系统的研发中，设计了考试模型编辑界面，对于每一类题，列出题库中的题目，选择需要的题目，并给定分值，最后提交，界面设计如图 5-14 所示。

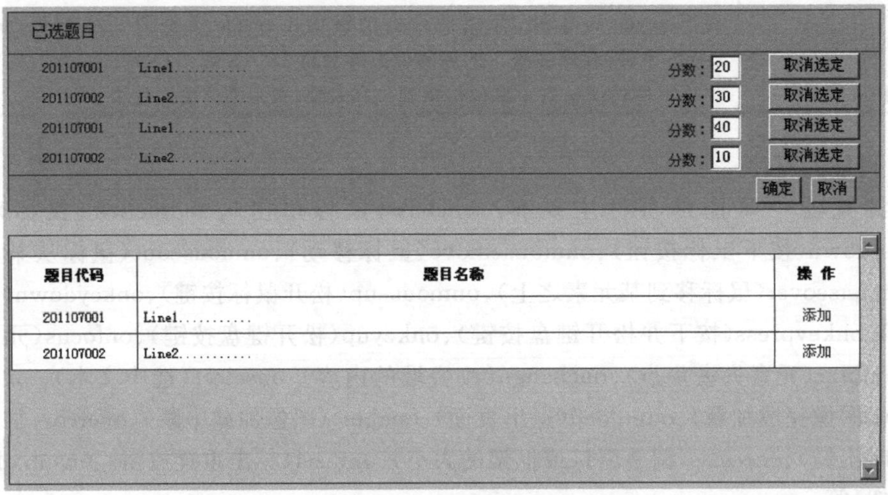

图 5-14　考试模型编辑页面

分析：采用< iframe >来显示下部的列表，正常运行时，列表来自数据库查询所得数据。在列表项右侧，单击"添加"按钮，则相应的项目添加到上部的已选题目列表，对已选题目列表中的题目，如果要放弃选择，单击右侧的"取消选定"即可。最后单击"确定"按钮，将所选题目列表发送到服务器，更新数据库中课程考试模型数据。

界面设计两个 HTML 文件，一个为主体页面对应的 HTML 文件，文件名为 selelist. htm，另一个为< iframe >中显示的文件，文件名为 datalist. htm。

（1）已选题目页面 selelist. htm 代码清单：

```
< html >
```

```
<head>
<meta charset = "utf - 8">
<script>
////////////////////////////////////////////////////////////////////////////
//动态在表格中添加一行
//子窗口调用的函数,必须单独写在一个独立的脚本定义段内,否则出错
function addonerow(str)
{
    var rowsnum = document.all.table1.rows.length;
    var newRow,newCell;
    //在最后一行的前面插入一行,每行 4 个单元格,并设置行的 id 属性
    var newRow = table1.insertRow(rowsnum - 1);
    newRow.id = "row" + rowsnum;
    for(var j = 0;j < 4;j++)
    {
        newCell = newRow.insertCell(j);
    }

    //为新添加的行的各个单元格赋值
    var s = new Array(2);
    var ch1 = "\10";
    s = str.split(ch1);
    newRow.cells[0].innerText = s[0];
    newRow.cells[0].width = "15 % ";
    newRow.cells[0].align = "left";

    newRow.cells[1].innerText = s[1];
    newRow.cells[1].width = "50 % ";
    newRow.cells[1].align = "left";

    newRow.cells[2].innerHTML = "分数: < input type = 'text' name = 'score' size = '3' value = '0'
onblur = \"checkscore(this)\">";
    newRow.cells[2].width = "10 % ";
    newRow.cells[2].align = "center";

    newRow.cells[3].innerHTML = "< input type = 'button' name = 'btn' value = '取消选定' onclick =
\"cancelselect('row" + rowsnum + "')\">";
    newRow.cells[3].align = "center";
    //为单元格设置样式
    newRow.cells[0].style.cssText = "font - size:15px;color:blue;";
    newRow.cells[1].style.cssText = "font - size:15px;color:blue;";
    newRow.cells[2].style.cssText = "font - size:15px;color:blue;";
    //移动滚动条到窗口底部,也可用 window.scrollBy()
window.scrollTo(0,document.body.scrollHeight);
}
</script>

<script>
////////////////////////////////////////////////////////////////////////////
//检查输入的分数是否合适
function checkscore(obj)
```

```
{
    var scorestr = obj.value;
    var Expression = /^\d{1,3} $ /;
    var objExp = new RegExp(Expression);
    if (objExp.test(scorestr) == false)
    {
        alert("数字为不大于 100 的整数!");
        obj.focus();
        return false;
    }
    return true;
}
//////////////////////////////////////////////////////////////////////////////
//隐藏一个 id 所标记的区域,如 div、表格行、单元格等
function cancelselect(idstr)
{
    if (document.all[idstr].style.display == "none")
        document.all[idstr].style.display = "block";
    else
        document.all[idstr].style.display = "none";
}


//////////////////////////////////////////////////////////////////////////////
//将用户选择的题目,形成 itemlist 列表传回服务器保存到数据库
//
function form1submit()
{
    var rowsnum = document.all.table1.rows.length;
    //只有三行,第一行是提示行,第二行为标题行,最后一行为"确定"按钮,则表明无数据
    //rownums 包括隐藏的行
    if (rowsnum == 3)
        return false;
    //第一行、第二行、最后一行不是题目数据,隐藏的行不提交
    //将表格中的内容形成一个考试题串,题目内部分用"\10"分隔,题目之间用"\20"分开
    var tempstr = "", s1, s2, s3;
    var i = 0, totalscore = 0;
    for (i = 2; i < rowsnum - 1; i++)
    {
        if (table1.rows[i].style.display != "none")
        {
            s1 = table1.rows[i].cells[0].innerText;
            s2 = table1.rows[i].cells[1].innerText;
            //当记录只有一行时(包含隐藏行),score 未形成数组
            if (rowsnum == 4)
                s3 = form1.score.value;
            else
                s3 = form1.score[i - 2].value;
            tempstr += s1 + "\10" + s2 + "\10" + s3 + "\20";
            totalscore += parseInt(s3, 10);
        }
    }
```

```
    //原先有数据,但取消了所有的行,即指定的题目列表变为空
    if (tempstr!= "" && totalscore!= 100)
    {
        alert("已选题目总分为: " + totalscore + ",总分应为 100 分")
        return false;
    }
    form1.itemlistnew.value = tempstr;
    form1.submit();
}
</script>
</head>
<body style = "margin - top:0px;">
<form name = "form1" action = "tableformmainsave.jsp">
<input type = "hidden" name = "itemlistnew" value = "">
<table id = "table1" width = "100 %">
<tr height = "35" id = "row0">
    <td colspan = "4">已选题目</td>
</tr>
<tr height = "35" id = "row1">
    <td width = "15 %">题目代码</td>
    <td width = "50 %">题目名称</td>
    <td width = "10 %">分值比例</td>
    <td>操 作</td>
</tr>
<tr height = "30">
    <td colspan = "4">
        <input type = "button" name = "btn2" value = "确定" onclick = "form1submit()">
        <input type = "button" name = "btn2" value = "取消">
    </td>
</tr>
</table>
</form>
<table id = "table2" width = "100 %">
<tr>
    <td>
      <iframe name = "datalistframe" src = "datalist.html" width = "100 %" height = "330"
frameborder = "0" scrolling = "yes">
      </iframe>
    </td>
</tr>
</table>
</body>
</html>
```

(2) <iframe>内显示的文件 datalist.htm,代码清单如下:

```
<html>
<head>
<meta charset = "utf - 8">
<script>
//////////////////////////////////////////////////////////////////////////////
```

```
//一个网页只要是打开的,它的 DOM 对象就可以访问.只要清楚窗口之间的关系,
//就可以实现不同窗口之间的互操作
//例如,本例中实现 iframe 内部页面直接调用该 iframe 所属父窗口自定义函数的方法
//不同的浏览器支持不同,IE 支持下列代码,在 Chrome 中不支持
function toaddonerow(itemnum)
{
    var ch1 = "\10"; //定义一个分隔符,分隔一行中不同列数据
    str = eval("item" + itemnum + "1").innerText + ch1;
    str += eval("item" + itemnum + "2").innerText;
    //调用父窗口函数,在已选列表中新添加的题目显示
    window.parent.addonerow(str);
}
</script>
</head>

<body>
<table class = "table_frame" width = "100 %" cellpadding = "0" cellspacing = "0">
<tr height = "35">
    <td width = "15 %">题目代码</td>
    <td width = "75 %">题目名称</td>
    <td>操 作</td>
</tr>
<tr height = "30">
    <td id = "item11"> 201107001 </td>
    <td id = "item12">Line1...</td>
    <td><a href = "#" onclick = "toaddonerow('1');return false;">添加</a></td>
</tr>
<tr height = "30">
    <td id = "item21"> 201107002 </td>
    <td id = "item22">Line2...</td>
    <td><a href = "#" onclick = "toaddonerow('2') ;return false;">添加</a></td>
</tr>
</table>
</body>
</html>
```

上述页面较好地使用了表单、表格操作,同时用到了< iframe >等技术,在 Web 开发中具有较好的参考价值。主要技术点有:

(1) 子窗口与父窗口网页之间的互操作,一个页面中调用另一个页面的函数的方法,以及为另一个页面中变量的赋值。不同浏览器对窗口互操作的实现不同,本例中的代码在 IE 中正常运行,在 Google Chrome 浏览器中,添加按钮对应的调用父窗口的函数不能正常运行。

(2) 对于< form >中输入元素 name 属性重名问题,在 JavaScript 中,允许多个输入域具有相同的 name 值。例如:本题中的分数,如果有两行或以上,则有多个 name = "score"的输入文本框,对于多个 score,JavaScript 将创建一个数组对象来存储,数组名为 score。但是,在系统运行时,如果只有一行,则只能创建一个简单的 DOM 对象 score,而不是数组。这是在程序调试时最容易遇到的问题。

(3) 表格的动态处理,添加行、删除行和隐藏行都可以通过 Table 对象方法来实现。单元格样式设置是一个难点,各个列的样式类似,但必须分别设置。

5.8 网页异步通信 AJAX 技术

在 Web 系统中,前端和后端的交互是通过提交表单完成的。当提交表单后,客户端表单数据被发送到服务端,由服务端程序进行处理,并返回处理结果,在客户端显示。这个过程是在 form 元素中设定的,其 action 属性指定了接受客户端数据的服务端程序页面,target 属性则指定了服务端程序输出的显示窗口,这些输出被发送到客户端指定的窗口显示。

在两个页面的交互中,传统的服务端输出的目标窗口通常是当前窗口,即覆盖客户端页面,当然也可以指定其他的输出窗口。有时候,我们不能覆盖客户端的整个窗口,而需要仅仅更新客户端页面的局部,AJAX 技术就是为此目标而设计的,它广泛应用于许多需要实时刷新页面局部的应用中。

5.8.1 AJAX 的概念

在 Web 应用中,用户在网页上输入数据时,单击"提交"按钮,客户端浏览器则把这些信息发送到服务器端,服务器根据用户的操作发送一个新页面到客户端。例如,在一个登录页面中,当用户提交表单后,服务器将比较用户在表单中输入的数据与数据库中保存的登录信息是否一致。如果用户输入的数据不正确,服务器就把与原来相同的登录页面重发给用户,而这个页面与原来的页面相比可能只是多了"登录失败"的消息。用户每发出一个请求,整个网页就要被刷新一次,即页面的加载与用户的请求是同步的。

刷新整个页面除了带来较大的网络流量外,对于一些聊天类的网站,频繁的页面刷新必然会产生闪烁,影响用户的视觉体验。2005 年 2 月,Jesse James Garrett[①] 在一篇文章中提出了 AJAX 技术,即 Asynchronous JavaScript And XML(异步 JavaScript 和 XML)的缩写,AJAX 提供与服务器异步通信的能力,一个最简单的应用是无须刷新整个页面而在网页中更新一部分数据。

如果采用 AJAX 技术,当用户提交表单后,如果登录失败,将不再刷新整个网页,而是仅仅在页面上增加了"登录失败"的消息文本,即 AJAX 技术可以实现网页的局部刷新,而页面上的所有没有被刷新的信息都是提交表单前页面的内容。这无论是对于服务器的CPU 开销还是对网络的传输开销,无疑都减轻了不少压力,也避免了页面闪烁现象的发生。

5.8.2 XMLHttpRequest 对象

从原理上讲,AJAX 技术不是一项新的技术,它和传统的 Web 不相同的是在浏览器端增加了一种新的响应层,而不是传统的"提交网页-返回网页"同步模式。它只是在一个网页上做操作,操作发送到服务端,服务端的返回只是更新网页的一个局部,就如传统的桌面程序一样。AJAX 技术主要涉及 JavaScript、DOM、XML 和 HTTP 等内容。

---

① Jesse James Garrett,美国用户体验咨询公司 Adaptive Path 联合创始人。出版《用户体验要素:以用户为中心的Web 设计》(*The Elements of User Experience:User-Centered Design for the Web*)一书,提出从抽象到具体 5 个层级的概念。他在用户体验领域的贡献还包括"视觉词典(the Visual Vocabulary)",一个为规范信息架构文档而建立的开放符号系统,该系统在全球众多企业中得到广泛应用。

1. XMLHttpRequest 对象

1999 年春，在 IE 5.0 中，增加了一个新的 ActiveX 控件，即 XML HTTP 请求对象 XMLHttpRequest(XHR)，这个对象主要在 IE 中使用，用于向服务端发出异步通信请求。随后，其他浏览器开始支持 XHR 对象，并成为 W3C 标准的一部分。XMLHttpRequest 对象位于客户端浏览器中，是用来实现网页与 Web 服务器之间异步通信的对象，通过它可以在不进行整个网页刷新的情况下向服务器发出请求、接收响应等工作。

XMLHttpRequest 对象提供了对 HTTP 协议的完全访问，包括做出 POST 和 HEAD 请求以及普通的 GET 请求的能力。XMLHttpRequest 可以同步或异步返回 Web 服务器的响应，并且能以文本或者一个 DOM 文档形式返回内容。XMLHttpRequest 对象是 AJAX 的 Web 应用程序架构的一项关键功能。AJAX 技术工作机制如图 5-15 所示。

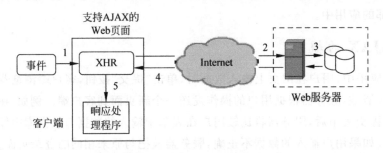

图 5-15　AJAX 技术工作机制

对于一个支持 AJAX 的 Web 面来说，与服务器进行异步数据通信的过程如下：

（1）当要求进行与服务器异步通信的某一事件发生时，事件处理程序将调用 XHR，设置该对象相关的属性参数，如指定服务端程序页面，设置服务器返回数据处理函数。

（2）由 XHR 向服务器发出请求，请求通过 Internet 发送到 Web 服务器。当服务器收到请求后，运行指定的服务器端程序。

（3）服务器端程序执行中如果包含数据库访问的命令，则连接数据库服务器完成数据库的相关操作，结果返回到 Web 服务器。

（4）Web 服务器将服务器页面输出结果通过 Internet 返回到客户端，浏览器将这些响应信息交给 Web 页面的 XHR 对象，由相应的处理函数处理服务器返回的数据。

（5）浏览器启动相应的处理程序，通过文档的 DOM 模型完成页面的更新工作，例如：将返回结果更新 DOM 元素。

采用 AJAX 技术，其核心是 XML HTTP 请求对象 XMLHttpRequest。XMLHttpRequest 是一种浏览器对象，可用于模拟 HTTP 的 GET 和 POST 请求。当一个网页需要和服务端进行异步通信时，客户端浏览器创建 XMLHttpRequest，并设置参数，指定服务器端的交互页面和处理服务器返回的函数，完成两个网页之间的异步通信。具体的网页更新工作可通过当前页面的 DOM 模型完成，配合 JavaScript 可以实现页面数据在无刷新下的定时数据更新，在聊天室、文字直播上有良好的页面效果。

2. 创建 XMLHttpRequest 对象

在使用 XMLHttpRequest 对象之前，必须先创建一个 XMLHttpRequest 对象。由于 XMLHttpRequest 不是一个 W3C 标准，不同的浏览器对 XMLHttp 的支持不同，主要表现在创建 XMLHttpRequest 对象实例的方法不同。IE 浏览器把 XMLHttpRequest 实现为一个 ActiveX 对象，其他浏览器（如 FireFox、Safari 和 Opera）把它实现为一个本地 JavaScript 对象。由于存在这些差别，JavaScript 代码中必须包含有关的逻辑，从而使用 ActiveX 技术或者使用本地 JavaScript 对象技术来创建 XMLHttpRequest 的一个实例。

（1）IE 浏览器中创建 XMLHttpRequest 对象

在 IE 浏览器中，使用 ActiveXObject 创建 XMLHttpRequest 对象，一般形式是：

```
Varhttp_request = new ActiveXObject("Microsoft.XMLHTTP");
```

其中，Microsoft. XMLHTTP 为 ProgID。在 Windows 操作系统中，存在过多个类似的 ProgID，包括 Microsoft. XMLHTTP、Msxml2. ServerXMLHTTP、Msxml2. XMLHTTP 等。简单地讲，这些不同的 ProgID 与 IE 浏览器的版本有关。究竟应该指定怎样的 ProgID 呢？可以使用下列代码来检测浏览器支持的 ProgID：

```
var progIDs = ["Msxml2.XMLHTTP.6.0", "Msxml2.XMLHTTP.5.0", "Msxml2.XMLHTTP.4.0",
"Msxml2.XMLHTTP.3.0", "Msxml2.XMLHTTP","Microsoft.XMLHTTP"];
for (var i = 0; i < progIDs.length; i++) {
    try {
        var http_request = new ActiveXObject(progIDs[i]);
        return http_request;
    }
    catch (ex) {}
}
return null;
}
```

上述代码从最新的版本开始检查，只要找到一个系统中存在的版本即可退出。对于这些不同的版本，并不都是为了 IE 浏览器安装的，有的需要单独安装，有的随 MS Office，MS SQL Server 一并安装。对于 IE 浏览器而言，Msxml2. XMLHTTP 是系统自带的组件，其他版本的 Msxml2. XMLHTTP 并不一定在系统中存在。

根据上述说明，在 IE 浏览器中，使用 ActiveXObject 方式创建 XmlHttp 对象，代码如下：

```
if (window.ActiveXObject)
{
  try{
     http_request = new ActiveXObject("Msxml2.XMLHTTP");
  }
  catch(e){
     try{
     http_request = new ActiveXObject("Microsoft.XMLHTTP");
     }
     catch(e) { alert('浏览器不支持 ajax'); }
  }
}
```

（2）其他浏览器中创建 XMLHttpRequest 对象

除了 IE 浏览器，其他浏览器采用本地 JavaScript 对象创建 XMLHttpRequest 对象，这也是 W3C 标准规定的创建 XMLHttpRequest 对象的方法。一般形式如下：

```
http_request = new XMLHttpRequest();
```

在创建 XMLHttpRequest 对象的方法上,IE 浏览器不同于其他浏览器。后来微软开始意识到这个问题给微软带来的不利影响,在 IE 7 以后的版本中,开始使用 W3C 标准规定的方法创建 XMLHttpRequest 对象。也就是说,对微软 IE 7 之后的版本和非 IE 浏览器,创建 XMLHttpRequest 对象方法是一样的,从此,XMLHttpRequest 对象的创建方法开始走向统一。

根据以上分析,要保证 AJAX 页面在不同的浏览器中功能正常,需要根据不同的浏览器选择创建 XMLHttpRequest 对象的不同方法。对浏览器类型的区分,既可以通过浏览器对象 navigator 来实现,也可以通过检查浏览器是否提供对 XMLHttpRequest 对象和 ActiveX 对象的支持来实现。如果浏览器支持 ActiveX 对象,就可以使用 ActiveX 来创建 XMLHttpRequest 对象。否则,就要使用本地 JavaScript 对象技术来创建。

创建具有跨浏览器功能的 XMLHttpRequest 对象函数代码如下:

```
function createXMLHttpRequest()
{
    var http_request = null;
    if (window.XMLHttpRequest){           //IE 7 及更高版本,其他浏览器
      http_request = new XMLHttpRequest();
    }else if (window.ActiveXObject){       //IE 7 以前的版本
        http_request = new ActiveXObject("Microsoft.XMLHTTP");
}
```

目前,对于市场上的主流浏览器,已经全面支持 XMLHttpRequest 对象,在创建对象的方法上,IE 浏览器和其他浏览器已经统一,这为保证页面的跨浏览器支持提供了方便。

3. XMLHttpRequest 对象属性和方法

XMLHttpRequest 对象常用属性及方法见表 5-29。

表 5-29 XMLHttpRequest 常用属性及方法

常 用 属 性	
onreadystatechange	状态改变时发生的事件,可以将它与一个 JavaScript 函数绑定
readyState	请求状态。有 5 个可能的取值(0:未初始化,1:正在加载,2:已加载,3:交互中,4:完成)
responseText	服务器响应,表示为一个串
responseXML	服务器响应,表示为 XML。可以解析为一个 DOM 对象
status	服务器 HTTP 状态码。例如 200:OK,404:Not Found,等等
statusText	HTTP 状态码相应文本。例如 OK 或 Not Found(未找到)等

常 用 方 法	
open(method, url, asynch)	建立对服务器的请求,即设置对应服务器端的异步通信程序,URL 为服务器端程序的 URL
send(content)	向服务器发送请求
setRequestHeader(header, value)	把指定首部设置为所提供的值,在设置任何首部之前必须先调用 open()
abort()	停止当前请求
getAllResponseHeaders()	把 HTTP 请求的所有响应首部作为键/值对返回
getResponseHeader(header)	返回指定首部的串值

下面介绍这几个方法的应用：

（1）void open(string method，string url，boolean asynch[，string username][，string pwd])

建立对服务器的调用，这是初始化一个请求的纯脚本方法，参数说明如下：

method：必选参数，提供调用的特定方法（GET、POST 或 PUT）。

url：必选参数，所调用资源的 URL，即服务器端处理程序。

asynch：必选参数，指示这个调用是异步的还是同步的。默认值为 true，如果为 false，处理就会等待，直到从服务器返回响应为止。

username：可选参数，表示用户名，用于身份验证。

pwd：可选参数，表示用户密码，用于身份验证。

（2）void send([content])

向服务器发出请求。如果请求声明为异步的，这个方法就会立即返回，否则它会等待直到接收到响应为止。可选参数可以是 DOM 对象的实例、输入流，或者串。传入这个方法的内容会作为请求体的一部分发送。

（3）void setRequestHeader(string header，string value)

HTTP 请求中一个给定的首部设置值。它有两个参数：header 表示要设置的首部；value 表示首部的值。需要说明，这个方法必须在调用 open()之后才能调用。

（4）void abort()

停止请求的方法。

（5）string getAllResponseHeaders()

返回所有响应的 HTTP 头，首部包括 Content-Length、Date 和 URI。

（6）string getResponseHeader(string header)

返回指定的首部值。

【例 5-16】 设计一个用户注册的页面，使用 AJAX 技术完成用户账户的检测。

分析：用户账户注册是 Web 开发中最常用的功能，在填写表单详细信息以前，检测申请的账户是否存在，可以避免提交表单后，发现账户已经存在而使得用户重新填写。

设注册页面（局部）设计如图 5-16 所示。

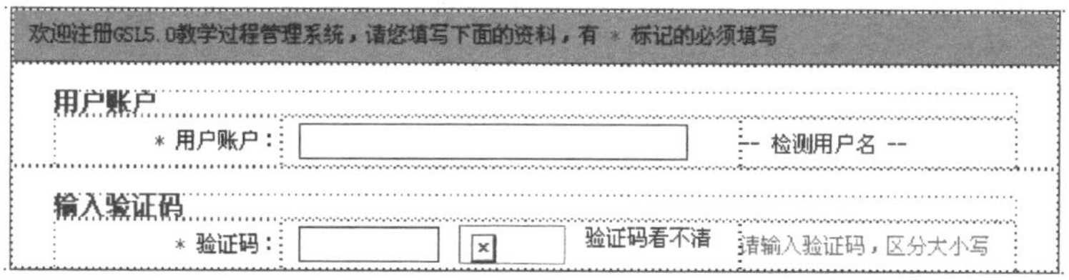

图 5-16　用户注册页面（部分）

用户注册页面涉及 4 个文档：①注册页面 user-add. htm。②用户名检测页面 user-checkaccount. jsp。③验证码显示 verificationcode. jsp。④用户信息保存页面 user-addsave. jsp。后三个页面均为服务器页，有关 AJAX 的是注册页面。相关代码如下：

（1）注册页面 user-add. htm 代码清单如下：

```
<!DOCTYPE html>
<html>
```

```
< head >
< meta charset = "utf - 8">
< script type = "text/javascript">
/////////////////////////////////////////////////////////////////////////////
function PromptAccountInput()
{
    RtnAreaID. innerHTML = "用户账户是由字母、数字构成的,不能包含汉字字符";
}
function PromptAccountCheck()
{
    RtnAreaID. innerHTML = "< a href = '＃' onclick = 'AccountCheck(form1. useraccount)'>-- 检测
用户账户 --</a>";
}
/////////////////////////////////////////////////////////////////////////////
function AccountCheck(obj)
{
  var useraccount = obj. value;
  if(useraccount == "")
  {
    window. alert("用户账户不能为空!");
    obj. focus();
    return false;
  }
  if (escape(form1. useraccount. value). indexOf("%u")!= -1)
  {
    alert("用户账户不能包含汉字,请重新输入");
    obj. focus();
    return false;
  }
  //6-8 位的字母、数字、下画线、句点、@,组成,不能包含汉字
  var Expression = /^[A-Za-z]{1}([A-Za-z0-9]|[._@]){5,8}$/;
  var objExp = new RegExp(Expression);
  if (objExp. test(useraccount) == false)
  {
    alert("用户账户由 6-8 位字母、数字、点、下画线、@组成,首字符为字母.");
    obj. focus();
    return false;
  }
  RtnAreaID. innerHTML = "请等待……";
  //初始化对象并发出 XMLHttpRequest 请求
  http_request = false;
  //IE 7 以后版本,或其他浏览器
  if (window. XMLHttpRequest)
  {
    http_request = new XMLHttpRequest();
  }
  else //IE7 以前版本
  if (window. ActiveXObject)
  {
    try{
        http_request = new ActiveXObject("Msxml2. XMLHTTP");
```

```
        }
      catch(e){
        try{
          http_request = new ActiveXObject("Microsoft.XMLHTTP");
        }
        catch(e) { alert('浏览器不支持ajax'); }
      }
    }
    if (!http_request)
    {
      alert("不能创建 XMLHTTP 实例!");
      return false;
    }
    //指定处理服务端返回数据的函数
    http_request.onreadystatechange = CheckReturn;
    //发出 HTTP 请求
    http_request.open("GET", "newuser - accountcheck.jsp?useraccount = " + useraccount,true);
    http_request.send(null);
}
//////////////////////////////////////////////////////////////////////////////////
//处理服务器返回的信息,即 JSP 页面的输出
function CheckReturn()
{
    if (http_request.readyState == 4)
    {
      if (http_request.status == 200)
        RtnAreaID.innerHTML = http_request.responseText;
      else
        window.alert(http_request.status);
    }
}
//////////////////////////////////////////////////////////////////////////////////
//重载验证码
function VerifyCodeNew(obj)
{
    var timenow = new Date().getTime();
    obj.src = "vcode - create.jsp?d = " + timenow;
}
</script>
</head>
<body>
<form name = "form1" method = "post" action = "user - addsave.jsp">
<table>
<tr>
  <td width = "20 % "><span class = "red"> * </span>用户账户: </td>
  <td width = "40 % ">
      < input type = "text" name = "useraccount" onfocus = "PromptAccountInput()"
onblur = "PromptAccountCheck()"/>
  </td>
  <td id = "RtnAreaID">
      < a href = '#' onClick = 'AccountCheck(form1.useraccount)'>-- 检测用户账户 --</a>
```

客户端编程

```
        </td>
    </tr>
    <tr>
    <td>验证码: </td>
    <td>
      <input type = "text" name = "myverifycode" value = ""/>
      <img src = "vcode - create. jsp" width = "60px" height = "22px" id = "vcode">
      <a href = "VerifyCodeNew(document.getElementById('vcode'))">看不清</a>
    </td>
    <td>请输入验证码,区分大小写</td>
    </tr>
    </table>
    </form>
    </body>
    </html>
```

对于 AJAX,比较麻烦的是创建 XMLHttpRequest 对象,早期的 IE 和其他浏览器不同,现在已经统一。上述代码在微软的 IE 11 浏览器和 Google Chrome 浏览器中调试通过。

(2) 用户名检测页面 user-checkaccount. jsp,代码清单如下:

```
<% @ page contentType = "text/html;charset = GBK" % >
<% @ page import = "java. sql. * " % >
< jsp:useBean id = "gslpub" scope = "page" class = "pub.db_gslpub" />
<% //接收客户端提交的数据
String useraccount = request. getParameter("useraccount");
if (useraccount == null) useraccount = "";
ResultSet rs = null;
try{
    String strSQL = "SELECT UserAccount FROM useraccounts
                WHERE UserAccount = '" + useraccount + "'";
    rs = gslpub. executeQuery(strSQL);
    if (rs.next())
      out. println("< font color = 'red'>抱歉!账户" + useraccount + "已经被注册</font >");
    else
      out. println("< font color = 'blue'>祝贺您!账户" + useraccount + "可以使用</font >");
}
catch (Exception ex){
    out. print(ex. getMessage());
}
finally {
    gslpub. disconnectToDB();
}
%>
```

在上述服务端脚本程序中,首先读取客户端传递的参数 useraccount,在数据库中查找,根据查找结果输出数据。该输出被返回到客户端,被显示在客户端页面指定的 id 区域。

5.9 JavaScript 库

在 JavaScript 客户端脚本语言出现后,在 JavaScript 中,虽然提供了一组标准的内置对象、浏览器对象和 DOM 对象,但这些对象的功能有限,许多功能实现依然需要大量的用户编码。在 JavaScript 语言基础上，一大批 JavaScript 编程高手开始积极地研发 JavaScript 程序库，以扩展 JavaScript 的功能，从而提高开发人员的编程效率。

5.9.1　库与框架

2005 年，Web 开发者 Sam Stephenson 开发了第一代 JavaScript 程序库 Prototype.js，这是一个 JavaScript 开发基础类库。在当时浏览器创新一片死气沉沉的景象中，Prototype 是一个与众不同的创意：我们能否通过扩充 JavaScript 的内置类型、通过增加具有新功能的类型来弥补 JavaScript 的固有缺陷？随后这种思想被广泛接受，在许多著名的网站出现了 Prototype 的身影。

然而，不久之后，人们看到，Prototype 的核心思想和 JavaScript 的发展方向是不一致的。因为，浏览器厂商对 JavaScript 所做的努力是增加新的 API，其中很多与 Prototype 的实现相冲突。此时，程序员展现出对一些小的、自我实现、模块化的脚本库的偏爱，而不是大型的框架，Prototype 表现出了架构上的缺陷，逐渐淡出舞台。

尽管如此，Prototype 曾给众多程序员带来帮助，它对后来很多 JavaScript 库的研发产生过重大影响，Prototype 对前端技术进步做出的贡献不可磨灭。在软件的世界里，人们总是在尝试新的思想，纠正过去的不足。

2006 年 1 月，美国人 John Resig 提议改进 Prototype 的"Behaviour"库，他在 Blog 上发表了自己的想法并给出具体的例子说明。随后，John Resig 在纽约 barcamp 发布了一个新的 JavaScript 程序库，即 jQuery。顾名思义，jQuery 是 JavaScript 和 Query（查询）的意思，是一个辅助 JavaScript 开发的程序库。

2006 年 8 月，该库第一个稳定版本 jQuery 1.0 发布，具有对 CSS 选择符、事件处理和 AJAX 交互的稳健支持。随后 jQuery 团队再接再厉，对 jQuery 进行持续的优化和改进，先后发布了 jQuery 1.0，jQuery 1.1，…，jQuery 1.8，jQuery 2.0（2013 年 3 月），jQuery 2.1（2014 年 4 月）到 jQuery3.0（2016 年 6 月）一系列版本，成为最受 JavaScript 开发人员欢迎的 JavaScript 程序库。

简单地讲，jQuery 是一个 JavaScript 框架，使用类似于 CSS 选择器，可以快速找到文档中的 HTML 元素，并对其进行操作，如隐藏、显示、改变样式、添加内容等。能够方便地在页面上添加和移除 HTML 元素。这些功能虽然使用 JavaScript 也能实现，但是 jQuery 使这些工作变得更加简单。

5.9.2　jQuery 基础

和传统程序设计语言的函数库、类库不同，作为 JavaScript 脚本语言的程序库，jQuery 是以源码的形式提供的。jQuery 是一个 JavaScript 函数库，保存为一个 JavaScript 文件（扩展名为.js），其中包含了所有的 jQuery 函数。要使用 jQuery 库函数，需要下载相应的 JS 文件保存到本地服务器直接引用，也可以从多个公共服务器 CDN 中引用。

1. 使用 jQuery 库

为使用方便，通常将 jQuery 库下载并保存到 Web 服务器中。作为开源软件，可以登录 jQuery 官方网站（http://jquery.com/）免费下载，包括非压缩版和压缩版。在本书中，我们下载的是压缩的开发版 jquery-3.1.1.min.js。虽然都是文本文件，但压缩文件经过了特殊处理,虽然可以使用 SublimeText 代码编辑器打开 jquery. min. js 文件,但很难阅读。

除了将 jQuery 下载到 Web 服务器上外,还可以借助内容分发网络(Content Delivery Network,CDN)①来使用 jQuery 库。把 jQuery 存储在 CDN 公共库上可加快网站载入速度,CDN 公共库是指将常用的 JS 库存放在 CDN 节点,以方便广大开发者直接调用。与将 JS 库存放在服务器单机上相比,CDN 公共库更加稳定、高速,且可以提供最新版本。为 jQuery 提供 CDN 服务的包括:Google、Microsof,新浪云计算(SAE)、百度云(BAE)等。

每一个 CDN,都提供了稳定的 jQuery 包含网址,下面是几个常用的 CDN 网址:

Google CDN:

```
< script type = "text/javascript"
         src = "http://ajax.googleapis.com/ajax/libs/jquery/2.1.0/jquery.min.js">
</script>
```

Microsoft CDN:

```
< script type = "text/javascript"
         src = "http://ajax.aspnetcdn.com/ajax/jQuery/jquery - 2.1.0.min.js">
</script>
```

新浪 CDN:

```
< script type = "text/javascript" src = "http://libs.baidu.com/jquery/2.0.3/jquery.min.js">
</script>
```

百度 CDN:

```
< script type = "text/javascript" src = "http://libs.baidu.com/jquery/2.0.3/jquery.min.js">
</script>
```

为保险起见,当无法从 CDN 服务器上获取 jQuery 时,则使用本地 jQuery,需要在网页的< head >部分包含 jQuery 库文件。一般形式如下:

```
< script type = "text/javascript" src = "/jquery/jquery.min.js"></script>
```

在具体引用 jQuery 的代码中,版本号以实际安装的 jQuery 库文件为准。在 JS 文件命名中,一般使用减号(一)表示语义中的空格,使用点(.)表达从属关系,经过压缩的源文件通常使用"min"表示,区别于原始版本。例如:jquery. min. js 表示 jQuery 库压缩文件。所谓 JavaScript 压缩文件,就是利用专门工具,将文件进行去冗处理、替换函数内部变量等操作,最大程度减少文件长度。JavaScript 文件压缩后,JavaScript 解释机可以理解,但用户将不再可读,对程序起到一定的保护作用,这是保护脚本程序的一种常用方法。

2. jQuery 的组成

在 jQuery 库文件中,包含了大量的库函数,可以将 jQuery 库函数分成以下类型:

---

① 内容分发网络 CDN,基本思路是尽可能避开互联网上有可能影响数据传输速度和稳定性的瓶颈和环节,使内容传输得更快、更稳定。通过在网络各处放置节点服务器所构成的在现有的互联网基础之上的一层智能虚拟网络。CDN 系统能够实时地根据网络流量和各节点的连接、负载状况以及到用户的距离和响应时间等综合信息将用户的请求重新导向离用户最近的服务节点上。其目的是使用户可就近取得所需内容,解决 Internet 网络拥挤的状况,提高用户访问网站的响应速度。

（1）HTML 元素选取；

（2）HTML 元素操作；

（3）DOM 遍历和修改；

（4）CSS 操作；

（5）HTML 事件函数；

（6）JavaScript 特效和动画；

（7）AJAX；

（8）Utilities。

在 Web 前端开发中，与传统的 JavaScript 原始编码相比，使用 jQuery 库更加简便高效，且 jQuery 兼容多种浏览器，jQuery 编程的优势主要体现在以下 4 个方面：①HTML 文档遍历操作；②事件处理；③动画；④AJAX 互操作。本质上讲，jQuery 也是 JavaScript，只是把前端开发中大量的公共功能进行了封装，构成了一个 JavaScript 开发框架。

5.9.3　jQuery 函数

"写得更少，做得更多"是 jQuery 的基本出发点。这一思想是通过丰富的 jQuery 函数库实现的。本质上讲，jQuery 函数也是用 JavaScript 程序写成的。但是，jQuery 为简化用户编码，对 HTML 文档的常用操作进行了抽象和封装，写成了一组可供用户直接调用的函数。

1. 元素选择器

在 JavaScript 中，选取元素通常通过 document 对象成员函数和成员变量来实现，例如 document. getElementByID()、getElementsByName() 和 getElementsByTagName() 函数可以返回指定的文档对象。也可以通过 document 对象的 all、images、links、forms 等数组成员变量返回相应的文档对象。这种获得 HTML 元素对象的代码可读性强，但书写比较麻烦。

在 jQuery 中，选取 HTML 元素，是通过 jQuery 选择器完成的。jQuery 选择器包括元素选择器和属性选择器，可通过标签名、属性名或内容对 HTML 元素进行选择，可以选择一个元素，也可以选取一个元素数组。一般形式是：

```
$(selector)
```

其中，符号 $ 表示 jQuery，选择符(selector)用于"查询"和"查找"要返回的 HTML 元素，返回的元素可能是一个，也可能是多个。

（1）使用 CSS 选择器选取 HTML 元素，例如：$("p")选取所有<p>元素，$("p. note")选取所有 class="note"的<p>元素，$("p♯help")选取 id="help"的第一个<p>元素。

（2）使用 XPath 表达式选择带有给定属性的元素，例如：$("[href]")选取所有带有 href 属性的元素，$("[href='♯']")选取所有带有 href 值等于"♯"的元素。$("[href!='♯']")选取所有带有 href 值不等于"♯"的元素。$("[href$='.jpg']")选取所有 href 值以".jpg"结尾的元素。

当选择了一个或多个 DOM 对象后，可以对选取的对象进行操作，例如：

$("p"). hide()：隐藏所有段落。

$("p. test"). hide()：隐藏所有 class＝"test"的段落。

$("♯test"). hide()：隐藏所有 id＝"test"的元素。

$("p"). css("background-color","gray")：设置所有 p 元素的 CSS 属性值。

2. 元素操作函数

对于选取的 HTML 元素，可以对元素内容和属性进行设置，jQuery 提供的元素内容和属性操作函数见表 5-30。

表 5-30　jQuery 元素操作函数

函　数　名	功　　能
$(selector). html(content)	设置被选元素的 innerHTML 值
$(selector). append(content)	在被选元素的内部 innerHTML 追加内容
$(selector). prepend(content)	预置被选元素的内部 innerHTML 内容
$(selector). after(content)	在被选元素之后添加 HTML 内容
$(selector). before(content)	在被选元素之前添加 HTML 内容
$(selector). css(name,value)	为匹配元素设置样式属性的值
$(selector). css({properties})	为匹配元素设置多个样式属性
$(selector). css(name)	获得第一个匹配元素的样式属性值
$(selector). height(value)	设置匹配元素的高度
$(selector). width(value)	设置匹配元素的宽度

例如：$("p"). css({"background-color":"red","font-size":"200％"})；设置所有 p 段落的背景色和字体大小。$(this). css("font-size")；返回当前元素的 font-size 属性值。

3. 效果函数

关于 HTML 中元素的隐藏、显示、切换、滑动以及自定义动画等效果，jQuery 提供的效果函数见表 5-31。

表 5-31　jQuery 效果函数

函　数　名	功　　能
$(selector). hide(speed,callback)	隐藏被选元素
$(selector). show(speed,callback)	显示被选元素
$(selector). toggle(speed,callback)	切换(在隐藏与显示之间)被选元素
$(selector). slideDown(speed,callback)	向下滑动(显示)被选元素
$(selector). slideUp(speed,callback)	向上滑动(隐藏)被选元素
$(selector). slideToggle(speed,callback)	对被选元素切换向上滑动和向下滑动
$(selector). fadeIn(speed,callback)	淡入被选元素
$(selector). fadeOut(speed,callback)	淡出被选元素
$(selector). fadeTo(speed,callback)	把被选元素淡出为给定的不透明度
$(selector). animate()	对被选元素执行自定义动画

在 jQuery 效果函数中，参数 speed 是可选参数，规定显示或隐藏的速度，取值包括"slow"、"fast"、"normal"或毫秒。callback 是可选参数，设置在动画函数 100％完成之后被执行的函数名称。由于 JavaScript 语句是逐一执行的，可能会出现这样的情况，在动画还没有完成前，就开始执行动画后面的语句，这就可能会产生错误或页面冲突。为了避免这个情

况，可以参数的形式添加 Callback 函数。当动画 100％完成后，即调用 Callback 函数。

例如：

```
$("p").hide(1000);
alert("The paragraph is now hidden");
```

上面的代码是错误的，因为元素隐藏需要的时间是 1000ms，在元素隐藏完成前，就会执行到下面的提示语句，这是不正确的。遇到此种情况，可以增加 callback 函数：

```
$("p").hide(1000,function(){
    alert("The paragraph is now hidden");
});
```

自定义动画函数 animate 有 4 个参数：

params，必选参数，定义产生动画的 CSS 样式表，可以同时设置多个此类属性。

duration，可选参数，定义用来应用到动画的时间，取值是"slow"、"fast"、"normal"或毫秒。

4. 事件处理函数

在 HTML 中，我们知道标记属性包括一般属性和事件属性，事件处理函数就是指发生某些事件时所调用的方法，即对应标记的事件属性。

在 jQuery 中，事件处理函数通常写到文档头部，例如：

```
<html>
<head>
<script type = "text/javascript" src = "jquery/jquery.min.js"></script>
<script type = "text/javascript">
 $(document).ready(function(){
   $("button").click(function(){
     $("p").hide();
   });
});
</script>
</head>
<body>
<h1>Heading</h1>
<p>Paragraph1</p>
<p>Paragraph2</p>
<button>Click Here</button>
</body>
</html>
```

在上面的例子中，定义了< button >元素的 click 事件处理函数，函数定义如下：

```
$("button").click(function() {
  $("p").hide(); //函数代码部分
});
```

当单击相应按钮时，事件被触发，调用该函数，该方法隐藏所有< p >元素。除了鼠标单击事件外，常用的事件函数还有 dblclick（鼠标双击）、focus（获得输入焦点）、mouseover（鼠标悬停）等。

在上面的例子中,我们定义的所有 jQuery 函数都包含在一个 document.ready(文档就绪函数)函数中,形式如下:

```
$ (document).ready(function(){
    --- jQuery functions go here ----
});
```

这是为了防止文档在完全加载(就绪)之前运行 jQuery 代码。如果在文档没有完全加载之前就运行函数,操作可能失败。例如:试图隐藏一个不存在的元素,获得未完全加载的图像的大小等。

在 Web 页面较多时,我们可以将那些公共的 jQuery 函数保存为一个单独的.js 文件,把这些文件保存在一个单独的文件夹中。在需要的网页中,包含相应的.js 文件,例如:

```
< script type = "text/javascript" src = "pubjs/treemenudata.js"></script>
```

使用单独的.js 文件,需要注意的是一定要避免不同文件中,函数等名称的冲突问题。

5. AJAX 函数

jQuery 提供了用于 AJAX 开发的丰富函数(方法)库,见表 5-32。

表 5-32　AJAX Request 函数

函　数　名	功　　能
$ .ajax(options)	把远程数据加载到 XMLHttpRequest 对象中
$ (selector).load(url[,data][,callback])	把远程 HTML 数据加载到被选的元素中
$ .get(url[,data][,callback][,type])	使用 HTTP GET 加载远程数据
$ .post(url,data,callback,type)	使用 HTTP POST 加载远程数据
$ .getJSON(url,data,callback)	使用 HTTP GET 加载远程 JSON 数据
$ .getScript(url,callback)	加载并执行远程的 JavaScript 文件

函数参数说明如下:

- boptions,完整 AJAX 请求的所有的参数项,包括 url、type、async、contentType、data、dataType、beforeSend、complete、error、success。其中,anysc 参数默认值为 true,默认设置下,所有请求均为异步请求,如果需要发送同步请求,将此选项设置为 false。同步请求将锁住浏览器,用户其他操作必须等待请求完成才可以执行。

参数 beforeSend、complete、error、success 均为函数参数,代表发送请求前、完成后、失败和成功下调用的函数,complete 函数不管是失败和成功均调用。success 函数有两个参数,一个为由服务器返回,并根据 dataType 参数进行处理后的数据,一个为描述状态的字符串,该参数可选。

- burl,被加载的数据的 URL 地址。
- bdata,发送到服务器的数据的键/值对象。
- bcallback,回调函数,当数据被加载时,所执行的函数,例如 $ ("♯showget").html(req);,在特定的位置显示服务端返回的数据。
- btype,被返回的数据的类型,取值为 html、xml、json、jasonp、script、text。

下面是一个典型的 AJAX 函数:

```
$('#login').click(function(){
  $.ajax({
    type:"GET",
    url:"login.jsp",
    data:{useraccount:$("#useraccount").val(),pwd:$("#pwd").val()},

    success:function(rtndata){
      $('#resText').empty();
      $('#resText').html(rtndata);
    }
  });
});
```

最后需要说明的是,由于本书篇幅所限,不能全面介绍 jQuery 函数库,对 jQuery 中更多的 jQuery 函数、jQuery 事件、jQuery 效果、jQuery 文档方法、jQuery 遍历函数、jQuery 数据操作函数等,请读者查阅 jQuery 相关参考手册。

5.9.4 jQuery 插件

在 jQuery 中,不仅有丰富的 jQuery 函数,同时还有许多成熟的插件可供选择。所谓 jQuery 插件,可以简单地理解为具有特定功能和用途的 jQuery 功能模块,它是 jQuery 函数的延伸,利用 jQuery 而编写的一个功能模块。每个插件保存为一个独立的.js 文件,在网页中使用插件,必须要包含该文件。

在 jQuery 之上,Web 开发人员研发了数量众多的 jQuery 插件,这些插件数量众多,按照功能分类,常用的插件如下。

(1) 菜单类插件:水平菜单,垂直菜单,树状菜单,下拉菜单,右键菜单。

(2) 日期时间插件:用于输入日期和时间,插件很多,根据需要选用。

(3) 表单验证插件。

(4) 数据组织插件:列表插件,表格排序插件,网格插件,电子表格插件等。

(5) 图形绘制插件。

(6) 图片插件:图片裁剪插件,图片上传插件。

(7) 地图插件。

(8) 文件上传插件,文件下载插件。

(9) 进度条插件,星际评定插件等。

除了使用他人的 jQuery 插件外,我们也可以开发自己的 jQuery 插件。jQuery 插件开发有两种方式:一种是类扩展的方式开发插件,为 jQuery 添加新的全局函数(jQuery 的全局函数是属于 jQuery 命名空间的函数),如果将 jQuery 看成一个类,那么就相当于给 jQuery 类本身添加方法。例如:

```
$.ltrim = function( str ) {
    return str.replace( /^\s+/, "" );
};
```

第二种方式是对象扩展的方式开发插件,即为 jQuery 对象添加方法。

在网页中使用 jQuery 插件,就是将插件文件包含到网页中。使用 jQuery 插件,不需要编写大量的 JavaScript 代码，不仅减少了编程的工作量，同时还可以做到界面美观。

5.9.5 举例

使用 jQuery 库，与传统的 JavaScript 编程相比，风格上有所变化，有些程序的可读性不如传统的 JavaScript 编码。但丰富的 jQuery 函数库，可以显著提高编程效率，因此，在前端开发中，应该加强 jQuery 的使用。

下面是一个现代风格的表格 UI 设计，要求表格隔行显示不同的背景色，表头为特定颜色。在功能实现时，采用了 jQuery 函数定义风格，代码如下：

```html
<!DOCTYPE html>
<html>
<head>
<meta charset = "UTF-8">
<style type = "text/css">
.content-table{
    width:100%;
    border-collapse:collapse;         /*合并边框间隙*/
    empty-cells:show;                 /*显示内容为空的单元格*/
    font-size:17px;
    text-align:center;
}
.content-table tr{                    /*设置行高*/
    height:35px;
}
.content-table th{                    /*表头单元格*/
    padding:.5em;
    border:1px solid #fff;
    background: #3992d0;
    color: #fff;                      /*文本颜色*/
}
.content-table td{                    /*单元格*/
    border:1px solid #fff;
}

.content-table tr.even td{            /*表格颜色隔行显示*/
    background: #e5f1f4;              /*深色*/
}
.content-table tr.odd td{
    background: #f8fbfc;              /*浅色*/
}
</style>
<script src = "jquery/jquery.min.js"></script>
<script type = "text/javascript">
this.tablestyle = function(tableobj){
    var css = "odd";
    var tr = tableobj.getElementsByTagName("tr");
    for (var i = 0;i < tr.length;i++){
        css = (css == "odd") ? "even" : "odd";
        tr[i].className = css;
```

```
        };
    };
    this.tablecloth = function(){
        var tables = document.getElementsByTagName("table");
        for (var i = 0;i < tables.length;i++){
            tablestyle(tables[i]);
        };
    };
    window.onload = tablecloth;
    </script>
    </head>
    <body>
    <table class = "content - table">
        <tr>
            <th width = "30 % ">学号</th>
            <th>姓名</th>
        </tr>
        <tr>
            <td > 2016100001 </td>
            <td>王一平</td>
        </tr>
        <tr>
            <td > 2016110001 </td>
            <td>岳颖</td>
        </tr>
        <tr>
            <td > 2016110002 </td>
            <td>欧阳天雨</td>
        </tr>
    </table>
    </body>
    </html>
```

在 IE、Google Chrome 浏览器中打开网页,显示如图 5-17 所示。

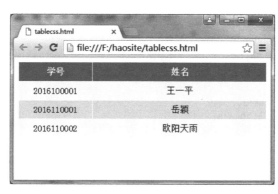

图 5-17　表格的隔行背景设置

在上述代码中,我们使用了 HTML 5 的 UTF-8 字符集。在实际开发中,因为网页制作工具的不同,有的网页采用的是 GB2312 字符集,有时候简单地修改网页文件中的字符集编码，保存网页后，用代码编辑工具打开网页，或者在浏览器中打开网页时可能会显示乱码。

在网页中显示乱码或在文本编辑器中显示乱码，本质上都是文件存储的字符编码和显示设置的字符编码不一致造成的。此时，可以修改网页中的显示字符编码设置，使其和网页文件存储的字符编码一致，文件存储字符编码是由网页编辑工具确定的。或者，将页面内容复制到 Windows 记事本程序中，修改记事本文件存储编码，使其和网页显示设置一致。

5.10　综合举例

Web 客户端的编程比较简单，它不需要特别的编译和运行环境，只要有一个浏览器就可以了。但是，要编写高质量的客户端脚本，并不容易，这需要大量的实践经验，也来源于用户的需求。没有需求，就不会有深入的编程体验，更无法把一个工具学精。为此，在本章的最后，我们给出三个在实际 Web 开发中常用的功能，分别来综合说明 JavaScript 中的窗口控制、图层技术和 HTML DOM 文档操作，帮助建立总体的 Web 客户端编程思想。也相信这三个应用的代码，对用户会有很好的借鉴作用。

5.10.1　创建折叠式菜单

在许多网页上，都有折叠式菜单，这类菜单的创建可以利用 HTML DOM，通过纯 JavaScript 程序编码实现。目前常用的菜单有折叠式和树状目录结构两种形式。本小节介绍折叠式菜单的创建和应用。

设有一个框架页面，分为左右两个 frame，左侧显示一个折叠菜单，右侧是菜单项所对应的页面显示区域，右侧帧名为 mainFrame。左侧菜单页面代码如下：

折叠菜单 mainmenu. htm 代码清单：

```
<!DOCTYPE html>
<html>
<head>
<meta charset = "utf - 8">
<style type = "text/css">
a {font - size:17px;text - decoration:none}
a:link{color: #0000FF;}
a:visited{color: #0000FF;}
a:hover {color: #FF0000;font - weight:bold;}
a:active {color: #0000FF;}
.menutitle {
    width:150px;height:30;
    border:1px solid #204848;
    font - size:17px;
    color:rgb(254,254,166);
    background - color:rgb(0,119,166);
    text - align:center;
    cursor:pointer;
}
</style>
<script>
function SwitchMenu(submenu)
{
```

```
    for (var i = 0;i < menutable. rows. length;i++)
    {
        if (menutable. rows[i]. getAttribute("submenu") == submenu)
        {
            if (menutable. rows[i]. style. display == "" || menutable. rows[i]. style. display == "
block")
                menutable. rows[i]. style. display = "none";
            else
                menutable. rows[i]. style. display = "block";
        }
    }
}
</script>
</head>
< body>
< table id = "menutable" border = "0" bgcolor = "♯CCCCCC">
< tr>
  < td class = "menutitle" onclick = "SwitchMenu('sub01')">课程简介</td>
</tr>
< tr submenu = "sub01">
  < td>< a href = "kcjj/kcjj. htm" target = "contentframe">教学目标</a></td>
</tr>
< tr submenu = "sub01">
  < td>< a href = "kcjj/kcdg. htm" target = "contentframe">教学大纲</a></td>
</tr>
< tr>
  < td class = "menutitle" onclick = "SwitchMenu('sub02')">教学队伍</td>
</tr>
< tr submenu = "sub02">
  < td>< a href = "jxdw/hao. htm" target = "contentframe">课程负责人</a></td>
</tr>
< tr submenu = "sub02">
  < td>< a href = "jxdw/jxtd. htm" target = "contentframe">教学团队</a></td>
</tr>
</table>
</body>
</html>
```

对于上述代码,分别在 IE 浏览器和 GoogleChrome 浏览器中打开,显示创建的折叠菜单结果,如图 5-18 所示。

图 5-18　折叠式菜单示例

当用户在一级菜单上单击时,将打开对应的二级菜单。二级菜单对应具体的超链接,当用户鼠标指向二级菜单项目时,在浏览器状态栏,可以看到对应的超链接。实现上述功能的代码很多,在本处给出的代码中,采用表格布局比 div 更加简单。其次,对菜单分组,在< tr >标记中添加了一个自定义属性 submenu,来实现菜单分组。

如果要增加三级菜单,可以对菜单编码进行规划,如 subxxyyzz,每级对应两位数字,如果是菜单标题,相应的子菜单部分别为 00。例如,sub010000 代表第一组菜单标题,sub010100 代表二级菜单 sub0101 的标题,只有 zz 不为 00 的才是具体的菜单命令。通过字符串函数 substring 可以控制一级、二级菜单的折叠和打开。

现在许多网站采用一级菜单水平布局,二级菜单采用下拉式,如何实现呢? 利用表格、自定义标记属性以及 CSS 技术,也可以很灵活地进行控制。通过动态地设置元素 className 属性为不同的 CSS 样式类,可以实现当鼠标移动到某菜单标题时,对菜单标题高亮显示等效果。对于菜单命令项,则通过定义< a >标记不同状态的 CSS 样式实现显示效果控制。

5.10.2　创建树状菜单

属性菜单也是 Web 开发中常用的菜单,下面我们通过图层的方式来演示树状菜单的创建,菜单分为二级和三级菜单。要实现的显示界面如图 5-19 所示。

对应上述树状菜单的 menutree.htm 代码清单如下:

```
<!DOCTYPE html >
< html >
< head >
  < meta charset = "utf - 8">
  < style type = "text/css">
    a {font - size:14px;text - decoration:none}
    a:link{color:#0000FF;}
    a:visited{color:#0000FF;}
    a:hover {color:#FF0000;font - weight:bold;}
    a:active {color:#0000FF;}
    img{vertical - align:middle;}
    .menutitle1{font - size:17px;color:#700000;font - weight:bold;}
    .menutitle2{font - size:17px;color:#005000;}
  </style>
  < script >
///////////////////////////////////////////////////////////////////////////////////
//一级菜单和二级菜单的打开和折叠
function switchmenu(submenu)
{
  var len = submenu.length;
  for (var i = 0;i < menutable.rows.length;i++)
  {
    menuitem = menutable.rows[i].getAttribute("menuitem");
    //一级菜单标题
    if (menuitem == submenu + "0000") continue;
    //二级菜单标题
    if (menuitem == submenu + "00") continue;
```

图 5-19　树状菜单

```
        //包含的子菜单及菜单命令
        if (menuitem.substring(0,len) == submenu)
        {
            if (menutable.rows[i].style.display == "" || menutable.rows[i].style.display == "block")
                menutable.rows[i].style.display = "none";
            else
                menutable.rows[i].style.display = "block";
        }
    }
}
</script>
</head>
<body style = "overflow-x:hidden;">
<table id = "menutable" border = "0" bgcolor = "#CCCCCC">
<tr menuitem = "menuroot">
  <td style = 'cursor:pointer;'>
    <img src = 'images/applogo.gif'>
    <span>组织机构与人员岗位配置管理</span>
  </td>
</tr>
<tr menuitem = "Menu010000" onclick = "switchmenu('Menu01');">
  <td style = 'cursor:pointer;'>
    <img id = 'img01a' src = 'images/menuplus.gif'>
    <img id = 'img01b' src = 'images/folderclose.gif'>
    <span class = 'menutitle1'>用户账户管理</span>
  </td>
</tr>
<tr menuitem = "Menu010101" style = "display:none">
   <td>
     <img src = 'images/menuline.gif'>
     <img src = 'images/menulineminus.gif'>
     <span><a href = "modules-admin.jsp" target = "mainFrame">用户账户列表</a></span>
   </td>
</tr>
<tr menuitem = "Menu010102" style = "display:none">
  <td>
     <img src = 'images/menuline.gif'>
     <img src = 'images/menulineminus.gif'>
     <span><a href = 'modules-admin.jsp' target = "mainFrame">添加修改删除</a></span>
  </td>
</tr>
<tr menuitem = "Menu010103" style = "display:none">
  <td>
     <img src = 'images/menuline.gif'>
     <img src = 'images/menulineminus.gif'>
     <span><a href = 'modules-admin.jsp' target = "mainFrame">导入导出</a></span>
  </td>
</tr>
<tr menuitem = "Menu010200" style = "display:none" onclick = "switchmenu('Menu0102');">
  <td style = 'cursor:pointer;'>
     <img src = 'images/menuline.gif'>
```

```
      < img id = 'img0102a' src = 'images/menuplus.gif'>
      < img id = 'img0102b' src = 'images/folderclose.gif'>
      < span class = 'menutitle2'>查询统计</span>
    </td>
  </tr>
  < tr menuitem = "Menu020000" onclick = "switchmenu('Menu02');">
    < td style = 'cursor:pointer;'>
      < img id = 'img02a' src = 'images/menuplus.gif'>
      < img id = 'img02b' src = 'images/folderclose.gif'>
      < span class = 'menutitle1'>角色权限管理</span>
    </td>
  </tr>
  < tr menuitem = "Menu020100" style = "display:none" onclick = "switchmenu('Menu0201');">
    < td style = 'cursor:pointer;'>
      < img src = 'images/menuline.gif'>
      < img id = 'img0201a' src = 'images/menuplus.gif'>
      < img id = 'img0201b' src = 'images/folderclose.gif'>
      < span class = 'menutitle2'>系统功能管理</span>
    </td>
  </tr>
  < tr menuitem = "Menu020101" style = "display:none">
    < td>
      < img src = 'images/line.gif'>
      < img src = 'images/line.gif'>
      < img src = 'images/line.gif'>
      < span>< a href = 'modules – admin.jsp' target = "mainFrame">功能列表</a></span>
    </td>
  </tr>
  </table>
  </body>
</html>
```

树状菜单的实现方法很多,使用表格组织,其结构更容易理解,容易添加和删除。在表格设计的树状菜单中,一级、二级、三级菜单项都对应表格的一行,每一行可以设置一个单元格,分别显示树状节点图片和文字。菜单的打开和折叠,本质上就是表格行的显示和隐藏控制。只要为每一行设计科学的编码,行的隐藏和显示就很容易实现。

在一个单元格内,如果包含文字和图片,需要控制文字和图片在单元格内垂直居中,有两种方法:第一,在< img >中设置标记属性 align＝absmiddle。第二,如果< img >很多,定义 img 选择器,即 img{vertical-align:middle;}。

通过上述代码,可以看出树状菜单的代码有很强的规律性,由于结构相似,可以编写菜单创建程序,通过定义菜单数据结构,自动生成上述代码。

5.10.3　数据有效性验证

在 Web 开发中,表单作为客户端输入数据的用户界面,为了保证数据输入的有效性,在提交表单以前,往往需要在客户端进行数据的有效性检查,这样可以有效地减少服务器的负载,提高整个 Web 系统的运行效率。

1. 表单的提交

在 HTML 中,表单提交有以下两种方法:

(1) 通过< form >的 onsubmit 事件属性,编写相应的表单输入处理函数。如果函数返回 true,则表单提交,返回 false,则表单不提交。使用该方法,表单中需要包含"提交"按钮,即 type="submit"的按钮。

(2) 通过普通按钮或超链接,通过定义 onclick 事件属性,提交表单。此时,对应的事件函数定义中,可分成两部分,前面是有效性验证,然后通过 Form 对象的 submit()方法提交,即表单名. submit()。该种方法和第一种方法相比,其程序可读性更好。

在传统程序中,通常会定义一些快捷键,也可以对表单提交定义快捷键,方法如下:

(1) 首先定义键盘操作处理函数

```
function doByKey()
{
    if ( window. event. keyCode == 113)       //F2,提交表单
      form1submit();
    if (window. event. keyCode == 27)        //Esc,放弃
      form1cancel();
}
```

(2) 在< body >标记中,添加 onkeydown 事件属性,代码如下:

```
< body onkeydown = "doByKey()">
```

2. 数据有效性验证

在表单提交前,通常需要验证数据的有效性,验证数据有效性除了采用传统的程序编码外,采用正则表达式验证数据有效性的效率更高,编程量较少。采用正则表达式验证数据的有效性,有三个步骤:①书写正则表达式;②创建正则表达式对象;③验证数据。

例如,要验证一个 Email 是否正确,可以编写下面的代码:

```
function checkemail(str)
{
//在 JavaScript 中,正则表达式使用"/"开头和结束,不使用双引号
    var Expression = /\w + ([ - .]\w + ) * @\w + ([ - .]\w + ) * \. \w + ([ - .]\w + ) * /;
    var objExp = new RegExp(Expression);
    if (objExp. test(str) == true)
        return true;
    else
        return false;
}
```

在完成了一种类型数据的有效性验证的函数后,可以修改表单提交函数,使用各个表单域的有效性验证函数,即:

```
< input type = "button" value = "确定" onclick = "form1submit()">
```

表单提交函数事件 onclick 对应的函数 form1submit ()代码形式如下:

```
function form1submit ()
{
```

```
if (myform.email.value == "")
{
    alert("请输入 Email 地址!");
    myform.email.focus();
    return false;
}
if (!checkemail(myform.email.value))
{
    alert("您输入的 Email 地址不正确!");
    myform.email.focus();
    return false;
}
//其他输入域验证
form1.submit();
}
```

当用户单击"确认"按钮时,执行用户定义的表单检查程序,检查各个输入域数据的有效性,如果数据全部有效,最后执行默认的表单处理函数,即提交表单。

本 章 小 结

本章首先介绍了程序设计的基本概念,目的是使读者从思想上对编程有一个基本的认识。然后讲解了浏览器的基本工作原理,概要介绍了 JavaScript 程序设计语言的一般语言要素,包括基本字符、数据与数据类型,表达式,语句和函数等,这是所有程序设计语言都共有的成分,也是本章 JavaScript 和下一章 JSP 服务器编程的语言基础。只有程序设计语言的语句是不能编写复杂的应用程序的,还需要一个开发环境,也就是说,需要特定的函数库或类库。因此,接下来讲解了 JavaScript 编程用到的标准库,这就是:JavaScript 内部对象及函数,浏览器对象和 HTML 文档对象,以及 Web 前端开发中使用广泛的 jQuery 程序库。最后,讲解了 Web 交互中表单输入的数据获取、数据的有效性验证、页面之间的交互等多个实例,以及多个综合例子,来讲解这些内部对象的功能和使用,所讲述的代码都来源于我们的研发项目,是 Web 开发中最具共性的内容,有很好的实用性。

习 题

一、简答题
1. Web 浏览器的基本功能是什么?为什么要有客户端脚本语言?
2. JavaScript 语言有哪几个组成部分?简述各个部分的功能。
3. 在 JavaScript 中,myArray = new Array(10)是什么意思?如何定义一个 3×4 的二维数组?
4. 什么是网页对象?简述 window 对象和 document 对象常用的属性和方法。
5. 画出 HTML DOM 对象层次图。文档对象 document 有哪些常用的属性和方法?
6. 什么是 IntelliSense 技术?如何知道一个 html 标记或一个 JavaScript 内部对象有哪些属性或方法?

7. 有哪些常用的浏览器事件？它们是如何触发的？

8. 什么是正则表达式？写一个正则表达式,实现验证密码是否由 6~8 位的字母、数字、下画线和英文句点(.)组成的正则表达式。

9. 对于表单输入,编写脚本程序,完成下列功能:

(1) 不提交表单,检测输入密码是否一致。

(2) 通过单击一个复选框,来实现一组复选框的全选或取消操作。

(3) 编写检查 Email 输入框输入的 Email 格式是否正确的函数。

(4) 编写检查电话输入框输入的电话号码是否正确的函数。

10. 在表单输入中,如何设置 onKeyPresss 事件属性,使得按回车键后,使输入焦点移向下一个表单元素,而不是提交表单？

11. 有一个网页 a. htm,包含一个超链接< a href= "b. htm? username=hao&account=111">,在网页 b. htm 中写一个函数获取传入的参数及参数值。

12. 什么是网页对话框？使用网页对话框,打开一个便条输入页面,将输入内容在父窗口中列表显示。

13. 在站点首页中,包含一个 login 表单,包含用户账户、密码输入框和"登录"按钮,利用 jQuery 和 AJAX 技术,编写登录验证用户账户和密码的函数,设服务端程序为 login. jsp。

二、阅读理解题

1. 阅读下面代码,写出运行结果。

```html
<html>
<head>
<meta http-equiv = "Content-Type" content = "text/html; charset = gb2312">
</head>
<body>
<select name = "sel"onchange = "document.write(document.all.sel.value);"></select>
<script type = "text/javascript">
var counts = 0;
var arr = new Array("text1","text2","text3","text4");
counts = arr.length;
for (i = 0;i < counts; i++)
{
    document.all.sel.options[i] = new Option(arr[i],("val" + i));
}
</script>
</body>
</html>
```

2. 说明下列函数的功能。

```javascript
//参数 str 为一个字符串
function convert(str)
{
    if (str!="")
    {
      str = str.replace(/\r/g,"<br>");
      str = str.replace(/\s/g," ");
```

```
      }
   return str;
   }
```

三、编程题

1. 利用 div，设计一个总是置于页面右上角的图片广告，即当用户单击垂直滚动条时，图片一直在浏览器窗口的右上角。

2. 编写一个程序，在客户区的中央显示一个 300×200 大小的 div，并且可以用鼠标拖动。

3. 编写代码，当用户在浏览器窗口单击时，在屏幕右下角弹出一个窗口，显示单击位置的 (x, y) 坐标值。

4. 编写一个将网页中的表格导出为 Excel 表，并打印的程序。

5. 编写一个利用 CSS 样式实现打印页面指定内容和分页打印功能的程序。

第6章　服务端编程

【本章导读】

一个 Web 应用系统,总是分成两部分,即客户端程序和服务端程序。客户端程序在用户的浏览器中运行,展示应用逻辑和负责数据的输入及验证。服务端程序是在 Web 服务器上运行的,客户端提交数据后,服务端程序负责数据的处理和存储操作。Web 服务器上配置了不同的服务器脚本程序解释引擎,以执行相应的服务器脚本程序。目前,常用的 Web 服务器脚本程序有 JSP(Java Server Page)、ASP(Active Server Page)和 PHP(Hypertext Preprocessor)[①]。服务器脚本程序语言的选择是由服务器操作系统所决定的,在 Web 应用的开发中,Java 技术以其平台无关性受到开发人员的欢迎,作为 Java 技术的一种实现,结合 Servlet 和 JavaBean,使得 JSP 成为众多 Web 应用首选的编程语言。

本章围绕 Java 技术,以 JSP 编程为例,详细介绍 Web 应用中服务端的编程问题。主要内容包括 Java 程序设计基础以及 JSP 技术两个方面。在 Java 程序设计中,概要性地介绍了 Java 程序设计中的概念,包括语言基础及常用的 Java 包,为 JSP 编程做好概念上的铺垫。在 JSP 技术中,以任务驱动的方式,讲解了服务器开发中遇到的共性问题及解决办法,包括:JSP 中的数据类型及其转换、数组与集合类、文件操作、JSP 内置对象、JSP 中的参数传递方法以及 JDBC 与数据库编程。最后,简要介绍了 Web 系统开发的基本过程。

【知识要点】

6.1 节:浏览器/服务器(B/S)体系架构,Web 服务器,服务端脚本引擎,服务端脚本程序,MyEclipse 集成开发环境,字符编码,安全漏洞,SQL 注入,Cookie 篡改,跨站脚本攻击,跨站请求伪造,Web 应用防火墙(WAF)。

6.2 节:Java 程序设计语言的特点,类的概念,类的定义,类型修饰符,对象,构造函数,析构函数,继承,派生,基类,派生类,抽象类,覆盖(Overriding),重载(Overloading),包,接口,Java 基础类库,异常,可查异常(非运行时异常,编译异常),不可查异常(运行时异常)。

6.3 节:CGI,Java Servlet。

6.4 节:JSP 运行环境,JSP 指令,JSP 声明,JSP 元素,基本数据类型,包装类,数组,JSP 内置对象,request 对象,response 对象,session 对象,application 对象,out 对象,JavaBean。

6.5 节:数据库服务器,数据库管理系统,MySQL,JDBC 接口,JDBC 数据库驱动程序,JDBC API,java.sql 包,SQL 语言,数据库操作。

---

① PHP 脚本语言,其缩写来源于最早的 Personal Home Page,它是由 Rasmus Lerdorf 于 1994 年创建的语言,主要用于维护个人网页以及统计网页的访问量。1995 年对外发布 PHP 1.0,1996 年发布 PHP 2.0。1997 年,随着 PHP 解释机的重写,PHP 3 发布,并更名为 Hypertext Preprocessor,原始缩写被保留。

6.6 节:文件上传,表单数据处理,页面间的数据传递,jspsmartupload 文件上传组件,CKeditor 富文本编辑器。

6.7 节:用户需求分析,概要设计,功能设计,数据库设计,产品设计,单元测试,桌前检查,交叉阅读,代码走查,白盒测试,黑盒测试,思维导图,数据建模。

6.1 互联网中的 Web 应用系统

从应用模式上看,计算机应用系统可分为单机程序、客户机/服务器(Client/Server,C/S)计算机应用系统和浏览器/服务器(Browser/Server,B/S)计算机应用系统三种类型。单机程序是传统的计算机应用模式,将程序安装在计算机上,程序的运行不需要网络的支持。C/S 应用系统和 B/S 应用系统都是借助于网络的计算机应用模式。C/S 模式将计算机应用分成客户端和服务器两个部分,两者共同完成程序功能。B/S 模式本质上也是一种 C/S 模式,所不同的是在客户端不需要专用的客户端程序,只需要 Web 浏览器就可以了。

基于 B/S 计算模式的计算机应用称为 Web 应用,一个 Web 应用是由大量的网页组成的。在网页中,既包含客户端浏览器中运行的脚本程序,也包含服务端运行的脚本程序。不同于客户端脚本程序,服务端脚本程序的运行需要特定的服务器脚本引擎。在 Web 系统中,服务端脚本程序的功能主要是数据操作,因此,在服务端通常还需要安装数据库服务器,以支持系统中的数据存储和管理,形成浏览器、Web 服务器和数据库服务器的三层架构。

6.1.1 B/S 三层结构

20 世纪 80 年代,随着计算机网络技术的发展,出现了基于网络的客户机/服务器(C/S)计算机应用模式。C/S 模式通常架设在企业局域网中,实现了数据的集中统一管理,保证了数据的实时性和一致性。但是,在互联网环境,C/S 体系结构表现出了许多局限性,突出的问题就是,不同的用户在客户端需要安装特定的客户程序,整个系统的维护非常复杂。

随着互联网的发展,出现了基于 Web 的浏览器/服务器(B/S)三层体系结构。这种体系结构将计算机应用分为三层:表示层、业务逻辑层和数据库服务层,B/S 三层体系结构如图 6-1 所示。

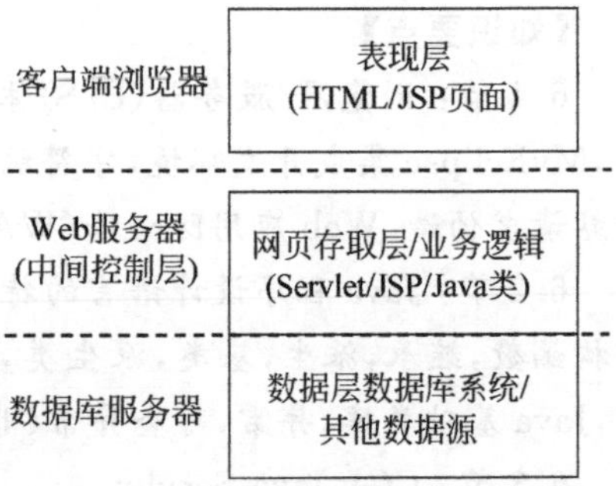

在 B/S 三层体系结构模式下,客户端不再需要安装特定的客户端应用程序,取而代之的是通用的 Web 浏览器软件,所有的用户业务逻辑都被部署在新的中间层上。新的中间层往往是一组公共网关接口(Common Gateway Interface,CGI)程序,CGI 程序接收 Web 浏览器发送的数据,按照业务逻辑对数据进行处理,并向浏览器返回处理结果。早期的 CGI 程序一般用 C/C++开发,随着 Java 技术的发展,出现了专用的 Java Servlet 程序。因为 Servlet 编程复杂,又出现了 Java Server Page 技术,可以将数据库操作的 SQL 语句和输出混合写在一个 JSP 网页中,从而简化页面编程。

将数据库操作和输出写在一个 JSP 页面中,虽然方便,但增加了网络攻击的风险,例如

客户端浏览器	表现层 (HTML/JSP页面)
Web服务器 (中间控制层)	网页存取层/业务逻辑 (Servlet/JSP/Java类)
数据库服务器	数据层数据库系统/ 其他数据源

图 6-1　B/S 三层结构的分层功能界定

容易进行 SQL 注入攻击。因此,更加安全的用法依然是客户端页面中提交的 Form 表单,其 action 属性调用 Servlet,Servlet 调用相应的 Java 类处理数据,以防止 SQL 注入攻击。

在 B/S 三层体系结构中,客户端浏览器只是负责数据的输入,客户端脚本程序对输入数据进行有效性验证,然后发送到服务器端。所有的应用逻辑几乎都是在 Web 服务器中执行的,这种程序的执行是通过 Web 服务器上安装的脚本程序引擎来完成的。此时,Web 服务器就不仅要发送网页,它还负责将网页发送给脚本引擎,以执行其中的脚本程序,这被视为是 Web 服务器的一种功能扩展,因此中间层又称为 Web 服务器层。在 Web 服务器上,通过运行 CGI/Servlet/JSP 页面,接受来自客户端浏览器的请求,以及完成对数据库的操作,然后返回处理结果数据给客户端浏览器。

6.1.2　服务端程序

严格地讲,服务端程序是指在服务器上运行的程序,服务端程序接收客户端发送的数据,对数据进行处理。服务端程序是多种多样的,并不局限于特定的编程语言。但是,从程序运行的角度讲,服务端程序的运行依赖于服务器计算机操作系统、Web 服务器和应用服务器的配置。不同的 Web 服务器,配置的服务器脚本引擎不同,就决定了服务端程序的编程语言。例如,如果 Web 服务器采用 Apache 服务器,一般需要配置 Tomcat 应用服务器,此时就决定了服务端程序是基于 Java 的程序。如果是 Windows 服务器,使用内置的 IIS 作为 Web 服务器,则内置了 ASP 引擎,就决定了服务器程序是 ASP 程序,而不是其他程序。

什么是服务端脚本引擎呢? 简单地讲,脚本引擎就是指脚本程序的运行环境,负责脚本程序的解释,来具体处理用相应脚本语言书写的脚本命令。常用的脚本引擎有 Windows Server IIS 中 ASP 解释器,开源的 Tomcat 等。其中,ASP 脚本引擎是内置的,只能在 Windows 服务器上运行。Tomcat 有多个版本,可安装在 Linux、Windows 和 Mac OS 中,它是 Java Servlet 和 JSP 的容器,负责 Java 程序的运行。

在 Web 服务器上安装了服务端脚本引擎后,进行简单的配置,然后就可以在网页中编写服务端脚本程序了。和客户端脚本程序书写在< script ></script >标记对内不同,服务端脚本程序一般书写在定界符"<%"和"%>"内,包含服务器脚本程序的网页称为服务器页。常见的服务器页有 JSP(Java Server Page)、ASP(Active Server Page)等。

【例 6-1】　服务器页面与 JSP 程序运行示例。

用 SublimeText 代码编辑器或 MyEclipse 集成开发环境编辑一个包含服务端脚本程序的网页(test. jsp),代码清单如下:

```
< % @ page contentType = "text/html;charset = gb2312" % >
< % !
String datestr = "";
%>
< html >
< body >
<%
java.util. Date nowdate = new java.util. Date();
java. text. DateFormat df = new java. text. SimpleDateFormat("yyyy - MM - dd HH:mm");
datestr = df. format(nowdate);
datestr = datestr. substring(0,16);
```

```
%>
现在的时间是：<% = datestr %>
</body>
</html>
```

这是一个典型的 JSP 文件,可以看出,它是 Java 程序和 HTML 标记的混合体。看起来比较乱,需要一个习惯的过程。此外,由于程序代码和 HTML 标记混在一起,需要注意格式,特别是空格,否则也会产生运行错。例如:<%＝datestr%>、"<%"和"＝"之间不能有空格,有的用户习惯加一个空格,使格式看起来美观,但却会产生错误。

如何执行服务器页中的服务端脚本程序呢? 和客户端脚本程序不同,只要打开网页,浏览器将执行客户端的脚本程序。但是,服务端的脚本程序是在服务端脚本引擎中执行的,因此,这就需要在服务端安装脚本引擎,并进行配置。

要运行 JSP 页面,必须要安装 Tomcat 并进行相应的配置,详细内容请阅读第 2 章的介绍。为本章示例程序说明的方便,在 Tomcat 主配置文件\conf\server.xml 中创建虚拟目录,即< Context path ＝ "/mybook" docBase ＝ "d:\haosite" />,将 JSP 页面保存在 d:\haosite 文件夹中。然后,在浏览器地址栏输入"http://127.0.0.1/mybook/test.jsp",运行结果如图 6-2 所示。

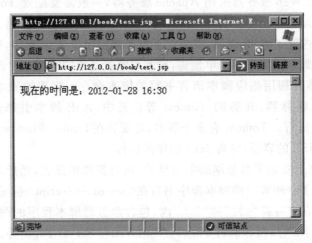

图 6-2　JSP 页面运行结果示例

当用户在浏览器地址栏中输入网址后,Tomcat 服务器按照网址找到用户要浏览的网页 test.jsp,因为是服务器页,Tomcat 将首先执行其中的脚本程序,执行结束后将结果页面发送给用户浏览器,这就是服务端脚本程序执行的过程。

在客户端,选择浏览器的"查看"→"源文件"菜单命令,可以看到服务器发送到客户端的网页代码,它不是原始的 jsp 文件内容,而是 JSP 脚本运行后生成的 HTML 代码。

本例中 JSP 页面生成的 HTML 代码如下:

```
<html>
<body>

现在的时间是：2012-01-28 16:30

</body>
```

```
</html>
```

如果 JSP 页面中还包含客户端脚本程序,用户可以通过客户端脚本程序,对服务器上生成的数据进行操作,来完成功能强大的 Web 页面编程。

6.1.3 服务端开发

在 JavaScript 编程中,只需要一个 SublimeText 代码编辑器就可以了。因为 JavaScript 是一种解释型的客户端脚本程序,不需要编译和链接,可以直接在浏览器中执行。但是,服务端脚本程序不同,它的运行不仅需要服务端脚本引擎,有时候还需要相应的语言编译器。因此,编写服务端脚本程序,通常需要安装相应的集成开发环境。

目前,在 Web 开发中,Eclipse 和 MyEclipse 都是最常用的 Web 集成开发环境,自带 JDK 和 Tomcat,无须单独安装 Java 运行环境。在第 4 章,我们已经对两个开发环境进行了简要介绍。在本章,为了后续各节程序代码的编辑和调试需要,我们对 MyEclipse 集成开发环境的应用做一个简单梳理。

1. 创建用户工作空间(Workspace)

在现代软件集成开发环境中,工作空间是用户在一个开发环境中工作环境的集合,通常为一个文件夹,里面包含了环境配置文件,用户创建的 Project 文件夹等。在 MyEclipse 中,工作空间的默认文件夹为 C:\users\workspaces\MyEclipse 2015。为管理项目方便,一般不采用默认文件夹作为自己的工作空间,而是修改为 D 盘或其他非系统盘根路径下的一个文件夹,例如 D:\HaoMyeclipseWorkspaces。创建完成后,会在根目录下创建两个文件夹 metadata 和 Servers,这是 MyEclipse 系统管理用户工作空间用到的,用户无须修改。

2. 新建项目(Project)

软件开发的第一步是新建项目(Project),一个项目包含了系统中相关的所有文件,项目保存在用户空间中。创建一个新的 Project 分为以下几个步骤:

(1)打开"文件"菜单,执行 New→Web Project 菜单命令,创建一个 Web 项目,打开 New Web Project 对话框。

(2)在 New Web Project 对话框,输入 Project Name,例如:HaoExampleProject,选择默认存储位置,在项目配置中列出了 Java 版本。

(3)设置项目源文件和编译文件输出的位置,采用默认值不变。

(4)设置 WebModule 配置,包括 Context Root、Content Directory 以及要生成的 index.jsp 和 web.xml 文件。

(5)配置 Project Libraries,添加项目中用到的库,默认包括 Java EE 6 Generic Library,JSTL Library,采用默认值。

如果是已经存在的项目(Project),可以通过 MyEclipse 的 File 菜单中的 Import 命令导入,项目将在 MyEclipse 中打开。

3. 在项目中添加源程序

新建项目完成后,就可以在项目中添加源程序等文件了。源程序有 Java 类文件和 JSP 文件两种,Java 类文件保存在 src 文件夹下相应的包(子文件夹)中,JSP 文件保存在 WebRoot 或其子文件夹中,在 WebRoot 中通常需要新建一系列子文件夹,如 images(保存图片文件),pubjs(保存公共 JavaScript 文件),pubcss(保存公共样式),pubpro(保存公共

JSP 文件),database(保存系统数据库文件),以及与系统功能相对应的子文件夹。

在项目中添加程序分两种情况:

(1) 将一个已有的文件添加到项目中,首先复制(Ctrl＋C)文件,然后,在 MyEclipse 左侧的树状目录中,在 src 文件夹、WebRoot 或相应的子文件夹节点上单击,按 Ctrl＋V 组合键粘贴文件到相应文件夹中。

将一个已有的 Java 文件复制到当前项目,可能会因为原有文件的包定义等原因,导致在新的位置出现错误,在文件和文件夹名的左下角显示橙色"!"或红色"x"。双击该文件,在文件编辑窗口,鼠标指向错误行首的橙色"!"或红色"x",显示错误信息。

(2) 在项目中新建文件,在左侧窗口项目树状目录的 src 或 WebRoot 节点上右击,打开快捷菜单,指向 New 级联菜单中,显示可以在 WebProject 项目中添加的文件类型,包括 HTML、CSS、XML、JavaScript、Servlet、JSP 等,选择要建的文件类型。

在 MyEclipse 中添加已有的 Java 类文件或 JSP 文件,由于保存文件和打开文件使用的编码不同可能导致出现乱码。此时可执行 MyEclipse 中 Windows→Preferences 菜单命令,打开 Preference 对话框,依次单击 General→Workspace,在右侧的 Text File encoding 中选择字符编码。或者,在项目节点上,右击,在快捷菜单中,执行 Properies 命令,设置 Text file encoding 方式。也可以先将文件在"记事本"程序中打开,在 MyEclipse 中执行 New→File 命令新建文件,将记事本内容复制到 MyEclipse 新建文件中。

4. 编译

在默认状态下,项目中的 Java 程序采用自动编译。即 Project 菜单中 Build Automatically 默认为勾选状态,意思是自动编译,当用户在修改代码保存的时候,自动编译。如果添加新文件或修改文件发现为编译,可以取消 Build Automatically 勾选状态,执行 Build All 命令或 Build Project 命令,对源文件进行编译。

许多情况会导致项目不能正常编译,这些问题可能在 Show View→Problems 窗口列出。例如,删掉了项目中的 Bulid Path 库。此时,选择当前 Project,然后在 Project 菜单中,执行 Properties 命令,打开相应项目的 Propertie 对话框,找到 Bulid Path 项目,会看到错误的 Build path,单击 Remove 按钮删除即可。然后,再执行 Build All 命令就可以编译了。

5. 服务器部署

在 MyEclipse 中,打开 Windows 菜单,执行 Show View→Servers 命令,打开 Servers 窗口。如果在 Show View 级联菜单中找不到 Servers,则选择 Others...,打开一个新的 ShowView 窗口,选择 MyEclipse Java Enterprise,可以看到 Servers,单击即可打开 Servers 窗口,显示 MyEclipse 自带的服务器列表。

在 MyEclipse 自带的 MyEclipse Tomcat 服务器节点上,右击,执行 Add→Remove Deployments 命令,在列表中,选择要部署的 Project,则在 Servers 面板窗口显示部署的项目。此时,服务器为 Stoped 状态,右击节点,执行 Start 开启命令即可。

6. 项目运行

服务器部署完毕后,在浏览器中就可以查看 WebProject 了,在浏览器地址栏中输入 Project 名称,如 http://localhost:8080/OpenLabPlatform/,即可显示项目中的 index. jsp 页面了,其中 OpenLabPlatform 为项目名称,区分大小写。

此时,外网用户也可以访问上述网站,只要输入该计算机的 IP 和项目名称即可,其中

8080 是 MyEclipse 自带 Tomcat 的默认端口。

6.1.4　网页中的字符编码

在 Web 开发中,字符编码是一个复杂的问题。无论是 Java 程序、HTML 文件还是 JSP 文件,都是文本文件,存储的都是字符编码。而这些文件的编辑、编译以及在 Web 浏览器中打开等都与字符编码方式相关。在文件编辑或显示时,常常会遇到中文乱码问题,这通常是因为字符编码设置造成的。

1. HTML 文件中的字符编码问题

静态页面的字符编码相对简单,只涉及浏览器和编辑器两个方面。在网页中,通过网页头部的< meta charset="GB2312 | GBK | UTF-8">告知浏览器网页的字符编码,这样只要在编辑网页后,保存网页文件时采用一致的字符编码就可以了。

使用不同的编辑软件编辑网页,保存文件时字符编码的设置不同。例如,采用 Windows"记事本"程序,可选的字符编码为 ANSI、Unicode、Unicode big edian 和 UTF-8。若采用 MyEclipse 集成开发环境,在 MyEclipse 中,执行 New → HTML（Advanced Template)或 New→File 来新建 HTML 文件,生成的 HTML 代码框架的头部包含下列语句:

```
< meta name = "content - type" content = "text/html; charset = UTF - 8">
```

虽然输入中文正常,保存也为 UTF-8 编码,但保存后打开网页时,中文显示乱码。此时,需要在保存前修改编码为 GBK,然后保存,保存后的文件属性中 Text file encoding 为 GBK,这样打开网页时中文显示正常。

2. JSP 文件中的字符编码问题

在 JSP 页面中,通过 page 指令(<%@ page>)定义整个页面的相关属性以及网页处理方式,包含可选属性 pageEncoding 和 ContentType,两者都与页面编码有关。其中,pageEncoding 属性的功能是设置 JSP 页面文件存储和读取所使用的字符编码方式,默认值为 ISO-8859-1。contentType 属性的 charset 设置服务器运行 JSP 页面输出的字符编码,即发送给客户端浏览器的内容编码。在不设置 contentType 属性的 charset 字符编码时,默认值同 pageEncoding 字符编码。

例如:在 MyEclipse 开发环境,执行 New→JSP(Advanced Templetes)快捷菜单命令,新建一个 JSP 文件,在文件开始,包含下列 page 指令:

```
<% @ page language = "java" import = "java.util. * " pageEncoding = "ISO - 8859 - 1" %>
```

在 page 指令中,pageEncoding 属性的默认值为 ISO-8859-1 字符编码。虽然所有的编码方式都可以显示中文,但一般情况下,需要将编码方式设置为 GBK[①] 或 UTF-8。此时,修改 pageEncoding="ISO-8859-1"为 pageEncoding="GBK",输入几个中文字符,然后保存文件,此时文件保存时将采用 pageEncoding 设置的编码,即 GBK 编码。

---

① GBK 全称《汉字内码扩展规范》,GBK 编码是在 GB2312—1980 标准基础上的内码扩展规范,使用了双字节编码方案,共收录了 21 003 个汉字,完全兼容 GB2312—1980 标准,支持国际标准 ISO/IEC10646-1 和国家标准 GB13000-2010 中的全部中日韩汉字,并包含了 BIG5 编码中的所有汉字。

可以通过查看文件属性来查看文件存储所采用的字符编码。在上述 JSP 页面上右击，在快捷菜单中，执行 Properities 命令，显示文件属性对话框，包含文件的 Text file encoding 属性设置，如图 6-3 所示。

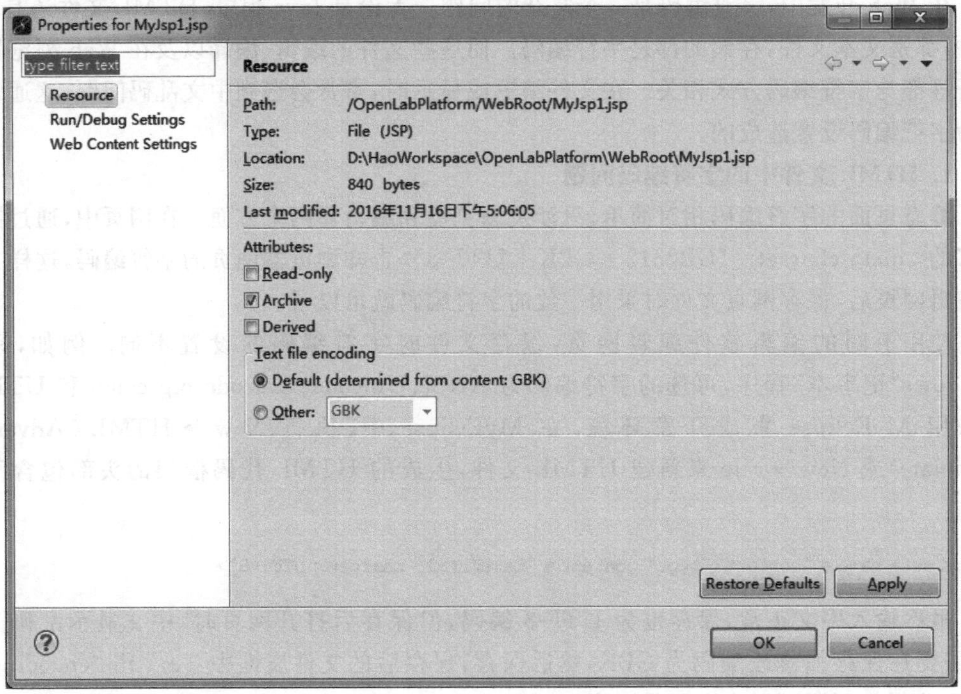

图 6-3 JSP 文件属性设置

在文件属性对话框中，显示 Text file encoding 为 GBK，即对应 JSP 文件中的 pageEncoding 属性设置。在网页文件属性页面的 Text file encoding 区域选择 Other 单选按钮，可选择的编码方式有：ISO-8859-1、US-ASCII、UTF-8 和 UTF-16，此时，如果选择编码和 JSP 文件内容编码不一致，则会导致文件中的中文显示出现乱码。

如果 pageEncoding 采用默认编码 ISO-8859-1，在保存文件时将提示选择编码方式，如果此时选择 Save AS UTF-8，在文件的 Properties 设置页面，在 Text file encoding 区域，显示 Default 为 ISO-8859-1，Other 被选中，显示 UTF-8，即按 UTF 8 编码存储。虽然两者编码方式不同，但页面显示正常。此时，在 Other 列表中，如果选择任何其他编码方式，不管和 pageEncoding 设置是否一致，中文显示都会出现乱码。

3. 代码编辑时的字符编码问题

在 Web 开发中，页面编辑的工具很多，例如：Windows"记事本"程序，Sublime 代码编辑器，UltraEdit 编辑器，MyEclipse 集成开发环境等。它们都可以创建和编辑文本文件，在一个编辑软件中编辑的网页，在另外的编辑器中打开时，可能会出现汉字乱码。

例如：用记事本程序编写一个 JSP 文件，当复制到 MyEclipse 开发环境中打开时，中文出现乱码，但是在记事本中是正常的。为什么会这样呢？我们举例说明，用记事本新建一个文本文件，输入一段 JSP 内容：

```
<%@ page contentType = "text/html;charset = UTF - 8" %>
```

```
<html>
<body>
你好
</body>
</html>
```

保存文件,命名为 aaa. txt,然后重命名为 aaa. jsp。然后将其复制到 MyEclipse 中,在 MyEclipse 中打开 aaa. jsp 文件,显示中文乱码。把 aaa. jsp 拖放到 Windows 记事本窗口打开,显示正常。为什么会这样呢? 因为记事本采用默认的系统编码存储(即 ANSI 编码),但是在 MyEclipse 中,却用 UTF-8 编码方式打开,故出现乱码。此时,在记事本中将 aaa. jsp 文件另存为 aaa-2. jsp,选择编码 UTF-8,然后将 aaa-2. jsp 复制到 MyEclipse 打开,显示正常。由此可见,一个文件打开和存储只要使用的编码相同,则显示正常。

对于 JSP 文件,在文件内部可以通过 pageEncoding 属性设置文件的存储和处理方式,因此,对于记事本默认存储的文件,也可以设置 pageEncoding＝"GBK"(操作系统的本地化默认设置),即在记事本中,将上述代码的第一行修改为:

```
<%@ page contentType = "text/html;charset = utf - 8" pageEncoding = "GBK" %>
```

重新保存,然后复制到 MyEclipse,打开该文件,则同样显示正常。在 MyEclipse 中查看该页面的 Text file encoding 属性,与 pageEncoding 设置相同,所以显示正常。

除了文件编辑中可能出现乱码外,在 Web 运行中,比如: 提交表单、网址参数中包含中文字符时,也有可能会出现中文乱码问题,具体内容我们将在 6.6.1 节的表单提交中介绍。

6.1.5　网络攻击与信息安全

在互联网环境中,每一个 Web 系统时刻都处于被攻击的状态。如果系统中包含敏感数据,例如用户账户、密码、身份证、工作单位、家庭住址、银行账户等个人信息,犯罪分子可以获取这些用户数据,进行信息交易和实施各种电子诈骗犯罪。因此,建设 Web 系统,在保证功能的前提下,保证系统信息安全是 Web 系统开发的重要内容。

Web 系统安全来自两个方面: 一方面是服务器系统的网络安全,包括操作系统、Web 服务器安全配置,如未禁用文件列表,攻击者可下载 Java 类,通过反编译获取系统重要信息等;另一方面是 Web 系统编程安全。理论上讲,一个 Web 系统就是客户浏览器和 Web 服务器通过 HTTP 交互通信的过程,攻击者通过在浏览器端安装插件可以容易地获取服务器端信息,以及分析服务端网页内容及结构,从而得到敏感数据。

目前,对 Web 系统实施网络攻击,或者说常见的 Web 系统安全漏洞有: 注入(Injection)攻击,Cookie 篡改,失效的身份认证和会话管理,不安全的直接对象引用,跨站脚本攻击(Cross Site Scripting),跨站请求伪造(Cross Site Request Forgery),Webshell,弱口令等。

上述许多攻击都可以通过编码来阻止,例如: 注入攻击,其原因就是应用程序缺少对用户输入进行安全性设计,攻击者将一些包含指令的数据发送给解释器,欺骗解释器执行计划外的命令。常见的注入攻击有: SQL 注入,XSS 注入(HTML 标签注入,JS 代码注入),命令注入,SOAP 注入,LDAP 注入,XPATH 注入等。

例如: 在登录对话框,通常可进行 SQL 注入攻击。因为,一般的账户登录对话框,客户端输入用户账户和密码,服务端会根据用户输入,生成 SQL 查询语句,攻击者根据上述基本原理,通过输入特殊的所谓"万能"密码,使得查询条件为真,从而突破账户和密码保护,登录系统。例如:在输入端输入账户为 x,密码为 y,则服务端的 SQL 语句一般为:

```
SELECT *
FROM datatable
WHERE useraccount = 'x' AND password = 'y'
```

一般情况下,许多设计人员喜欢用 admin 作为管理员账户,此时,如果在输入账户中输入 admin,密码框输入:1' or '1'='1

则在服务端生成的查询条件为:

```
WHERE useraccount = 'admin' AND password = '1' or '1' = '1 '
```

上述条件表达式显然为真,此时即使在用户账户框输入任意账户字符串,条件也为真,也可以顺利地登录系统。如果稍加修改,分别在用户账户和密码框中输入:

用户地户:'or 'a' = 'a

密码:'or 'a' = 'a

即可轻易通过验证。

出现上述攻击的原因就是在编程时逻辑上考虑不周,对单引号没有进行过滤,构造出了结果为真的逻辑表达式,从而导致了漏洞的出现。除此之外,采用 Session 验证和 cookie 验证,如果不进行输入过滤,也可能导致安全漏洞。为更好地防治 Web 系统攻击,除了对系统进行检测外,还可以安装 Web 应用防火墙(Web Application Firewall,WAF),以提高 Web 系统的安全性。

6.2　Java 程序设计基础

计算机程序设计语言很多,在数量众多的计算机程序设计语言中,Java 语言具有跨平台特性,Java 程序可以在 Windows 操作系统、Linux 操作系统和 MacOS 上运行,具有更好的可移植性,具有"编写一次,到处运行"的特性,是编程语言的伟大创举。因此,Java 语言是 Web 后端(服务端)开发最常用的编程语言,成为继 HTML 后,互联网发展历史上的第二个里程碑。今天,Java 技术已经无处不在,从桌面 PC 到科学超级计算机和互联网,从智能手机到各种智能设备,几乎所有的网络和设备上都会看到 Java 技术的身影。

6.2.1　Java 程序设计语言

20 世纪 90 年代,Sun 推出了 Java 技术,包括:Java 虚拟机、Java 程序设计语言和 Java 开发工具包(Java Development Kit,JDK)。在计算机语言发展史上,Java 技术是革命性的,Java 虚拟机的出现,彻底解决了程序的可移植性问题,使得 Java 编写的程序能够"编写一次,到处运行"。

从语言本身讲,Java 程序设计语言和传统的 C/C++ 等程序设计语言类似,都包含基本符号、数据、数据类型、表达式、流程控制、类与对象等程序设计语言的概念。从语法上讲,

Java 和 C/C++等程序设计语言也非常类似。下面是 Java 语言不同于 C++的一些特有性质：

（1）Java 没有主函数和全局函数

C++并非完全意义上的面向对象语言，最明显的例子是，在 C++中，必须有一个独立的主函数（在 DOS 和 UNIX 下是 main()，在 Windows 下是 WinMain()），还可以定义可以直接使用的全局函数或者使用 C++中的命名空间"extern C"来使用原有的 C 过程调用。

Java 是完全面向对象的语言，它没有主函数等完全孤立的东西，任何函数都必须隶属于一个类。当然，任何程序都有一个入口，Java 程序也有主入口函数，名称同样是 main()，但它包含在一个类中，一般形式是：

```
public class AppName{
    public static void main(String args[])
    {
    … //代码
    }
}
```

（2）Java 没有全局变量

在 Java 程序中，不能在类外面定义全局变量，只能通过在一个类中定义公用静态变量来实现全局变量。例如：

```
class GlobalVar {
    public static GlobalVarName;        //全局变量定义
}
```

因为 public static 成员是一种类属成员变量，只要定义了类，其中的类属成员变量就分配空间，而不需要必须声明类的对象，使得其他类可以访问和操作该变量。

可见，在 Java 中，对全局变量进行了更好的封装。而在 C++中，不依赖于任何类的不加封装的全局变量往往会导致系统崩溃。

（3）Java 没有结构和联合

在 C++中，为了保持和 C 的兼容，继续支持结构（struct）和联合（union）。但是，在 Java 中，则完全摒弃了这些面向过程时代的概念。

（4）字符串不再是字符数组

在 C 和 C++中，字符串操作往往会导致许多内存问题，如内存非法操作、内存泄漏等。因为字符串 char ＊s 和不定界的字符数组 char s[]是等价的。但两者只是为变量 s 分配一个指向字符串的指针，存储字符串内容的内存需要申请和释放。

在 Java 中，字符串和字符数组已经被分开了。字符串是一个完全意义上的对象，需要用 String 类来声明，拥有 String 类的属性和方法。

（5）Java 没有独立的头文件

在 C++中，每一个.cpp 实现文件都对应一个.h 头文件，在头文件中，往往包含了.cpp文件中用到的类的定义。在 Java 中，类的所有数据（属性和方法）都被放到一个单独的文件中，类中方法的实现必须在定义的过程中同时进行。

因为类方法的实现代码必须在方法定义时完成，但是一个函数往往是几十行或者几百行的程序代码,这样就使得阅读类很难一下子就看到一个类的全貌。Java 的设计者已经考虑到了这个问题,为此,在 JDK 中提供了两个工具来补偿,Javadoc 为源代码提供标准的 HTML 文档,Javap 来打印类标识。

（6）数据类型

在 C/C++ 中,对于不同的操作系统平台,编译器对简单数据类型 int、float 等分配不同大小的内存空间。例如,int 在 IBM PC 中为 16bit,在 VAX-11 中为 32bit,这导致了代码的不可移植性。但是在 Java 中,对于这些基本数据类型,总是分配固定长度的空间,int 总是 32bit,这就保证了 Java 的平台无关性。

在 C/C++ 中通过指针可以进行强制类型转换,这往往会带来不安全性。在 Java 中,有严格的类型相容性检查。另外,在 Java 中,没有模板类,而 C++ 中的模板类（参数化类,即形式参数对应的实际参数是数据类型）可以有效地简化程序代码的编写,但不能减少可执行代码的长度。这就意味着,在 Java 中,只能靠相似代码的手工复制和修改。

（7）常量修饰符 const 的使用限制

在 C++ 中,const 常量修饰符有着重要的应用,它对于提高代码质量起到了积极的作用。例如,用户可以声明函数参数或者函数的返回值为 const 类型,这样可以有效地防止在函数内部对函数参数的不正当修改或者对返回值的修改。另外,可以将类的一个成员函数声明为 const,表明该方法不能修改它操作的任何对象。

在 Java 中,支持常量操作符、只读变量,通过 final 关键字实现。但是,Java 没有提供一种机制,使得一个变量在参数传递或者返回的过程中只读,或者定义一个不能修改操作对象的常量方法。上述的省略,为 Java 程序带来了一个可能引起不正当修改错误的隐患。

另外,在 Java 中,宏也不再被支持。

6.2.2 类 与 对 象

在 20 世纪 90 年代以前,自顶向下逐步求精的结构化程序设计是软件开发的主要方法,直到现在,这种结构化的程序设计思想仍然被广泛采用。Pascal,C,Basic,Fortran 等高级程序设计语言很好地实现了结构化编程的思想。通过过程和函数（又称子程序）,把一个复杂的问题分解成若干个相对简单的子问题,如果子问题还比较复杂,再继续划分,最后将划分后的每个问题用过程和函数来实现。

20 世纪 90 年代以后,面向对象技术对人们近半个世纪来的软件开发思想产生深刻的变革。这一技术强调利用软件对象进行软件开发,它将自然界中的物理对象和软件对象相对应,建立了类和对象的概念。由于客观世界的实体和软件结构的对象一一对应,从而增加了软件系统的可扩展性和可维护性。面向对象技术将自然界中的物理对象和软件对象对应起来,在传统的数据结构基础上加入了成员函数（方法）的概念,从而赋予对象以动作。

1. 类与对象的概念

类（class）是包含数据和处理这些数据的过程的数据结构。可以将类看成是和 int,float 等基本数据类型一样的数据类型,用它来创建数据对象,它指定了相应内存区域的处理和解释规则。

对象(object)是用类来声明的数据结构，如果将类比作数据类型，对象就是相应数据类型的变量。对象是类的实例，占据确定的内存空间。

2. 类的定义

在 Java 中，用户可以定义一个基类，也可以从别的类进行派生(extends)，或者通过实现(implements)一个或多个接口来定义一个新的类。类定义的一般形式是：

```
[类型修饰符] class <类名> [extends <父类名>] [implements <接口名列表>]
{
    成员变量声明;
    成员函数定义;
}
```

类型修饰符(type specifier)声明类的类型，有 4 种：

- abstract：抽象类，抽象类必须包含至少一个抽象成员函数。抽象类不能够创建对象，需要用其派生类创建。例如，可以定义一个图形类 CFigure，将其定义为抽象类，然后从其派生具体的图形类，例如三角形类 CTringle、矩形类 CRectangle 等。
- public：公有类，能被其他类访问，在其他包(package)里要使用该类，需要先用 import 导入，否则只能在定义的 package 里使用。
- final：最终类，说明一个类不能再派生子类。
- synchronized：表示所有类的成员函数都是同步的。一个程序中，如果该类中的代码可能运行于多线程环境下，那么就要考虑同步问题。在 Java 中，线程间的通信首要的方式就是对数据对象的共享访问。这种通信方式是高效的，但是可能出现线程间相互干扰和内存一致性的问题。线程间相互干扰是指当多个线程访问共享数据时可能出现的错误，内存一致性错误是指共享内存可能导致的错误。

所谓同步，一般意义下是指两个或两个以上随时间变化的量在变化过程中保持一定的相对关系。在技术上，同步指对系统中所发生的事件之间进行协调，使得几个相关的量保持一致性与统一化的现象。例如，客户机和服务器数据的同步，就是当客户机或服务器上某一方的数据发生修改时，同时修改另一方的数据，以保证客户机和服务器上的数据一致。

在 Java 中，同步就是在多个线程对一个共享对象进行操作时，确保一个线程可以看见另一个线程做的更改。实现同步的方法主要是声明同步方法，用以有效防止线程间相互干扰及内存一致性错误。为保证量的同步，可能会产生时间上的消耗。

上述修饰符可以同时出现两个或以上，但修饰符 abstract 和 final 不能同时使用。

class 为关键字，表明接下来是类的定义，类名是一个用户自定义的标识符，通常采用大驼峰命名法，即每个单词的首字符大写。

如果是派生类，需要通过 extends 给出父类，如果实现接口(interface)，需要由 implents 给出接口名，接口可以是一个或多个。

花括号内说明类的成员变量和成员函数，又称类的属性(attribute)和方法(method)。

（1）声明成员变量

成员变量定义的一般形式是：

```
[类型修饰符] <类型> <成员变量列表>;
```

类型修饰符包括：public(所有类可以访问)、protected(类的成员或派生类成员函数可以访问)、private(只有类的成员可以访问)，friendly(包中的友元函数可以访问)，final(初始化后不能再改变其值的变量)、volatile(多线程变量)。

320

(2) 定义成员函数

成员函数又称类的方法(method)，是类中定义的可对类进行操作的函数模块。成员函数定义的一般形式为：

[类型修饰符] 返回值类型 <方法名>([形式参数列表]) [throws 异常列表]
{
//函数体(Java 程序代码)
}

类型修饰符包括：private、public、protected，也可以是修饰符 final(不能由子类改变的方法)、abstract(抽象方法，无方法体)、synchronized(线程同步方法)、native(本机方法)。

"形式参数列表"给出函数的形式参数及类型，形参之间用逗号分隔。当所定义的方法没有形参时圆括号内为空。可选项 throws 给出异常列表。

在成员变量和成员函数声明中，如果缺省类型修饰符，则成员变量或成员方法声明为默认权限，访问权限为包级可见，同一个包内的类可以访问到这个属性或方法。若是类声明为默认权限，则同一个包下的类都可以访问到该类，并可以实例化该类(当然如果这个类不具有实例化的能力除外，比如该类没有提供 public 的构造函数)。

修饰符可以有一个或多个。另外，还可以用 static 来声明静态成员变量和成员函数(方法)。如果成员变量包含修饰符 static，此变量称为类变量，不加 static 的变量称为对象变量。用 static 来声明静态成员函数，表明此方法为类方法，无 static 修饰的方法为对象方法。使用静态方法的好处是并不用实例化对象，就可以通过类名.方法名()的方法直接调用。

3. 封装和抽象

在面向对象技术中，一个主要目标就是对象的封装和抽象。封装(Encapsulation)是指对象可以拥有私有元素，将内部细节隐藏起来的能力。抽象是对象可见外部特征的描述，通常用来描述对象所表示的具体概念、对象所完成的任务以及处理对象的外部接口等。

在 C++和 Java 等面向对象的程序设计语言中，类的每一个成员都被说明成 public、private 和 protected 型，用这些关键词来实现数据的抽象和封装，控制对象属性的访问级别。

类成员访问规则如图 6-4 所示。

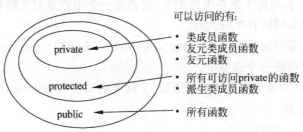

图 6-4　类成员访问规则

（1）关键词 public，类中所有 public 成员构成类的接口，它们是类抽象性的表现。出于简单、经济和安全的愿望，理论上讲，类的公开元素越少越好。但是，类又必须和外部打交道，public 成员是不可缺少的。

（2）关键词 private，类中的 private 成员只能被类的成员函数、友元类或外部友元函数访问，从而实现类的封装性。在默认状态下，所有的成员都是私有的。

（3）关键词 protected，在面向对象技术中，派生是类的重要性质。类的 private 成员将不能被派生类中的成员访问，这就大大限制了类的灵活性。类的 protected 成员可以被类的派生类成员访问。

4. 静态成员

支持封装和抽象的另外机制是关键词 static。在 C 中，通过关键词 static 可以实现有限的封装。当一个变量在一个函数内部被说明成 static 形式时，该变量就只在函数中存在，并且只在函数内部有效。另外，一个全程变量被说明成 static 形式时，该变量只在其所在的文件内有效，这样可以避免不同文件中全局变量的重名。

在 C++ 和 Java 中，当一个类成员被说明成 static 时，则该成员在程序中只有一个副本存在，而不是在每个对象中都有一个副本。所有的对象共享类中的静态成员。在一些面向对象的程序设计语言中，静态成员被称为类变量，或类属变量。

例如，定义一个含有静态成员变量的类如下：

```
class CS {
    static int a;
    int b,c,d;
};
CS objs[3];
```

在类 CS 中，包含四个成员变量，其中成员变量 a 为静态成员变量。数组 objs 包含三个 CS 类对象，由于 CS 类包含一个静态成员变量 a，因此三个 CS 对象共享一个静态成员变量 a，每个对象都包含自己的普通成员变量 b、c、d，如图 6-5 所示。

还可以把一个成员函数说明成 static，这意味着在没有任何该类对象的情况下，它仍然可以被执行。正因如此，静态成员函数能够完成不需要任何对象成员变量的操作。静态成员变量和静态成员函数为类存储和管理属于整个类而不是个别对象的信息提供了方法。

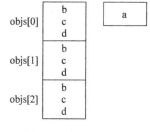

图 6-5　类 CS 的成员

5. 构造函数

在面向对象技术中，对象是类的实例，每个对象必须按照类的定义来创建，这种机制是通过类的构造函数来实现的。构造函数（Constructor）是一种特殊的成员函数，用来在内存中建立具体的对象。构造函数必须申请必要的内存空间，将内存转化为具体的对象，初始化成员变量等。构造函数的名称和类名称相同，一个类可以拥有几个带有不同参数的构造函数。构造函数没有返回类型和返回值。

与一般函数不同，构造函数不是由用户显式调用（Call）的，它是通过编译器来调用的，称为激活（Invoke）。当通过 new 创建一个类的对象时，相应的构造函数被激活，来完成内存对象的初始化操作等。

在使用构造函数时,需要注意以下情况:

(1) 构造函数不能描述为 const(不变的)和 volatile(可变的)。

(2) 构造函数不能是 static,因为构造函数需要初始化类的成员变量,但静态构造函数不能访问成员变量。

(3) 构造函数不能被继承。当一个没有构造函数的类从一个含有构造函数的类派生时,将写它自己的构造函数。

(4) 构造函数不能有返回值,也不可以是 void。

(5) 定义一个类时,必须明确定义除默认构造函数和复制构造函数以外的所有其他构造函数。默认构造函数是不含有参数的构造函数,可以省略不写。

6. 类的继承性与派生类

从现存的对象出发建立一种新的对象类型,使它继承原对象的特点和功能,这就是对象的继承性。继承是许多层次对象的自然描述。从现存类派生出新类时,现存类称为基类(Base Class),派生出的新类称为派生类。派生类可以对基类作如下变化:

- 增加新的成员变量。
- 增加新的成员函数。
- 重新定义已有的成员函数,即子类可以对父类的方法覆盖(Overriding)或重载(Overloading)。所谓覆盖,是指在子类中定义了与父类中同名的函数,这时将根据当前的对象类型执行子类中的代码,即父类中的代码被覆盖。所谓方法重载是类中含有同名,但特征参数(参数数量,参数类型)不同的方法,编译时通过形式参数确定要调用的方法。

覆盖或重载反映了面向对象中函数的多态性,重载是一种编译时多态技术,因为程序在编译时可以根据特征参数决定要连接哪个同名函数。覆盖则是一种运行时多态,因为,具体运行基类还是子类的函数是根据运行时对象所属的类决定的,因此是一种运行时多态。

- 改变现有成员函数的属性。

派生类不能删除基类的成员变量和成员函数,实际上派生类往往是基类的扩充,是一种具体化和完善的过程。

类的派生创建了一个类族,派生类的对象也是基类的一个对象,它可用在基类对象可被使用的任何地方。可用多态成员函数来调整这种关系,以使得派生类在某些地方与它的基类一致,而在另外一些方面表现出其自身的行为特征。

类的派生是一种演化过程,即通过扩展、更改和特殊化从一个已知类出发来建立一个新的类。类的派生建立了一个具有共同关键特性的类族,从而实现代码的重用。假设从一个已知基类 A 建立一个派生类 B,一般形式为:

```
class B extends A
{
    //派生类 B 的成员说明
};
```

读作"类 B 由 A 派生",它告诉编译器类 B 是一种 A,对基类 A 所做的修改和添加在括号内给出。在派生类对象中,编译器在内存中总是先放入基类的成员,后面是派生类特有的成员,如图 6-6 所示。

从派生类对象的内存结构看,虽然派生类对象包含了父类的成员,但是,对于一个派生类,对于其父类中的成员,其访问须遵循特定的访问控制规则。

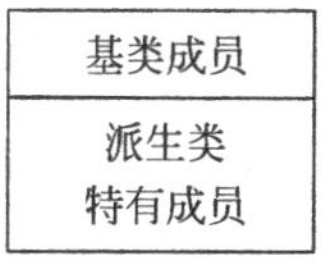

| 基类成员 |
| 派生类
特有成员 |

图 6-6　派生类对象
内存结构

7. 创建对象

当定义类后,创建对象有两种方法:一种是静态声明,例如 CTest myObj;则创建一个 CTest 类的对象 myObj。此外,还可使用 new 来动态创建对象,一般形式是:

对象变量 = new 类(<实际参数表>);

如果类的构造函数带有参数,可以通过 new 中类名后面的参数来激活相应的构造函数,来实现对类成员的初始化。如果是一个派生类,还涉及基类成员的初始化问题。

8. Java 程序与 main()方法

所有的程序都应该有一个主程序,它是程序开始执行的入口。在一个 Java 程序中,通常定义多个类,但只能有一个 public 类,在该类中有一个 public static void main(String[] args)方法,这个方法就是主程序。文件名必须和这个公有类的类名大小写完全一样。

运行一个 Java 程序,应该是在 java 命令后跟包含 main 函数的类名,而不是 Java 程序的文件名,即 java <包含 main 方法的 java 类>,类名后面不能有.class 等扩展名。

【例 6-2】　定义一个三角形图形类 CTriangle,定义相应的属性和方法。并在 DOS 模式下对文件进行编译和运行。

分析:定义了一个三角形图形类 CTriangle,包含三个私有成员变量,存储三角形的三条边,一个构造函数,一个计算三角形面积的成员函数和一个输出成员函数。

文档名为 Exa6-02.java,代码清单如下:

```java
class CTriangle
{
  private double a,b,c,t;
  public double s = 0;
  CTriangle(double x,double y,double z)
  {
    a = x; b = y; c = z;
  }
  //计算三角形的面积
  public double Area()
  {
    t = (a + b + c)/2;
    s = Math.sqrt(t * (t - a) * (t - b) * (t - c));
    return s;
  }
  public void out1()
  {
    Area();
    System.out.println("Area = " + s);
  }
}
```

```
class MyTest01
{
   public static void main(String[] args)
   {
      CTriangle myobj = new CTriangle(10,20,15);
      myobj.out1();
   }
}
```

在 DOS 提示符下,执行 javac Exa6-02. java 命令,编译,生成每个类的. class 文件,即 CTriangle. class 和 MyTest01. class。Java 程序的运行是在 JVM 上运行的,在 DOS 提示符命令状态下,执行 java MyTest01,运行上述程序,输出结果如图 6-7 所示。

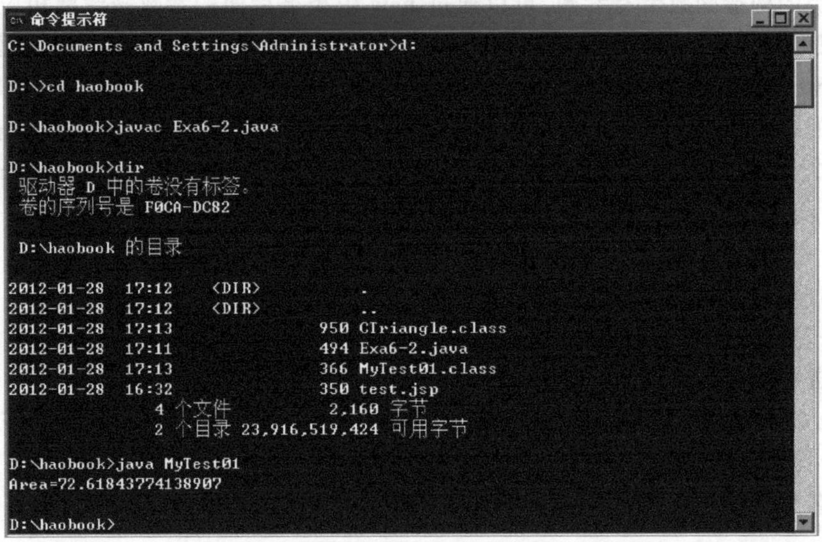

图 6-7 Java 程序的编译和运行

【例 6-3】 编写程序,验证类构造函数的激活顺序。

说明:在类的定义中,都包含相应的构造函数,这些构造函数的激活顺序不同,在下面的例子中,定义了三个类 A、B、C,其中 C 中包含两个对象成员,来展示对象构造函数的激活次序,文档名为 Exa6-03. java,代码清单如下:

```
class A {
   int x, y;
   A(int a, int b)
   {
      x = a; y = b;
   }
   A() //默认构造函数
   {
      x = 0; y = 0;
      System.out.println("A constructor\n");
   }
}
class B {
```

```
        B()
        {
          System.out.println("B constructor\n");
        }
    }
    class C {
        public A a = new A();
        public B b = new B();
        C()
        {
          System.out.println("C constructor\n");
        }
    }
    class MyTest02
    {
      public static void main(String[] args)
      {
        C myObj = new C();
      }
    }
```

执行 java MyTest02,输出结果为:

```
A constructor
B constructor
C constructor
```

上述输出结果表明,如果一个类含有成员对象,则在创建类的对象时,将先创建类的成员对象,最后才是类的对象本身。

6.2.3　接口

在一个复杂的面向对象的系统中,实现一个有更多方法的新类是经常遇到的。当一个类需要从多个基类派生时,派生类将继承多个基类的特征,在 C++中,这样的机制称为多重继承。在面向对象的程序设计中,继承关系一直存在很多的争议,特别是多重继承。

在 Java 中,没有多重继承,可以通过接口来实现相应的功能。所谓接口(Interface)是一组没有给出实现细节的操作(方法)的集合。它需要别的类来实现接口给出的每一个方法,一个类可以实现一个或多个接口。如果一个类实现了某个接口,就相当于声明我能够完成某项工作。可以说,接口和类是实现类型继承关系的两种方法,一种是扩展基类(extends关系)继承,一种是实现接口(implements 关系)继承。

1. 接口的定义和扩展

接口的定义和类的定义类似,但是接口不是一个类,而是对符合接口要求的类的一套规范,接口说明了实现接口的类该做什么而不指定如何去做。接口定义的一般形式是:

```
[修饰符] interface <接口名> [extends <接口列表>]
{
  成员变量; //默认为 public static final
  成员函数; //默认为 public abstract
}
```

在接口定义中,修饰符同类的定义一样。一个接口可以扩展另外的接口,这跟类可以扩展一样。但是,类只能扩展一个另外的类,而接口可以扩展任意多个接口。接口列表列出所有的被扩展的接口,以逗号分隔。

接口可以包含常量声明以及方法声明。所有定义在接口中的常量可以是 public、static 和 final。定义在接口中的成员变量不能使用 transient、volatile 或者 synchronized 修饰符。同样也不能在声明接口成员的时候使用 private 和 protected 修饰符。

接口中方法声明后紧跟着一个分号,因为接口中的方法不需要给出具体的实现代码。因此,所有定义在接口中的方法可以隐含地为 public abstact 方法。

2. 接口的实现

接口不能实例化,为了使用接口,需要编写执行接口的类。一个类可以实现一个或多个接口,一般形式是:

```
[访问修饰符] class <类名> implements <接口列表>
{
    public 成员函数;
}
```

可见,一个类可以实现多个接口,这就是多重继承。一个类实现了某个接口,即这个类实现了在接口中声明的所有方法,就相当于声明我能够完成某项工作。实现接口的类继承了定义在接口中的常量,这些类可以使用简单的名字来引用接口定义中的常量。

3. 接口和类差异

接口和抽象类是很相似的,但两者表达的概念不同。抽象类表达的是一类事物的高度抽象,其派生类与其关系是一种"是"的关系。例如,三角形、矩形都是图形,可以说图形就是一个抽象类。而接口定义的是一组行为规范,一个类实现一个接口,就是类的"行为需要按照接口来完成"。因此,抽象类在定义类型方法的时候,可以给出方法的实现部分,也可以不给出;而对于接口来说,其中所定义的方法都不能给出实现部分。

除了概念上的不同外,在技术上,两者的不同还包括以下几个方面:

(1)类只能单重继承,接口可以实现类的多重继承,即一个类可以实现多个接口。

(2)类可以实例化(抽象类除外),接口没有实例化的概念,需要用类去实现接口。

(3)类有构造函数、运算符重载等概念,接口没有。

(4)类的成员可以有修饰符(如虚拟、静态等),接口成员没有任何修饰符,其成员总是公共的。

(5)派生于接口的类必须实现接口中所有成员的成员函数,而从类派生则不需要。

在类的层次结构定义中,应从概念上确定究竟是定义类还是接口。一般情况下,抽象类或普通类在现实世界中都与某某事物所对应。而接口不同,它不对应现实世界中的任何事物,即使是抽象的,它只是为事物之间的联系规定了一种联系规范。例如,在 Web 浏览器表单数据处理的描述上,定义接口比定义抽象类更符合人们的思维习惯。

6.2.4 包

在大型软件工程中,怎样保证程序员之间命名的类不重名,以及如何避免供应商提供的类和程序员自己命名的类不重名呢?虽然有许多方法可以避免重名,但是如果在发现问题以前,工程已经启动了,要修改这些重名问题,就变得非常麻烦。

在 Java 中,引入包(Package)的概念来解决上述问题。包通过集合类来划分命名空间,在不同包内的类可以同名,但不会引起混乱。包的概念很简单,其实就是一个文件夹。一般情况下,每一个类或接口都被存储在不同的文件中,为了管理和使用方便,对于那些相关的类和接口可以绑定到一个包中,即存储在一个文件夹中。

在一个文件夹中,文件是不能重名的。但是,在不同的文件夹中,可以有重名的文件存在。例如,在 JDK 中,有多个不同的包都包含名称为 Date 的类,在 java.util 包中有 Date 类,在 java.sql 包中也有一个名为 Date 的类,因为在不同的包中,这种重名不会引起编译和应用错误。

1. 定义包

使用 package 语句可以将一个编译单元(源程序文件)定义成包。如果使用 package 语句,编译单元的第一行必须无空格,也无注释,格式如下:

package <包名>;

若编译单元无 package 语句,则该单元被置于一个默认的无名的包中。

按照一般的习惯,包名是由字符"."分隔的单词构成的,第一个单词通常是开发这个包的组织的名称。

例如:有一个 Java 文件,文件名为 B.java,内容如下:

```
package hao.yy;
public class B {
    B(int yy, int mm, int dd)
    {
        System.out.println("Year:" + yy + "Month:" + mm + "Date" + dd);
    }
}
```

执行 javac -d d:\ B.java 命令,其中参数-d <目录>为指定输出文件的目录。因此,上述编译命令执行后将在"d:\"目录下创建一个 d:\hao\yy 文件夹,该文件夹中包含了编译后的类文件 B.class。

现在这个包就创建好了,要使用这个包中的类 B,需要导入,或者把 d:\hao\yy 设置在环境变量 classpath 里。

2. 使用包中的类和接口

在 Java 编程中,如果要使用 JDK 类库或用户自定义在一个包中的类和接口,在源程序文件的开始,需要通过 import 关键词导入,主要有两种形式:

(1) 单类型导入,即导入包中一个具体的类或接口,则导入的类和接口的名字在当前的名字空间可用。导入语句形式如下:

import <包名.[类名|接口名>;

例如:使用 util 包的 Date 类,可以写作 import java.util.Date;,下面是一个有关日期处理的类的定义,程序获取当前的系统时钟,并按 MM-dd-yyyy 格式输出日期。代码如下:

```
import java.util.Date;
```

```
import java.text.SimpleDate;
public class mydate
{
    public static void main(String[] args) {
        //Create a date formatter that can parse dates of the form MM－dd－yyyy.
        SimpleDateFormat bartDateFormat = new SimpleDateFormat("MM－dd－yyyy");
        //Create a string containing a text date to be parsed.
        String dd = "6－22－2008";
        Date date = bartDateFormat.parse(dd);
        //Send the parsed date as a long value to the system output.
        System.out.println(date.getTime());
    }
}
```

如果在用户的文件中,用到一个包中的多个类或接口,单类型导入书写很多行,列出一个个要导入的类和接口,比较麻烦。

(2) 按需类型导入,顾名思义,就是导入一个包时,不指定要导入的具体的类和接口,而是按照程序需要导入包中用到的类和接口。形式如下:

import <包名. * >;

按需类型导入,是不是要导入包中所有的类和接口呢? 当然,答案是否定的。按需导入仅仅是导入当前类中用到的类,这是在编译时由编译程序完成的。既然如此,是不是都可以写成按需类型导入,而不用单类型导入呢? 当然也不行,因为单类型导入和按需类型导入对类文件的定位算法是不一样的。后者不仅产生更多的编译时间消耗,还有可能带来名称冲突和编译错误。

不论是单类型导入还是按需类型导入,其目的都是要使用户在书写自己的类时,能够使用导入的类和接口。在 Java 中,还可以通过在每个引用的类和接口前面给出它们所在的包的名字的方式进行应用,一般形式是:

包名. <类名|接口名> obj = new 包名. <类名|接口名>(参数表);

上述语句的可读性很强,不足是书写麻烦。例如,要使用上面定义的包 hao. yy 中包含的类,语句为:

hao. yy fd = new hao. yy. B(2003,11,24);

在使用一个外部类或接口时,要声明该类或接口所在的包,否则会产生编译错误。此外,要确保这些类和包的路径正确,即需要包含在 classpath 环境变量中,否则编译器在编译时将找不到所需要的类文件。

6.2.5　Java 基础类库

对于所有的程序设计语言,都可以分成两个部分:第一部分就是语言本身,包括语言的字符集、数据、类型、程序语句、函数等语法部分;第二部分则是开发程序用的标准库,里面包含了大量的标准函数或类,它可以有效地提高用户的编程效率。

在 Java 语言中,提供了大量已经实现的类,这些类的集合构成 Java 基础类库。根据类的功能不同,划分为不同的集合,每个集合组成一个包。Java 类库日益庞大,所包含的类和接口众多,用户是无法全部掌握的。但是,了解类库的组成可以帮助开发者更方便地找到需要的类,使编写的程序更简单。Java 丰富的类库资源是 Java 语言的一大特色,是 Java 程序设计的基础。

Java 基础类库大部分是由 Sun 提供的,不同的 Java 开发环境包含的类不同。下面简要介绍 Java 基础类库中的核心部分,即那些包含最重要、最常用的类和接口的包。

1. java. lang 包

java. lang 包又称 Java 语言包,主要含有与语言相关的类。定义了 Java 中的大部分基本类,包含 Java 语言类、线程、异常、系统、Object 类以及各种数据类型等相关的类。java. lang 包是 Java 程序中默认加载的一个包,由解释程序自动加载,不需要显式说明。

2. java. util 包

Java 平台中有两个最常用的基础包,一个是 java. lang 包,另一个就是 java. util 包,即 Java 实用程序包。java. util 包包含了大量的公用类,包括常用的数学运算类、字符串类、日期、日历类以及向量哈希表等类,还包括一些接口和异常类。

3. java. awt 包

Java 抽象窗口工具包 java. awt (Abstract Windowing Toolkit)包含一些 GUI 界面相关的类,包括窗口、对话框、菜单、各种控件等。awt 类库还包含一组用来处理绘图、打印功能,并且支持易用性、拖放和二维图形的 API。通过这些元素,编程者可以控制所写的应用程序的外观界面。

通过 awt 可以创建与平台无关、基于图形用户界面的程序。同微软的 Windows API 相比,清楚、简单和强大的 awt 是 Java 语言迅速流行的重要原因。awt 不仅是编写 Windows 程序的良好工具,而且可以编写其他操作系统平台的图形界面应用程序。

4. java. swing 包

新的图形界面类库 java. swing 继承 awt,提供了多种图形界面组件,Swing 中包含了标签页、表格、树、特殊边框、微调等各种新组件。这些组件都是 100% 纯 Java 的,不依赖具体的 Windows 系统,可以在各种平台上实现。Swing 中支持可插入观感(Pluggable Look and Feel,PL&F),支持用户定制桌面,更换新的颜色方案,让窗口系统适应特定的用户习惯和需要。Swing PL&F 体系结构使得同时定制 Swing 控件或控件组更加容易。

5. java. io 包

输入输出包 java. io,提供了全面的 I/O 接口,包括文件读写、标准设备输出等。它是以流为基础进行输入输出的,所有数据被串行化写入输出流,或者从输入流读入。I/O 体系分 Input/Output 和 Read/Write 两类,区别在于 Read/Write 在读写文本时能自动转换内码。流 I/O 的好处是简单易用,缺点是效率较低。

Java 也对块传输提供支持,在核心库 java. nio 中采用的便是块 I/O,块 I/O 效率很高,但编程比较复杂。

6. java. beans 包

JavaBeans 是 Java 应用程序环境的中性平台组件结构。java. beans 包定义了应用程序编程接口(API),包含与开发 JavaBeans 有关的类和接口。

7. java. net 包

含有与网络操作相关的类,如 TCP Sockets、URL 等工具,该包支持 TCP/IP 协议,并包含 Socket 类、URL、与 URL 相关的类。

6.2.6　Java 异常

在编程过程中，我们总是通过各种条件判断来避免错误的发生，但是有些问题是不可预知和无法处理的。例如，在程序运行中，可能会出现数组越界、非法参数、数据库操作错误、文件找不到、网络连接失败等各种各样的状况。在程序中要处理可能遇到的各种问题，需要复杂的 if 语句。

有些问题是程序本身可以处理的，有些则是程序本身无法处理的。程序无法处理的问题称为错误（Error），它通常与编码无关。例如，在程序运行时 Java 虚拟机出现错误。此外，还有一些问题是程序本身可以通过编码来处理的，称为异常（Exception）。例如，试图使用空值对象引用、除数为零或数组越界，则分别引发运行时异常。但是，对于不可避免、不可预测的情况则在考虑异常发生时如何处理。

1. 异常的分类

Java 的异常（包括 Exception 和 Error）可分为可查异常（Checked Exception）和不可查异常（Unchecked Exception）两大类，其中可查异常属于非运行时异常（NonRuntime Exception），不可查异常属于运行时异常（Runtime Exception）。

（1）可查异常是指程序在运行中可以预测的异常。当方法抛出一个异常时，表示该方法可能会出现某种错误，对于声明抛出异常的任何方法，Java 编译器将强制执行处理或声明规则。因为，从程序语法角度讲，可查异常在编译时就必须处理，如果不处理，程序就不能编译通过。因此，可查异常属于非运行时异常，又称编译异常。

可查异常是必须处理的，当函数中可能出现这类异常时，要么用 try-catch 语句捕获该异常并提示给使用者，要么用 throws 子句声明抛出它，否则编译不会通过。JVM 大多数情况下不会处理程序抛出的异常，而是会直接终止程序。常见的可查异常有 IOException、SQLException 等，用户自定义的 Exception 异常也属于可查异常。

（2）不可查异常是不可预知的、在程序运行时发生的异常。例如，NullPointerException（空指针异常）、IndexOutOfBoundsException（下标越界异常）等都称为不可查异常。不可查异常通常是因为程序逻辑不严谨引起的，程序应该从逻辑角度，例如，增加 if 判断语句，以尽可能避免这类异常情况的发生。

对于不可查异常，编译器不要求强制处置，因为编译器没有足够的智能可以判断代码是否严谨，它也不会知道运行时除数是否为 0，数组是否越界等情况会出现。因此，当程序中可能出现这类异常，即使没有用 try-catch 语句捕获它，也没有用 throws 子句声明抛出它，也会编译通过。程序中可以选择捕获处理，也可以不处理。解决该类异常最好的方法是通过条件判断尽可能考虑到可能导致异常和错误的各种情况，在逻辑上解决潜在的错误。

2. 异常处理机制

在编程时，通过 if 语句可以对程序运行中各种可能的情况进行判断，以避免错误和异常的发生。理论上讲，这是正确的。例如，一个函数可能会包含几种可能的异常，可以设计返回的错误码，让调用者进行处理。但是，实际的情况是，当函数层层调用时，这些错误码的组合会变得很大。通过大量的 if 语句嵌套来判断各种情况当然是可以的，但这使得代码变得非常臃肿，可读性很差。例如，数据库读写，打开数据库会有多种情况发生，数据库读写又有多种可能的情况，要写出逻辑严谨的函数就不可避免地出现了复杂的 if 语句嵌套。

为解决上述编码问题，在 Java 中引入了异常处理机制，包括抛出异常和捕获异常两个部分。抛出异常就是当一个方法出现错误引发异常时，创建异常对象并交付运行时系统，异常对象中包含了异常类型和异常出现时的程序状态等异常信息。在方法抛出异常之后，运行时系统将转为寻找合适的异常处理器，寻找处置异常的代码并执行，即捕获异常。如果找不到合适的异常处理器，则运行时系统终止。同时，意味着 Java 程序的终止。

在 Java 中，异常通过 try-catch-finally 语句捕获并处理。一般形式为：

```
try {
    //可能会发生异常的程序代码
}catch (ExceptionType1 e){ //捕获并处置 try 抛出的异常类型 Type1
    异常处理
}catch (ExceptionType2 e){ //捕获并处置 try 抛出的异常类型 Type2
    异常处理
}finally {
    //无论是否发生异常，都将执行的语句块
}
```

关键词 try 后语句块对应可能发生异常的代码，称为监控区域。Java 方法在运行过程中，如果监控块内的语句出现异常，则创建异常对象，将异常抛出监控区域之外，并结束块内后续语句的执行。在定义异常处理时，应避免定义大的 try 块，否则将使得后续的异常处理没有针对性，正确的做法是分离各个可能出现异常的段落并分别捕获其异常。

当异常发生时，Java 运行时系统试图寻找匹配的 catch 子句捕获异常。匹配的原则是如果抛出的异常对象属于 catch 子句的异常类，或者属于该异常类的子类，则认为生成的异常对象与 catch 块捕获的异常类型相匹配。若有匹配的 catch 子句，则运行其异常处理代码。一个 catch 语句表示预期会出现某种异常，而且希望能够处理该异常。一种常见的错误是试图用一个 catch(Exception ex)语句捕获所有的异常，由于绝大多数异常都直接或间接从 java.lang.Exception 派生，catch(Exception ex)就相当于说我们想要处理几乎所有的异常。这不符合逻辑。最明显的例子是 SQLException 是 JDBC 操作中常见的异常，另一个可能的异常是 IOException，显然，在同一个 catch 块中处理这两种截然不同的异常是不合适的。

在 Java 的异常处理机制中，当某个 catch 捕获了一个异常时，异常将改变程序正常的执行流程。如果程序用到了文件、Socket、JDBC 连接之类的资源，即使遇到了异常，也要正确释放占用的资源，这如何来实现呢？虽然可以在每一个 catch 块进行处理，但更好的办法是在 finally 中集中处理，因为 finally 语句块是 try 语句最终都会执行的语句块。

Java 异常处理机制不仅避免了复杂的 if 语句嵌套，增强了程序的可读性，还提高了程序的健壮性，可以在 catch 和 finally 代码块中给程序一个修正机会，使得程序不因异常而终止或者发生其他改变。同时，通过获取 Java 异常信息，通过异常信息很快就能找到出现异常的问题(代码)所在，这为程序的开发和维护提供了方便。

3. 抛出异常

异常是异常类的实例对象，我们可以创建异常类的实例对象，然后通过 throw 语句抛出。throw 语句的一般形式是：

```
throw new 异常类;
```

异常类可以是 Java 内置异常类，也可以是用户自定义的异常类，这些类都是 Exception 的扩展类。例如，抛出一个 IOException 类的异常对象，可写为：

```
throw new IOException;
```

在 throw 语句中，抛出的只能是可抛出类 Throwable 或者其子类的实例对象。

在 try 块监控区域，大多数异常是系统自动抛出的，不需要用户显式地书写 throw 语句抛出异常对象。在运行过程中，如果未发生异常，将忽略 catch 语句块。当在 try 块或 catch 块中遇到 return 语句时，finally 语句块在方法返回前被执行。

例如，在程序中要捕获 throw 语句抛出的"除数为 0"异常（自动抛出）和数组下标越界异常，示例代码如下：

```java
public class TestException {
  public static void main(String[] args) {
    int[] scoreList = new int[50];
    int total = 0;
    try { //try 监控区域
      for (int i = 0; i <= scoreList.length; i++) {
        System.out.println("scoreList[" + i + "] = " + scoreList[i]);
        total += scoreList[i];
      }
      //抛出异常对象 ArithmeticException,也可省略该语句
      //if (i == 0) throw new ArithmeticException();
      System.out.println("average score = " + total / i);
    } catch (ArrayIndexOutOfBoundsException e) {
      System.out.println("scoreList 数组下标越界异常.");
    } catch (ArithmeticException e) {
      System.out.println("程序出现异常,在求平均成绩时,人数为 0.");
    } finally{
      System.out.println("程序正常结束.");
    }
  }
}
```

在程序运行中，如果出现"除数为 0"错误，程序抛出 ArithmeticException 异常，运行时系统创建异常对象并抛出监控区域，转而匹配合适的 catch 异常处理器，并执行相应的异常处理代码。事实上，"除数为 0"等 ArithmeticException 是 RuntimException 的子类，运行时异常将由运行时系统自动抛出，因此，上述代码中的 throw 语句可以省略。运行时异常主要是因为程序设计不严谨导致的，可以通过 if 条件判断语句避免上述错误的发生。

如果一个方法可能会出现异常，但没有能力处理这种异常，可以在方法声明处用 throws 子句来声明抛出异常。例如，汽车在运行时可能会出现故障，汽车本身没办法处理这个故障，那就让开车的人来处理。声明方法抛出异常的一般形式是：

```
methodname throws Exception1,Exception2,..,ExceptionN
{
```

```
        函数体
    }
```

方法名后的 throws Exception1,Exception2,...,ExceptionN 为声明要抛出的异常列表。当方法抛出异常列表的异常时,方法将不对这些类型及其子类类型的异常作处理,该异常将在调用该方法的方法中进行捕获并处理。Java 编译器对可查异常将强制进行处理或在调用函数中进一步抛出异常。

4. Java 常见异常

在 Java 中,提供了大量的异常用来描述经常发生的错误,对于这些异常,有的需要程序员进行捕获处理或声明抛出,有的由 Java 虚拟机自动进行捕获处理。Java 中定义的异常类很多,通常存储在 java.lang 包中,常用的 Java 内置异常类见表 6-1。

表 6-1 Java 常见内置异常列表

异　　　常	说　　　明
runtimeException 子类	
ArrayIndexOutOfBoundsException	数组索引越界异常。当对数组的索引值为负数或大于等于数组大小时抛出
ArithmeticException	算术条件异常。例如:整数除零等
NullPointerException	空指针异常。当应用试图在要求使用对象的地方使用了 null 时,抛出该异常
ClassNotFoundException	找不到类异常。当应用试图根据字符串形式的类名构造类,而在遍历 CLASSPAH 之后找不到对应名称的类文件时,抛出该异常
NegativeArraySizeException	数组长度为负异常
IOException 操作输入流和输出流时可能出现的异常	
EOFException	文件已结束异常
FileNotFoundException	文件未找到异常
其他	
ClassCastException	类型转换异常类
ArrayStoreException	数组中包含不兼容的值抛出的异常
SQLException	操作数据库异常类
NoSuchFieldException	字段未找到异常
NoSuchMethodException	方法未找到抛出的异常
NumberFormatException	字符串转换为数字抛出的异常

使用 Java 内置的异常类可以描述在编程时出现的大部分异常情况。除此之外,用户还可以自定义异常。用户自定义异常类,只需继承 Exception 类即可。

由于检查运行时异常的代价远大于捕获异常所带来的益处,运行时异常不可查。Java 编译器允许忽略运行时异常,如果一个方法既不捕获,也不声明抛出运行时异常,在程序运行时如果发生运行时异常,将显示异常并终止程序的运行,如:

```
Exception in thread "main" java.lang.ArithmeticException: / by zero
    at Test.TestException.main(TestException.java:8)
```

上述运行结果表明，程序运行出现异常，从而导致程序运行终止。运行时异常通常是因为程序设计不严谨造成的，最好的处理是通过 if 条件判断语句避免异常的发生，而非增加 catch 捕获异常。对于可查异常，利用 Java 的 try-catch-finally 语句可以简化程序代码，提高代码的健壮性，这也是 Java 异常处理机制的主要目的和目标所在。

6.3 Java Servlet 接口

在 Web 系统中，用户端通过表单输入数据，单击提交按钮后，数据通过 HTTP 协议发送到服务端。在服务端，有相应的程序读取表单数据并对数据进行处理，这类程序称为公共网关接口（CGI）程序（又称 CGI 脚本）。传统的 CGI 程序一般是由 C 或 C++开发的，这些语言的执行速度较快。随着 Java 程序设计语言在 Web 开发中的广泛应用，CGI 程序越来越多地由 Java 来实现，这类程序即是 Java Servlet 接口。

6.3.1 Java Servlet 基础

Servlet 是专门为在 Web 服务器上运行而设计的 Java 类，它不是一个可以独立运行的 Java 程序，不能在操作系统下直接运行，必须运行在 Servlet 容器中，由表单 action 属性调用执行。从本质上讲，Servlet 是一种符合 HTTP 通信的特定程序框架，是 javax. servlet 包和 javax. servlet. http 包中相关接口实现类 HttpServlet 的扩展类。Servlet 直接和间接地实现了 Servlet 接口、ServletConfig 接口和 Serializable 接口的方法，处理客户端发送的 HTTP 请求，并对请求作出响应，即向客户端返回数据，如 HTML 网页文件。

6.3.2 创建 Servlet

客户端的一个表单往往需要服务端的一个 Servlet 相对应，这种对应是通过设置 form 标记的 action 属性指定的。Servlet 是一个 Java 类，负责接收客户输入和对数据进行处理，以及向用户浏览器返回处理结果。创建 Servlet 有两种方法：一种是定义一个 HttpServlet 类的扩展类；另一种是使用 MyEclipse 开发工具，首先创建一个 Web Project，然后在 New 菜单中，新建一个 Servlet，启动新建 Servlet 向导，如图 6-8 所示。

在新建 Servlet 向导中，需要输入包名和类名，Java 类文件将保存在 src 中相应的子文件夹（包）中。在 WebRoot\WEB-INF\classes 中自动创建与包名对应的子文件夹，保存 Java 类的编译结果。创建一个新的 Servlet，即建立一个 Servlet 类框架。创建 Servlet 后，要使用 Servlet，还需要对 Servlet 进行适当的配置，以告诉 Servlet 容器（如 Tomcat）如何调用需要的 Servlet，这需要对 Servlet 容器（即 Tomcat）的 web. xml 进行配置，包括声明 servlet 和映射 servlet。在 servlet 类中，还需要书写 doPost 方法，输出 HTML 内容，以发送到客户端，在客户浏览器中显示处理结果。

从上面 Servlet 类的定义和工作过程看，虽然 Java Servlet 实现了 CGI 的功能，但 Servlet 的创建和使用都非常麻烦，这就导致了一种 Java Server Page 技术的出现。在 JSP 技术中，可以直接将 Java 代码写在 HTML 页面中，这些代码被包含在"<%"和"%>"内，形成 JSP 文件。对于 JSP 页面中的代码，将被编译成 Servlet，大大减少了 Servlet 开发的难度。

(a) 创建Servlet

(b) Servlet文件信息

图 6-8　MyEclipse 新建 Servlet 对话框

6.4　JSP 技术

使用 Servlet 开发服务端中间层逻辑,实在是太复杂了。为此,Sun 公司于 1999 年推出 JSP(Java Server Page)技术,它具有 Servlet 功能,但使用更加简单。JSP 是通过在传统 HTML 文档中加入 Java 脚本程序和 JSP 标记来构成的,用户可以在 JSP 页面上直接书写 Java 代码,从而可以大大简化 Servlet 的使用。当用户浏览 JSP 网页时,Tomcat 执行 JSP 文档中服务端脚本程序,然后把执行结果发送到客户端浏览器,完成传统 Servlet 一样的功能。

6.4.1　JSP 运行与开发环境

要运行 JSP 页面,在 Web 服务器端,需要安装 Tomcat 应用服务器。Tomcat 通常和 Apache Web 服务器一起共同构成一个 Web 服务器。

1. 运行环境

JSP 的运行和开发环境框架模型如图 6-9 所示。

图 6-9　JSP 的运行和开发环境

因为 Java 技术是跨平台的,操作系统可以是 UNIX、Linux、Windows Server 等不同类型的操作系统,如果希望在服务器上运行 Servlet/JSP 应用程序,应该安装以下软件:

(1) Java VM(JRE),Tomcat 需要 Java VM 的支持。

(2) JDK。

(3) Tomcat 应用服务器。

Tomcat 是针对 Apache 服务器开发的 JSP 应用服务器,是 Java Servlet 和 Java Server Pages 技术的标准实现,是 Servlet 和 JSP 的容器。当用户需要浏览 JSP 网页时,Apache 将请求发送给 Tomcat,由 Tomcat 执行 JSP 页面中的服务端脚本程序或 Servlet,然后将结果返给 Apache,由 Apache 发送给客户浏览器。此外,Tomcat 还内置了一个 HTTP Server,也可以提供 Web 服务,但对于静态网页,其效率不如 Apache。

2. 配置开发环境

如果使用 MyEclipse 开发环境,可以不用单独安装 JRE、JDK 和 Tomcat,因为这些内容都是 MyEclipse 标准的内置组件。如果使用 SublimeText 代码编辑器编辑 JSP 网页,需要新建一个网站,安装 Tomcat、JDK 和 JRE,以便测试 JSP 页面。在安装 JDK 时需要选择安装公共 JRE,否则在安装 Tomcat 时,显示找不到 JVM。安装完后,还需要进行环境变量的配置,就可以创建站点,测试 JSP 网页了。

为了测试后面要学习的 JSP 程序,我们继续使用第 6.1.2 节建立的站点 d:\haosite,虚拟目录为"/mybook"。所有的要测试的 JSP 页面,只要保存到 d:\haosite 文件夹中即可。如果要测试 JSP 文档 1.jsp,在地址栏中输入"http://127.0.0.1/mybook/1.jsp"。注意,必须要输入扩展名,同时要注意文件名和目录的大小写。

6.4.2 JSP 语法结构

JSP 网页是通过在 HTML 文档中加入 Java 脚本程序构成的。Java 脚本程序代码用"<%"和"%>"定界符括起来,称为 JSP 元素。JSP 元素可以分为三种类型:指令元素、脚本元素和动作元素。指令元素针对 JSP 引擎控制转译后的 Servlet 结构;脚本元素规范 JSP 中所使用的 Java 代码;动作元素主要连接用到的组件(如 JavaBean 和 Plugin),另外它还可以控制 JSP 引擎的行为。

1. JSP 指令

JSP 指令不直接产生任何可视的输出,只是指示引擎如何处理 JSP 页面中的内容。JSP 指令由<%@ …%>标记,一般形式是:

<% @ 指令名　属性₁ = "属性值"　属性₂ = "属性值" …　属性ₙ = "属性值" %>

在书写指令时,指令名和"@"符号之间需留有空格,常用的 JSP 指令是 page 指令和 include 指令。

(1) page 指令

page 指令(at page)用来定义整个页面的相关属性,以及定义网页的处理方式,如到何处寻找 Java 类文件等。指令语法如下:

```
< % @ page
    [ language = "java" ]
```

```
[ extends = "package.class" ]
[ import = "{package.class | package. * }, ..." ]
[ session = "true | false" ]
[ buffer = "none | 8kb ]
[ autoFlush = "true | false" ]
[ isThreadSafe = "true | false" ]
[ info = "text" ]
[pageEncoding = "UTF − 8|GBK|GB2312" ]
[ contentType = "mimeType [ ;charset =<字符集> ]" |
                "text/html ; charset =<字符集>" ]
[ errorPage = "relativeURL" ]
[ isErrorPage = "true | false" ] %>
```

下面是 page 指令的几个常用属性：

- language 属性：所使用的脚本语言。例如<%@ page language="Java" %>。
- import 属性：脚本元素中使用的类与 Java 程序中的 import 声明作用相同，应是类的全名，或者类所在的包。例如：

```
<%@ page import = "java.util.Date" %>
<%@ page import = "java.io. * " %>(java.io 包中的所有类在本页中都可以使用,不会导入包所有的类,Tomcat 会按需导入包中用到的类)
```

- session 属性：是否使用 session 对象。
- buffer 属性：对象 out 的输出模式。none 为没有缓冲区；8kb 为缓冲区大小。
- autoFlush 属性：缓冲区已满时是否自动清空。当 buffer 为 none 时该属性不能为 false。
- isThreadSafe 属性：处理对象间的存取是否引入 Thread Safe 机制。如果为 true,则在程序中必须有多线程的程序代码,否则直接实现 SingleThreadModel 机制。
- errorPage 属性：设置异常处理网页。
- IsErrorPage 属性：当前网页是否是另一个 JSP 网页的异常处理网页。
- pageEncoding 属性：设置 JSP 文件存储和读取所使用的编码方式,默认设置为 ISO-8859-1 编码。
- contentType 属性：设置输出到客户端的 MIME 类型和字符编码方式,charset 指定服务器发送给客户端时的内容编码方式。对应于 HTML 文件头部(< head >...</head >)的< meta http-equiv = "Content-Type" content = "text/html; charset= gb2312">设置。

在使用 page 指令时,如果指令的属性较多,可以写成多条 page 指令。几乎所有的 JSP 页面都会用到 page 指令,在 JSP 文档的开始,常常看到如下的 page 指令,以定义网页的处理方式。常用的有：

```
<%@ page import = "java.util.Date" %>(导入页面中用到的 Java 类,此处导入 Date 类)
<%@ page errorPage = "errorPage.jsp" %>(当出现错误时的错误处理网页)
<%@ page session = "true" %>
```

(2) include 指令

在软件系统开发中,对一些公共的部分,可以抽取出来写成一个独立的网页。在其他网页中,可以包含该网页,这样不仅可以进行代码重用,提高编程效率,还便于系统维护。在

JSP 网页中包含其他文件的指令是 include 指令，一般形式如下：

```
<%@ include file = "被插入文件的 url" %>
```

所谓 include，就是把一个文件的全部内容插入到当前文件的当前位置。被包含进的文件必须符合 JSP 的语法，应是 HTML 静态文本、指令元素、脚本元素和动作元素。注意，包含后面不能有分号。

2. 变量声明

在 JSP 中，变量同样有全局变量和局部变量的概念。如果一个页面中包含多个"<%"和"%>"定界符括起来的 JSP 元素，在一个元素内部声明的变量只能用于该 JSP 元素内部。如果希望变量声明可以用于页面中的所有 JSP 元素，则需要定义页面级的变量，变量声明一般形式如下：

```
<%!
类名 变量名[,变量名][,变量名]…;
…
%>
```

在变量声明中，可以为变量赋初值，需要用分号来结束变量声明，同时任何内容必须是有效的 Java 语句，例如：

```
<%!
String truename,nickname;
String[] ss;
int i = 0;
java.util.Date newsdate;
%>
```

上述声明的变量是全局变量，对在当前页面的所有 JSP 元素可见。

3. 表达式

表达式是常量、变量、函数、运算符、括号连接而成的式子。在程序设计中，通过表达式完成对数据的运算，以及为变量赋值。在 JSP 网页中，可以将表达式的结果直接输出到页面中。一般形式是：<%=表达式%>。例如：

```
<% = i %>(输出变量 i 的值)
<% = "Hello" %>(输出字符串常量)
```

需要特别注意的是"%"和"="之间不能有空格。

4. 代码段/脚本片段

JSP 代码段或脚本片段包含在"<% … %>"标记对内。当 Web 服务器响应请求时，这种 Java 代码就会运行。在脚本片段周围可能是纯粹的 HTML 或 XML 代码，在这些地方，代码片段可以创建条件执行代码，或只是调用另外一段代码。

例如，以下的代码组合使用表达式和脚本片段，分别按照 H1、H2、H3、H4 和 H5 标题样式，显示字符串"你好"，脚本片段并不局限于一行源代码中：

```
<% for (int i = 1; i <= 4; i++) { %>
<H<% = i %>>你好</H<% = i %>>
<% } %>
```

上述代码在服务端由 Tomcat 执行后，发送到客户端的 HTML 代码为：

```
<H1>你好</H1><H2>你好</H2><H3>你好</H3><H4>你好</H4>
```

这可以通过浏览器的查看源代码看到上述内容。例如：IE 浏览器中的"查看源文件"命令和"开发人员工具"命令(F12)，Google Chrome 浏览器中的"开发者工具"命令(Ctrl ＋ Shift ＋ I)来查看网页的内容和样式。

5. 注释

在文档中加入 HTML 注释，用户可以通过查看页面源代码来看到这些注释的内容。如果不想让用户看到注释内容，应将其嵌入到<%-- ... --%>标记对中，一般形式是：

```
<% -- 注释内容 -- %>
```

【例 6-4】 编写一个 JSP 文档，显示网页的访问次数。

首先定义一个统计访问次数的文档，文档名为 mycount.jsp，内容如下：

```
<%! private int accessCount = 0; %>
<table width = "100 %" height = "60" bgcolor = "#FFFF00">
  <tr height = "50">
    <td width = "20 %">主机名：<% = request.getRemoteHost() %></td>
    <td width = "20 %">访问次数：<% = accessCount++ %></td>
    <td>当前时间：<% = new Date() %></td>
  </tr>
</table>
```

定义一个 JSP 页面，包含上述文件，输出一个随机数，mypage.jsp 文档内容如下：

```
<%@ page import = "java.util. * " %>
<html>
<body>
<%! Random RdmNumber = new Random(); %>
<%@ include file = "mycount.jsp" %>
<%
    out.println(RdmNumber.nextInt(100)); //输出 100 以内的随机整数
%>
</body>
</html>
```

将上述文件保存在 d:/haosite 文件夹中，打开浏览器，在浏览器地址栏中输入"http://127.0.0.1/mybook/mypage.jsp"可以看到网页的输出结果。

6.4.3 数据类型及其转换

数据类型是一种编程语言中非常重要的语言要素，在许多情况下需要进行类型的转换。例如，如果要将数据插入到数据库中，为了满足数据库字段类型的需要，通常需要对 JSP 页面中的数据类型进行转换。下面对常用的数据类型及其转换进行简要介绍。

1. 基本数据类型与包装类

在 JSP 中，数据类型分为基本数据类型和类两种形式，基本数据类型有：①int，按照长度不同,又分为 byte(8bit)、short(16bit)、int(32bit)、long(64bit)四种。②float,分为 float(单精度,32bit)和 double(双精度,64bit)。③char,unicode 字符。④boolean,变量取值为 ture 或 false。与上述基本数据类型对应的是类,分别是 Integer、Short、Byte、Long、Float、Double、Character、Boolean,又称包装类。

将一个基本类型数据转换为类对象,称为正向转换。正向转换可以通过 new 一个类对象,调用构造函数完成,例如:Integer a= new Integer(2);Float b =new Float(3.14),则 a,b 不是简单的 int 和 float 变量,而是两个对象,拥有相应类的属性和方法。

将一个类对象转换为基本类型数据,称为反向转换。这可以调用类的成员函数实现,例如:int ia=a.intValue();其中 a 是一个 Integer 对象。float fb=b.floatValue(),b 为 Float 对象。

2. 字符串类型和整数类型的转换

在 JSP 中,可以在一个数字字符串和一个整数类型之间进行互相转换,具体方法如下:

(1) 将字串 String 类型转换成整数 int 类型

通过 Integer 类可以将字符串转化为某种进制的整数数据,一般形式是:

```
int i = Integer.parseInt([String]); 或
int i = Integer.parseInt([String],[int radix]); 或
int i = Integer.valueOf(mystr).intValue();
```

其中,最后一种转换是将一个数字字符串转化成一个 Integer 对象,然后再调用这个对象的 intValue()方法返回其对应的 int 数值。

(2) 将整数 int 类型数据转换成数字字串 String 类型数据

一般形式是:

```
String s = String.valueOf(i); 或
String s = Integer.toString(i); 或
String s = "" + i;
```

对于字符串类型和 Double、Float、Long 类型数据之间的转换方法大同小异,例如:

long ln=java.lang.Long.parseFloat("123.5");,或 float f=Float.valueOf("123.5").floatValue()。详细介绍略。

3. 字符串类型和日期型数据的转换

在数据库中,通常有 Datetime 类型的数据字段。在 MySQL 或 MS SQL 中,可以直接把字符串插入日期类型的列中,SQL 会隐式做格式转换,将字符串类型转为日期类型。但是,字符串的格式必须是 yyyy-mm-dd 或 yyyymmdd 形式,例如 2008-12-10 或 20081210。

如果从数据库中读取一个 Datetime 类型的数据字段,例如 dateadd,可以有不同的读取方式,包括 getString("dateadd")、getDate("dateadd")等,前者返回一个 String 数据,后者返回一个 Date()类型的数据。

在 JSP 中,也可以将字符串转换成 Date 类型,例如:

```
String strDate = '03/16/2012';
java.util.Date mydate = new SimpleDateFormat("dd/MM/yyyy").parse(strDate );
```

即可得到对应的日期数据。

4. 字符串类型和字符串数组类型的转换

在 JSP 页面中,一种常用的操作就是将一个字符串拆分成一个字符串数组,或者将一个字符串数组合并成一个字符串。例如,将字符串"aa,bb,cc"转换成 Vector 数据类型,分别包含三个字符串元素"aa"、"bb"、"cc"。代码如下:

```
String strData = "aa,bb,cc";
String strList[] = new String[20];
strList = strData.split(",");
```

上述操作可以间接地实现对字符串数组的赋初值。

在 Web 开发中,用作字符串分隔符的字符可能会是字符串本身数据的一个字符,因此在实际编程时,如何选取字符串分隔符非常重要。根据开发经验,我们通常使用两个不可打印的字符"\10"和"\20"作为分隔符,因为这两个字符用户很少直接输入,不太可能是字符串本身的数据。例如,在下面的示例代码中,字符串 ss 中,定义了 2 级字符串的分隔结构,分别存储了一组超链接的显示文本和文件路径。

```
<%
String f1 = "\10";
String f2 = "\20";
String ss;
String[] s1,s2;
if (ss.length()>0)
{
  s1 = ss.split(f1);
  for(int k = 0;k < s1.length;k++)
  {
    s2 = s1[k].split(f2);
    out.print("< a href = '" + s2[1] + "'>" + s2[0] +"</a><br>");
  }
}
```

注意,在上述代码中,求字符串的长度和字符数组的长度使用的方法不同。如果最后一个分隔符后面没有内容,即字符串 ss 的最后一个字符是分隔符 f1,则分隔后的数组将不会包含一个空元素。

对于字符串对象的操作,在编程时注意以下两个常用操作的使用:①equals()方法,字符串比较运算,使用时一般需要将字符串常量放在前面,变量放在方法内,这样当变量值为 null 时不会产生异常。例如"a".equals(str),str 为 null 时,不会报错。执行 str.equals("a"),当 str 为 null 时,程序将发生异常而报错。②trim(),字符串截尾函数,对于一个取值为 null 的 String 对象进行 trim()操作,将发生异常,输出 null,因此在操作前应该使用 if (str!=null) str=str.trim()。

5. 数组类型和集合类

无论是什么样的程序设计,数组(Array)都是一种常用的数据类型。与上述简单数组类型相比,Java 中还提供了 Vector、ArrayList 集合类。集合类和数组不同,当数组中元素的个数不确定时,可以使用 java.util.Vector 类,例如:

```
Vector v = new Vector();
for (int i = 0; i < strList.length;i++)
```

```
        v.add (strList[i]);
    return v;
```

与 Array 数组相比，Vector 集合只能存放 java.lang.object 对象，不能用于存放基本类型数据。例如，要存放一个整数 10，得用 new Integer(10)构造出一个 Integer 包装类对象，才能 ADD 到 Vector 集合中。与 Array 相同的是集合也通过元素的整数索引来访问 Vector 元素，调用 Vector 的 size()方法时，可以返回 Vector 集合中实际元素的个数。

在 Java 中，Vector 类和 ArrayList 类具有相似的功能。从内部实现机制来讲，ArrayList 和 Vector 都是使用数组来控制集合中的对象，当从一个指定的位置（通过索引）查找数据或是在集合的末尾增加、移除一个元素时，两者所花费的时间相同。

但是，从同步的角度讲，Vector 是同步的，它的一些方法保证了 Vector 中的对象是线程安全的。ArrayList 则是异步的，因此 ArrayList 中的对象并不是线程安全的。因为同步的要求会影响执行的效率，所以如果不需要线程安全的集合那么使用 ArrayList 是一个很好的选择，这样可以避免由于同步带来的不必要的性能开销。

可见，如果仅仅是作为数组存储数据，应该选择使用简单数组，使用一个简单的数组（Array）来代替 Vector 或 ArrayList。尤其是对于执行效率要求高的程序更应如此。因为使用数组避免了同步、额外的方法调用和不必要的重新分配空间所带来的消耗。

6.4.4 JSP 内置对象

内置对象是由语言或运行环境所定义的具有特定功能的对象，用户可以直接使用。在 JSP 脚本段中，可以访问这些隐含对象来与 JSP 网页中的可执行 Servlet 环境交互。JSP 中包含了一系列的内置对象，常用的内置对象介绍如下。

1. request 对象

在 JSP 中，内置对象 request 是 javax.servlet.HttpServletRequest 类的一个子类对象，当客户端请求一个 JSP 页面时，JSP 容器(Tomcat)会将客户端的请求信息及 HTTP 头封装在 request 对象中，request 对象常用方法见表 6-2。

表 6-2 request 对象常用方法列表

方　　法	说　　明
getHeader(String name)	获得 HTTP 协议定义的文件头的值
getHeaders(String name)	获得一个 HTTP 请求头的所有值
getRemoteAddr()	获取客户端的 IP 地址
getRemoteHost()	获得客户端的主机名，若该方法失败，则返回客户端计算机的 IP 地址
getRequestURL()	获得客户端请求的 URL
getRequestURI()	获得客户端请求的 URI
getMethod()	获得请求方法(GET 或 POST)
getParameter(String name)	返回客户端传送某个请求参数的值，或者是表单数据。name 指定传递的参数名或表单的输入域名
getParameterNames()	获取客户端传来的所有参数的名字，返回值为 Enumeration 类实例
getParameterValues(String name)	获取客户端中参数名为 name 的所有值
getCookies()	返回客户端的 Cookies 对象，结果是一个 Cookie 数组
getQueryString()	返回查询字符串，该字符串由客户端以 GET 方法向服务器端传送。查询字符串出现在页面请求"?"的后面

通过 request 对象可以获取用户访问网页时传入的参数值或表单中的输入,例如,在网页 a. htm 中包含一个表单,其< form >的 action 属性指定表单处理页面为 b. jsp,在 b. jsp 中,可以通过 request. getParameter 方法来获取 a. htm 中的表单输入数据。

要获取一个网页的 userName 参数的值,代码如下:

```
<% String name = request.getParameter("userName"); out.println(name); %>
```

需要说明的是,HTTP 传输默认的编码是 ISO-8859-1,因此在浏览器发出请求时给出的 URL 是编码后的字符串,这样当有中文时,服务器得到的是一个包含乱码的 URL 字符串,在目标页面中要得到正确的中文数据,需要进行代码转换(转码)。

中文字符编码转换函数如下:

```
<%!
public String codeToString(String str)
{ //中文字符串数据编码转换函数
  String s = str;
  try {
    byte tempB[] = s.getBytes("ISO-8859-1");
    s = new String(tempB);
    return s;
  }
  catch(Exception e) {
    return s;
  }
}
%>
```

这样就可以将得到的中文数据转换为正常的中文编码了,例如:

```
<%
String msgtitle = codeToString(request.getParameter("msgtitle"));
String msgcontent = codeToString(request.getParameter("msgcontent"));
%>
```

为了使用方便,可以将上述编码转换函数定义为一个 JavaBean,然后再通过在 JSP 页面中导入即可使用。

2. response 对象

在 JSP 中,response 对象是一个 javax. servlet. HttpServletResponse 类的实例,封装了服务器相应客户请求的信息。response 对象的作用是向客户端返回请求,即给客户端传送输出信息,设置表头等。常用的方法见表 6-3。

表 6-3　response 对象常用方法列表

方　　法	说　　明
setContentType(String s)	重新设定传回网页的文件格式和编码方式。常用的文件格式有:text/html,text/plain(文本文件),application/x-msexcel(Excel 文件)和 applicaiton/word(Word 文件)
addHeader(String name, String value)	添加 HTTP 头,该 Header 将会传到客户端,如果有同名的 Header 存在,原先的 Header 会被覆盖

方　法	说　明
setHeader(String name, String value)	设定指定名字的 HTTP 头的值,如果该值存在,它将会被新的值覆盖
addCookie(Cookie c)	添加一个 Cookie 对象
setStutus(int n)	设置 HTTP 链接中的服务端响应的状态码
sendError(int sc)	传送状态码
sendError(int sc, String msg)	传送状态码和错误信息
sendRedirect(URL url)	页面重定向,将客户端重新定向到 URL 所指向的页面

使用 response 对象可以设置客户端的页面跳转,页面自动刷新,页面自动跳转等,示例代码如下:

```
<%
    response.setHeader("Refresh","5;URL = http://www.baidu.com");
    response.sendRedirect("a.jsp"); //重定位到 a.jsp 页面
%>
```

上述代码可以使得客户端在 5 秒钟后重新自动跳转到一个新的网址,或直接重新定位到一个新的页面。

需要说明的是,在 sendRedirec()方法中,如果重新定位的网址中含有参数,参数值为中文的话,例如:response.sendRedirect("b.jsp? teachername=张三 &page=1");在重新定位的页面 b.jsp 中,不能正确获得 teachername 参数的值。

3. session 对象

所谓会话(Session),是指一个用户和 Web 服务器之间的一次链接。当用户使用浏览器登录到 Web 服务器、并初次浏览一个 JSP 应用的某个网页开始、直到用户离开网站或超时未继续浏览该网站网页为止,之间的浏览操作算作一次会话。

会话对象 session 是 JSP 为每一个会话而建立的个人对象,可以存储及提供个别用户独享的永久或半永久信息。它是一个与 request 相关的 javax.servlet.http.HttpServletSession 对象。当一个用户首次访问服务器上的一个 JSP 页面时,JSP 引擎产生一个 Session 对象,同时分配一个 String 类型的 ID 号,JSP 引擎同时将这个 ID 号发送到用户端,存放在 Cookie 中,这样 session 对象和用户之间就建立起一一对应的关系。当用户再次访问连接该服务器的其他页面时,不再为用户分配新的 session 对象。当用户关闭浏览器时,服务器端保存的该用户的 session 对象被取消,服务器和用户的对应关系也被取消。如果用户重新打开浏览器再连接到该服务器时,服务器为用户再创建一个新的 Session 对象。

会话对象 session 常用方法见表 6-4。

表 6-4　session 对象常用方法列表

方　法	说　明
setAttribute(String name, value)	在 session 对象中设置属性 name,并为该属性赋值
getAttribute(String name)	获取 session 对象指定属性的值,如果该属性不存在,将会返回 null
removeAttribute(String name)	删除指定属性的属性名和属性值

方　　法	说　　明
getCreationTime()	返回 session 对象被创建的时间,单位为毫秒
getId()	返回 session 对象在服务器端的编号。每生成一个 session 对象,服务器都会给它一个编号,编号不会重复,服务器根据编号来识别 session,并且正确地处理某一特定的 session 及其提供的服务
getLastAccessedTime()	返回当前 session 对象最后一次被操作的时间,单位为毫秒
getMaxInactiveInterval ()	获取 session 对象的生存时间,单位为秒
setMaxInactiveInterval (int interval)	设置 session 对象的有效时间(超时时间),单位为秒。具体值应根据网站的实际应用情况决定,设置几十分钟是很正常的

【例 6-5】　编写一个 JSP 页面,当用户访问站点时,检查是否通过登录页面正常登录。如果正常登录则在 seesion 对象中添加属性 useraccount,否则,显示一个错误页面,然后强行跳转到站点登录页面。

分析:根据 Web 的原理,要访问一个页面,只要输入页面对应的 URL 即可,为避免用户任意地访问页面,Web 系统通常要求用户登录,按照系统提示访问。下面是一个控制页面合法访问的 JSP,文件名为 session-confirm.jsp,代码清单如下:

```jsp
<% @ page pageEncoding = "GBK" %>
<%
String useraccount = (String)session.getAttribute("useraccount");
if (useraccount == null) {
  //销毁当前 session
  session.invalidate();
%>
<html>
<head>
<meta http-equiv = "Content-Type" content = "text/html; charset = gb2312">
</head>
<body oncontextmenu = "self.event.returnValue = false" scroll = no>
<table width = "500" border = "1" >
<tr><td>操作发生错误,错误的原因可能是</td></tr>
<tr>
<td>
  <ul>
    <li>未进行正常登录</li>
    <li>系统连接超时</li>
  </ul>
</td>
</tr>
<table>
</body>
</html>
<%
  //可直接重定向到 Web 应用的首页
  //response.sendRedirect(request.getContextPath() + "/index.jsp");
```

```
} //end if
%>
```

在其他网页中,可以包含该页面,这样就可以保证页面不能被直接访问了。

4. application 对象

该对象可存储并提供给一组 JSP 应用所有用户的共享信息,有效范围为构成该 JSP 应用的所有 JSP 页面,可以实现不同页面之间的数据共享。一般情况下,可以将 application 对象作为一个存储许多共用对象的容器,它是一个 javax. servlet. ServletContext 对象。

application 对象常用方法见表 6-5。

表 6-5 application 对象常用方法列表

方 法	说 明
void setAttribute（String key, Object obj)	将参数 obj 对象添加到 application 对象中,并为添加的对象指定索引关键字 key
Object getAttribute(String key)	获取 application 对象中含有关键字 key 的对象。由于任何对象都可以添加到 application 对象中,因此用该方法取回对象时,应强制转化为原来的类型
removeAttribute(String key)	从当前 application 对象中删除关键字是 key 的对象
String getservletInfo()	获取 servlet 编译器的当前版本的信息

使用 application 对象,可以让多个 JSP、Servlet 共享数据。例如,有两个 JSP 页面 a. jsp 和 b. jsp。在页面 a. jsp 中包含如下代码:

```
<%@ page contentType = "text/html; charset = GBK" %>
<%
    String str = "你好";
    application.setAttribute("greeting",str);
%>
```

在另一个页面 b. jsp 中可以访问 application 对象的属性,代码如下:

```
<%@ page contentType = "text/html; charset = GBK" %>
<%
    String str;
    str = (String)application.getAttribute("greeting");
    out.print(str);
%>
```

此外,使用 application 对象,还可以获得 Web 应用配置参数。在 JSP 页面中,访问数据库所使用的驱动、URL、用户名、密码可以写在网站配置文件 web. xml 中,例如:下面是一个 web. xml 数据,代码清单如下:

```
< context - param >
    < param - name > driver </param - name >
    < param - value > com. mysql. jdbc. Driver </param - value >
</context - param >
< context - param >
    < param - name > url </param - name >
    < param - value > jdbc:mysql://localhost:3306/javaee </param - value >
```

```
    </context - param>
    <context - param>
        <param - name>user</param - name>
        <param - value>root</param - value>
    </context - param>
    <context - param>
        <param - name>pass</param - name>
        <param - value>root</param - value>
    </context - param>
```

通过这种方式,将配置信息放在 web. xml 文件中进行配置,避免使用程序编码方式写在代码中,可以更好地提高程序的移植性。在操作数据库时,通过 application 对象,可以获得这些参数的配置情况。

【例 6-6】 编写 JSP 页面,获取 Web 系统的数据库具体配置信息,并输出一个数据库表。

分析:数据库的配置信息可以通过 Web 站点的 web. xml 进行配置,该配置信息通过 JSP 的内置对象 application 获取。代码清单如下:

```
<% @ page language = "java" import = "java.util. * " pageEncoding = "GBK" %>
<% @ page import = "java.sql. * " %>
<%
//从配置参数中获取驱动
String driver = application.getInitParameter("driver");
//获取数据库 URL
String url = application.getInitParameter("url");
//获取用户名和密码
String user = application.getInitParameter("user");
String pass = application.getInitParameter("pass");
//注册驱动
Class.forName(driver);
//获取数据库连接
Connection conn = DriverManager.getConnection(url, user, pass);
//创建 Statement 对象
Statement stmt = conn.createStatement();
//执行查询
ResultSet rs = stmt.executeQuery("SELECT * FROM newsinfo");
%>
<table bgcolor = "9999dd" border = "1" align = "center">
<%
//遍历结果集
while(rs.next()) {
%>
    <tr>
        <td><% = rs.getString(1) %></td>
        <td><% = rs.getString(2) %></td>
    </tr>
<%
}
%>
```

```
</table>
```

对于 application 对象,当站点服务器开启的时候,application 对象就被创建,直到网站关闭。因此,application 对象可能持续地存在几个月甚至更长的时间,可以用于实现站点访问计数器等功能。例如,在站点首页中增加下述代码:

```
<%
    Integer number = (Integer)application.getAttribute("Count");
    if (number == null) {
        number = new Integer(1);
        application.setAttribute("Count",number);
    }
    else {
        number = new Integer(number.intValue() + 1);
        application.setAttribute("Count",number);
    }
    %>
您是第<% = (Integer)application.getAttribute("Count") %>位访问者.
```

5. out 对象

发送输出流,作用是将结果输出到网页。它最常用的方法有两个:print()和 println()。输出换行符使用 newLine()方法。

例如:不用表达式,可以直接访问隐含对象 out 来输出信息。

```
<% out.println("<h1 align = center >Hello</h1 >"); %>
```

通常情况下,使用 out.print()可以输出 HTML 代码,以动态地构造 HTML 页面内容,如生成各种表格等,这些输出最终发送到客户端浏览器。

6. 其他对象

在 JSP 中,内置对象还有:①config 对象,用于传递在 Servlet 程序初始化时所需的信息。②pageContext 对象,该对象提供了对页面上的所有对象以及命名空间的访问,用于管理网页属性。③page 对象,当前页面,相当于 Java 中的 this。④exception 对象,错误处理对象,用于处理捕捉到的异常。

【例 6-7】 编写一个 JSP 文档,完成一个登录界面,输入用户名和密码,如果输入 guest 则转移到一个默认的首页,如果不输入用户名,则重新回到该页,直到输入正确的用户名和密码,此时重定向到注册用户网页。

分析:在一个 JSP 中,包含表单,表单的 action 属性可以指定执行页面本身,这样可以实现一些特殊的效果。登录页面(文档名 login.jsp)代码清单如下:

```
<%@ page contentType = "text/html;charset = gb2312" %>
<html>
<body>
<%
String userName = request.getParameter("userName");
if (userName!= null && !"".equals(userName))
    response.sendRedirect("http://gsl.sdu.edu.cn/");
%>
< form name = "form1" method = "post" action = "login.jsp" >
```

```
<table width = "300" border = "1" align = "center">
<tr height = "50">
    <td align = "center">用户登录</td>
</tr>
<tr height = "35">
    <td style = "font - size:13">用户名: <input type = "text" name = "userName"></td>
</tr>
<tr height = "35">
    <td style = "font - size:13">密   码: <input type = "text" name = "userPassword">
</td>
</tr>
<tr height = "40">
    <td align = center><input type = "submit" value = "登录"></td>
</tr>
</table>
</form>
</body>
</html>
```

将文件保存到 d:\haosite 文件夹中,在浏览器地址栏输入该网页的网址:http://127.0.0.1/mybook/login.jsp,即可调用显示。页面的执行情况分析如下:

第一次执行该文档时,由于 URL 中没有设置 userName,并且表单尚未生成,所以在开始处的 JSP 段,执行 userName = request.getParameter("userName")时,参数 userName 不存在,此时会返回 null(空和字符串"null"不同),此时,后面的页面重定位没有执行,接着会显示后面的 HTML 代码,显示登录表单。

当登录表单显示后,如果此时没有输入用户名,直接单击"登录"按钮,表单提交,执行 action 设置中设置的页面 login.jsp,即本页面本身。此时表单已经存在,即 userName 输入域已经存在,此时在开始处的 JSP 代码段,读取的 userName 不再是 null,而是空字符(""),即 userName 此时为空字符,即"".equals(userName)条件为真。

【例 6-8】 编写 JSP 代码,显示站点的在线人数。

分析:显示在线人数的方法很多,前面我们看到用 application 对象可以显示站点的访问人数。对于在线人数,利用 session 对象的数量可以获取准确的在线人数。因此,我们可以编写一个类来对 session 的创建和注销进行记录,从而得到在线人数的数据。

首先编写一个统计会话人数的 Java 类,代码清单如下(文档名 SessionCounter.java):

```
package pub;
import javax.servlet. * ;
import javax.servlet.http. * ;
public class SessionCounter implements HttpSessionListener
{
  private static int activeSessions = 0;
  public void sessionCreated(HttpSessionEvent se) {
    activeSessions++;
  }
  public void sessionDestroyed(HttpSessionEvent se) {
    if (activeSessions > 0)
      activeSessions -- ;
```

```
    }
    public static int getActiveSessions() {
        return activeSessions;
    }
}
```

将上述 Java 类文件存储在 Web 应用的用户自定义类文件夹 classes 中的 pub 子文件夹（即 pub 包）中，即存储到 d:\haosite\WEB－INF\classes\pub 中，然后编译该文件。

编写调用该 SessionCounter. java 的 JSP 文档，文档名 myonline. jsp，内容如下：

```
<% @ page import = "pub.SessionCounter" %>
<html>
<head>
    <meta http - equiv = "refresh" content = "60">
</head>
<body>
在线人数: <% = SessionCounter.getActiveSessions() %>
</body>
</html>
```

最后，修改 d:\haosite\WEB-INF\web. xml 配置文件，在< web-app >...</web-app >元素内，添加如下内容：

```
<! -- Listeners -->
<listener>
        <listener - class>
                pub.SessionCounter
        </listener - class>
</listener>
```

6.4.5　JavaBean

在 JSP 页面中，直接书写 Java 代码，虽然方便，但不便于代码的重用，增加了系统维护的难度。从软件结构设计的角度，将那些功能相对独立、具有共性的代码封装成类，可以更好地提高系统开发的效率，增强系统的可维护性，这就是 JavaBean 的思想。由于 CGI/Scrvlet 开发的复杂性，JavaBean 已经成为 Web 后端开发的重要手段。

1. JavaBean 的概念

什么是 JavaBean 呢？按照 Sun 公司的定义，JavaBean 是一个可重复使用的软件组件。实际上 JavaBean 就是一种 Java 类，通过封装属性和方法成为具有某种功能或者处理某个业务的对象，简称 Bean。因为，JavaBean 是在服务端由容器（如 Tomcat）创建的，因此，作为 JavaBean 的 Java 类应该是具体的、公共的、具有无参构造器等特征。JavaBean 通常用于 JSP 页面中，以便于实施软件重用。

使用 JavaBean 的概念，用户可以将功能、处理、值、数据库访问和其他任何可以用 Java 代码创建的对象封装成 JavaBean，然后，开发者可以在 JSP 页面、Servlet、其他 JavaBean 中使用这些对象。在这里，JavaBean 就相当于一个用户开发的类库。

从功能上分，JavaBean 可分为有用户界面的 JavaBean 和没有用户界面的 JavaBean 两种,其中,后者主要负责后端的事务处理,例如:数据运算、操纵数据库等。在 JSP 页面中,后一种 JavaBean 应用得较多。

2. JavaBean 和 Java 类

JavaBean 描述了 Java 开发中软件重用的概念,并没有严格的定义规范,这和 JavaServlet 不同。JavaServlet 是接口的实现,一个 Servlet 必须实现特定的接口方法,以便于 Tomcat 容器调用。对于一个非可视化的 JavaBean 没有必须继承的特定的基类或接口,可视化的 Bean 必须继承的类是 java.awt.Component,以便于添加到可视化容器中去。

理论上讲,任何一个 Java 类都可以是一个 JavaBean。但通常情况下,由于 JavaBean 是被容器(如 Tomcat)所创建的,所以 JavaBean 应具有一个无参构造函数,且 JavaBean 都应是 public 类,成员函数也要是 public 型的,以便于外部访问。

在使用 Java 编程时,并不是所有软件模块都需要转换成 JavaBean。JavaBean 比较适合于那些具有可视化操作和定制特性的软件组件,其目的是为了软件重用。从重用的角度看,一个 JavaBean 需要公开三类接口:①JavaBean 可以调用的方法;②JavaBean 提供的可读写的属性;③JavaBean 向外部发送的或从外部接收的事件。只要公布了上述三个方面的特征,它就可以在其他地方调用了,这也构成了开发 JavaBean 的框架。

在创建 JavaBean 时,对属性和方法没有特别的要求,就是和普通的 Java 类一样。可能的一点就是 JavaBean 类方法的命名上有一些习惯,例如:有一个私有属性 xval,往往会对应两个公有的方法 getXval()和 setXval()用以读取属性 xval 的值或为其复制,这种命名的可读性好,但不是必须的。

3. 使用 JavaBean

JavaBean 主要应用于 JSP 网页中,通过 JavaBean 可以更好地将业务逻辑代码和 JSP 的 HTML 标记进行分离,便于系统的维护。在 JSP 网页中使用 JavaBean,通常有两种方法:

(1) 使用< jsp:useBean >标记符访问 JavaBean

一般形式是:

```
< jsp:useBean id = "实例名" class = "包.类" scope = "page|request|session| application" />
```

其中,id 指定一个 JavaBean 类的实例名,如果这个实例已经存在,将直接引用这个实例;如果这个实例不存在,将通过后面 class 参数中的定义新建一个类的实例。class 参数设置存储 JavaBean 的路径和类的名称,例如 class="cards.NameCard",则表明要使用 Web 应用根目录中"WEB-INF\classes\cards"下的一个 NameCard.class 文件,其中 cards 是包名,NameCard 为 JavaBean 对应的 Java 类名。

参数 scope 用于定义实例存在的范围,即定义这个实例所绑定的区域及有效范围。

- page,这个 JavaBean 将存在于该 JSP 文件以及此文件中的所有静态包含文件中,直到页面执行完毕为止。
- request,这个 JavaBean 将作为一个对象绑定于该页面的 request 中,即该 JavaBean 在该页面发出的请求中有效。
- session,这个 JavaBean 将作为一个对象绑定于 session 中,即该 JavaBean 在本地有效。

- application,这个 JavaBean 将作为一个对象绑定于 application 中,即该 JavaBean 在本应用中有效。

(2)嵌入 Java 代码方式访问 JavaBean

JavaBean 是一个 Java 类,在 JSP 中也可以使用导入(import)Java 类的方法使用 JavaBean,具体步骤如下:

① 首行导入 JavaBean,例如:要导入的 JavaBean 为 xxx,语句如下:

```
<%@ page import = "com.javaBean.xxx" %>
```

② 下边就可以像在 Java 语言中一样来使用这个 JavaBean 了,例如:

```
<% xxx obj = new xxx(); %>
```

【例 6-9】 编写一个 JavaBean,来读取服务器当前系统的日期和时间,并返回相应的字符串。

分析:我们编写一个关于时间处理的 JavaBean,关于时间操作是 JSP 中经常使用的功能,代码清单(文件名:mytime.java)如下:

```
package pub;
public class mytime {
    public String getDateTime() {
        String datestr = "" ;
        java.text.DateFormat df = new java.text.SimpleDateFormat("yyyy - MM - dd HH:mm") ;
        java.util.Date mydate = new java.util.Date() ;
        datestr = df.format(mydate) ;
        return datestr ;
    }
    public String getTime() {
        String timestr = "";
        java.text.DateFormat tf = new java.text.SimpleDateFormat("HH:mm:ss");
        java.util.Date ud = new java.util.Date();
        timestr = tf.format(ud);
        return timestr;
    }
}
```

在 Web 应用中,用户定义的类或 JavaBean 通常存储在 Web 应用根目录下的"WEB-INF\classes\"文件夹中,对 classes 文件夹,还可以进一步划分子文件夹(包),以实现用户类定义的分类存储和管理。例如:上述 JavaBean 应存储在 Web 应用根目录中的"WEB-INF\classes\pub"中,用 javac mytime.java 编译生成 mytime.class,该文件将存储在 pub 包中,即 pub 子文件夹中。只有按照上述存储,Tomcat 才能够正确地定位类文件。

【例 6-10】 编写一个 JSP 页面,使用例 6-9 中定义的 JavaBean。

分析:JavaBean 主要应用在 JSP 页面中,通常通过< jsp:useBean >标记来应用,调用 JavaBean 很简单,下面代码演示了例 6-9 中定义的 JavaBean 在一个 JSP 文档中的使用,文件名为 test-javabeans.jsp,代码清单如下:

```
<%@ page contentType = "text/html;charset = UTF - 8" %>
<%@ page language = "java" %>
<jsp:useBean id = "mytime" class = "pub.mytime" scope = "application" />
```

```
<html>
<body>
服务器系统当前日期 : <% = mytime.getDateTime().substring(0,16) %><br>
服务器系统当前时间 : <% = mytime.getTime() %><br>
</body>
</html>
```

在 MyEclipse 开发环境,执行 New/File 命令,新建一个空白文件,文件命名为 test-javabeans.jsp,文件保存位置为 Web 应用主目录。将上述代码复制到新建文件中,保存该文件。然后,在 MyEclipse 中,执行 Windows→Show View→Servers 命令,打开 Servers 面板。如果项目未部署,首先部署该项目,然后启动 MyEclipse 内置 Tomcat,即运行该站点。此时,在浏览器地址栏中输入:http://127.0.0.1:8080/项目名称 test-javabeans.jsp,则浏览器将显示 test-javabeans.jsp 服务器页的运行结果。

如果不使用 MyEclipse 等 Java 集成开发环境,而是自己配置了 Web 服务器(Tomcat),且安装了 Java 运行环境,并配置了 JDK、JRE 和 Tomcat 运行目录。在浏览器中输入上述页面地址,同样可以看到网页运行结果。

6.5　数据库编程

所谓计算机软件系统,从本质上讲就是数据和程序两部分,数据存储了业务中相关的数据,程序是对业务流程的描述,是对数据的处理。在计算机系统中,数据的存储可分为文件和数据库两种模式。一般的应用软件,例如 Word、Excel、Photoshop 等,都有注册的文档类型,采用特定格式的文件存储数据。在 Web 应用中,通常使用数据库管理系统(Database Management System)来存储和管理系统数据,用户程序不直接操作数据库文件,应用系统通过相应的数据接口来访问和操作数据库。

6.5.1　数据库与数据库服务器

简单地讲,程序是对数据的处理,数据的存储和管理可以分为文件管理和数据库管理两种模式。文件管理由程序本身负责,程序对其操作的数据以文件的方式存储和应用,程序了解文件格式,例如:字处理器 Word、图像处理工具 Photoshop 等,它们都创建特定格式的文件,用于存储数据。对于数据量巨大、数据操作频繁的数据集合,采用文件方式管理的效率很低,通常采用数据库管理模式。所谓数据库管理模式,就是由专用的数据库管理系统(数据库服务器)负责数据的新建、添加、修改、删除和查询等操作,应用软件通过数据库服务器来使用数据,而不是直接对数据进行管理和维护。

1. 数据库服务器

在 Web 系统开发中,后台的数据管理通常采用数据库模式,需要在服务端配置数据库服务器。所谓数据库服务器,就是指安装了数据库管理系统(Database Management System)软件的计算机,负责为客户应用程序提供数据服务。目前,常用的数据库管理系统有 Oracle、MS SQL-Server 和 MySQL,其中前两者为商业数据库,后者为开源数据库。

(1) Oracle 数据库系统,又称 Oracle RDBMS(Relational Database Management System),或简称 Oracle,是美国 Oracle 公司(甲骨文)提供的以分布式数据库为核心的一组

软件产品，是目前最流行的客户/服务器（Client/Server，C/S）或浏览器/服务器（Browser/Server，B/S）体系结构的数据库之一。系统功能强大、使用方便、可移植性好，在数据库管理系统领域一直处于领先地位。

（2）SQL Server 数据库系统，微软的关系数据库管理系统。它最初是由 Microsoft、Sybase 和 Ashton-Tate 三家公司共同开发的，于 1988 年推出了第一个 OS/2 版本。在微软推出 Windows NT 后，Microsoft 将 SQL Server 移植到 Windows NT 系统上，专注于开发推广 SQL Server 的 Windows NT 版本，即 Microsoft SQL Server。Sybase 则专注于 SQL Server 在 UNIX 操作系统上的应用。目前，在微软的 Windows 平台，常用的数据库系统为 MS SQL Server。

微软的 MS SQL Server 采用图形界面，数据库操作简单、管理方便，并对 SQL 语言进行了扩展，开发了 Transact-SQL（T-SQL）语言。这些年来，MS SQL Server 一直进行版本升级，功能日益强大，是目前 Windows 系统下进行软件开发常用的数据库管理系统。

（3）MySQL 数据库系统，MySQL 是一个开源的 SQL 数据库管理系统。作为开源数据库，MySQL 的发展经历了三个阶段，即初期开源数据库阶段、Sun MySQL 阶段和 Oracle MySQL 阶段。MySQL 的发展可以追溯到 1979 年，它是由天才程序员 Monty Widenius[①] 在 TcX 公司开发客户报表工具过程中发展而来的。直到 1999 年，Monty 在瑞典创立 MySQL AB 公司。2003 年 12 月，MySQL 5.0 版本发布，提供了视图、存储过程等功能。

2008 年 1 月，MySQL AB 公司被 Sun 公司以 10 亿美金收购，MySQL 数据库进入 Sun 时代。在 Sun 时代，Sun 公司对其进行了大量的推广、优化、Bug 修复等工作。2009 年 4 月，Oracle 公司以 74 亿美元收购 Sun 公司，自此 MySQL 数据库进入 Oracle 时代。Oracle 公司同时也承诺 MySQL 未来版本仍是采用 GPL 授权的开源产品。

MySQL 是开源的数据库，这意味着任何人都可以在其源码的基础上分支出自己的 MySQL 版本，并且可以在原 MySQL 数据库的基础上进行一定的修改，这是开源赋予用户的权力。例如，在 MySQL 数据库被 Oracle 公司收购后，Monty 担心 MySQL 数据库发展的未来，从而分支出一个版本，即 MariaDB。

目前，MySQL 已经成为最为流行的开源关系数据库系统，并且一步一步地占领了原有商业数据库的市场。许多大型的互联网企业和网络游戏公司的后台都在使用 MySQL 数据库。此外，MySQL 数据库不再仅仅应用于 Web 项目，其扮演的角色也更为丰富。

2. MySQL 安装与配置

登录 MySQL 官方网站（http://www.mysql.com/），下载 MySQL Community Edition（GPL 社区版），即免费下载版本，而不是商业（commercial）版本。MySQL Community Edition 包含了各种操作系统版本，以支持不同环境下的数据库应用开发。选择 MySQL on Windows，可以看到一组相应的安装程序，包括 MySQL Installer、MySQL Connectors、MySQL Workbench、MySQL for Excel 等，根据操作系统类型（在 Windows 中，右击桌面上

---

① Monty Widenius，1962 年 3 月 3 日出生于芬兰赫尔辛基，是 MySQL 的 CTO 及共同创始人。关于 MySQL、MaxDB、MariaDB 名字的由来，有一个小插曲。Monty 有一个女儿，名叫 My，因此他将自己开发的数据库命名为 MySQL。Monty 还有一个儿子，名为 Max，因此在 2003 年，SAP 公司与 MySQL 公司建立合作伙伴关系后，Monty 又将与 SAP 合作开发的数据库命名为 MaxDB。而后来的 MariaDB 中的 Maria 则是 Monty 小孙女的名字。

"计算机"图标,在属性中可以看到操作系统的类型是 32 位还是 64 位),根据需要依次下载相应的 MSI① 安装程序包。

运行 MySQL 安装程序,在安装类型列表页面,根据需要选择安装类型,默认情况下选择 Developer Default,即安装 MySQL Server、MySQL Workbench、MySQL for Excel、MySQL for Visual Studio 和 My SQL Connectors。然后按照安装向导提示操作。

在 MySQL 的安装过程中,没有提供安装目录设置界面,一般默认安装在 Windows 的 ProgramFiles 文件夹下,创建一个名为 MySQL 的文件夹,包含 MySQL 的安装目录结构。

MySQL 安装完成后,它以 Windows 服务器的形式运行,可以通过 Windows 控制面板的管理工具程序组中的"计算机管理"程序查看当前系统启动的服务,可以看到名为 MySQL57 的服务已经启动。在 Windows 操作系统下,可以修改服务的启动方式,停止或启动一个服务。有两种方式,一种是在"计算机管理"程序中完成,一种是在 Windows 命令行窗口,输入 net [start \stop] mysql57 命令来启动或停止 MySQL 服务。

对于一个数据库服务器,通常还需要进行适当的配置以符合用户的需要。这些配置主要包括:

(1) 设置数据库目录结构,包括存放用户数据库的文件夹。

(2) 设置数据库存储的字符编码,一般设置为 UTF8。

(3) 设置用户账户和密码。

3. 登录 MySQL

MySQL 安装完成后,在 Windows"开始"菜单中,增加 MySQL 程序组,包含 MySQL Command Line Client 命令,单击该命令,打开 MySQL 命令行窗口,如图 6-10 所示。

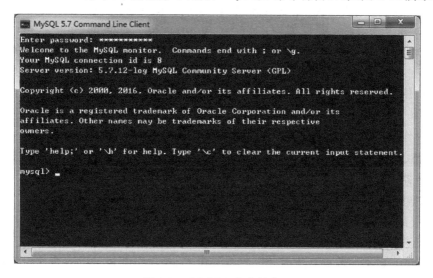

图 6-10　MySQL 命令行窗口

---

① MSI(Microsoft Installer)文件是 Windows Installer 的数据包,包含安装一种产品所需要的信息和在很多安装情形下安装(和卸载)程序所需的指令和数据。它包含了有关安装过程本身的信息,如安装序列号、目标文件夹路径、安装选项和控制安装过程属性。Windows Installer 执行所有与安装有关的任务:包括将文件复制到硬盘、修改注册表、创建桌面快捷方式、必要时显示提示对话框以便用户输入安装首选项。

在命令行窗口，首先提示输入 MySQL 超级用户账户（root）和密码，通过后，显示 MySQL 提示符：mysql>，进入 MySQL 命令行输入状态。在 MySQL 提示符状态，可以输入 MySQL 命令（以西文分号结束），执行相应的数据库操作。常见的数据库操作命令见表 6-6。

表 6-6　MySQL 常用数据库操作命令

命　　令	功　　能
show databases;	显示数据库服务器中已有的数据库列表
show tables;	显示库中的数据表。例如：显示 world 数据库的数据表，输入命令如下： use world; show tables;
describe 表名;	显示数据表的结构
create database ＜库名＞ character set＝＜字符编码＞;	创建数据库，并设置数据库编码方式。使用 show create database ＜数据库＞命令可以显示创建数据库时使用的数据编码。通过 alter 命令可以修改数据库的编码方式
create table 表名;	use 库名; create table 表名（字段设定列表）;
drop database 库名;	删除一个数据库
drop table 表名;	删除数据表
delete from 表名;	将表中记录清空
select * from 表名;	显示表中的记录

例如，输入 show databases;命令显示系统中已有数据库列表。可以看到，安装完 MySQL 后，系统包含 6 个数据库，分别是 information_schema、mysql、performance_schema、sakila、sys 和 world。可以使用上述命令进一步查看数据库数据表及存储的数据记录。

除了使用 MySQL 命令行客户端程序外，如果将 MySQL 安装目录添加到了系统的环境变量 Path 中，则在 Windows 系统的命令行窗口，也可以运行 mysql 命令，进行 MySQL 的登录和操作，具体的目录结构和操作命令与 MySQL 版本有关。

4. MySQL 管理工具

在服务器上安装了数据库管理系统后，该计算机即成为一台数据库服务器。从程序的角度讲，数据库管理系统是以服务的方式存在的。通常情况下，为了管理一个服务程序，还需要有相应的管理工具。如 MS SQL Server 中的 Microsoft SQL Server Management Studio 和 SQL Server Enterprise Manager 都可以对数据库服务器进行管理。

在 MySQL 数据库管理系统中，通过 MySQL Command Line Client 程序对数据库管理是非常麻烦的，且不够直观。为此，MySQL 数据库系统提供了相应的管理工具，常用的管理工具有 PHP MyAdmin、Navicat for MySQL 和 MySQL Workbench，其中前者是 Web 界面的管理工具，后两者为图形界面程序。下面我们重点介绍 MySQL Workbench 的使用。

MySQL Workbench 是一款专为 MySQL 设计的可视化数据库设计、管理的工具，为数据库管理员（DBA）和开发者提供的一个集成开发环境，同时有开源和商业化的两个版本，并有中文版。使用 Workbench 可以进行以下几个方面的工作：①数据库设计和建模；

②SQL 开发（取代原来的 MySQL Query Browser）；③数据库管理（取代原来的 MySQL Administrator）。

首先从 MySQL 官方网站下载 MySQL Workbench，选择 MySQL Community Edition，选择 MySQL Workbench 的 Windows 操作系统版本，下载 MSI Installer 安装包。安装包有 32 位和 64 位两种版本，如果 64 位安装包安装后不能正常运行，可尝试安装 32 位安装包。双击安装程序包，启动 MySQL Workbench 安装过程向导，根据向导提示操作，完成 MySQL Workbench 管理工具的安装。

运行 MySQL Workbench 管理工具，打开 MySQL Workbench 主窗口，如图 6-11 所示。

图 6-11　MySQL Workbench 主窗口

使用 MySQL Workbench 管理工具，可以对 MySQL 服务器进行配置和管理，也可以完成数据库的各种操作。

（1）连接到 MySQL。在 MySQL 窗口，显示 MySQL Connections 列表，单击 Local Instance MySQL57，打开 Connect to MySQL Server 对话框，输入超级用户 root 的登录密码，连接到 MySQL Server，如图 6-12 所示。

在左侧导航器（Navigator）窗口，包括两个部分，上面是服务器的管理，下面列出了服务器中已有的数据库列表。单击 SCHEMAS 右端的刷新和最大/最小化按钮，可以扩大或缩小 SCHEMAS 窗格空间大小。单击数据库列表项左侧的右向箭头，显示数据库的数据表（Tables）、视图（Views）、存储过程（Stored Procedures）和函数（Functions）节点，可以进行相应的操作。

（2）查看服务器状态。在左侧导航窗口，单击 MANAGEMENT 区域的 Server Status 超链接，显示服务器状态，如图 6-13 所示。

在服务器状态中，显示了服务器的基本信息，以及服务器的目录结构，其中存储数据库文件的 ProgramData 为 Windows 系统隐藏文件夹，包含了相关的数据文件。

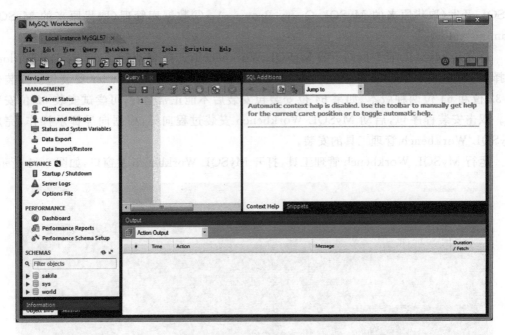

图 6-12　连接到 MySQL Server

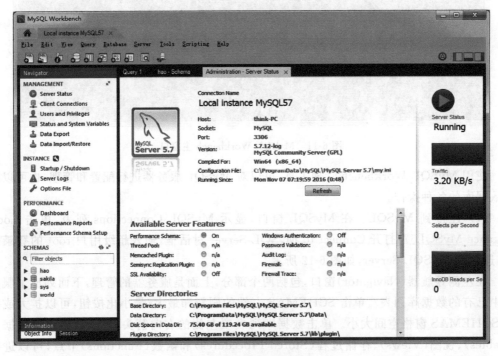

图 6-13　MySQL 服务器状态

单击 Client Connections 显示数据库服务器的所有连接列表,通过该连接列表可以查看用户的数据库应用中的数据库连接是否正常地断开,以避免服务器过多的 Sleep 连接而导致连接失败。

（3）创建数据库与数据表。单击 Create a new Schema 工具按钮,显示创建数据库界面,输入数据库名字,选择编码方式,选择 Server Default,单击 Apply 按钮,打开 Apply SQL Script to Database 对话框,显示创建数据库 SQL 命令:

```
CREATE SCHEMA 'hao';
```

创建数据库后,就可以在数据库中新建数据表了。在左侧的新建数据库 hao 节点上,单击,在 Tables 节点右击,执行 Create Table 快捷命令,显示新建数据表界面,输入数据表名字,例如 useraccounts,选择 utf8 默认编码方式,数据库引擎选默认的 InnoDB,输入 Comments 说明性文字。然后,单击右侧的双向箭头按钮,展开数据字段编辑区域,依次输入数据表字段信息,如图 6-14 所示。

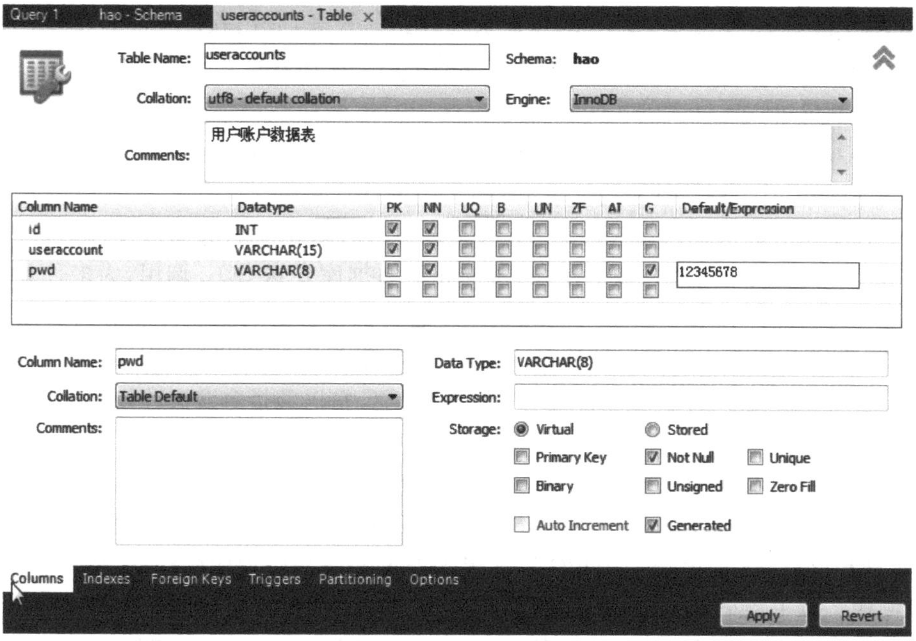

图 6-14　新建数据表

当数据字段编辑结束后,单击 Apply 按钮,显示 SQL 脚本如下:

```
CREATE TABLE 'hao'. 'useraccounts'(
    'id' INT NOT NULL,
    'useraccount' VARCHAR(15) NOT NULL,
    'pwd' VARCHAR(8) GENERATED ALWAYS AS (12345678) VIRTUAL,
    PRIMARY KEY ('id', 'useraccount'))
ENGINE = InnoDB
DEFAULT CHARACTER SET = utf8
COMMENT = '用户账户数据表';
```

如果确认无误,单击 Apply 按钮,创建数据表。然后,在 Query 窗口,可以通过 INSERT 命令在数据表中添加记录,或用 SELECT 命令查看数据表记录。

用户创建的数据库文件将保存到 MySQL 的默认文件夹 C:\ProgramDB\MySQL 相应的子文件夹中,如果要修改用户数据库的默认存储位置,首先,停止 MySQL 服务;然后更改 MySQL 配置文件 My. ini 中的数据库存储主路径。

打开 MySQL 默认安装文件夹 C:\Program Files\MySQL\MySQL Server5.7,在记事本中打开 MySQL 配置文件 my. ini,找到"Path to the database root 数据库存储主路径"参数设置,默认为 datadir = " C:/Documents and Settings/All Users/Application Data/MySQL/MySQL Server 5.7/Data/",即默认的数据库存储主路径设置,可将其改到用户需要的文件夹,例如 d:/haosite/database,则将设置修改为 datadir="d:/haoseie/database/",更改完成后保存文件。最后,将原数据库存储主路径中数据库对应的文件夹复制到新的存储路径下。

6.5.2　JDBC 接口

在 Web 服务端,数据库管理系统负责系统数据的管理,应用软件不能直接操作数据库文件,对数据的操作是通过数据库服务器完成的。用户应用软件要操作数据,需通过数据库服务器提供的接口来完成。为了实现 Java 程序中对数据库的操作,Sun 在 JDK 中,开发了java. sql 包,定义了一组进行数据库连接和操作的类和接口,称为 Java 数据库连接(Java Data Base Connectivity,JDBC)。

对于程序员来讲,利用 JDBC,用户不需要为不同的数据库系统编写专门的访问程序,只需用 JDBC API 写一个程序就够了,它可向相应数据库发送 SQL 调用,为多种关系数据库提供统一访问。只有 JDBC,还不能对数据库进行操作。因为数据库服务器必须要理解JDBC API 发送的指令才能够操作数据库,这就要求数据库厂商提供针对其具体的数据库产品的 JDBC 驱动程序,即让数据库服务器理解 JDBC 发送的指令含义。

1. 数据库服务器 JDBC 驱动

开发数据库应用,除了安装数据库服务器外,还需要安装 JDBC 驱动程序。大多数的数据库管理系统,如 Oracle、MS SQL Server、MySQL 和 MS Access 等,都带有和 Java 相配的JDBC 驱动程序,Java 程序通过 JDBC 驱动程序即可实现与数据库的相连,执行查询、提取数据等操作。对于一个 Java 应用系统,其代码与安装的数据库管理系统有较好的独立性,如果系统改变所使用的数据库管理系统,只需要安装新的 JDBC 驱动即可。

要使用 JDBC 驱动程序,首先要在系统中进行安装和配置。在 Web 应用中,WEB-INF\文件夹中包括 lib 子文件夹和 classes 子文件夹,其中 lib 文件夹存储应用系统所需要的驱动程序包. jar 文件,classes 文件夹存储用户定义的类。在 WEB-INF\classes 文件夹下,可以进一步再定义一些子文件夹(即用户包),分类存储用户定义的 Java 类和 JavaBean 源文件和. class 文件,例如,定义 WEB-INF\classes\pub 文件夹下,存储关于数据库操作的JavaBean。

在安装数据库服务器时,通常包含数据库的 JDBC 驱动。驱动程序可以从网上查找并下载,例如 MS SQL Server 2005 的驱动为 sqljdbc. jar,MySQL 的 JDBC 驱动称为 My SQL JDBC Connectors。在系统运行中,用户程序 JSP 网页或 Servlet 在 Tomcat 容器中运行,遇到数据库操作时,需要定位 JDBC 驱动。因此,数据库 JDBC 驱动应复制到 WEB-INF\lib文件夹中,同时,在系统环境变量的 classpath 中添加驱动所在的目录,即在环境变量classpath 设置的后面,添加下面路径:用户系统所在的驱动器:根目录\WEB-INF\lib\,例如:d:\haosite\WEB-INF\lib\。

2. 连接数据库服务器

安装数据库服务器后，还需要进一步安装相应的 JDBC 数据库驱动。在 MyEclipse 中要连接到 MySQL 数据库，需要为其配置 JDBC 驱动，基本步骤如下：

（1）从 MySQL 官方网站(http://www.mysql.com/)或网上搜索 MySQL JDBC 驱动(JDBC Driver for MySQL Connector)，例如 mysql-connector-java-5.1.36.jar，下载该驱动包。

（2）在 MyEclipse 中，执行 Window→Open Perspective→MyEclipse Database Explorer 命令，打开数据库管理窗口。

（3）在窗口左侧空白处右击，在弹出菜单中选择 New，打开数据库驱动添加窗口，如图 6-15 所示。

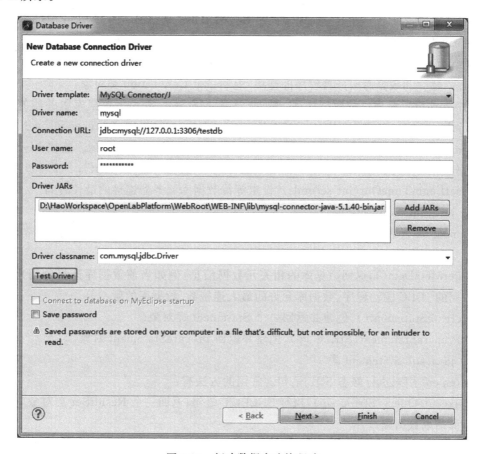

图 6-15　新建数据库连接驱动

首先单击 Add JARs，添加下载的驱动 JARS 文件。添加完成后，选择 Driver classname 驱动类名：com.mysql.jdbc.Driver。

然后，填写有关 MySQL 数据库服务器的相关信息，包括：

- Driver template(驱动模板)：MySQL Connector/J。
- Driver name(驱动名)：MySQL Connector/J (备注：便于记忆，可随意)。
- Connection URL(连接路径)：jdbc:mysql//:localhost:3306。

- User name(用户名)：root。
- Password(访问密码)。

其中，Connection URL 是数据库服务器的网址，3306 是 MySQL 服务器端口号。

设置完成后，单击 Test Driver 按钮，测试驱动的安装情况，成功后，单击 Finish 按钮完成驱动添加。驱动器添加成功后，双击 MySQL Connector/J，弹出登录窗口，输入 MySQL 数据库密码，即可连接到 MySQL。

3. Java 访问数据库相关类

在 Java 中，定义了 java. sql 包，java. sql 包是数据库服务器 JDBC 驱动的 API 接口，定义了所有的 JDBC 应用相关的类和方法，常用的类和接口有：

(1) java. sql. DriverManager 类

DriverManager 类主要用于处理数据库服务器 JDBC 驱动程序的调入，并且对新的数据库连接提供支持，包含多个静态方法，不需要实例化。常用方法包括：

- public static Connection getConnection(String url,String user,String pwd)，静态方法，建立和数据库服务器程序的连接，返回一个 Connection 类对象。

其中，url 设置要连接的数据库名，例如：连接 MS SQL Server 数据库服务器的 url 设置为："jdbc:sqlserver://localhost:1433;DatabaseName=数据库名"，user 和 pwd 对应该数据库服务器的用户名和密码，可以通过数据库服务器的管理界面得到。连接 MySQL 数据库服务器的 url 为："jdbc:mysql://localhost:3306/数据库名"，"root"，"123456")。

- setLoginTimeOut(int seconds)，设定等待数据库服务器连接的最长时间。

(2) java. sql. Connection 类

Connection 代表和数据库的连接，用户通过该类对象操作特定的数据库，常用方法如下：

- getMetaData()，返回数据库的相关元数据信息，例如当前数据库连接的用户名、使用的 JDBC 驱动程序、数据库允许的最大连接数、数据库的版本等。
- createStatcment()，创建并返回一个 Statement 类对象。
- PrepareStatement(String sql)，创建并返回 prepareStatement 对象。

(3) java. sql. Statement 类

Statement 用来执行静态 SQL 语句。常用的方法有：

- executeQuery(String sql)，执行 SELECT 语句，返回一个 ResultSet 类对象，保存查询结果数据集。
- executeUpdate(String sql)，执行 INSERT、UPDATE、DELETE 语句，进行数据记录的插入、修改和删除操作。

(4) java. sql. PrepareStatement 类

用于执行动态的 SQL 语句，即允许 SQL 语句中包含参数。使用方法为：

```
String sql = "SELECT col1 FROM tablename WHERE col2 = ? AND col3 = ? ";
PrepareStatement perpStmt = conn. preparestatement(sql);
perpStmt.setString(1,col2Value);
perpStmt.setFloat(2,col3Value);
ResultSet rs = perpStmt.executeQuery();
```

(5) java.sql.ResultSet 类

ResultSet 用来保存 SELECT 语句查询得到的记录集,用它可以浏览和存取数据库内的记录。字段的类型不同,获得字段值的方法也不相同,例如 getString()、getFloat()、getInt()、getTime()等可分别获得字符串、小数、整数和日期时间型字段的值。可以通过字段的序号或字段名字来指定要获取的某个字段。在上例中,使用 getString(0)、getString("col1")都可以获得字段 col1 的字符串值,通过 Integer 对象可以将字符串值转换为整数。

有些字段可以使用不同的方法返回值,但返回值的类型可以不同,例如对于一个 int 字段,可以使用 getString()和 getInteger()来获取字段的值,但前者返回一个字符串,后者则返回一个整数值。再如:对于一个 Datetime 型字段,可以使用 getString()、getDate()、getTime()不同的方法返回数据,但返回数据的类型不同。因此,在选择 get 方法提取数据字段值时,应根据程序的需要选择相应的方法,可以节省数据类型转换。

6.5.3 结构化查询语言 SQL 基础

结构化查询语言 SQL(Structured Query Language)是关系数据库管理系统的标准语言,用于存取数据以及查询、更新和管理关系数据库系统。不同的关系数据库使用的 SQL 版本有一些差异,但大多数都遵循 ANSI SQL 标准。

1. SQL 的组成与 T-SQL 语言

结构化查询语言 SQL 包含三个组成部分:

(1) 数据定义语言(Data Definition Language,DDL),用于定义关系数据库的模式、外模式和内模式,以实现对数据库基本表、视图及索引文件的定义、修改和删除等操作。最常用的 DDL 语句是 CREATE、DROP 和 ALTER 命令。

(2) 数据操作语言(Data Manipulation Language,DML),用于执行数据查询和数据更新操作,数据更新指对数据进行插入、删除和修改操作。最常使用的 DML 语句是 SELECT、INSERT、UPDATE 和 DELETE 命令。

(3) 数据控制语言(Data Control Language,DCL),用于控制对数据库的访问,服务器的关闭、启动等操作。常使用的 DCL 命令有 GRANT、REVOKE、COMMIT、ROLLBACK 等语句。

在实际应用中,使用较多的是 Transact-SQL(T-SQL),它是微软遵循 ANSI SQL-92 标准在 Microsoft SQL Server 数据库系统中使用的语言。Transact-SQL 语言分成 5 部分,即数据定义语言、数据操纵语言、数据控制语言、事务管理语言和附加的语言元素。其中,附加语言元素主要包括标识符、变量和常量、运算符、表达式、数据类型、函数、控制流语言、错误处理语言、注释等。

在 T-SQL 中,定义了大量的标准函数,涉及了聚合函数、数学函数、字符串函数、日期和时间函数、系统函数、游标函数和元数据函数,这就给了 SQL 以强大的编程能力。关于这些函数的定义及功能,超出本书的写作范围,请参考专门的 T-SQL 书籍。

2. 简单数据查询

查询语句用来对已经存在于数据库中的数据按照特定的组合、条件表达式或者一定次序进行检索,SELECT 语句的完整语法较复杂,其主要子句可归纳如下:

```
SELECT < select_list >
```

```
[ INTO < new_table > ]
FROM < table_source >
[ WHERE < search_condition > ]
[ GROUP BY < group_by_expression > ]
[ HAVING < search_condition > ]
[ ORDER BY < orderby_expression > [ASC | DESC]]
[ COMPUTE { {AVG | COUNT | MAX | MIN | SUM } (expression) } [ BY expression]]
```

在 SQL 中，SELECT 语句非常复杂，但常用的子句主要是 SELECT、FROM 和 WHERE 子句。SELECT 子句用于指定将要查询的列名称，FROM 子句指定了这些数据来自于哪些数据表或视图，WHERE 子句则用于指定数据应该满足的条件。在一般检索中，SELECT 子句和 FROM 子句是必不可少的。

(1) SELECT 子句的功能是指定要查询的结果列，语法格式如下：

```
SELECT [ ALL | DISTINCT ] [ TOP < n > [ PERCENT ] ] < select_list >
```

其中 select_list 定义为：

```
< select_list > :: = { *
                     | {table_name | view_name | table_alias }. *
                     | {column_name | expression } [ [ AS ] column_alias ]
                     | column_alias = expression
                     }
```

各参数说明如下：

- ALL：返回结果集中的所有行，系统默认值。
- DISTINCT：指明结果集中如果有值相同的行，则只显示其中的一行；对于 DISTINCT 关键字来说，Null 值是相等的。
- TOP < n > [PERCENT]：指明仅返回结果集中的前 n 行，如果有[PERCENT]，则返回结果集中的百分之 n 行记录。

对于 select_list，指定要查询的结果列，结果列表是以逗号分隔的一系列表达式。

- *，表示返回在 FROM 子句中包括的所有对象的全部列，这些列按 FROM 子句中指定的表或视图顺序返回，并对应于它们在表或视图中的顺序。
- { table_name | view_name | table_alias }. *：指明返回指定表或视图的全部列。
- column_name：指明返回的列名。
- expression：是一个由列名、常量、函数通过操作符连接起来的数据表达式，作为返回结果集中的一列。
- column_alias：指明用以代替出现在结果集中的列名或表达式的别名。

【例 6-11】 假定有一个数据表 student，存储学生基本信息，包含的字段有 sno(学号)、sname(姓名)、ssex(性别)、sbirthday(出生年月)、sdept(院系)。一个学生选课数据表 selcourse、包含的字段有 sno(学号)、coursecode(课程代码)、score(考试成绩)。对数据进行基本查询，写出相应的 SELECT 语句。

查询 1：查询所有学生的基本信息，查询语句为：

```
SELECT sno, sname, ssex, sbirthday, sdept FROM student 或 SELECT * FROM student
```

查询 2：查询有过选课记录的学生的学号，消除取值重复的行，查询语句为：

SELECT DISTINCT sno FROM selcourse

查询 3：查询所有学生的学号、姓名和所在系，并修改结果集中列的名称，语句如下：

SELECT '学号' = sno, '姓名' = sname, sdept AS '院系' FROM student

（2）WHERE 子句与条件查询

查询满足指定条件的记录可以通过 WHERE 子句实现。WHERE 子句指定数据检索的条件，以限制返回的数据行，其语法格式如下：

WHERE < search_condition >

search_condition 用于指定查询条件。WHERE 子句中常用的查询条件见表 6-7。

表 6-7　常用的查询条件

查询条件	谓　　词
比较	= , > , < , >= , <= , != , <> , ! > , ! <
确定范围	BETWEEN AND, NOT BETWEEN AND
确定集合	IN, NOT IN
字符匹配	LIKE, NOT LIKE
空值	IS NULL, IS NOT NULL
多重条件	AND, OR, NOT

使用谓词 LIKE 进行字符串的匹配，其一般的语法格式如下：

[NOT] LIKE '<匹配串>'

其含义是查找指定的属性列值与<匹配串>相匹配的记录。<匹配串>可以是一个完整的字符串，也可以含有通配符。在 SQL Server 中，通配符见表 6-8。

表 6-8　通配符

通配符	功　　能	实　　例
%	代表零或多个字符	"sn%"表示"sn"后可接任意字符串，常用于模糊查询
-	代表一个任意字符	"s_n"表示"s"与"n"之间可以有一个字符
[]	表示在某一范围内的字符	[1-9]表示 1～9 之间的字符
[^]	表示不在某一范围内的字符	[^1-9]表示不在 1～9 之间的字符

需要注意的是，如果使用 WHERE 子句来限制查询的范围，WHERE 子句必须紧跟在 FROM 子句之后。下面是一组简单的条件查询的例子。

【例 6-12】　使用条件查询，对上述例子中的数据表进行查询。

查询 1：查询性别为"女"的学生的学号、姓名和系别。

SELECT sno, sname, sdept
FROM student
WHERE ssex = N'女'

查询 2：查询成绩在 80 到 100 之间的学生及课程信息。

```
SELECT * FROM sc
WHERE grade BETWEEN 80 AND 100
```

查询 3：查询出生日期不在 1990 年到 1992 年之间的学生的姓名、性别和所属系。

```
SELECT sname,ssex,sdept
FROM student
WHERE sbirthday NOT BETWEEN '1990 - 01 - 01' AND '1992 - 01 - 01'
```

查询 4：查询信管系、会计系、营销系学生的姓名和性别。

```
SELECT Sname,Ssex
FROM Student
WHERE Sdept IN ( N'信管系',N'会计系',N'营销系');
```

查询 5：查询姓"张"的学生姓名。

```
SELECT sname
FROM student
WHERE sname LIKE N'张 % '
```

查询 6：查询信管系的女生的学号、姓名。

```
SELECT sno,sname
FROM student
WHERE sdept = N'信管系' AND ssex = N'女'
```

(3) ORDER BY 子句与排序输出

用 ORDER BY 子句对查询结果按照一个或多个属性列的升序(ASC)或降序(DESC)排列,空值被视为最低的可能值。

例如:查询所有男生的学号、姓名和出生日期,并按照出生日期降序排列;若出生日期相同,则按学号升序排列。则 SQL 语句为:

```
SELECT sno,sname,sbirthday
FROM student
WHERE ssex = N'男'
ORDER BY sbirthday DESC,sno
```

3. 聚合查询

聚合查询是指通过查询对一组数据进行聚合运算得到聚合值的过程,在聚合运算中主要是使用聚合函数。SQL Server 中提供了许多聚合函数,常用的聚合函数见表 6-9。

表 6-9 常用的聚合函数

函　数	功　能
COUNT([DISTINCT ∣ ALL] *)	统计记录个数
COUNT([DISTINCT ∣ ALL]<列名>)	统计一列中值的个数
SUM([DISTINCT ∣ ALL]<列名>)	计算一列值的总和(此列必须是数值型)
AVG([DISTINCT ∣ ALL]<列名>)	计算一列值的平均值(此列必须是数值型)
MAX([DISTINCT ∣ ALL]<列名>)	求一列值中的最大值
MIN([DISTINCT ∣ ALL]<列名>)	求一列值中的最小值

可以在三个子句中使用聚合函数,即 SELECT 子句、COMPUTE 子句和 HAVING 子句,在此先介绍如何在 SELECT 子句和 COMPUTE 子句中使用聚合函数。

(1) SELECT 子句中的聚合

在 SELECT 子句中可以使用聚合函数进行运算,运算结果作为新列出现在结果集中。在聚合运算的表达式中可以包括列名、常量以及由算术运算符连接起来的函数。下面是一组使用聚合查询的示例。

查询 1:统计所有的学生人数。

```
SELECT COUNT( * ) AS 学生人数
FROM student
```

查询 2:统计有选课记录的学生人数。

```
SELECT COUNT(DISTINCT sno) AS 有选课记录的学生人数
FROM selcourse
```

查询 3:统计选修"c01"课程的平均成绩、最高成绩和最低成绩。

```
SELECT AVG(score) AS c01 课程的平均成绩,
       MAX(score) AS c01 课程的最高成绩,
       MIN(score) AS c01 课程的最低成绩
FROM selcourse
WHERE cno = 'c01'
```

(2) COMPUTE 子句中的聚合

在 SELECT 子句中出现聚合函数时,结果集中的数据全是聚合值,没有明细值。COMPUTE 子句不仅可以使用聚合函数计算聚合值,而且可以依然保持原有的明细值,新的聚合值作为附加的汇总列出现在结果集的最后。需要注意的是,如果是用 COMPUTE 子句指定的行聚合函数,则不允许它们使用 DISTINCT 关键字。

例如:查询信管系学生的学号、姓名和年龄,最后汇总出该系学生的总人数和平均年龄。

```
SELECT sno,sname,year(getdate( )) - year(sbirthday) as age
FROM student
WHERE sdept = N'信管系'
COMPUTE COUNT(sno),AVG(year(getdate( )) - year(sbirthday))
```

4. 分组查询

GROUP BY 子句对查询结果按照一定条件进行分组,分组子句通常与 SQL Server 提供的聚合函数一起使用。对查询结果分组的目的是为了细化聚合函数的作用对象,如果未对查询结果分组,则聚合函数将作用于整个查询结果,分组后聚合函数将作用于每一个组,每一个组都有一个函数值。SELECT 语句后的输出列只能是聚合函数和分组列。

如果分组后还需要按一定的条件对这些组进行筛选,最终只输出满足指定条件的组,则可以使用 HAVING 子句指定筛选条件。

例如:统计所有被选过的课程的课程号及被选过的次数。

```
SELECT cno,count( * ) AS 被选次数
FROM selcourse
```

```
GROUP BY cno
```

如果要统计被选过 2 次和 2 次以上的课程的课程号及被选过的次数,则需要使用 HAVING 子句,代码如下:

```
SELECT cno,count( * ) AS 被选次数
FROM selcourse
GROUP BY cno
HAVING COUNT( * )>= 2
```

5. 连接查询

前面的查询都是针对一个表进行的,若一个查询同时涉及两个或两个以上的表,并且每一个表中的数据往往作为一个单独的列出现在结果集中,称之为连接查询。

FROM 子句指定需要进行数据查询的表,语法格式如下:

```
FROM < table_source >
```

其中 table_source 定义为:

```
< table_source >:: = table_name[[AS]table_alias] | view_name [[AS] view_alias]
                    | derived_table [[AS] table_alias]
                    | < joined_table >
```

各参数说明如下:

- table_source,指明 SELECT 语句所使用的表、视图等数据源。
- table_name [[AS] table_alias],指明表名和表的别名。
- view_name [[AS] view_alias],指明视图名和视图的别名。
- derived_table [[AS] table_alias],是从指定的数据库和表中检索的子查询结果。
- joined_table,指明由连接查询生成的查询结果作数据源。对于多个连接,可使用圆括号来更改连接的自然顺序。

根据多个表返回结果集的处理不同,连接查询又分为以下几种情况:

(1) 交叉连接,交叉连接不使用任何连接条件来限制结果集合,而是对两个数据源中的行以所有可能的方式进行组合,也就是做广义笛卡儿积。交叉连接在查询结果集中,包含了所连接的两个表中所有行的全部组合,其结果的列数等于两个表列数之和,行数等于两个表行数之积。

例如:对 student 表和 course 表做交叉连接,可以书写下面的 SQL 语句:

```
SELECT student. * ,course. * FROM student,course
```

也可以用 JOIN 关键字表示交叉连接,将上述语句写为:

```
SELECT student. * ,course. * FROM student CROSS JOIN course
```

(2) 内连接,内连接是用比较运算符比较表中列值,返回符合连接条件的数据行,从而将两个表连接成一个新表。内连接根据不同的情况可分为:①等值连接,在连接条件中使用等号,通过相等的字段连接起来的查询称为等值连接。②自然连接,若在等值连接中,把目标列中重复的字段去掉则称为自然连接,它是一种特殊的等值连接。③非等值连接,表之间的连接,使用除了"="之外的连接符连接起来的查询称为非等值连接。虽然 SQL Server

提供了非等值连接查询,但非等值连接查询的例子很少有实际应用价值。④自连接,连接可以是一个表与其自身进行的,这样的连接称为自连接。

【例 6-13】 根据学生基本信息表和选课数据表,查询工商系有选课记录的学生的全部信息以及他们的选课信息。

分析:查询涉及两个数据表,需要使用连接查询。

代码如下:

```
SELECT student. * ,selcourse. *
FROM student, selcourse
WHERE student. sdept = N'工商系' AND student. sno = selcourse. sno
```

查询结果示例如图 6-16 所示。

	sno	sname	ssex	sdept	sbirthday	sno	cno	grade
1	2008002	王小惠	女	工商系	1991-03-12 00:00:00.000	2008002	c03	90.0
2	2008002	王小惠	女	工商系	1991-03-12 00:00:00.000	2008002	c04	89.0
3	2008005	张小均	女	工商系	1993-07-06 00:00:00.000	2008005	c01	95.0

图 6-16 查询结果示例

【例 6-14】 如果在例 6-13 的基础上再增加一个课程数据表 course,包含 cno(课程编号),cname(课程名)字段,查询信管系选修"C 语言"课程的学生的姓名、课程名和成绩。

分析:现在是三个数据表的查询,可以用谓词表示等值连接,也可以用 JOIN 关键字表示等值连接。SQL 语句如下:

① 用谓词表示等值连接

```
SELECT sname, cname, grade
FROM student S, course C, selcourse
WHERE S. sno = selcourse. sno AND C. cno = selcourse. cno
AND sdept = N'信管系'AND cname = N'C 语言'
```

② 用 JOIN 关键字表示等值连接

```
SELECT sname, cname, score
FROM Student S JOIN selcourse SC JOIN course C ON sc. cno = c. cno ON s. sno = sc. sno
WHERE sdept = N'信管系'AND cname = N'C 语言'
```

(3) 外连接,前面内连接所举的例子中,连接的结果是从多个表的组合中筛选出符合连接条件的数据,如果数据无法满足连接条件,则将其丢弃。但是外连接则不然,在外连接中,不仅包括那些满足条件的数据,而且某些表不满足条件的数据也会显示在结果集中。也就是说,外连接只限制其中一个表的数据行,而不限制另外一个表中的数据。

外连接只能用于两个表中,两个表有主次之分,以主表的每行数据去匹配从表的数据列,符合连接条件的数据将直接返回到结果集中,对那些不符合连接条件的列将被赋予 NULL 值后再返回到结果集中。根据两个表的主次关系,外连接分为左外连接、右外连接、完全外连接。外连接形式在许多情况下是非常有用的,例如:在连锁超市统计报表时,不仅要统计那些有销售量的超市和商品,而且还要统计那些没有销售量的超市和商品。

369

第 6 章

6. 嵌套查询

一个 SELECT-FROM-WHERE 语句称为一个查询块,有时一个查询块无法完成查询任务,需要一个子查询块的结果作为父查询块的条件。将一个查询块嵌套在另一个查询块的条件子句中的查询称为嵌套查询。嵌套查询使我们可以用多个简单查询构成复杂的查询,从而增强查询功能。

例如:查询选过"c01"号课程的学生的学号、姓名和所在院系。

```
SELECT sno, sname, sdept
FROM student
WHERE sno IN (SELECT sno FROM sc WHERE cno = 'c01')
```

7. 组合查询

查询语句的结果集往往是一个包含了多行数据的集合。集合之间可以进行并(UNION)、交(EXCEPT)、差(INTERSECT)等运算。在进行集合运算时,所有查询语句中列的数量和顺序必须相同,且数据类型必须兼容。

例如:查询所有的男生和信管系的学生的姓名、性别和所在系,使用 UNION 操作符。查询语句如下:

```
SELECT sname, ssex, sdept FROM student WHERE ssex = N'男'
UNION
SELECT sname, ssex, sdept FROM student WHERE sdept = N'信管系'
```

8. 数据的插入

在 Transact-SQL 中,数据插入语句 INSERT 有两种形式:一种是插入一条记录,另一种是插入子查询结果。向表中插入数据时要注意,数字数据可以直接插入,但是字符数据和日期数据要使用单引号(必须是英文半角输入状态下的单引号)括起来。如果是 Unicode 数据,应该在字符数据的引号前使用大写字母 N。

(1) 插入一条记录

插入一条记录的语法格式如下:

```
INSERT
INTO [database_name. ] <table_name> [ ( <column_name> [ ,...n ] ) ]
VALUES (<constant> [ ,...n ])
```

各参数说明如下:

- database_name:指定向哪个数据库插入数据,如果省略,即指当前连接的数据库。
- table_name:指定向哪个表插入数据。
- column_name:表中的列名,当指定 VALUES 的全部数据时可省略;如果指定了 column_name,则没有出现在子句中的 column_name 将取 NULL。
- constant:插入的数据值。

例如,向 student 数据表插入一条记录,INSERT 语句如下:

```
INSERT INTO student(sno, sname)
VALUES ('201125011001', N'许宏')
```

如果 INTO 子句中没有任何列名,则 VALUE 子句后列值顺序必须与表结构的列顺序一致。

（2）插入子查询结果

该语句可以将多条满足条件的记录添加到目的数据表中，即一次插入多条记录。插入子查询结果的语法格式如下：

```
INSERT
INTO [database_name. ] < table_name > [ (< column_name > [ , … n ] ) ]
SELECT < select_list >
```

各参数说明如下：

- database_name：指定向哪个数据库插入数据。
- table_name：指定向哪个表插入数据。
- column_name：表中的列名。
- select_list：SELECT 查询结果。

例如，假设已建立 sc_2011 表，其表结构与 sc 表结构一致。将学号为 201125011001 的同学的各科成绩添加到 sc_2008002 表中，插入语句如下：

```
INSERT INTO sc_2011
SELECT sno, cno, grade
FROM selcourse
WHERE sno = '201125011001'
```

需要注意的是，标识字段可以设定自动加 1，此时，在插入记录时不能为标识字段赋值。还要注意数据表的结构定义，如果有些字段不能为空，则插入记录时必须指定取值。

9. 修改数据记录

要更新表中已经存在的数据需使用 UPDATE 语句。UPDATE 语句可以一次更新一行数据、多行数据，甚至可以一次更新表中的全部数据行。UPDATE 语句语法格式如下：

```
UPDATE [ database_name. ] < table_name >
SET {< column_name > = < expression >}[ , … n ]
[ WHERE < search_condition >]
```

各参数说明如下：

- database_name：指定修改的数据所属的数据库。
- table_name：指定修改的数据所属的表。
- column_name：表中的列名。
- expression：用表达式值取代相应属性的列值。
- search_condition：指定修改条件，即修改符合条件的列值。若省略 WHERE 子句，则将更新表中所有记录。

【例 6-15】 修改 student 表中的数据，将 201125011001 号同学的名字改为"许小雅"，性别改为"女"，成绩加 10 分。

```
UPDATE student
SET sname = N'许小雅', sname = N'女', grade = grade + 10
WHERE sno = '201125011001'
```

10. 删除数据记录

从表中删除一行或多行记录需使用 DELETE 语句。DELETE 语句语法如下：

```
DELETE FROM [database_name.] <table_name>
[WHERE <search_condition>]
```

各参数说明如下：

- database_name：指定删除记录的表所属的数据库。
- table_name：指定删除的记录所属的表。
- search_condition：指定删除条件，即删除符合条件的记录，若省略 WHERE，则默认删除所有记录。

例如，要删除 student 数据表中的 2008 级所有学生的记录，语句为：

```
DELETE FROM student
WHERE sno LIKE '2008[0-9][0-9]%'
```

假设学号的编码规则是：年级(4 位)＋专业(2 位)＋序号(多位)，条件中的序号位数不确定。

6.5.4 数据库操作

在 Web 应用开发中，通常需要对数据库进行操作，包括数据库的查询、修改、插入、删除等。对数据库的操作，可以直接在 JSP 页面中完成，也可以将数据库操作编写成一个 JavaBean，然后在 JSP 页面中调用。

1. 数据库操作的基本步骤

对数据库的操作，可以分成以下 4 个基本步骤，具体说明如下：

(1) 加载数据库驱动程序，即 JVM 查找数据库驱动程序，加载到 JVM 中，并执行该类的静态代码段，完成类的初始化。加载数据库驱动的方法有多种，不同的数据库系统，加载数据库驱动使用的参数不同。例如：加载 MySQL 驱动程序常用的方法是：

```
String sDBDriver = "com.mysql.jdbc.Driver";
try {
        Class.forName(sDBDriver);
}
```

不同的数据库服务器，加载驱动程序方法 Class.forName 的参数不同，例如：加载 SQLServer 驱动，数据库驱动器参数为"com.microsoft.sqlserver.jdbc.SQLServerDriver"，加载 Oracle 驱动，参数为"oracle.jdbc.driver.OracleDriver"。

(2) 连接数据库服务器，当加载了数据库驱动后，接下来就可以建立到数据库的连接了。连接数据库所使用的方法是 DriverManager.getConnection()，一般形式是：

```
conn = DriverManager.getConnection(url, user, password);
```

不同的数据库系统，参数的设置不同。例如：对于 MySQL 服务器系统，url 的设置为："jdbc:mysql://localhost:3306/数据库名"。对于 MS SQL Server 服务器系统，所使用的 url 参数为"jdbc:sqlserver://localhost:1433;DatabaseName=数据库名"。

(3) 创建 Statement 对象，并设置数据集游标类型与操作权限。在执行具体的数据库

SQL 命令以前,需要创建 Statement 对象,并设置数据集游标类型与操作权限(也可以省略不写,采用默认值),一般形式是:

```
Statement stmt = conn.createStatement("游标类型", "记录更新权限");
```

① 可设置的游标类型

- ResultSet. TYPE_FORWORD_ONLY,只可以向前移动。
- ResultSet. TYPE_SCROLL_INSENSITIVE,可卷动,不受其他用户对数据库更改的影响。
- ResultSet. TYPE_SCROLL_SENSITIVE,可卷动,当其他用户更改数据库时这个记录也会改变。

② 记录更新权限

- ResultSet. CONCUR_READ_ONLY,只读。
- ResultSet. CONCUR_UPDATABLE,可更新。

例如,要对数据表进行查询操作,语句为:

```
Statement stmt = conn.createStatement(ResultSet.TYPE_SCROLL_INSENSITIVE,
                    ResultSet.CONCUR_READ_ONLY);
```

(4) 数据的查询、插入、修改与删除,当 stmt 对象创建后,即可调用 Statement 对象的 executeQuery()方法和 executeUpdate()方法,利用 SQL 命令,来实现数据库数据表的查询、插入、修改与删除操作。

2. 数据库查询操作

在数据库中查询数据,是通过 Statement 对象的 executeQuery()方法实现的,运行结果返回一个 ResultSet 数据集。一般形式如下:

```
ResultSet rs = stmt.executeQuery(strSQL);
```

其中,strSQL 为一个 SELECT 形式的 SQL 命令,具体命令根据程序的功能书写。命令执行结果为查询结果数据集。然后可以通过 rs. getString()等方法来取得各个列的数据。

(1) 在结果数据集中定位数据记录

如果 ResultSet 是可卷动的,可以使用下列 ResultSet 方法来定位数据记录:

- boolean rs. absolute(int row),绝对位置,负数表示从后面数。
- void rs. first(),将指针移动到结果集的第一行。
- void rs. last(),将指针移动到结果集的最后一行。
- boolean rs. previous(),将指针移动到当前行的前一行。
- boolean rs. next(),将指针移动到当前行的下一行。
- void rs. beforeFirst(),将指针移动到结果集的头部,即第一条之前。
- void rs. afterLast(),将指针移动到结果集的末尾,即最后一条记录之后。
- boolean rs. isFirst(),boolean rs. isLast(),boolean rs. isBeforeFirst(),boolean rs. isAfterLast 用于判断当前的位置。

需要特别说明的是,刚打开数据表时,指针处于第一条记录之前。

(2) 获得数据库数据

通过 ResultSet 中的 get 方法可以取得数据表中当前记录的相应列值。表 6-10 是常用的一组方法。

表 6-10　从 ResultSet 中获取数据的方法

SQL 类型	说　明	JSP 类型	ResultSet 方法
nchar, nvarchar, ntext	Unicode 字符串数据类型	String	String getString(col)
char, varchar, text	非 Unicode 字符串数据类型	String	String getString(col)
binary, varbinary	二进制字符串数据类型,二进制字符串数据类型	byte[]	byte[] getBytes(col)
bit	整数数据类型,取值为 1、0 或 NULL	Boolean	boolean getBoolean(col)
tinyint	1 字节	Integer	byte getByte(col)
smallint	2 字节	Integer	short getShort(col)
integer	4 字节	Integer	int getInt(col)
bigint	8 字节	Long	long getLong(col)
decimal[(m[,d])]	定点小数数据类型,m 是十进制数字的总个数,d 是小数点后面的数字个数	String	String getString(col)
real(m,d)	单精度浮点型,8 位精度(4 字节)	Float	float getFloat(col)
float(m,d)	双精度浮点型,16 位精度(8 字节)	Double	double getDouble(col)
datetime	日期和时间数据类型	String java. util. Date Date	String getString(col) java. sql. Date getDate(col)
money, smallmoney	货币数据类型,默认为 2 位小数的 decimal 类型。money 占 8 字节,smallmoney 占 4 字节	String	String getString(col)

在上述关于数值的类型中,decimal(m,d)为定点小数类型,定点类型在数据库中存放的是精确值。参数 m 是定点类型数字的最大个数(精度),范围为 0~65,d 为小数点右侧数字的个数,范围为 0~30,但不得超过 m。对定点数的计算能精确到 65 位数字。

浮点型小数分为单精度 float 和双精度 double 型,参数 m 只影响显示效果,不影响精度,d 却不同,会影响到精度。比如,设一个字段定义为 float(5,3),如果插入一个数 123.45678,实际数据库里存的是 123.457,小数点后面的数则四舍五入截成 457 了,但总个数不受到限制(6 位,超过了定义的 5 位)。因此,在定义类似价格等精确数据时,使用浮点型小数时候需要特别注意。

对于 SQL 中的 Datetime 类型列值,在 JSP 中可以通过 getString()取得对应的日期数据,并在日期和 String 之间自动转换。对于 decimal、money 和 smallmoney 等数值型数据字段,ResultSet 类中没有对应的 getXXX 方法读取数据表字段的值,可以使用 getString()返回一个 String 对象,然后在 String 和数值间转换。

对于数据库中 longvarchar 和 langvarbinary 类型的数据字段,应进行流操作,这里不再具体介绍。

3. 更新数据库

对数据库的更新,可以采用下述方法:

(1) stmt. executeUpdate ("strSql")方法,strSql 是一条 SQL 更新语句。执行 UPDATE,INSERT 和 DELETE 操作,返回影响到的条数。用户通过返回值,可以判断数据库操作是否成功。

例如:试图插入一条记录,而该记录的主关键字已经在数据表中存在,此时则返回 0,即插入不成功。灵活使用主关键字定义可以避免插入重复记录,而不必在插入前首先查询记录是否存在,节省操作时间。

(2) stmt. execute()方法,在不知道 SQL 语句是查询还是更新的时候使用该方法。如果产生一条以上的对象时,返回 true,此时可用 stmt. getResultSet()和 stmt. getUpdateCount()来获取 execute 结果,如果不返回 ResultSet 对象则返回 false。

除了 Statement 的 executeUpdate 之外还可以用 ResultSet 来更新数据库,例如:

```
rs.updateInt(1,10);
rs.updateString(2,"xxx");
rs.updateRow();
```

4. 使用预编译 PreparedStatement

PreparedStatement 对象和 Statement 对象类似,都可以用来执行 SQL 语句。但是,通过 PreparedStatement 对象执行 SQL 语句的速度更快。因为数据库会对 PreparedStatement 的 SQL 语句进行预编译,而且仍旧能输入参数并重复执行,编译好的查询速度比未编译的要快。

例如:

```
PreparedStatement stmt = conn. preparedStatement ( " INSERT INTO users ( userid, username )
values(?,?)");
stmt.clearParameters();
stmt.setInt(1,2);
stmt.setString(2,"xxx");
stmt.executeUpdate();
```

6.5.5 数据库编程举例

在学习了数据库服务器、JDBC 后,我们通过一个例子来讲解通过 JSP 页面实现数据的操作。在介绍具体的例子以前,我们首先讲解在 MyEclipse 中如何将 JSP 和 MySQL 数据库服务器连接起来,即如何配置 MySQL 的 JDBC 驱动程序,以实现 JSP 对数据库的访问。

首先,从 MySQL 官方网站(http://www. mysql. com/)下载 MySQL 数据库的 JDBC 驱动程序,即 JDBC Connectors/J,下载后的文件通常是. zip 或. gz 压缩文件。用 RAR 解压缩工具将下载的文件解压缩,得到 JDBC Connector 接口程序的 JAR 包。然后,在 MyEclipse 中添加 MySQL Connector 驱动程序 JAR 包,并添加到环境变量中,具体操作如下:

(1) 运行 MyEclipse,新建 Java Project 工程 TestJDBC。在工程节点右击,在快捷菜

单,执行 New→Folder 命令,新建文件夹 lib。将下载的 MySQL Connector 驱动程序 JAR 包,例如 mysql-connector-java-5.1.40-bin.jar 复制到该文件夹。

(2) 在 lib 节点中的驱动程序项上右击,执行 Bulid Path→Add to Bulid Path 命令,将驱动程序添加到操作系统环境变量中。

(3) 编写 Java 程序,访问数据库。在 MyEclipse 中,新建一个 Java 类,代码清单如下:

```java
package hao.db;
import java.sql.DriverManager;
import java.sql.Connection;
import java.sql.Statement;
import java.sql.ResultSet;
public class TestDB {
    private static final String url = "jdbc:mysql://localhost:3306/testdb";
    private static final String user = "root";
    private static final String password = "mysnoopy365";
    public static void main(String[] args) throws Exception {
        //(1)加载 MySQL 驱动,即 JVM 查找并加载指定的类
        Class.forName("com.mysql.jdbc.Driver");
        //(2)连接数据库
        Connection conn = DriverManager.getConnection(url, user, password);
        //(3)通过数据库连接操作数据库,实现数据库增删改查
        Statement stmt = conn.createStatement();
        ResultSet rs = stmt.executeQuery("SELECT username, userage FROM message");
        while(rs.next())
        {
         System.out.println(rs.getString("username") + "," + rs.getInt("userage"));
        }
        //(4)断开数据库连接
        conn.close();
    }
}
```

在 MyEclipse 编程环境,在输入 Java 代码的过程中,通常需要按 Alt+/组合键打开代码提示窗口,帮助正确地输入和处理错误。例如,一个普通类,要增加 main 方法,但 main 方法原型可能记不住,此时,在输入 main 函数名后,按 Alt+/组合键,则打开代码提示窗口,显示 main 函数原型,选择即可。

在编写 Java 代码时,对于方法抛出的可查异常,编译器要求必须处理或在调用函数中进一步抛出异常,否则编译不能通过。例如,在上述代码中,JDBC 进行数据库操作编程,大多数方法会抛出可查异常 SQLException,编译器要求必须处理这类异常,或在调用函数进一步抛出异常。此处,为了突出数据库操作,对采用 main 方法中的语句抛出的异常没有捕获处理,而是在 main 方法抛出异常,以满足 Java 编译的要求。

除了编写 Java 类访问数据库外,还可以在 JSP 服务器页中,直接书写 Java 代码,实现对数据库的访问,例如:从数据库服务器获得信息,然后以 HTML 页面的形式返给客户浏览器。下面举例说明在 JSP 中访问 My SQL Server 数据库的方法。

【例 6-16】 编写一个 JSP 页面,完成系统用户账户数据的操作,包括账户分页列表、账户详情、查询、修改、删除等操作。

分析:在 Web 系统中,用户账户管理是系统的基本功能,包括用户账户的添加、修改、

删除、查询、列表等。通常情况下，因为账户数量可能很多，常采用分页浏览方式显示账户列表，在浏览页面，提供查询、添加、修改、删除以及导入导出操作。

（1）创建用户账户数据表 useraccounts，数据存储在站点系统数据库 gsl 中，数据表结构定义见表 6-11。

表 6-11　用户账户数据表 useraccounts 表结构定义

列　　名	数据类型（精度范围）	空/非空	约束条件
useraccount	varchar(20)	NOT NULL	主键
password	varchar(45)	NOT NULL	
truename	varchar(45)	NOT NULL	
sex	varchar(4)	NULL	
nickname	varchar(45)	NULL	
userrole	varchar(45)	NULL	
usergrouplist	varchar(45)	NULL	
accountstate	varchar(45)	NULL	
workunit	varchar(45)	NULL	

在 useraccounts 数据表中，定义了标识字段 id 为 int，并且设标识识别规范为：是，标识增量为 1。在数据表中，标识字段的功能和主关键字类似，也可以唯一地定位一条记录，但标识字段的值不需要用户输入或导入，它的值自动生成。但是主关键字的取值必须由用户输入，不能为空，如果要导入数据表，也需要为每条记录给定主关键字的值。

（2）为了便于代码的重用，我们定义一个数据库操作的 JavaBean。在 WEB-INF\classes\pub 文件夹下，创建一个名为 haodbgsl.java 的文件，定义一个 JavaBean，封装有关数据库 gsl 操作中的数据库连接、查询、数据更新以及断开数据库连接操作，代码清单如下：

```
package pub;
import java.sql.DriverManager;
import java.sql.Connection;
import java.sql.SQLException;
import java.sql.Statement;
import java.sql.ResultSet;

public class haodbgsl {
    private static final String url = "jdbc:mysql://localhost:3306/testdb";
    private static final String user = "root";
    private static final String password = "mysnoopy365";
    private Connection conn = null;
    private Statement stmt = null;
    private ResultSet rs = null;
    //默认构造函数,加载 JDBC 驱动程序
    public haodbgsl() {
        try {
            Class.forName("com.mysql.jdbc.Driver");
        }
        catch(Exception e) {
            System.err.println("加载数据库驱动异常: " + e.getMessage());
```

```
        }
    }
    //建立数据库连接，创建用于连接数据库的 Connection 对象
    public static Connection getConnection() {
        Connection conn = null;
        try {
            conn = DriverManager.getConnection(url, user, password);
        } catch (Exception e) {
            System.out.println("建立数据库连接异常:" + e.getMessage());
        }
        return conn;
    }
    public static Statement getStatement(Connection conn) {
        Statement st = null;
        try {
            st = conn.createStatement();
        } catch (SQLException e) {
            e.printStackTrace();
        }
        return st;
    }
    //返回符合条件的记录数
    //查询条件一般为: strSQLCount = "SELECT COUNT( * ) AS nums FROM 数据表 "
    public int executeCount(String sql) {
        rs = null;
        int nums = 0;
        try {
            conn = haodbgsl.getConnection();
            stmt = conn.createStatement();
            rs = stmt.executeQuery(sql);
            rs.next();
            nums = rs.getInt(1);
        } catch (SQLException ex) {
            System.err.println("executeQuery: " + ex.getMessage());
        }
        return nums;
    }
    //返回符合条件的记录
    public ResultSet executeQuery(String sql) {
        rs = null;
        try {
            conn = haodbgsl.getConnection();
            stmt = conn.createStatement();
            rs = stmt.executeQuery(sql);
        } catch (SQLException ex) {
            System.err.println("executeQuery: " + ex.getMessage());
        }
        return rs;
    }
    //返回符合条件的记录集合中的第 pagenum 页的记录
    public ResultSet executeQueryList(String sql, int pagenums, int
```

```
                                    numsperpage) {
        int startpos = (pagenums - 1) * numsperpage ;
        sql += " LIMIT " + startpos +"," + numsperpage;
        rs = null;
        try {
            conn = haodbgsl.getConnection();
            stmt = conn.createStatement();
            rs = stmt.executeQuery(sql);
        } catch (SQLException ex) {
            System.err.println("aq.executeQuery: " + ex.getMessage());
        }
        return rs;
    }
    //修改数据记录,返回修改的记录条数
    public int executeUpdate(String sql) {
        int returnVal = - 999;
        try {
            conn = haodbgsl.getConnection();
            stmt = conn.createStatement();
            returnVal = stmt.executeUpdate(sql);
        } catch (SQLException ex) {
            System.err.println("executeUpdate: " + ex.getMessage());
        }
        return returnVal;
    }
    //断开数据库连接
    public void disconnectToDB() throws java.sql.SQLException {
        if (rs != null) {
            rs.close();
        }
        if (conn != null) {
            conn.close();
        }
        if (stmt != null) {
            stmt.close();
        }
    }
}
```

在这个Javabean中,在构造函数中完成MySQL数据库jdbc驱动的加载,另外定义了多个公有(public)方法来操作数据库,包括进行数据记录的查询和更新、关闭数据库连接。此外,还定义了两个static类成员函数,将JDBC编程的关键步骤分开,以便于异常处理。

在MyEclipse中,新建一个类haodbgsl,输入上述代码,则文件保存在src/pub包中,编译后的.class文件存储在Web应用根目录下的WEB-INF\classes\pub文件夹下,文件名为haodbgsl.class,该JavaBean的.class文件即可在JSP页面中被调用。

(3) 在JSP中使用JavaBean。下面是用户账户数据表分页浏览页面,文件名为accounts-listpage.jsp,其功能是分页显示accounts数据表中的用户账户信息。为了更好地模块化,把一些公共的部分提取出来,保存为独立的文件,供其他页面调用。

代码清单(accounts-listpage. jsp)如下：

```jsp
<% @ page pageEncoding = "GBK" %>
<% @ page import = "java. sql. * " %>
< jsp:useBean id = "gsl" scope = "page" class = "pub. haodbgsl" />
<% !
ResultSet rs = null;
int rowscount, i;
int numsperpage = 10, pagecount = 0, pagenum = 0, gopage = 0;
String myuserrole, pagenumstr, gopagestr;
String strposition, strfunction, strhelpwords;
%>
<%
myuserrole = (String)session. getAttribute("userrole");
pagenumstr = request. getParameter("page");
gopagestr = request. getParameter("gopage");
//没有单击"转到"按钮,不上传文本框输入,gopagestr 为 null,否则计算"转到"页码的值
if (gopagestr == null)
    gopagestr = "0";
gopage = java. lang. Integer. parseInt(gopagestr);
//求 href 参数中 page 参数的值,如果未指定 page 参数,则 page == null
if(pagenumstr == null)
    pagenumstr = "1";
pagenum = java. lang. Integer. parseInt(pagenumstr);
if (gopage > 0)
    pagenum = gopage;
%>
< html >
< head >
< meta http - equiv = "Content - Type" content = "text/html; charset = gb2312">
< link href = ".. /pubcss/common. css" rel = "stylesheet" type = "text/css"/>
< script src = ".. /pubjs/tablelist. js"></script >
< script src = ".. /pubjs/jquery. min. js"></script >
</head >
< body >
<%
strposition = "系统用户账号管理 >> ";
strfunction = "账号列表";
strhelpwords = "该列表列出了所有账号信息. ";
%>
<% @ include file = "pubpro/pagetop - positionandhelp. jsp" %>
< table class = "command - table" id = "table1">
< tr >
    < td >
        < a href = "accounts - search. jsp" >< img src = "search. png"></a >
        < a href = "accounts - export. jsp" >< img src = "export. png"></a >
    </td >
</tr >
</table >
< table class = "content - table" id = "table2">
< tr >
```

```
  <th width = "5%">序号</th>
  <th width = "15%">用户账号</th>
  <th width = "8%">用户名</th>
  <th width = "22%">部门</th>
  <th width = "10%">用户角色</th>
  <th width = "20%">用户权限</th>
  <th colspan = "2">操作</th>
</tr>
<%
String strSQLCount = "SELECT COUNT( * ) AS nums FROM useraccounts ";
String strSQL = "SELECT UserAccount, UserRole, UserGroupList, TrueName, NickName, academy FROM
useraccounts ";
String istr, useraccount, useraccounthref, userrole, usergrouplist, truename, academy,
modihref, delehref;
try{
    rowscount = gsl.executeCount(strSQLCount);
    pagecount = (rowscount + numsperpage - 1)/numsperpage;
        //页码的有效范围
    if (pagenum < 1) pagenum = 1;
        if (pagenum > pagecount) pagenum = pagecount;
        i = (pagenum - 1) * numsperpage + 1;
        if(rowscount!= 0){
            rs = gsl.executeQueryList(strSQL, pagenum, numsperpage);
            while(rs.next()){
                istr = "" + i;
                useraccount = rs.getString("UserAccount");
                    useraccounthref = "< a href = ' accounts - detail. jsp? useraccount = " +
                    useraccount + "'>" + useraccount + "</a>";
                userrole = rs.getString("UserRole");
                usergrouplist = rs.getString("UserGroupList");
                truename = rs.getString("TrueName");
                academy = rs.getString("academy");
                modihref = "< a href = 'accounts - modify. jsp?useraccount = " + useraccount + "
                &page = " + pagenum + "'>修改</a>";
                delehref = "< a href = 'accounts - delete. jsp?useraccount = " + useraccount + "
                &page = " + pagenum + "&appmodule = accounts - listpage. jsp'"
                    + " onclick = \"{if(confirm('确定要删除该账户信息吗?')){return true;}
                    return false;}\""
                    + " target = 'mainFrame'>删除</a>";
                if("管理员".equals(myuserrole))
                {
                    modihref = "修改";
                    delehref = "删除";
                }
%>
<tr>
  <td><% = istr %></td>
  <td><% = useraccounthref %></td>
  <td><% = truename %></td>
  <td><% = academy %></td>
  <td><% = userrole %></td>
```

```
    <td><% = usergrouplist %></td>
    <td><% = modihref %></td>
    <td><% = delehref %></td>
  </tr>
<%
        i++;
      } //end while
  } //end if
} //end try
catch(Exception ex){
  //out.print(ex.getMessage());
}
finally{
  rs = null;
  gsl.disconnectToDB();
}
%>
</table>
<form name = "mygo" method = "post" action = "accounts - listpage.jsp">
<%@ include file = "pubpro/pagebottom - changepage.jsp" %>
</form>
<div id = "table4" style = "display:none;">
<table class = "frame - table" align = "center">
  <tr height = "50px"><th>系统提示</th></tr>
  <tr>
      <td>系统中尚未有账号信息!</td>
  </tr>
  <tr height = "50px">
    <th>
    <a href = "useraccount - add.jsp">添加账号</a> |
    <a href = "#">批量导入</a>
    </th>
  </tr>
</table>
</div>
</body>
</html>
<%
if (rowscount == 0)
{
%>
<script type = "text/javascript">
    document.getElementById("table1").style.display = "none";
    document.getElementById("table2").style.display = "none";
    document.getElementById("table3").style.display = "none";
    document.getElementById("table4").style.display = "block";
</script>
<%
}
%>
```

在上述分页浏览页面中，包含了两个独立的.jsp 文件，一个文件为 pagetop-positionandhelp.jsp，用于显示页面当前的位置和帮助信息，在列表上方显示。另一个文件为 pagebottom-changepage.jsp，为分页显示列表下面的分页控制。代码清单如下：

（1）pagetop-positionandhelp.jsp 文件清单

```
<% @ page language = "java" pageEncoding = "GBK" %>
<table class = "location - table">
<tr height = "35">
    <td class = "location - title">您的位置：<% = strposition %>
        <span style = "cursor:pointer;" onclick = "showorhidediv('helpdiv')">
        <% = strfunction %></span>
    </td>
</tr>
</table>
<div id = "helpdiv" style = "display:none;">
<table class = "location - help" width = "100 %" cellpadding = "0" cellspacing = "0">
<tr height = "20">
    <td align = "left">系统帮助：</td>
    <td width = "30">
        <a href = "#" onclick = "showorhidediv('helpdiv')">X</a>
    </td>
</tr>
<tr height = "20">
    <td align = "left"><% = strhelpwords %></td>
</tr>
</table>
</div>
<script type = "text/javascript">
function showorhidediv(strid){
    $("#" + strid).toggle();
}
</script>
```

（2）pagebottom-changepage.jsp 文件清单

```
<% @ page language = "java" pageEncoding = "GBK" %>
<table class = "content - table" id = "table3">
<tr height = 40>
    <th width = "100 %" colspan = "15" align = "center">
        第<% = pagenum %>页  共<% = pagecount %>页
        <% if(pagenum > 1){ %>
        <a href = "#" onclick = "fgopage(1)">第一页</a>
        <a href = "#" onclick = "fgopage(<% = pagenum - 1 %>)">上一页</a>
        <% }if(pagenum < pagecount){ %>
        <a href = "#" onclick = "fgopage(<% = pagenum + 1 %>)">下一页</a>
        <a href = "#" onclick = "fgopage(<% = pagecount %>)">最后一页</a>
        <% } %>
        <input type = "text" name = "gopage" value = "0">
        <input type = "hidden" name = "page" value = "0">
        <input type = "submit" value = "转到" class = "button" />
    </th>
```

```
</tr>
</table>
<script type="text/javascript">
function fgopage(pagenum){
        document.mygo.page.value = pagenum;
        document.mygo.submit();
}
</script>
```

需要特别说明的是,在 MyEclipse 环境中,对于上述三个 JSP 页面,在编译时显示被包含的两个文件中的变量不能解析,这是因为 MyEclipse 对文件单独编译,并不能确定谁会调用这两个文件,而它们中使用的变量是在调用该文件的文件中定义的,因此在 pagebottom-changepage. jsp 文件编译时显示类似 pagecount connot be resolved to a varibles 错。在浏览器中真正地显示主页面时,这种错误将不会出现。

上述代码演示了数据库在 JSP 中的简单分页浏览,页面中引用了用户自定义的样式表 CSS 文件,具体内容见第 3 章,定义了一组关于< table >和< td >标记的样式类。使用样式类来规范 Web 页面的显示是良好的习惯。

在浏览器中,运行 accounts-listpage. jsp 页面,显示结果如图 6-17 所示。

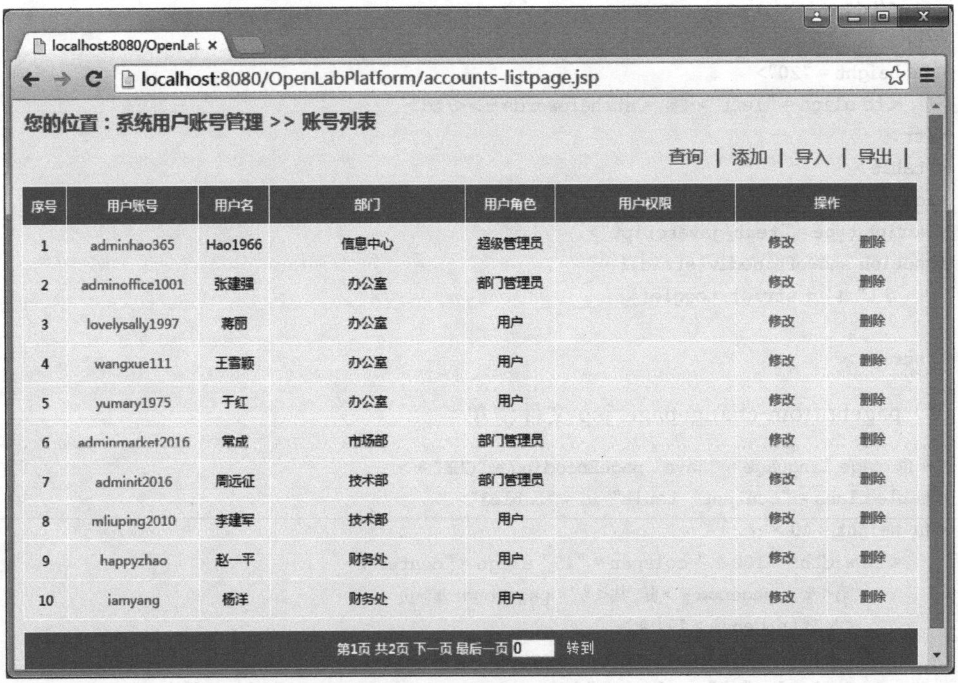

图 6-17　数据库浏览列表界面

上述界面是我们在许多的 Web 应用中见到的用户界面。在表格中的每一项的后面都有一个"删除"超链接,单击该超链接,可以删除当前记录。对应该超链接的代码是:

```
< a href = "useraccounts - delete. jsp?id = <% = id%>"
onclick = "{if(confirm('确定要删除吗?')){return true;}return false;}">删除</a>
```

在超链接标记< a >中,如果包含 onclick 事件属性,则单击超链接时,首先执行 onclick

对应的函数,如果函数返回 true,则接下来转到 href 设置的页面,如果函数返回 false,则不转到 href 指定的页面。

删除记录对应的 useraccounts-delete.jsp 页面,代码清单如下:

```
<%@ page contentType = "text/html;charset = GBK" %>
<%@ page import = "java.sql. * " %>
<%@ page import = "java.text. * " %>
<jsp:useBean id = "gsl" class = "pub.haodbgsl" scope = "page"/>
<%
String id = request.getParameter("id");
String page = request.getParameter("page");
if(id == null) id = "";
String sqlString = "DELETE FROM useraccounts WHERE id = '" + id.trim() + "'";
try {
    gsl.executeUpdate(sqlString);
}catch(Exception ex) {
    out.print(ex.getMessage());
}finally{
    gsl.disconnectToDB();
    response.sendRedirect("useraccounts - listpage.jsp?page = " + page);
}
%>
```

删除记录页面是一个纯粹的 JSP 程序,没有要显示的内容,删除成功后,转回 useraccounts-listpage.jsp 页面,即可看到记录被删除的结果,产生页面刷新效果。在使用 response.sendRedirect(url)命令的时候,如果 url 中可以包含参数,由于 HTTP 中文编码问题,中文参数将不能正确传送,可以通过 session 和 application 来传递。

在书写 SQL 命令串时,特别是 SQL 中关键字之间的空格容易忽视,书写格式一定要清晰,以便于阅读和修改,例如,修改记录的 SQL 命令可以书写为:

```
String strSQL = "UPDATE useraccounts SET "
            + "AuthorName = N'" + 珍妮 + "', "
            + "Email = '" + jane@sdu.edu.cn + "', "
            + "MobilTel = '" + 135xxxx5123 + "'"
            + "WHERE UserID = '" + jane + "'";
```

在执行修改命令以前,可以用下面的语句来显示上述的 SQL 命令串是否正确:

```
out.println(strSQL + "<br>");
```

6.6 综 合 举 例

在 Web 系统的开发过程中,虽然每个系统的业务领域可能不同,但许多业务模块的程序实现是相似的。本节选取了作者在项目研发中遇到的一些公共功能模块作为例子进行讲解,一则是为了练习已学的知识,其次则是为了避免为了举例而举例,增强内容的实用性。来自于项目研发中的例子,不仅能更好地讲解所学的书本知识,还可以将这些例子代码应用到实际项目的研发中,为以后的项目研发提供借鉴和帮助。

6.6.1 文件上传操作

在许多 Web 应用中,都会用到文件和文件夹操作,例如:论文管理、作业提交等。在基于 Java 的技术中,有关文件和文件夹的操作被封装在 java.io 包中,下面我们举例说明 JSP 中文件(夹)的创建、删除以及文件的复制等操作的实现。

【**例 6-17**】 有一新闻公告发布页面,页面中允许用户上传附件文件,并规定附件文件的类型,上传的附件数量不限,在整个新闻公告确定发布前,可以删除已经上传的附件。编写相应的 JSP 代码,实现文件上传功能。

分析:由于可以上传多个文件,并且在新闻公告确认发布前,允许删除上传的附件,因此该页面还应该提供一个显示上传附件的目标 iframe,作为 form 表单的 target 输出。界面设计如图 6-18 所示。

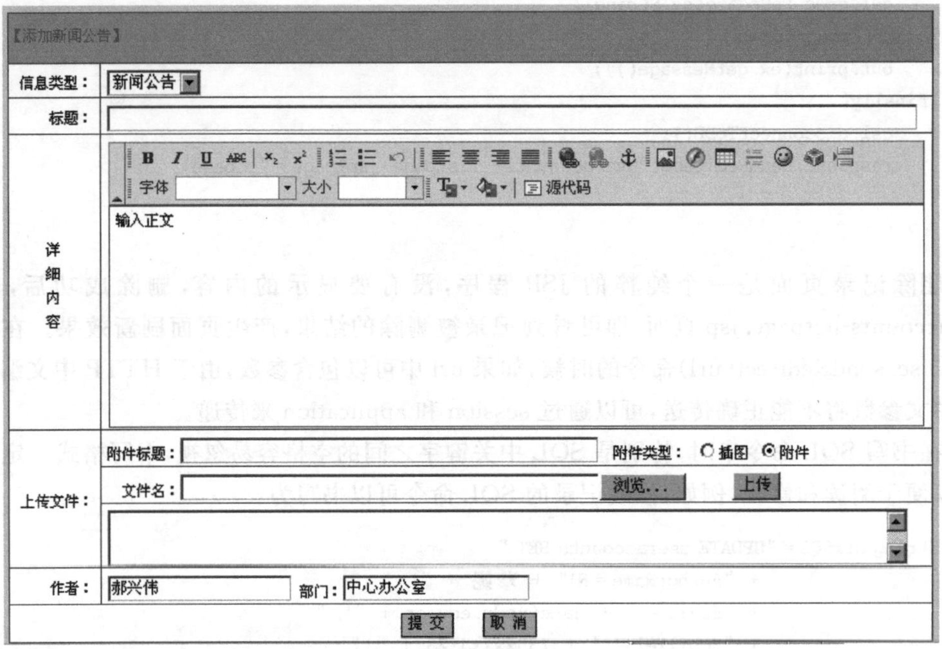

图 6-18 新建新闻公告界面

在上述界面设计中,在"上传文件"区域,每次上传一个文件,需要输入附件标题,单击"浏览"按钮,选择上传的文件,然后单击"上传"按钮,则将文件上传到 Web 服务器,此时在下面的文本框,显示上传的文件列表。重复执行上述过程,可以上传多个附件。

在上传区域文件列表中,每个上传的文件后面都显示一个"删除"超链接,单击该超链接,上传的文件将从服务器上删除。

实现上述功能,需要三个 JSP 文件,一个是客户端 form 页面,一个是 Web 服务器端保存文件页面,还有一个页面负责删除上传的文件。

(1) 客户端文件上传表单页面 news-add.jsp

从上述的页面设计可见,由于要实现多个附件的文件上传,因此文件上传是一个表单。但是,新建一个新闻公告,还包含了许多其他信息,例如:标题、正文等,这些信息需要通过另外的表单来提交。本处只介绍涉及文件上传的代码部分。

代码清单: news-add.jsp 文件上传界面核心代码

```
<%@ page language = "java" pageEncoding = "GBK" %>
<!DOCTYPE html>
<html>
<head>
<script type = "text/javascript">
function form2submit ()
{
    //附件标题验证
    var tmpstr = document.form2.showaddfiletitle.value;
    if (tmpstr == "")
    {
      alert("附件标题不能为空!");
        document.form2.showaddfiletitle.focus();
      return false;
    }
    if ((tmpstr.indexOf("&")>= 0) || (tmpstr.indexOf("#")>= 0))
    {
      alert("附件标题不能包含?、&、$、!、;、#等字符");
        document.form2.showaddfiletitle.focus();
      return false;
    }
    if (document.form2.showaddfile.value == "")
    {
      alert("请先选择文件");
        document.form2.showaddfile.focus();
      return false;
    }
    //获取filelistbox数据帧中的内容,取隐藏显示的附件文件列表(以字符#结束),存入form2
    //隐藏控件,随文件一并上传到服务器端,将新上传的文件在附件列表中显示
    //var iframestr = document.filelistbox.document.body.innerText;
    //因为Google浏览器不能读取未显示的span内容,上述语句只有在IE中结果正确,在Google
    //中iframestr均为空字符串
    var objlist = document.filelistbox.document.getElementsByTagName("span");
    //getElementsByTagName返回一个对象数组,如果查找的标记不存在,则对象不存在,数组长度
为0
    if (objlist.length == 0) iframestr = "";
    else iframestr = objlist[0].innerText;
    if (iframestr.length > 0)
        document.form2.addfilelist.value = iframestr.substring(0,iframestr.indexOf("#"));
    else
        document.form2.addfilelist.value = "";
document.form2.addfiletitle.value = document.form2.showaddfiletitle.value;
    //清空文本框,以便上传下一个附件
    document.form2.showaddfiletitle.value = "";
```

```
        //提交 form2 表单
        document.form2.submit();
        return true;
    }
    </script>
    </head>
    <body>
    <table>
        <form name="form2" method="POST" enctype="multipart/form-data" action="news-
    addfilesave.jsp?delfileflag=1" target="filelistbox">
            <input type="hidden" name="addfiletitle" value="">
            <input type="hidden" name="addfilelist" value="">
        <tr height="26">
            <td>附件标题: <input type="text" name="showaddfiletitle"></td>
        </tr>
        <tr height="26">
            <td>文件名: <input type="file" name="showaddfile">
                <input type="button" value="上传" onclick="form2submit()">
            </td>
        </tr>
        <tr>
            <td><iframe name="filelistbox" height="100"></iframe></td>
        </tr>
    </form>
    </table>
    </body>
    </html>
```

文件上传是一个复杂的过程,表单< form >包含属性 enctype="multipart/form-data",
form 表单中的 file 输入控件对表单要上传的文件通过 enctype="multipart/form-data"解
码成二进制文件,通过和服务端程序联合工作完成文件的上传操作。

在上述代码中,即当用户单击"浏览"按钮时,打开文件选择列表,选择要上传的文件,单
击"上传"按钮,执行表单提交函数 form2submit(),该函数将获取已经上传的文件列表,保
存到一个隐藏输入域,与本次上传的文件一起发送到服务器端,此时调用服务端程序 news-
addfilesave.jsp,运行该程序,保存文件并显示新上传的文件。

(2) 服务端表单处理程序页面 news-addfilesave.jsp

当单击"上传"按钮后,执行 form2.submit()函数,即提交表单 form2。在服务端,form2
的 action 参数指定的服务器处理程序 news-addfilesave.jsp 被执行,进行文件上传处理。

对于文件上传操作,在服务端 Tomcat 本身不能接收上传的文件数据,需要通过插件来
完成,常见的文件上传/下载插件是 jspsmartupload.jar 组件①。该组件定义了 com.
jspsmart.upload 包,包含了多个有关文件操作的 Java 类,即 File.class、Files.class、
Request.class 以及 SmartUpload.class 和 SmartUploadException.class,以实现服务端的文
件操作。该组件为免费软件,可从网上搜索下载,下载时可以留意是否支持中文。

---

① jspSmartUpload 是由 www.jspsmart.com 网站(该网站已经关闭)开发的一个可免费使用的全功能的文件上传
下载组件,适于嵌入执行上传下载操作的 JSP 文件中。

在 MyEclipse 中,复制 jspsmartupload. jar 包到 Web 工程文件夹下 WEB-INF 目录的
lib 文件夹中,然后在 jspsmartupload 节点上右击,执行 Build Path→Add to Build Path 快捷
菜单命令,将 jspsmartupload. jar 添加到 Tomcat 的环境变量中,以便于定位相关的类文件。

文件上传对应的服务端脚本程序 news-addfilesave. jsp 代码清单如下:

```jsp
<% @ page language = "java" import = "java. util. * " pageEncoding = "GBK" % >
<% @ page import = "com. jspsmart. upload. * " % >
< jsp:useBean id = "fileupload" scope = "page" class = "com. jspsmart. upload. SmartUpload" />
< jsp:useBean id = "mytime" scope = "page" class = "pub. mytime"/>
< jsp:useBean id = "gb2312" scope = "page" class = "pub. ISOtoGb2312" />
<%
    String delfileflag = request. getParameter("delfileflag");
    String addfiletitle = "", addfilelist = "";
    String savefilepath, savefilename = "", extname = "";
    String iframestr = "";
    String[] s1, s2;
    //jspsmartupload 类初始化,设置允许上传和拒绝上传的文件类型,设置允许上传的文件大小
    fileupload. initialize(pageContext);
    fileupload. setAllowedFilesList("doc, DOC, docx, DOCX, ppt, PPT, rar, RAR");
    fileupload. setDeniedFilesList("exe, bat, jsp");
    fileupload. setMaxFileSize(50000);
    //上传文件
    fileupload. upload();
    //Save the files with their original names in a virtual path of the web server
    try {
        //获取表单数据,与不含上传文件控件的 form 获取方法不同
        Enumeration enumer = fileupload. getRequest(). getParameterNames();
        while(enumer. hasMoreElements())
        {
            String key = (String)enumer. nextElement();
            String[] values = fileupload. getRequest(). getParameterValues(key);
            if(key. equals("addfiletitle"))
            {
                addfiletitle = values[0];
            }
            if(key. equals("addfilelist"))
            {
                addfilelist = values[0];
            }
        }
        //更改文件名,取得当前上传时间的毫秒数值
        Calendar calendar = Calendar. getInstance();
        savefilename = String. valueOf(calendar. getTimeInMillis());
        //保存上传文件,文件路径已经建好,取得文件的大小
        com. jspsmart. upload. File myFile = fileupload. getFiles(). getFile(0);
        //filename = myFile. getFileName();
        extname = myFile. getFileExt();
```

```
        int file_size = myFile.getSize();
        savefilename += "." + extname;
        //在 MyEclipse 开发环境中,getRealPath("")返回站点根物理路径中包含
        // \.metadata\.me_tcat\webapps
        //在正式 Tomcat 环境中,返回站点根的物理路径
        //savefilepath = request.getRealPath("");
        savefilepath = "D:\\HaoWorkspace\\OpenLabPlatform\\WebRoot\\datafiles\\news\\";
        myFile.saveAs(savefilepath + savefilename,SmartUpload.SAVE_PHYSICAL);
        //输出附件列表,即一个 HTML 页面,页面中#以前部分是页面间传递数据
        String f1 = "\10";
        String f2 = "\20";
        String newfileitem = addfiletitle + f1 + savefilename;
        addfilelist += newfileitem + f2;
        iframestr = addfilelist + "#";
        //输出 addfilelist,以"#"结尾的串,该输出在 form2 的 target 参数中输出
        out.print("< body style = 'margin - top:0px;font - size:12px;line - height:150 % '>");
        out.print("< span style = 'display:none;'>" + iframestr + "</span>");
        //在 ifrmae 中输出附加文件列表,用户可以及时看到上传的附件列表
        s1 = addfilelist.split(f2);
        for (int i = 0;i < s1.length;i++)
        {
            s2 = s1[i].split(f1);
            out.print("[" + (i+1) +"] "+ s2[0] +":"+ s2[1]);
            //addfilelist 参数不能在最后,最后的文件分隔符\10 不能保存
            out.print("< a href = 'news - addfiledelete.jsp?addfilelist = " + addfilelist + "
            &delfilestr = " + s1[i] + "&delfileflag = " + delfileflag + "'>");
            out.print("&times;");
            out.print("</a>" + "<br>");
        }
        out.print("</body>");
    }
    catch (Exception e) {
        out.println("<b>Wrong selection : </b>" + e.toString());
    }
%>
```

在上述代码中,服务端的输出将输出到客户端网页的 iframe 中,通过输出< span >元素来保存当前的上传文件列表,以便于客户端网页获取该列表,并赋给隐藏的 form2 元素,下次再上传给服务端,使得服务端能够显示所有已经上传的文件列表。

在 Google Chrome 浏览器中,运行该网页,结果如图 6-19 所示。

说明:对于< input type= "file">元素,IE 浏览器和 Chrome 浏览器显示效果不同。此外,浏览器在实现 JavaScript 时也不完全相同,Chrome 浏览器对于 style= 'display：none;'的< span >元素内容的获取方法比 IE 浏览器严格,在 news-add.jsp 中,通过 getElementsByTagName("span");的方法获取,以保证程序兼容不同的浏览器。最后,就是文件编码问题,在 JSP 文件中,添加 JSP 指令:

```
<% @ page language = "java" import = "java.util. * " pageEncoding = "GBK" %>
```

以保证服务端获取的表单数据中文不出现乱码。这与不包含文件上传的表单提交 URL

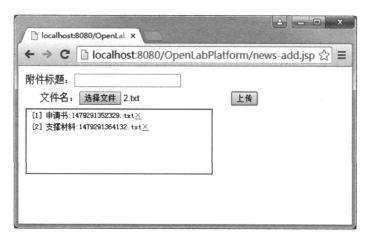

图 6-19   文件上传页面

参数读取的方法不同。

（3）删除上传文件页面 news-addfiledelete. jsp

在上述页面中，对于已经上传的附件，列表中包含一个删除超链接，对应删除附件程序 news-addfiledelete. jsp，代码清单如下：

```
<% @ page language = "java" import = "java. util. * " pageEncoding = "GBK" % >
<% @ page import = "java. io. * " % >
< jsp:useBean id = "gb2312" scope = "page" class = "pub. ISOtoGb2312" />
<%
String addfilelist = gb2312. convert(request. getParameter("addfilelist"));
String delfilestr = gb2312. convert(request. getParameter("delfilestr"));
String delfileflag = request. getParameter("delfileflag");
String[] s1, s2;
//要删除的文件信息
String f1 = "\10";
String f2 = "\20";
s1 = delfilestr. split(f1);
String delfiletitle = s1[0];
String delfilename = s1[1];
//求要删除的文件对应的串在总的串中的位置
delfilestr = delfilestr + f2;
int pos = addfilelist. indexOf(delfilestr);
if (pos > - 1)
{
    addfilelist = addfilelist. substring(0, pos) + addfilelist. substring(pos + delfilestr. length
());
}
//如果所有文件被删空
String iframestr;
if (addfilelist. length() > 0)
    iframestr = addfilelist + " # ";
```

```
    else
        iframestr = "";
    //输出新的 addfilelist
    out.print("< body style = 'margin - top:0px;font - size:12px;line - height:150 % '>");
    out.print("< span style = 'display:none;'>" + iframestr + "</span>");
    //显示新的文件列表,如果没有附件,则只有 newscode,以便可以添加新的附件
    if (addfilelist.length()> 0)
    {
        s1 = addfilelist.split(f2);
        for (int i = 0;i < s1.length;i++)
        {
            s2 = s1[i].split(f1);
            out.print("[" + (i + 1) +"] " + s2[0] + ":" + s2[1]);
            out.print("< a style = 'color: #FF0000;text - decoration:none' title = '删除上传的附件'
href = 'news - addfiledelete.jsp?addfilelist = " + addfilelist + "&delfilestr = " + s1[i] + "
&delfileflag = " + delfileflag + "'>");
            out.print("&times;");
            out.print("</a>" + "< br >");
        }
    }
    out.print("</body>");
    //在修改操作时,不真正地删除文件,只有"确认"再删除,此时从物理上删除文件
    if ("1".equals(delfileflag))
    {
        String mypath = request.getRealPath("");
        mypath = "D:\\HaoWorkspace\\OpenLabPlatform\\WebRoot";
        mypath += "\\datafiles\\news\\";
        File f = new File(mypath,delfilename);
        if(f.exists())
        {
            f.delete();              //删除文件
        }
    }
%>
```

在表单数据的提交和获取 URL 参数时,使用 JSP 内置对象 request 方法 request.getParameter("参数或变量名")。如果表单域和 URL 参数值包含中文,在服务端读取的中文数据会出现乱码。这是因为,在 Tomcat 中,数据传递采用默认的 ISO8859-1 编码方式,但中文系统下浏览器的缺省方式是以 UTF-8 提交发送请求的,故导致取到的表单数据为不能识别的乱码。可以通过编码转换为中文字符,代码如下:

```
package pub;
public class ISOtoGb2312 {
    public static String convert(String str) {
        if(str == null||str == "")
         return null;
        else{
            try {
                byte bytesStr[] = str.getBytes("ISO - 8859 - 1");
                return new String(bytesStr,"gb2312");
```

```
        } catch (Exception ex) {
            return str;
        }
        }
    }
}
```

文件上传是 Web 开发中的常用功能,可以将上述代码抽取出来编写一个公共 JSP 模块,供其他 JSP 页面包含,从而提高系统的可维护性。对应文件上传,抽象出基本的接口,可定义一组 JSP 页面,包括 uploadfile-form. jsp(定义文件上传表单)、uploadfile-save. jsp(保存上传文件)、uploadfile-delete. jsp(删除上传文件)、uploadfile-cancel. jsp(取消添加、修改操作,删除上传的文件或放弃对文件的删除)。当需要在一个 JSP 页面中包含文件上传操作时,在网页中的需要显示上传表单的位置添加下列代码:

```
<%
String filepath = "/datafile/learning_resource/";
String filenamecode = useraccount;
String moduleapp = "../role-tuanwei/learn-arrange-list.jsp";
String mytip = "";
%>
<%@ include file = "../pubpro/fileupload-form.jsp" %>
```

其中,filepath、filenamecode 和 moduleapp 是在公共模块 fileupload-form. jsp 中用到的有关文件上传用的变量。以隐藏空间的方式发送到 uploadfile-save. jsp 服务器页面,以确定上传文件需要保存的路径和文件命名方式。

6.6.2 多表单数据处理

在图 6-18 中,我们已经看到,实现上述界面需要多个表单来完成,上一节介绍了文件上传用的表单,下面我们将介绍内容输入表单 form1,以及页面底部的"确定""取消"按钮用到的全部数据上传用的表单 form3,还有一个单独用于"取消"按钮的表单,当添加操作取消后,删除已经上传的附件。

1. CKeditor 在线编辑器及其应用

在 HTML 中,多行文本框 textarea 元素只能输入文本,在使用中限制很大。为了扩展输入内容,网上有很多第三方开发的在线编辑控件,采用 HTML 格式,支持文本、格式化以及插入图片和表格等内容,是一种功能强大的富媒体编辑器,可以方便地集成到网页中。

在网页在线编辑组件中,使用非常广泛的是 CKeditor[①] 在线编辑控件,属于开放源代码的所见即所得文字编辑器,提供 JavaScript API,可以很容易地和 JavaScript、PHP、ASP、ASP. NET、Java 等不同的编程语言相结合,并兼容大多数网页浏览器。

(1)登录 CKeditor 官方网站(http://ckeditor. com/),根据需要选择一个 CKEditor package 下载,不同的包其工具条中包含的工具按钮不同,本处我们选择下载的 CKEditor 包是 Basic Package,下载后的文件为 ckeditor_4. 6. 0_basic. zip。解压缩该文件,得到

---

① CKeditor 在线编辑器是 FCKeditor 的升级版,名称中的"FCK"是该编辑器作者名字 Frederico Caldeira Knabben 的缩写。

ckeditor 文件夹,包含编辑器相关的文件和文件夹,以及测试 ckeditor 安装的例子。

(2) 将 ckeditor 文件夹复制到站点根目录下。复制该文件夹,在 MyEclipse 中,在 WebRoot 节点执行粘贴命令,将 ckeditor 添加到 Web 项目中。然后在浏览器中输入:

http://localhost:8080/OpenLabPlatform/ckeditor/samples/index.html

测试 CKeditor 编辑器的运行情况,如果安装成功,在该页面可以进行 Toolbar 的配置。对于 CKeditor Basic 包,包含的工具组有 clipboard、basicstyles、paragraph、links 和 about。如果要包含插入文件、表格等内容,需要安装 CKeditor 编辑器的其他高级版本。

(3) 将 CKeditor 集成到网页中。CKEditor 是一个 JavaScript 应用程序,只需要在网页中包含一个文件引用即可加载。设 ckeditor 安装在站点根目录下的 ckeditor 文件夹,加载 ckeditor 的 HTML 代码如下:

如果已经将 CKEditor 安装在了自己网站的 ckeditor 目录,可参照如下示例:

```
<head>
<script type="text/javascript" src="/ckeditor/ckeditor.js"></script>
</head>
```

用上述方式加载,CKEditor JavaScript API 即准备就绪,可以使用了。这比早期的 FCKeditor 版本要方便得多,早期版本需要导入一组 Java 类。

(4) 创建一个 CKEditor 编辑器实例。CKEditor 就和 HTML 的文本区域(textarea)一样工作,不同的是,它不仅提供了一个输入区域,还提供了一组工具按钮,可以对输入的内容格式化。当内容编辑完成后,CKEditor 仍然是使用一个文本区域来传递它的数据到服务器上,为此必须在网页中创建并编辑一个 textarea 元素,代码如下:

```
<textarea name="editor1" rows="行数" cols="列数"></textarea>
```

如果想要加载一些数据到编辑器中,例如从数据库中读出数据,只需要把数据放在文本区域(textarea)内就可以了。在这个例子中,将文本区域(textarea)命名为"editor1"。当提交表单数据时,服务器端脚本程序读取该区域的内容。

接下来要将 ckeditor 编辑器和上面的 textarea 关联在一起。使用 CKEditor Javascript API,用一个编辑器实例来替换这个普通的文本区域(textarea),加入如下一段 JavaScript 代码:

```
<script type="text/javascript">
CKEDITOR.replace('editor1');
</script>
```

按照上述操作,编辑器正如一个文本区域(textarea)一样工作,所以,当提交一个包含一个 CKeditor 编辑器实例的表单时,它的数据也将是很简单地传递,服务端将用文本区域(textarea)的名称作为键名来接收 CKeditor 编辑区域的数据。

如果在客户端要获取 CKeditor 数据,可以使用 CKEditor API 获取编辑器实例中的内容,代码如下:

```
<script type="text/javascript">
var editor_data = CKEDITOR.instances.editor1.getData();
</script>
```

下面是一个包含 CKeditor 的网页 test－ckeditor.html,代码如下:

```
<!DOCTYPE html>
<html>
  <head>
    <meta name = "content - type" content = "text/html; charset = UTF - 8">
    <script type = "text/javascript" src = "ckeditor/ckeditor.js"></script>
  </head>
<body>
<form method = "post" action = "test - ckeditorsave.jsp">
<p>
CKEditor Basic Package:<br />
<textarea name = "editor1" rows = "7" cols = "30">Initial value.</textarea>
<script type = "text/javascript">
CKEDITOR.replace( 'editor1' );
</script>
</p>
<p><input type = "submit" /></p>
</form>
</body>
</html>
```

在浏览器中打开网页,结果如图 6-20 所示。

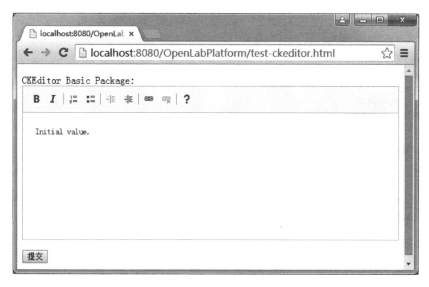

图 6-20 CKeditor 富文本编辑器

(5) CKeditor 编辑器的配置,使用 ckeditor 编辑器,通常需要对编辑器的外观进行配置。配置文件为 ckeditor/config.js,配置的项目很多,包括:区域高度、宽度设置,工具条的配置,图片和表格设置等,详细情况请阅读 ckeditor 配置文件 config.js。

在一个 Web 应用中,多个网页,或一个网页中也可能使用多个 CKeditor 实例,不同的实例配置可能不同,具体的配置方法请大家参考 CKeditor 编辑器配置的相关文献。

1. 内容编辑用表单 form1 定义

在页面的顶部,是新闻公告内容编辑区域,包含一个内容输入表单 form1,其文本框采用 CKeditor 编辑器，相关代码如下：

代码清单：news-add.jsp 中 form1 表单定义界面核心代码

```
< form name = "form1">
< tr height = "40">
  < td class = "table_topic" colspan = "2" >【添加新闻公告】</td>
</tr>
< tr height = "26">
    < td class = "table_cell" width = "10 %">信息类型：</td>
    < td class = "table_cell" align = "left">
        < select name = "newstype" disabled>
            < option value = "新闻" selected> 新闻 </option>
            < option value = "公告" > 公告 </option>
        </select>
    </td>
</tr>
< tr height = "26">
    < td class = "table_cell" align = "right">标题：</td>
    < td class = "table_cell" align = "left">
        < input name = "newstitle" type = "text" size = "90" maxlength = "100">
    </td>
</tr>
< tr>
    < td class = "table_cell" align = "center">详< br >细< br >内< br >容</td>
    < td class = "table_cell" align = "left">
        < textarea name = "newscontent" rows = "7" cols = "30">详细内容</textarea>
        < script type = "text/javascript">
          CKEDITOR.replace( 'newscontent' );
        </script >
    </td>
</tr>
</form >
```

在 form1 中，没有表单提交按钮，form1 没有设置 action 属性，其表单数据将被赋值到后面的表单 form99 的隐藏输入域，并通过页面底部的 form99 表单中的"提交"按钮统一提交，如果单独提交，将出现程序运行不稳定的错误，也就是说，有时候数据提交成功，有时候会失败。

2. 表单 form99 定义及多表单数据的提交

在网页中，还有第三个表单 form99，该表单只包含"确定"和"取消"按钮，其目的是实现整个页面中所有表单数据的统一提交或放弃。表单 form99 定义及核心代码如下。

代码清单：news-add.jsp 中 form99 表单定义界面核心代码

```
< form name = "form99" method = "post" action = "news - addsave.jsp">
< tr height = "30">
    < td class = "table_cell" colspan = "2" align = "center">
        < input type = "button" value = "提 交" class = "mybutton" onclick = "form99Submit()"> 
        < input type = "button" value = "取 消" class = "mybutton" onclick = "formCancel()">
    </td>
</tr>
```

```
< input type = "hidden" name = "newstitle" value = "">
< input type = "hidden" name = "newscontent" value = "">
< input type = "hidden" name = " addfilelist" value = "">
</form>
< form name = "formcancel" action = "news - addcancel. jsp?" method = "post">
    < input type = "hidden" name = "addfilelist" value = "">
</form>
```

在 form99 中,定义了多个 hidden 元素,目的是将 form1 和 form2 表单数据复制到 form99 中,通过 form99 一并提交。此外,我们还定义了一个 formcancel 表单,对应"取消"按钮。单击"提交"按钮,执行 form99Submit()函数,对应的客户端脚本程序如下。

代码清单:news-add. jsp 中 form99 表单提交核心代码

```
//////////////////////////////////////////////////////////////////////////////////
//表单 form1 数据有效性验证
function form1DataValid()
{
    if (document. form1. newstitle. value == "")
    {
      alert("信息标题不能为空!");
        document. form1. newstitle. focus();
      return false;
    }
    if (document. form1. newscontent. value == "")
    {
      alert("信息内容不能为空!");
      return false;
    }
return true;
}
//////////////////////////////////////////////////////////////////////////////////
//将 form1、form2 的数据复制到 form99 的 hidden 元素,提交表单 form99
function form99Submit()
{
    if (!form1DataValid())
        return false;
    //(1)将 form1 中的所有 disable 输入元素取消 disable,以便于数据提交
    var len = document. form1. elements. length;
    var i;
    for (i = 0;i < len;i++) {
        document. form1. elements[i]. disabled = false;
     }
//(2)取 form2 表单数据,即 iframe 中的文件列表,存储已有的附件信息
    var iframestr = document. filelistbox. document. body. innerText;
    if (iframestr. length > 0) {
        document. form99. addfilelist. value = iframestr. substring(0,iframestr. indexOf(" # "));
    }
    document. form99. submit();
}
//////////////////////////////////////////////////////////////////////////////////
```

```
//form3 "取消"按钮处理函数,调用 formcancel.submit(),进而调用 formCancel 的 action
function formCancel()
{
    var iframestr = document.filelistbox.document.body.innerText;
    document.formcancel.addfilelist.value = iframestr.substring(0,iframestr.indexOf("#"));
    document.formcancel.submit();
}
```

在 form99 中定义了多个 hidden 元素,目的是将 form1 和 form2 表单数据复制到 form3 中,通过 form3 一并提交。如果 form1 中的 CKeditor 数据获取不方便,可以将其他表单数据复制到 form1,通过 form1 提交,即单击"确定"按钮时,执行 document.form1.submit()。

此外,我们还定义了一个 formcancel 表单,对应添加操作的"取消"按钮。所谓取消,就是要删除通过 form2 已经上传到服务器上的文件,这由 formcancel 表单中 action 属性中所设定的服务端程序来完成。

3. 表单数据的保存

当单击表单 form99 的"提交"按钮后,执行 action 属性中设定的服务端脚本 news-addsave.jsp,读取用户的表单输入数据,并存储到相应的数据表中。部分核心代码清单如下:

代码清单(news-addsave.jsp)

```jsp
<%@ page contentType = "text/html;charset = GBK" %>
<%@ include file = "../session-confirm.jsp" %>
<%@ page import = "java.sql.*" %>
<jsp:useBean id = "gb2312" scope = "page" class = "pub.ISOtoGb2312" />
<jsp:useBean id = "gslpub" scope = "page" class = "pub.dbdbgsl" />
<%!
int retval;
%>
<%
String newstitle = gb2312.convert(request.getParameter("newstitle"));
String newscontent = gb2312.convert(request.getParameter("newscontent"));
String addfilelist = gb2312.convert(request.getParameter("addfilelist"));
//将 Text 文本转换成 HTML 格式存储到数据库中
newscontent = newscontent.trim();
String strSQL;
strSQL = "INSERT INTO news(NewsCode,NewsTitle,NewsContent,AddfileList,NewsDate) VALUES("
        + "'" + newscode
        + "',N'" + newstitle
        + "',N'" + newscontent
        + "',N'" + addfilelist
        + "','" + newsdate
        + "')";
try{
        retval = gslpub.executeUpdate(strSQL);
} catch (Exception ex){
        out.print(ex.getMessage());
} finally {
        gslpub.disconnectToDB();
```

```
}
%>
<%
if (retval == 1)
{
%>
<html>
<head>
<meta HTTP - EQUIV = "Content - Type" content = "text/html; charset = gb2312">
</head>
<body>
<table width = "60 %" border = "1" cellpadding = "0" cellspacing = "0">
<tr height = "40"><td>信息添加成功</td></tr>
<tr height = "77">
    <td>您已经成功添加了信息：<% = newstitle %></td></tr>
<tr height = "30"><td>[<a href = "news - add.jsp">继续添加</a>]</td></tr>
</table>
</body>
</html>
<%
}
%>
```

在上述代码中，用到了几个 JavaBean，其中 ISOtoGb2312 负责汉字编码的转换，txtFilter 用于将文本中 HTML 使用的保留符号（例如"<"">"等）进行转换，避免在浏览器中输出这些符号时与 HTML 标记出现解析错误，具体代码介绍这里略。

6.7   Web 系统设计与开发

从 Web 知识的学习到知识应用和系统研发还有很大的一段距离。在本书的最后，我们从软件工程的角度，对 Web 系统研发给出一个研发框架，并对每一个研发阶段的工作和文档做简要的说明。由于本书篇幅的限制，我们不再给出具体的应用案例代码，只给出 Web 系统开发中应遵循的指导性规范。

6.7.1   用户需求分析

任何系统的开发都是从用户需求开始的，这是系统研发的第一步。用户根据工作需要，提出研发信息系统的需求，并且有一个初步的目标，然后寻找系统开发方。系统开发方先初步了解用户的想法，商讨系统研发的商业问题，达成一致意见后，进入用户需求分析阶段。所谓用户需求分析，就是开发方与用户共同工作，对用户的需求进行详细的调研、整理，使得双方对系统所实现的功能有一个共同的理解，它是整个开发工作的基础。

用户需求分析过程的结果是要编写系统用户需求分析报告，它是项目设计、编码、测试、验收的依据，编写目的是定义所要开发系统的开发目标，包含系统功能的规定和性能要求，指出预期的系统用户、系统运行环境以及对用户操作的约定，为系统设计和开发提供依据，作为系统功能追溯的基础和系统开发量确定的蓝本；同时该报告可以保证软件开发的质量、需求的完整与可追溯性，保证业务需求提出者与需求分析人员、开发人员、测试人员及其他相关人员对需求达成共识。

用户需求报告主要包括以下章节：

（1）引言，包括：编写目的，项目背景，读者对象与参考建议，术语定义和参考资料等内容。

（2）项目概述，包括：相关系统描述，系统功能（按当前组织部门），系统用户，开发环境（操作系统，数据库系统，开发工具，网络环境），项目约束，系统特点等。

（3）业务需求概要描述，包括：企业组织结构（各部门主要业务职能），业务流程分析（按部门），业务接口，现有系统分析等。

（4）业务需求功能分析，业务需求分析是在各部门业务需求概要描述基础上，从软件设计的视角对部门业务的进一步分析，包括：业务功能描述、用例图、业务流程图、数据项描述几个部分，是进行系统概要设计和数据库设计的基础。

（5）非功能性需求，包括：性能需求，设计约束，数据管理能力，故障处理，其他需要（可靠性，安全性，可维护性，可扩展性，灵活性）。

（6）运行环境规定，包括：设备（服务器，网络设备），支撑环境等。

在系统调研的各个阶段，调研人员通常采用纸笔记录模式，这种传统的模式麻烦、不便于使用，且效率低下。现在，人们常常借助于一些快速文档和图形绘制工具，例如 Xmind 思维导图①绘制工具帮助调研人员来理解用户的需求。

例如，在分析用户对系统灵活性要求时，将用户的需求用思维导图的形式表达出来，可便于和用户的沟通与交流，相应的思维导图如图 6-21 所示。

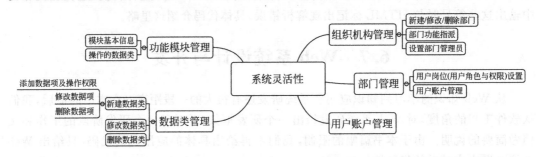

图 6-21　系统灵活性用户需求

在需求分析阶段，通常设计各种访问提纲，对用户业务中发生的数据表格要及时收集、编号作为原始文档。整个文档编写完成后，需要召开评审会，对文档内容进行严格评审，开发方和用户认可后双方所有参与人员签字，以便进入下一阶段。

6.7.2　系统概要设计

当用户需求分析报告写作完成，并通过评审后，意味着开发方和用户对系统研发目标、系统功能要求初步达成了一致，接下来就是系统的概要设计了。所谓概要设计，就是基于系

---

① 思维导图又叫心智图，最初由世界著名心理学家、教育学家，英国人东尼·博赞（Tony Buzan）于 20 世纪 60 年代提出，是表达发散性思维有效的图形思维工具。它从一个中央关键词或想法（中心主题）开始，用辐射线形连接的方式，把各级主题（分支主题）的关系用相互隶属与相关的层级图表现出来。思维导图运用图文并重的方法，把主题关键词与图像、颜色等建立记忆链接，在记忆、学习、思考等思维活动中广泛应用。

统用户需求分析报告,对系统的层次划分、功能模块、数据结构、接口以及出错处理进行概要性设计,目的是为下一步的数据库设计、产品设计和系统编码提供依据,以及为测试人员提供参考,本阶段的任务是编写系统概要设计报告。

系统概要设计报告主要包括以下章节:

(1) 引言,包括:编写目的,项目背景,读者对象与参考建议,术语定义和参考资料等内容。

(2) 总体设计,包括:设计原则和设计要求(命名原则、模块独立性原则、边界设计原则、数据库设计原则、安全保密原则、灵活性原则)、系统逻辑设计(功能模块结构、系统组织设计、接口)、系统软件实现设计(软件层次、软件模块、开发环境、运行环境)等。

(3) 系统功能模块设计,在用户需求分析报告基础上,根据系统逻辑设计原则,对系统的每个功能模块进行设计和描述。为下一步的产品设计以及系统编码提供依据。该章内容很多,以功能模块为主线,对功能模块中的每一项功能进行描述,主要包括以下几个方面:功能描述、输入项、输出项、主要流程、依赖关系、关键技术、接口。

(4) 系统数据结构设计,逻辑结构设计及命名规范,物理结构设计,数据结构与程序的关系(定义数据类、操作权限以及与各模块的关系),数据字典设计,数据操作权限设计等。

(5) 安全保密设计,用户角色与权限管理,数据库访问控制(支持多应用开发),系统网络安全设计。

(6) 出错处理设计,描述系统发生外界及内在错误时,所提供的错误信息及处理方法,包括系统出错处理表及维护处理过程表。给出有关出错处理的产生原因、提示信息以及建议处理方法。当系统由多个子系统(模块)组成时,每个子系统分别使用一张系统出错处理表进行描述。

(7) 运行与维护,维护方面主要是对服务器上的数据库数据进行维护。可使用数据库系统维护功能机制。

(8) 进度计划,根据系统用户需求分析,项目整体工期,系统各子系统、各功能模块、人员配备及开发计划,制订系统开发的时间规划表。

在功能设计中,我们可以把一个系统的功能分为公共功能和业务功能两个大的方面,其中,公共功能是为了保证系统的运行和部署而设计的,它对于系统开发更加重要,可以看作是系统开发的框架,是系统灵活性和二次开发的技术保证。

在公共功能中,最主要的有:

(1) 单位组织机构管理,添加组织机构,指派该机构的业务,指派部门管理员,负责该部门内员工岗位的设定,包括功能项和数据项操作权限。

(2) 数据字典管理,定义系统中数据类和数据项,操作权限(添加、修改、删除、查询、上报、审核、归档、导入、导出)。

(3) 用户角色与权限管理,定义系统中的用户角色,为角色指派用户权限。

(4) 用户账户管理,添加用户账户,指派用户角色。

当概要设计完成后,召开评审会,通过后进入数据库设计和产品设计阶段,两者也可以称为系统详细设计。

6.7.3 数据库设计

从概念上讲,任何计算机系统都是对数据的处理,数据的处理可分为两个方面,一种是程序本身负责数据的管理,例如 Word、Excel 以及 Photoshop 等应用程序,它们的数据都是以文件的方式组织和管理的。第二种方式就是采用数据库系统,这通常是一些大的管理系统采用的数据管理模式,可以有效地保证程序与数据的分离,也可以提高数据管理的效率,使系统专注于业务流程的实现,而不是数据的存储与管理。

在整个产品的研发周期,数据库设计通常需要借助于 PowerDesigner[①] 等相关数据库设计工具,例如:为支持上面系统灵活性要求,可以设计相关的数据表,利用 PowerDesigner设计的系统灵活性相关实体概念数据模型如图 6-22 所示。

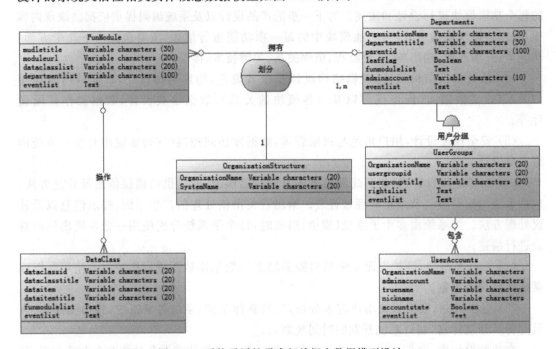

图 6-22 系统灵活性需求相关概念数据模型设计

数据库设计的任务是根据系统概要设计中的数据结构设计,建立概念数据模型,分析实体、属性和联系,设计物理数据模型,最后生成相应的物理数据库,编写系统数据库设计说明书,主要包括以下几个部分:

(1) 引言,包括:编写目的,项目背景,读者对象与参考建议,术语定义和参考资料等内容。

(2) 数据库系统运行环境,包括:Web 服务器,应用服务器和数据库服务器。

(3) 系统数据库设计,包括:数据库设计概述(设计原则与要求、数据库设计、数据对象

---

① PowerDesigner 是一种数据建模工具,由 Sybase 开发,包含的模型有:概念数据模型(Conceptual Data Model)、逻辑数据模型(Logical Data Model)、物理数据模型(Physical Data Model)、面向对象模型(Object Oriented Model)、用例图(Use Case Digram)以及业务流程模型(BPM)等。通过物理模型可以直接生成 SQL 指令,创建具体数据库管理系统下的数据库。

信息模型、数据命名规范),逻辑设计,物理设计,数据表清单,数据字典,存储过程,数据与程序的关系(系统数据类及主要操作)。

(4) 安全性设计,数据库访问控制,用户账户与操作权限等。

(5) 数据库管理与维护,系统安装与配置,优化,系统备份,系统恢复等。

在该阶段,对于数据表、数据项的命名规则至关重要,它直接影响着未来代码的可读性和可维护性。当数据库设计说明书完成后,召开评审会,它是下一步系统编码的重要依据。

6.7.4　产品设计

在系统概要基础上,可以同时进行的设计是数据库设计和产品设计,这在传统的软件工程中,称为详细设计。产品设计的目的是根据功能设计,对每一个功能设计其对应用户操作界面,它是编码人员编程的依据,用户对未来的系统也有一个相对直观的认识。

产品设计阶段要编写系统产品设计报告,该报告的内容相对简单,可以以功能模块为主线,组织文档内容,可以使用 Excel 等工具,来布局页面中的内容,或者用 Word 表格的形式来组织和布局。其目的就是让编程人员看到每一个功能的用户界面是什么样子的。

产品设计完成后,需要与用户讨论,用户可以对界面布局提出自己的意见,设计要最大程度地做到界面简洁、业务流程清晰、操作简单。

在产品设计阶段,还要根据概要设计中文件名的命名规范,在页面上标明原程序文件的名称,以便于问题的描述。最后对产品设计报告进行评审,通过后,进入系统编码阶段。

6.7.5　系统编码

当数据库设计说明书和系统产品设计完成后,接下来就可以进行系统编码了。在该阶段,要搭建开发环境,这包括版本控制环境以及编程人员自己的编码调试环境。相对于系统设计,程序编码是相对简单的,但是,编写高质量的程序代码同样需要高超的技术。

从概念上讲,软件系统都是对数据的处理,所谓不同的系统,只是业务不同。为提高整个系统的编程效率,开发初期,可以对一些公共模块集中讨论,最后确定一组公共模板,供项目组成员使用和参考。例如:用户账户管理是所有系统都具有的功能,它是对用户账户数据的管理和维护,因此,可以定义一个标准模块,包括:

* useraccounts-add(添加账户);
* useraccounts-delete(删除账户);
* useraccounts-modi(修改账户);
* useraccounts-search(查找账户);
* useraccounts-list(账户列表);
* useraccounts-listpage(账户分页列表);
* useraccounts-detail(账户详情);
* useraccounts-inport(导入账户);
* useraccounts-export(导出账户)。

在 Web 中,表单页面通常还有对应的服务端处理页面,例如添加账户后,在服务端有数据库操作页面,可命名为 useraccounts-addsave.jsp,这样的前缀命名,保证了同一类数据处理程序页面是连续的,便于系统的维护,这也是系统设计中编码规则要求的。

编码过程中,还会遇到大量的调试,这与编程经验直接相关,随着编码量的增加和经验的积累,编程效率会显著提高。在 Web 开发中,在实现功能的同时,对数据的有效性,浏览器的兼容性要不断地测试,以保证系统有更大的适应性。

6.7.6　系统测试

在软件项目开发完成后,要进行详细的系统测试,方能上线运行。进行系统测试,需要编写详细的测试报告,主要包括以下内容:

(1) 概述,包括:项目背景,测试情况(测试时间、环境、工具、范围、人员)等。

(2) 单元测试,单元测试又称模块测试,是针对软件设计的最小单位程序模块进行正确性检验的测试工作。单元测试是指程序员完成一个模块的开发后,在与其他模块进行合并之前所要进行的所有测试工作,它包括对这个模块内部各个小模块、小小模块直到程序基本单元的测试工作。

在程序开发之前,软件开发负责人先对如何进行单元测试做一个规划,可以大大提高单元测试的质量。单元测试的规划可以从以下几个方面来考虑:单元测试的内容,单元测试方法(桌前检查,交叉阅读,代码走查,白盒测试,黑盒测试)

(3) 系统功能测试,对每一个功能单元进行测试,根据系统设计报告,对系统各功能模块进行全面的测试。测试用例设计全面反映系统功能,测试在各种输入数据正常和边界情况下系统的运行情况。填写测试情况列表,包括:测试项目、操作或数据、预期结果、是否通过。

(4) 非功能性需求测试,是对系统功能性需求以外的情况进行的测试,包括:安装/卸载,性能,强度,恢复,可用性,安全性等。

(5) 测试总结,测试是一个长期的过程,包括编码前的测试计划,编码过程中的代码走查,以及编码完成后的功能测试,最后给出一个全面总结,并对测试结果进行分析。

(6) 结论,最后是对系统测试结果的结论,由开发方和用户共同签字认可,完成整个系统的开发。

系统测试通过后,上线试运行,在没有问题的情况下,切换到系统上线运行状态。在系统上线运行后,在项目的整个生命周期中,进入运行维护状态。不管我们的设计、开发和测试多么细致,系统上线运行后,发现问题是非常正常的。或者在运行中,随着时间的推移,用户的业务发生变化,需要对系统进行修改,这都是非常正常的。我们相信,一个好的软件系统都是用出来的,是在应用过程中的不断改进和优化,是用户和开发人员共同劳动的智慧结晶。

本 章 小 结

在 Web 开发中,服务端编程是 B/S 结构中最复杂的内容,它不仅要实现用户的业务逻辑,还包含了大量的数据库操作,还必须保证数据库操作的效率和安全性。本章讲解了 Java 程序设计基础以及 JSP 技术两个方面,首先概要性地介绍了 Java 程序设计中涉及的概念,为 JSP 编程做好概念上的铺垫。在 JSP 技术中,以任务驱动的方式,讲解了服务端开发中遇到的共性问题及解决办法,包括:JSP 中的数据类型及其转换、数组、文件操作、JSP 内置对象、JSP 中的参数传递方法以及 JDBC 与数据库编程。这些内容都是每一个 Web 应用中都可能遇到的,在讲解中给出了许多实用的代码和 JavaBean 类,这些代码都来源于我们的研发项目,读者可以直接应用在自己的项目开发中。最后,对 Web 系统的开发流程和相关文档、工具进行了介绍。

习　题

一、简答题

1. 在 Web 系统开发中,可能使用不同的代码编辑工具,例如 MyEclipse,SublimeText 或 Windows 记事本程序等,用这些编辑工具编写的网页在编辑时中文显示正常,在浏览器打开时,有时候显示中文乱码,为什么?

2. 为什么说 Java 是一种完全面向对象的程序设计语言?

3. 在面向对象技术中,回答如下问题:

(1) 什么是类? 什么是对象? 简述它们之间的关系。

(2) 创建一个对象有哪些方法?

(3) 什么是类的构造函数? 构造函数的一般功能是什么?

4. 说明 Web 应用中的三层体系结构,并说明它的优势。

5. 在 JSP 页面中,说明下列三条 page 指令的功能。

```
<%@ page contentType = "text/html;charset = utf - 8" pageEncoding = "GBK" %>
<%@ page import = "java.util.Date" %>
<%@ page session = "true" %>
```

6. 在 JSP 中,有哪些常用的内置对象? 并简要说明它们的功能。

7. 在 JSP 中,在<%!...%>中声明变量和在<%...%>中声明变量有何不同?

8. 在字符串对象的操作中,使用 equals()方法判断两个字符串相等时,如何使用,为什么? 使用 trim()方法来操作一个字符串变量时,如果发生异常,为什么? 如何修改?

9. 在 JSP 中,有一个表单输入页面 myinput. htm,对应的表单处理页面为 myinputsave. jsp,如何在 myinputsave. jsp 中获取用户输入?

10. 在 Web 应用中,页面之间的参数传递有哪些常用的方法?

11. 针对 Web 应用系统开发,回答下列问题:

(1) Web 开发分为哪几个阶段,每个阶段的主要工作是什么?

(2) 如何理解系统的可扩展性、可维护性和灵活性?

(3) 在系统功能设计中,不仅要实现用户的业务需求,同时,保证系统的灵活性是非常重要的。为此,在 Web 系统公共功能设计中,包括 4 个方面的功能:组织机构管理,数据字典管理,用户账户与权限分配,账号管理,它们如何保证系统的灵活性?

二、编程题

1. 用户注册是大多数 Web 系统共有的功能,设计一个新用户注册功能,要求:

(1) 注册界面采用 htm 页面,完成客户端的数据有效性验证。

(2) 在用户账户文本框后面,设计"检查用户名是否可用"超链接,采用 AJAX 技术编写相应的服务端数据库检测程序,检查完毕后,应显示账户是否可用的信息。

2. 编写一个简单的作业提交系统，该系统具备以下简单功能：

（1）用户注册功能，允许新用户注册。

（2）作业提交功能，当用户首次登录后，在作业数据目录 homework 下建立一个以用户账户命名的子文件夹，存储该用户提交的作业。

（3）作业管理功能，用户可以查看自己提交的作业，删除已经提交的作业，或者重新提交作业。

3. 写一个有关文件和文件夹操作的 JavaBean，封装常用的文件和文件夹（目录）操作，例如新建文件夹、新建文件、删除文件、删除文件夹里面的所有文件、删除文件夹、复制单个文件、复制整个文件夹内容、移动文件到指定目录、移动文件夹到指定目录。

4. 在 Web 系统中，数据浏览、导入导出、打印等是许多系统的共有功能，编程实现下列功能：

（1）任意设计一个数据表，分页显示数据库数据表数据记录。

（2）编程实现将数据表导出为 Excel 表格。

（3）编程实现页面的打印，以及生成 Word 文档和 PDF 文档。

5. 使用数据库技术和 JSP 开发一个简单的留言板系统。

参 考 文 献

[1] 吴鹤龄,崔林. ACM 图灵奖:1966—2006:计算机发展史的缩影(第 3 版). 北京:高等教育出版
社,2008.

[2] (美)Douglas E Comer. Internet 导引. 马志强,廖卫东,译. 北京:清华大学出版社,1995.

[3] 曾刚. 互联网体系结构. 北京:清华大学出版社,2012.

[4] 蔺华. Web 程序设计与架构. 北京:电子工业出版社,2011.

[5] 陆凌牛. HTML 5 与 CSS3 权威指南(第 3 版). 北京:机械工业出版社,2015.

[6] (美)Bruce Eckel. Java 编程思想(第 4 版). 北京:机械工业出版社,2010.

[7] (美)凯 S 霍斯特曼(Cay S Horstmann). Java 核心技术. 北京:机械工业出版社,2016.

[8] 林信良. Java JDK 8 学习笔记. 北京:清华大学出版社,2015.

[9] 明日科技. JavaScript 从入门到精通. 北京:清华大学出版社,2012.

[10] 李晓斌. 移动互联网之路——HTML 5+CSS3+jQuery Mobile APP 与移动网站设计从入门到精
通. 北京:清华大学出版社,2016.

[11] 彭晖,史忠植. 语义 Web:让计算机读懂互联网. 计算机世界报,第 45 期,2007-11-26.

[12] 张炳帅. Web 安全深度剖析. 北京:电子工业出版社,2015.

[13] (英)维克托·迈尔-舍恩伯格,(英)库克耶. 大数据时代. 盛杨燕,周涛,译. 杭州:浙江人民出版
社,2012.

[14] 互联网时代(解读互联网社会的大型纪录片). CCTV2 财经频道,2014.

[15] 郝兴伟. Web 技术导论(第 3 版). 北京:清华大学出版社,2012.

[16] 甲骨文公司网站. http://www.oracle.com/us/sun/index.htm.

[17] Apache 软件基金会. http://www.apache.org/.

[18] 中国 XML 论坛. http://www.xml.org.cn/index.asp.

[19] Java 中文世界论坛. http://bbs.chinajavaworld.com/index.jspa.

[20] SOA 中国技术论坛. http://soachinaforum.com/.

[21] W3CHTML 网站. http://www.w3chtml.com/html5/.

[22] 幕课网. http://www.imooc.com/.

[23] 图标字体库网. http://www.fontawesome.cn/.

[24] 懒人图库. http://www.lanrentuku.com/.

[25] 昵图网. http://www.nipic.com/index.html.

[26] 花瓣网. http://huaban.com/.

[27] 站长之家. http://www.chinaz.com/.